“十二五”职业教育国家规划教材
经全国职业教育教材审定委员会审定

北京高等教育精品教材
BEIJING GAODENG JIAOYU JINGPIN JIAOCAI

获全国优秀畅销书奖

计算机组装与维护教程

第7版

刘瑞新　等编著

机械工业出版社

本书从计算机的硬件结构入手，详细讲解了计算机的各个组成部件及常用外围设备的分类、结构、参数，硬件的选购和安装，UEFI BIOS 参数设置，Windows 10 的安装，以及笔记本电脑的组成、升级、故障排除及日常保养，最后介绍打印机和扫描仪及计算机的维护等内容。本书每章均安排了若干具有代表性的实训。

本书适合作为普通高等院校、高等职业院校计算机专业的教材，也可作为微机硬件学习班的培训资料及广大微机用户的参考书。

本书配有授课电子课件，需要的教师可登录 www.cmpedu.com 免费注册、审核通过后下载，或联系编辑索取（QQ：1239258369，电话：010-88379739）。

图书在版编目（CIP）数据

计算机组装与维护教程 / 刘瑞新等编著. —7 版.—北京：机械工业出版社，2018.9（2021.9 重印）

“十二五”职业教育国家规划教材　北京高等教育精品教材

ISBN 978-7-111-60932-2

Ⅰ. ①计…　Ⅱ. ①刘…　Ⅲ. ①电子计算机－组装－高等职业教育－教材 ②计算机维护－高等职业教育－教材　Ⅳ. ①TP30

中国版本图书馆 CIP 数据核字（2018）第 213425 号

机械工业出版社（北京市百万庄大街 22 号　邮政编码 100037）

策划编辑：鹿　征　责任编辑：鹿　征

责任校对：张艳霞　责任印制：郜　敏

三河市宏达印刷有限公司印刷

2021 年 9 月第 7 版 • 第 10 次印刷

184mm×260mm • 17 印张 • 417 千字

标准书号：ISBN 978-7-111-60932-2

定价：49.80 元

前　　言

本书第 1 版自 2000 年 8 月出版以来，被多所院校选为教材，教学效果显著。2002 年 8 月出版的第 2 版获全国优秀畅销书奖。2006 年修订编写了第 3 版，2007 年成为“普通高等教育‘十一五’国家级规划教材”。2008 年出版了第 4 版。2011 年出版了第 5 版，2013 年被北京市教育委员会评为“北京高等教育精品教材”。2014 年出版第 6 版，成为“十二五”职业教育国家规划教材。本版在继承前 6 版优点的基础上，增加了许多最新硬件的介绍及新的技术，使这本第 7 版紧跟计算机技术的发展潮流。

“计算机组装、维护与维修”或“微型计算机硬件技术”课程是本科、高职等院校的一门计算机应用课程，主要学习计算机部件的分类、性能、参数、选购及组装方法，软件的安装和常见故障的维护及检修技术。通过本课程的学习，使学生具有根据需求选择计算机系统配件的能力，熟练组装计算机并能进行必要测试的能力，熟练安装计算机操作系统和常用应用软件的能力，初步诊断计算机系统常见故障并进行简单的板卡级维修的能力。

本书内容按照“计算机组装、维护与维修”或“微型计算机硬件技术”课程教学大纲编写，在教材内容的选取上以目前最新的硬件产品作为实例，注重对硬件基础知识、选购、组装及维护等内容的介绍，做到简明易懂。此外，对那些发展较快的硬件还做了一些延展性介绍，这样才能使学生以扎实的基础知识来应对计算机技术的发展与市场变化。本书的编写目标就是使学生掌握当前最新计算机的硬件组成和结构，掌握有关硬件设备的外部性能和技术参数，学会自己选购各种配件进行组装并正确合理地使用它们，以及能够进行系统的日常维护，进而可以自己动手解决计算机使用过程中的常见故障。本书详细讲授最新多媒体计算机各种部件的分类、性能、选购及组装方法，软件的安装和常见故障的维护及检修技术。

本书的特色与创新主要体现在以下几方面。

（1）内容全面细致。书中介绍了计算机的各个组成部件及常用外部设备（如 CPU、主板、内存条、显卡、液晶显示器、硬盘、电源和机箱、键盘和鼠标等）的分类、结构和参数，同时还介绍了硬件设备的选购和安装、UEFI BIOS 参数设置、Windows 10 的安装和设置、笔记本电脑、打印机和扫描仪、计算机的维护等内容。

（2）结构清晰合理。本书按照选购计算机配件的主要流程来安排章节内容。每章均按照“分类、结构、主要技术参数、主流产品介绍、产品的选购和安装”的顺序来介绍各个部件，有利于学生对照学习，提高学习效率。

（3）技术内容最新。本书介绍的内容大多为当前最新的计算机技术。例如，在“中央处理器”一章，介绍了 Intel Core i 系列第 1～8 代 CPU、AMD A 系列第 1～8 代 APU、锐龙第 1、2 代等内容；在“主板”一章介绍了 ATX、Micro-ATX、Mini-ITX 等主板结构，主板上的各个组成部件，Intel 的 300 系列芯片组，以及 AMD 的 400 系列芯片组等内容；在“内存条”一章介绍了 DDR3、DDR4 等内容；在“显卡”一章介绍了最新显卡 GPU 及参数、高清视频解码技术、HDMI、DisplayPort 接口等；在“笔记本电脑”一章介绍了笔记本电脑的分类、组成结构、升级和保养等内容。

（4）图文并茂易懂。本书文字通俗，对计算机各个部件的不同类型都附有目前流行产品的实物图片，在图片中大量使用标注，以方便阅读。

（5）实训内容丰富。本书每章均安排了若干具有代表性的实训，既方便学生实习，又方便教师备课、讲解和指导。

（6）课时安排合理，篇幅适当。本书通过 60 左右学时的教学（含理论和实训，比例为 1∶1），能使学生掌握计算机各种部件的分类、结构及选购方法，理解各主要部件的工作原理及相互的联系和作用，并能掌握计算机的组装与日常维护、维修方法。

（7）注重能力培养。本书特意在习题中加入了到计算机市场考察商情信息和上网查询信息的要求，使学生掌握获得最新的计算机信息的方法，引导学生把知识的获取方法延伸到课本之外。

（8）配备教学资源。为便于教师教学，本书配有电子课件，教师可从机械工业出版社教育服务网 http://www.cmpedu.com 下载。

本书由刘瑞新等编著，其中刘瑞新编写第 1～3 章，刘文利编写第 4、5 章，曹利编写第 6、9、10 章，贾春霞编写第 7、8 章，吴丰编写第 11、12、13 章，郭晓娟编写第 14 章，彭守旺、刘春芝、刘克纯、缪丽丽、刘大莲、庄建新、李惠萍、崔瑛瑛、翟丽娟、韩建敏、刘继祥、徐维维、徐云林、孔繁菊、骆秋容、焦修燕、徐昌、李奎财、彭泽源编写第 15 章及进行课件制作、图片拍摄和处理等。全书由刘瑞新教授统编定稿。

由于计算机硬件技术发展速度很快，书中不足和遗漏之处，恳请教师、同学及读者朋友们提出宝贵意见和建议。

本教材适合作为高等院校大学本科、高职高专等相关专业的教材，也可用作计算机硬件学习班的培训资料及广大个人用户的参考书。

书中部分内容参考了网络资料，由于参考内容来源广泛，篇幅有限，恕不一一列出，在此表示感谢。

编　者

目　　录

第 1 章　微型计算机概述

微型计算机（Micro Computer）简称微机，也称为个人计算机（Personal Computer）、PC 或电脑，是 20 世纪最伟大的发明之一，微机已应用到现代生活和工作的诸多方面。在很多场合下，微机也直接被称为计算机。

1.1　微型计算机的发展阶段

微型计算机是 20 世纪 70 年代初才发展起来的，是人类重要的创新之一，从微型计算机问世到现在不过 40 多年。微型计算机有一个显著的特点，它的 CPU（Central Processing Unit，中央处理器）的功能都由一块高度集成的超大规模集成电路芯片完成。微型计算机的发展主要表现在其核心部件——微处理器的发展上，每当一款新型的微处理器出现时，就会带动微机系统的其他部件的相应发展。根据微处理器的字长和功能，可将微型计算机划分为以下几个发展阶段。

1．第一阶段（1971—1973 年）

第一阶段通常被称为第一代，是 4 位和 8 位低档微处理器阶段，是微机的问世阶段。这一代微型计算机的特点是采用 PMOS 工艺，集成度为 2300 晶体管/片，字长分别为 4 位和 8 位，基本指令周期为 20～50μs，指令系统简单，运算功能较差，采用机器语言或简单汇编语言，用于家电和简单的控制场合。其典型产品是 1971 年生产的 Intel 4004 和 1972 年生产的 Intel 8008 微处理器，以及分别由它们组成的 MCS-4 和 MCS-8 微机。

2．第二阶段（1974—1977 年）

第二阶段通常被称为第二代，是中档 8 位微处理器和微型计算机阶段。它们的特点是采用 NMOS 工艺，集成度提高约 4 倍，集成度为 8000 晶体管/片，字长为 8 位，运算速度提高约 10～15 倍（基本指令执行时间 1～2μs），指令系统比较完善。软件方面除了汇编语言外，还有 BASIC、FORTRAN 等高级语言和相应的解释程序和编译程序，在后期还出现了操作系统，如 CM/P 就是当时流行的操作系统。典型的微处理器产品有 1974 年生产的 Intel 8080/8085，Motorola 6502/6800，以及 1976 年 Zilog 公司的 Z80。

1974 年爱德华·罗伯茨独自决定生产一种手提成套的计算机，用 Intel 8080 微处理器装配了一种专供业余爱好者试验的计算机 Altair（牛郎星），1975 年 1 月问世。1975 年 1 月，美国《大众电子学》杂志封面上用引人注目的大字标题发布消息：“项目突破！世界上第一台可与商用型计算机媲美的小型手提式计算机……Altair 8800”。《大众电子学》一月号向成千上万个电子爱好者、程序员和其他人表明，个人计算机的时代终于到来了。Altair 既无可输入数据的键盘，也没有显示计算结果的显示器。插上电源后，使用者需要用手按下面板上的 8 个开关，把二进制数“0”或“1”输进机器。计算完成后，用面板上的几排小灯泡表示输出的结果。图 1-1 所示是

图 1-1　Altair 的外观

1975 年生产的 Altair 的外观。后来，比尔•盖茨和保罗•艾伦为 Altair 设计了 BASIC 语言程序。

在 Homebrew 计算机俱乐部，史蒂夫•沃兹尼亚克（沃兹）见到了 Altair8080 计算机，当时他在 HP 公司工作，在 HP 他就设计了一台能连接到阿帕网上的计算机，而这台 Altair，只能用 8 盏灯显示信息，与他的设计比起来差得多。他没有采用 Intel8080 的芯片，而是采用更先进的 MOS Technology 6502 芯片。1975 年 6 月 29 日晚上 10 点，真正的个人计算机诞生了，从此开启了一个新的时代。沃兹用 6502 芯片设计成功了第一台真正的微型计算机，8KB 存储器，能发声和显示高分辨率图形。史蒂夫•乔布斯在这台只是初具轮廓的机器中看到了机会，他建议他们创建一家公司，并于 1976 年 4 月 1 日成立了 Apple（苹果）计算机公司，生产 Apple 牌微型计算机。1977 年 4 月，沃兹完成了另一种新型微机。这种微机达到当时微型计算机技术的最高水准，乔布斯命名它为“Apple II”，并“追认”之前的那台机器为“Apple I”。1977 年 4 月，Apple II 型微型计算机第一次公开露面就造成了意想不到的轰动，Apple II 被公认为是第一台个人微型计算机。从此，Apple II 型微型计算机走向了学校、机关、企业、商店，走进了办公室和家庭，它已不再是简单的计算工具，它为 20 世纪后期领导时代潮流的个人微机铺平了道路。1978 年初，Apple II 又增加了磁盘驱动器，其外观如图 1-2 所示。Apple I 和 Apple II 型计算机的技术设计理所当然地归功于沃兹，可是 Apple II 型在商业上取得的成功，主要是因为乔布斯的努力。

图 1-2　Apple II 型微型计算机的外观

3．第三阶段（1978—1984 年）

第三阶段是 16 位微处理器时代，通常被称为第三代。1977 年超大规模集成电路（VLSI）工艺的研制成功，使一个硅片可以容纳十万个以上的晶体管，64KB 及 256KB 的存储器已生产出来。这一代微型计算机采用 HMOS 工艺，集成度（20000～70000 晶体管/片）和运算速度（基本指令执行时间是 0.5μs）都比第二代提高了一个数量级。这类 16 位微处理器都具有丰富的指令系统，其典型产品是 Intel 公司的 8086、80286，Motorola 公司的 M68000，Zilog 公司的 Z8000 等微处理器。此外，在这一阶段，还有一种被称为准 16 位的微处理器出现，典型产品有 Intel 8088 和 Motorola 6809，它们的特点是能用 8 位数据线在内部完成 16 位数据操作，工作速度和处理能力均介于 8 位机和 16 位机之间。

国际商用机器公司（IBM）看到苹果微机的成功，为了让 IBM 也拥有“苹果电脑”，1980 年决定向微型机市场发展，为了要在一年内开发出能迅速普及的微型计算机，IBM 决定采用“开放”政策，借助其他企业的科技成果，形成“市场合力”。1981 年 8 月 12 日，IBM 正式推出 IBM 5150，它的 CPU 是 Intel 8088，主频为 4.77MHz，主机板上配置 64KB 存储器，另有 5 个插槽供增加内存或连接其他外部设备。它还装备着显示器、键盘和两个软磁盘驱动器，而操作系统是微软的 DOS 1.0。苹果公司登报向 IBM 进军个人微机市场表示了欢迎。IBM 将 5150 称为 Personal Computer（个人计算机），IBM PC 如图 1-3 所示。

图 1-3　IBM 公司的 IBM PC

1983 年，IBM 公司再次推出改进型 IBM PC/XT 个人电脑，增加了硬盘。1984 年，IBM 公司推出 IBM PC/AT，并率先采用 Intel 80286 微处理器芯片。从此，IBM PC 成为个人微机的代名词，它甚至被《时代周刊》评选为“年度风云人物”，它是 IBM 公司 20 世纪最伟大的产品，IBM 公司也因此获得“蓝色巨人”的称号。

由于 IBM 公司在计算机领域占有强大的地位，它的 PC 一经推出，世界上许多公司都向其靠拢。又由于 IBM 公司生产的 PC 采用了“开放式体系结构”，并且公开了其技术资料，因此其他公司先后为 IBM 系列 PC 推出了不同版本的系统软件和丰富多样的应用软件，以及种类繁多的硬件配套产品。有些公司又竞相推出与 IBM 系列 PC 相兼容的各种兼容机，从而促使 IBM 系列的 PC 迅速发展，并成为当今微型计算机中的主流产品。直到今天，PC 系列微型计算机仍保持了最初 IBM PC 的雏形。

4. 第四阶段（1985—2003 年）

第四阶段是 32 位微处理器时代，又被称为第四代。其特点是采用 HMOS 或 CMOS 工艺，集成度为 100～4200 万晶体管/片，具有 32 位地址线和 32 位数据总线。微机的功能已经达到甚至超过超级小型计算机，完全可以胜任多任务、多用户的作业。其典型产品是 1987 年 Intel 的 80386 微处理器，1989 年 Intel 的 80486 微处理器，1993 年 Intel 的 Pentium（中文名“奔腾”）微处理器，2000 年 Intel 的 Pentium III、Pentium 4 微处理器，以及 AMD 的 K6、Athlon 微处理器，还有 Motorola 的 M68030/68040 等。

5. 第五阶段（2004 年—现在）

第五阶段是 64 位微处理器和微型计算机时代，发展年代为 2004 年至今。制作工艺为 90～14nm，集成度高达 10～50 亿晶体管/片。2003 年，AMD 公司发布了面向台式机的 64 位处理器 Athlon 64，标志着 64 位微机的到来。2005 年，Intel 公司也发布了 64 位处理器。2005 年，Intel 和 AMD 发布了双内核 64 位处理器。2007 年，Intel 和 AMD 发布了四核 64 位处理器。2010 年，Intel 和 AMD 都发布了六核 64 位处理器。目前微机上使用的 64 位微处理器有 Intel Core i3/i5/ i7，AMD FX/A8/A6 等。

微机采用的微处理器的不同决定了微机的档次，但它的综合性能在很大程度上还要取决于其他配置。总的说来，微型机技术发展得更加迅速，平均每两三个月就有新的产品出现，平均每两年，芯片集成度提高一倍，性能提高一倍，性能价格比大幅度下降。将来，微型机将向着重量更轻、体积更小、运算速度更快、使用及携带更方便、价格更便宜的方向发展。

1.2　微型计算机的分类

在选购和使用微机时，有以下几种分类方法。

1. 按微机的结构形式分类

微机主要有两种结构形式，即台式微机和便携式微机。台式微机分为传统的台式微机、一体电脑和 HTPC。便携式微机分为笔记本电脑、超极本和平板电脑。下面按照目前使用的广泛程度逐一介绍。

（1）台式微机

最初的微机都是台式的，台式至今仍是微机的主要形式。台式机需要放置在桌面上，它的主机、键盘和显示器都是相互独立的，通过电缆和插头连接在一起，如图 1-4 所示。台式机的特点是体积较大，但价格比较便宜，部件标准化程度高，系统扩充、维护和维修比较方便。台式机是用户可以自己动手组装的机型。台式机是目前使用最多的结构形式，适合在相对固定的场所使用。

图 1-4　台式微机的外观

（2）笔记本电脑

笔记本电脑是把主机、硬盘、键盘和显示器等部件组装在一起，体积有手提包大小，并能用蓄电池供电，如图 1-5 所示。笔记本电脑目前只有原装机，用户无法自己组装。目前笔记本电脑的价格已经适宜，但是硬件的扩充和维修比较困难。

图 1-5　笔记本电脑的外观

（3）超极本

超极本（Ultrabook）是继上网本之后，Intel 公司定义的又一全新品类的笔记本电脑产品。Ultra 的意思是极端的，Ultrabook 指极致轻薄的笔记本电脑产品，即我们常说的超轻薄笔记本电脑，中文翻译为超“极”本。超极本是 Intel 公司为与苹果笔记本 Macbook Air、iPad 竞争，为维持现有 Wintel 体系，提出的新一代笔记本电脑概念，旨在为用户提供低能耗、高效率的移动生活体验。根据 Intel 公司对超极本的定义，Ultrabook 既具有笔记本电脑的性能，又具有平板电脑响应速度快、简单易用的特点。常见的超极本外观如图 1-6 所示。

图 1-6　超极本的外观

（4）一体电脑

一体电脑改变了传统微机屏幕和主机分离的设计方式，把主机与显示器集成到一起，电

脑所需的所有主机配件全部高集成化地集中到了屏幕后侧。一体电脑是综合笔记本电脑和传统台式计算机两者优点的产品，同时其性能又介于两者之间。同时，一体电脑还带有其他一些功能和应用，如触屏设计、蓝牙技术应用等。图 1-7 所示是常见一体电脑的外观。

图 1-7　一体电脑的外观

（5）平板电脑

平板电脑（Tablet Personal Computer，Tablet PC）是一种小型、方便携带的个人电脑。它以触摸屏作为基本的输入设备，提供浏览互联网、收发电子邮件、观看电子书、播放音频或视频、游戏等功能。2002 年 11 月，微软（Microsoft）公司首先推出了 Tablet PC，但是并没有引起世人过多的关注。直到 2010 年 1 月，苹果（Apple）公司发布 iPad 平板电脑后，平板电脑才开始引发了人们的兴趣，其他许多公司也随之发布了平板电脑产品。图 1-8 所示是几款平板电脑的外观。

图 1-8　平板电脑的外观

（6）HTPC

HTPC（Home Theater Personal Computer，家庭影院个人电脑或客厅电脑）是以 PC 担当信号源和控制的家庭影院，也就是一台具有多种接口（如 HDMI、DVI 等），可与多种设备（如电视机、投影机、显示器、音频解码器、音频放大器等数字设备）连接，而且预装了各种多媒体解码播放软件，可以播放各种影音媒体的微机。HTPC 与传统 PC 有一些区别，为了在客厅播放高清影音，HTPC 对 PC 硬件有一些特殊要求，如小巧漂亮的机箱、无线鼠标、键盘、半高显卡、提供 HDMI 高清视频影音接口、采用静音散热设计等，以使其更适合 HTPC。图 1-9 所示是 HTPC 的主机箱及客厅。

图 1-9　HTPC 的主机箱及客厅

（7）准系统

通俗地说，准系统产品是一个带有主板的机箱，而主板则集成了基本的显示、音效系统以及常用的接口。若要组成一台微机，其他的配件还需要用户另外购买装配，例如需要购买CPU（有的准系统带有CPU）、内存、硬盘、显示器、音箱等。准系统与传统整机PC相比，具有体积小（不到主机的1/3，紧凑准系统只有手掌大小）、外观时尚、DIY难度小的特点。有的准系统机箱可以安装到液晶显示器背部。图1-10所示为几款准系统的外观。

图1-10　准系统的外观

2．按微机的流派分类

微机从诞生到现在有两大流派。

- PC系列：采用IBM公司开放技术，由众多公司一起组成的PC系列。
- 苹果系列：由苹果公司独家设计的苹果系列。

苹果机与PC的最大区别是计算机的灵魂——操作系统不同，PC一般采用微软的Windows操作系统，苹果机采用苹果公司的Mac OS操作系统。Mac OS具有优秀的用户界面，操作简单而人性化，性能稳定，功能强大。苹果机也分为台式机和笔记本电脑。现在新出的苹果台式机和苹果笔记本电脑都采用Intel四核处理器。苹果机只有原装机，没有组装机。苹果机的外观如图1-11～图1-14所示。

图1-11　苹果的iMac机

图1-12　苹果iMac一体电脑

图1-13　苹果的MacBook笔记本电脑

图1-14　苹果MacBook Air笔记本电脑

3．按品牌机与组装机分类

目前，国内市场上的微机种类繁多，即使相同档次、相同配置的微机，其价格仍有较大差异，大致可分为品牌机和组装机。

（1）品牌机

品牌机由国内外著名大公司生产，在质量和稳定性上高于组装机，均配有齐全的随机资料和软件，并附有品质保证书，信誉较好，售后服务也有保证，但价格要比同档次的兼容组

装机高出许多。另外，一些品牌机在某些方面采用了特殊设计和特殊部件，因此部件的互换性稍差，维修也比较昂贵。常见的品牌有联想（Lenovo）、戴尔（DELL）惠普（HP）等。国产品牌机与国外品牌机相比，性能上并没有太大差别，只是厂家不同，而且国产品牌机价格适中，信誉和售后服务也较好。

（2）组装机

组装机价格低廉，部件可按用户的要求任意搭配，而且维护、修理方便。其主要问题在于组装机多为散件组装而成，而且多数销售商由于技术和检测手段等方面的原因，不能很好地保证微机的可靠性。如果用户能够掌握一定的微机硬件及维修方面的知识，或者得到销售商售后服务的可靠支持，则组装机可以说是物美价廉。

4. 按微机的应用和价格分类

根据个人或企业应用层次和需求的不同，可将微机划分为以下档次。

- 学生学习型。面向学生学习的机型，一般配置不高，目前价格一般在 3000 元以下。
- 家用经济型。注重家庭学习和娱乐的机型，目前价格一般在 4000 元左右。
- 游戏发烧型。注重游戏的声光色彩和流畅的三维效果，目前价格一般在 6000 元左右。
- 企业应用型。面向企业生产和管理的机型，比较注重微机的运行稳定和高效，目前这类微机的价格一般都在 8000 元以上。
- 专业设计型。用于平面设计、三维设计、影视制作等专业工作的机型，要求配置较高，目前价格一般在 10000 元以上。

1.3 微机系统的组成

微机虽然体积不大，却具有许多复杂的功能和很高的性能，并且在系统组成上几乎与大型电子计算机系统没有什么不同。

微机系统的组成，首先分成硬件和软件两大部分，然后再根据每一部分的功能进行进一步划分。

1. 硬件

微机硬件（Computer Hardware）是指组成微机的看得见、摸得着的实际物理设备，包括微机系统中由电子、机械和光电元器件等组成的各种部件和设备。这些部件和设备按照微机系统结构的要求构成的有机整体被称为微机硬件系统。硬件系统是微机实现各种功能的物理基础。微机进行信息交换、处理和存储等操作都是在软件的控制下，通过硬件实现的。

从外观上来看，微机由主机箱和外部设备组成。主机箱内主要包括 CPU、内存、主板、硬盘驱动器、光盘驱动器、各种扩展卡、连接线、电源等。从实际的结构来说，一般把机箱及其内部所装的板卡、硬盘等部件的全部称为主机。

微机中除了主机以外的所有设备都属于外部设备（简称外设）。外部设备的作用是辅助主机的工作，为主机提供足够大的外部存储空间，提供与主机进行信息交换的各种手段。外部设备作为微机系统的重要组成部分，必不可少。常见的外部设备有显示器、鼠标、键盘等。

2. 软件

微机软件（Computer Software）是指为了运行、管理和维护微机系统所编制的各种程序的总和。软件一般分为系统软件和应用软件。系统软件通常由微机的设计者或专门的软件公

司提供，包括操作系统、微机的监控管理程序、程序设计语言编译器等。应用软件是由软件公司、用户，利用各种系统软件、程序设计语言编制的，用来解决用户各种实际问题的程序。软件是微机的“灵魂”，只有硬件而没有软件的微机是无法工作的。没有安装软件的微机也称为裸机。

1.4　微机的硬件结构

对维修人员和用户来说，最重要的是微机的实际物理结构，即组成微机的各个部件。微机的结构并不复杂，只要了解它是由哪些部件组成的，各部件的功能是什么，就能对板卡和部件进行组装、维护和升级，构成新的微机，这就是微机的组装。图 1-15 所示是从外部看到的典型的微机系统，它由主机、显示器、键盘和鼠标等部分组成。

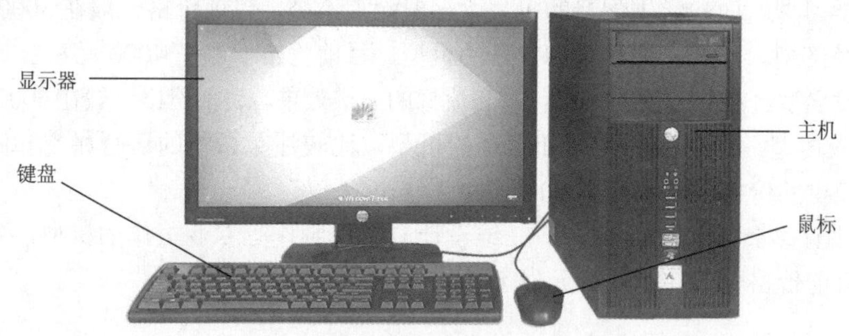

图 1-15　从外部看到的典型的微机系统

PC 系列微机是根据开放式体系结构设计的。系统的组成部件大都遵循一定的标准，可以根据需要自由选择、灵活配置。通常，一个能实际使用的微机系统至少需要主机、键盘和显示器三个组成部分，因此这三者是微机系统的基本配置，而打印机和其他外部设备可根据需要选配。主机是安装在一个主机箱内所有部件的统一体，其中除了功能意义上的主机以外，还包括电源和若干构成系统所必需的外部设备和接口部件，其结构如图 1-16 所示。

图 1-16　主机

目前微机配件基本上是标准产品，全部配件也只有 10 件左右，如机箱、电源、主板、CPU、内存条、显示卡、硬盘、显示器、键盘和鼠标等部件，使用者只需选配所需的部分，然后把它们组装起来即可。微机一般由下列部分组成。

1. CPU

CPU（Central Processing Unit，中央处理器）是微机的“大脑”，由运算器和控制器组成，如图 1-17 所示。它一方面负责各种信息的处理工作，另一方面也负责指挥整个系统的运行。因此，CPU 的性能从根本上决定了微机系统的整体性能，人们常以它来判定微机的档次。

2. 内存条

内存条（也叫内存储器）在微机中起着存储数据的作用，内存条是直接与 CPU 联系的存储器，一切要执行的程序和数据一般都要先装入内存条。内存条由半导体大规模集成电路芯片组成。内存的性能与容量也是衡量微机整体性能的一个决定性因素。内存条的外观如图 1-18 所示。

图 1-17　CPU

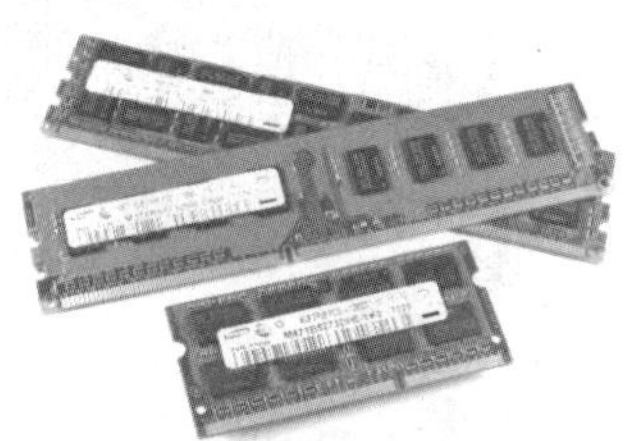

图 1-18　内存条

3. 主板

主板是一块多层印制电路板。主板上有 CPU、内存条、扩展槽、键盘及鼠标接口以及一些外部设备的接口和控制开关等。不插 CPU、内存条、显卡的主板称为裸板。主板是微机系统中最重要的部件之一，其外观如图 1-19 所示。

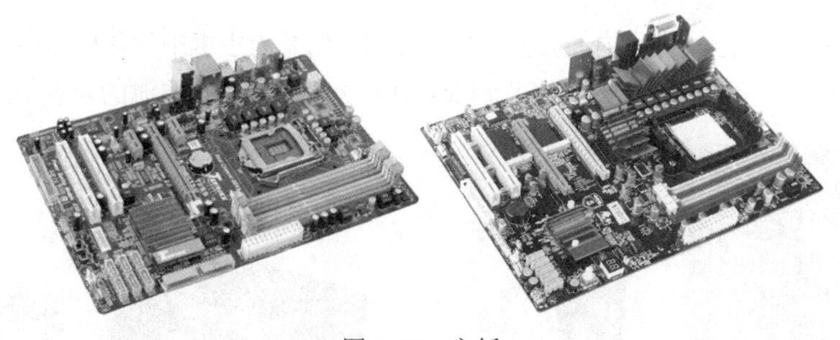

图 1-19　主板

4. 硬盘驱动器（简称硬盘）

因为硬盘可以容纳大量信息，所以通常用作微机上的主要存储器，保存几乎全部程序和文件。硬盘通常位于主机内，通过主板上的适配器与主板相连接。硬盘分为机械硬盘和 SSD 硬盘。硬盘的外观如图 1-20 所示。

5. CD/DVD 驱动器（光盘驱动器，简称光驱）

有些微机装有 CD/DVD 驱动器，该驱动器通常安装在主机箱的前面。CD/DVD 驱动器的外观如图 1-21 所示。

图 1-20　硬盘

图 1-21　CD/DVD 驱动器

6．各种接口适配器

各种接口适配器是主板与各种外部设备之间的联系渠道，目前可安装的适配器只有显示卡、声卡等。由于适配器都具有标准的电气接口和机械尺寸，因此用户可以根据需要进行选配和扩充。显示卡的外观如图 1-22 所示，声卡的外观如图 1-23 所示。

图 1-22　显示卡

图 1-23　声卡

7．机箱和电源

机箱由金属箱体和塑料面板组成，如图 1-24 所示。机箱根据主板的规格分为加大型、标准型、紧凑型和迷你型等。上述所有系统装置的部件均安装在机箱内部，面板上一般配有各种工作状态指示灯和控制开关。光驱总是安装在机箱前面，以便放置或取出光盘。机箱后面预留有电源接口、键盘及鼠标接口以及连接显示器、打印机等设备的 VGA、USB、IEEE 1394 等接口。机箱的外观如图 1-24 所示。

电源是安装在一个金属壳体内的独立部件，它的作用是为主机中的各种部件提供工作所需的电源。根据机箱类型，可将电源分为 ATX、Flex ATX 类型的电源。电源的外观如图 1-25 所示。

图 1-24　机箱

图 1-25　电源

8．显示器（也称监视器）

显示器是微机常用的输出设备，用户用键盘操作的情况、程序的运行状况等信息都可以显示在显示器上。显示器可以显示文本和图形。显示器产品主要有两类：CRT（阴极射线管）显示器和 LCD（液晶显示器）。其外观如图 1-26 和图 1-27 所示。CRT 显示器目前已经被淘汰。

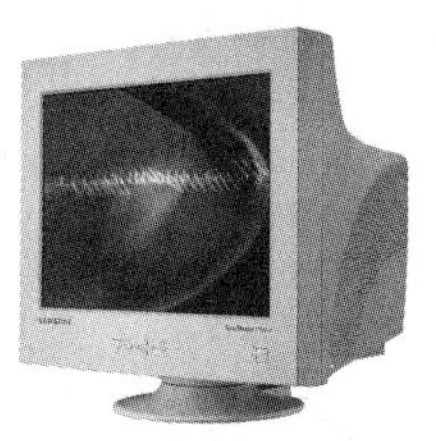

图 1-26　CRT 显示器

图 1-27　LCD

9. 键盘和鼠标

键盘是微机的基本输入设备，键盘主要用于向微机输入文本。鼠标是一个指向并选择微机屏幕上项目的小型设备。键盘和鼠标是微机中最主要的输入设备。其外观分别如图 1-28 和图 1-29 所示。

图 1-28　键盘

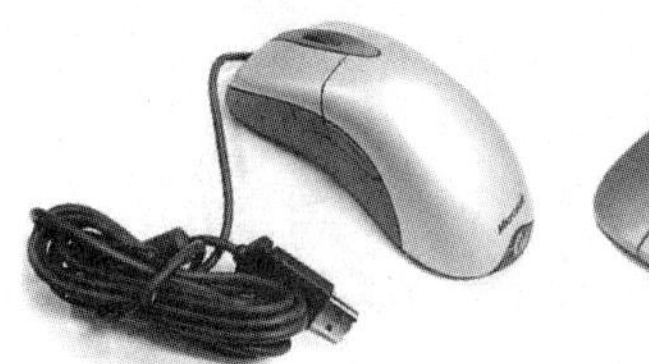

图 1-29　鼠标

10. 打印机

打印机是微机系统中常用的输出设备之一，打印机在微机系统中是可选件。利用打印机可以打印出各种资料、文书、图形及图像等。不同于显示器的是，通过打印机可以得到书面形式的文件，即“硬拷贝（Hard Copy）”。根据打印机的工作原理，可以将打印机分为三类：针式打印机、喷墨打印机和激光打印机，如图 1-30 所示。

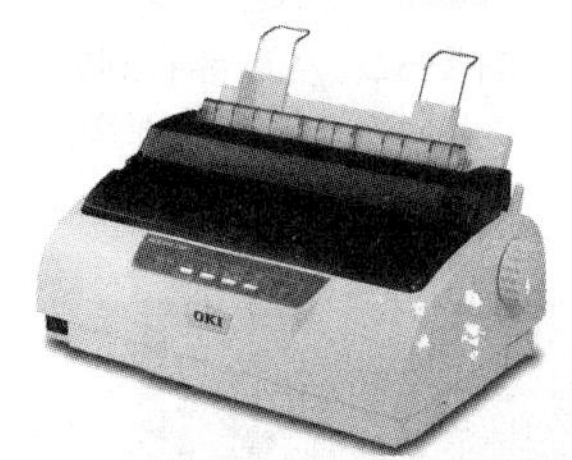

图 1-30　针式打印机、喷墨打印机和激光打印机

针式打印机是利用打印头内的点阵撞针，撞击打印色带，在打印纸上产生打印效果。

喷墨打印机的打印头由几百个细小的喷墨口组成，当打印头横向移动时，喷墨口可以按一定的方式喷射出墨水，打到打印纸上，形成字符、图形等。

激光打印机是一种高速度、高精度、低噪声的非击打式打印机，它是激光扫描技术与电子照相技术相结合的产物。激光打印机具有最高的打印质量和最快的打印速度，可以输出漂亮的文稿，也可以输出直接用于印刷制版的透明胶片。打印机的使用很简单，在打印机上装上打印纸，从主机上执行打印命令，即可打印出来。

1.5　实训

1.5.1　微机外部线缆的连接

对微机用户来说，最基本的要求就是掌握微机外部线缆的连接方法，即把主机箱与显示器、键盘、鼠标等组件通过线缆连接起来。机箱后部的接口如图 1-31 所示。

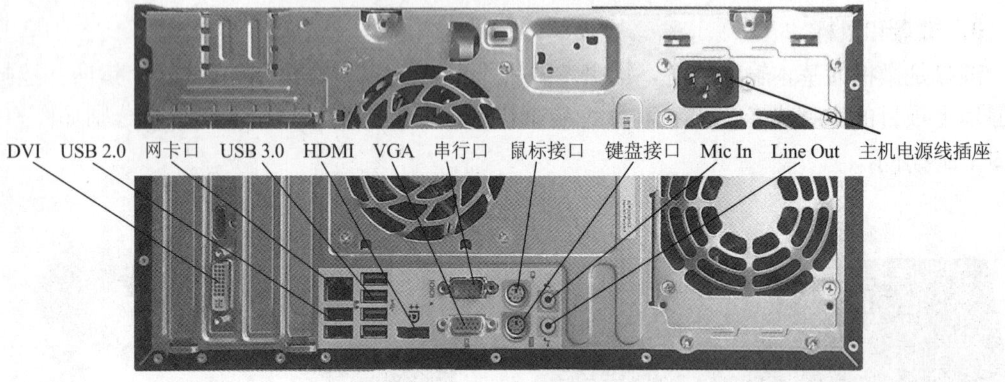

图 1-31　机箱后部的接口

图 1-32 所示是从后部看到的电源线、信号线的连接图。

微机外部线缆的连接遵循先连接信号线，后连接电源线的原则。其连接步骤如下。

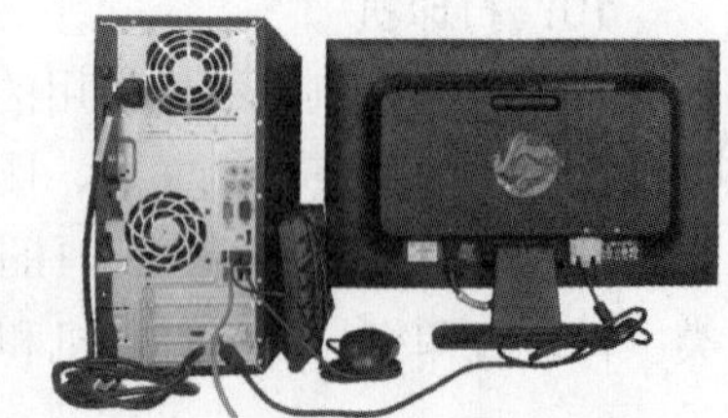

图 1-32　从后部看到的电源线、信号线的连接图

1．连接显示器

显示器尾部有两根电缆线，一根是三芯电源线，另一根是信号电缆。将显示器信号插口对准显示卡上的显示信号输出插座（VGA 或 DVI），如图 1-33、图 1-34 所示，平稳插入，然后拧紧插头两端的压紧螺钉，再把显示器电源线插入三孔电源插座。

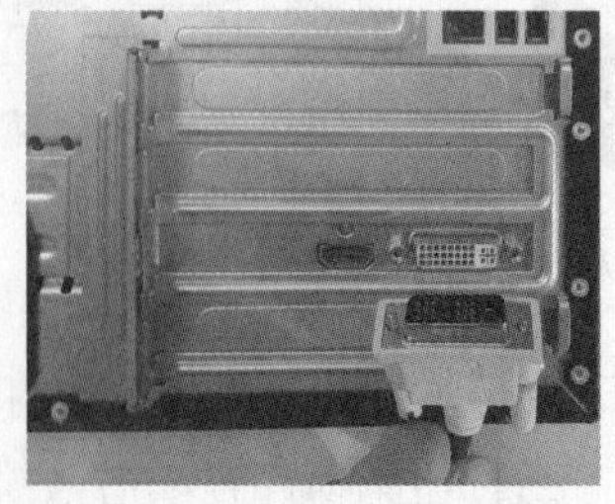

图 1-33　连接 DVI 信号电缆

图 1-34　连接 VGA 信号电缆

2．连接键盘和鼠标

键盘、鼠标的连接应根据键盘、鼠标的接口类型（USB 或 PS/2），插入主板上的对应插口中。如果键盘/鼠标接口是 USB 接口，可插入主板上的任何一个 USB 接口中，如图 1-35 所示。如果键盘/鼠标接口是 PS/2 接口，则要插入主板上的对应接口中。通常，键盘接口是紫色的（靠近边沿），如图 1-36 所示；鼠标接口是绿色的，如图 1-37 所示。但要注意，对

于 PS/2 接口的键盘、鼠标，不能带电插拔。

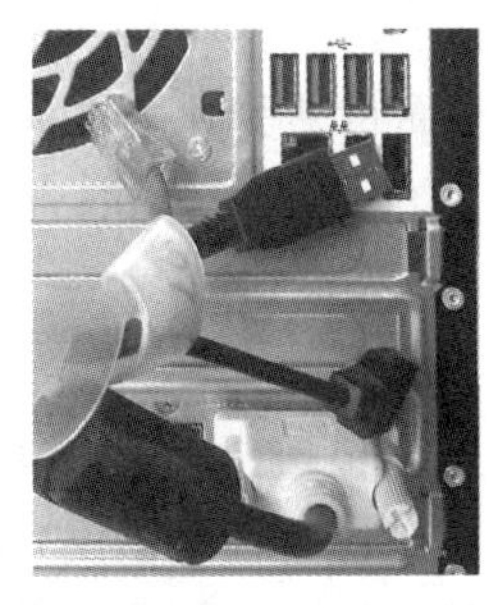

图 1-35　连接 USB 接口的键盘或鼠标

图 1-36　连接 PS/2 键盘

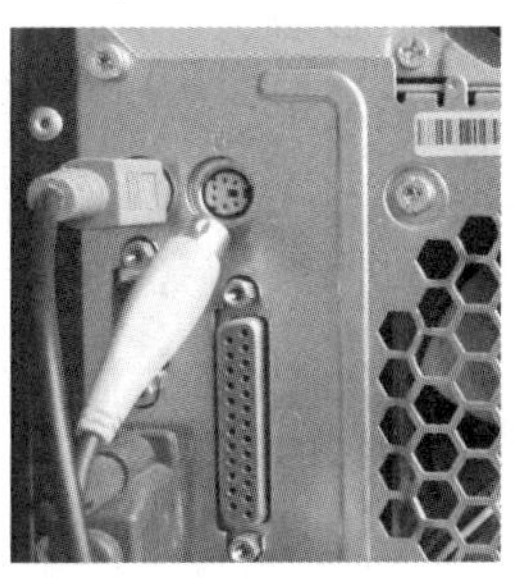

图 1-37　连接 PS/2 鼠标

3．连接主机电源

连接主机电源之前，再检查一遍各种设备的连接是否正确，尤其是电源线的连接。确认无误后，将主机电源线一端插在机箱后面的电源插孔内，如图 1-38 所示，另一端插在市电插座上。微机外部线缆连接完成，如图 1-32 所示。

图 1-38　连接主机电源线

4．开机测试

按动主机箱面板上的电源开关，机器中的设备将开始运转，其中 CPU 风扇、电源风扇会发出“嗡嗡”的声音，并且可听到硬盘电动机加电的声音，光驱也开始预检。当听到小扬声器“嘟”的一声响后，显示器屏幕上出现系统提示信息，表明可以正确启动。如果没有出现上述现象，则需要重新检查设备的连接情况，并予以纠正，直至所有组件都正常工作。

1.5.2　微机的启动和关闭

1．微机的启动

微机的启动有冷启动、重新启动和复位启动三种方法，可以在不同情况下选择操作。

（1）冷启动

冷启动又称加电启动，是指微机在断电情况下加电开机启动。

微机在冷启动时，首先对机器硬件进行全面检查，即检查主机和外设的状态，并将检查情况在显示器上显示出来，这个过程称为自检。在自检过程中，若发现某设备状态不正常，则通过显示器或机内喇叭给出提示。若有严重故障，排除故障后方可进行下一步启动操作。自检通过后，则自动引导操作系统，进入工作状态。具体启动过程如下。

1）加电。打开显示器电源，接着打开主机电源。如果显示器电源接在主机电源上，则直接打开主机电源。

2）自检。由微机自动完成，一般不需要用户干预。首先对微机硬件做全面检查，即检查主机和外设的状态，并将检查情况在显示器上显示，这个过程称为自检。在自检过程中，若发现某设备状态不正常，则通过显示器或机内喇叭给出提示。若有严重故障，必须先根据提示排除故障再进行下一步启动操作。

3）引导操作系统。自检通过后，则自动引导操作系统，例如 Windows 7/10。操作系统一

般存储在硬盘上，由微机自动引导。

（2）重新启动

重新启动是指在微机已经开启的情况下，因死机、改动设置等而重新引导操作系统的方法。由于重新启动是在开机状态下进行的，因此不再进行硬件自检。重新启动的方法是在 Windows 中执行“重新启动”命令，微机会重新引导操作系统。

（3）复位启动

复位启动是指在微机已经开启的情况下，通过按下机箱面板上的复位按钮或长按机箱面板上的开关按钮，重新启动微机。一般是在微机的运行状态出现异常（如键盘控制错误）而重新启动无效时才使用复位启动。复位启动的启动过程与冷启动过程基本相同，只是不需要重新打开电源开关，而是直接按一下机箱面板上的复位（Reset）开关。复位启动会丢失部分微机资源以及在微机中所进行的未保存的工作，所以复位启动是在无法正常重新启动时偶尔使用。

2．微机的关闭

用完微机以后应将其正确关闭，这一点很重要，不仅是因为节能，这样做还使微机更安全，并确保数据得到保存。一般情况下，关闭微机的方法有两种：一种是使用“开始”菜单上的“关机”命令，另一种是按微机的电源按钮。

（1）使用“开始”菜单上的“关机”命令

若要使用“开始”菜单关闭微机，单击“开始”按钮⊞，然后单击“开始”菜单上的“电源”按钮⏻，再选择“关机”命令。微机关闭所有打开的程序以及 Windows 系统本身，然后关闭计算机电源。为了使微机彻底断开电源，还要关闭电源插座上的开关，或者把主机和显示器的电源插头从插座上拔出来。注意在执行关机操作前必须首先保存文件。

（2）按微机的电源按钮

如果要快速关闭微机，要先结束应用程序，回到桌面，然后按一下机箱面板上的开关按钮，Windows 系统将自动关闭，并切断电源。其作用与上述使用“开始”菜单上的“关机”命令相同。

如果通过以上两种方法都无法关机，可按下机箱面板上的开关按钮不放，等待十几秒，将强制关机。其后果是在下次启动时，Windows 将花费更长时间来自检。

1.6　思考与练习

1．上网查阅有关资料，了解微机的发展历史。

2．根据你了解的知识，列出微机的硬件和软件组成。

3．分别打开不同档次、配置的微机机箱，查看整体结构；掌握各种配件的名称、接口及插座的名称；了解品牌机和组装机的区别。

4．识别台式机机箱后部的接口，如图 1-31 所示；掌握台式机外部的连接方法（包括显示器与主机的连接，键盘和鼠标与主机的连接）。

5．掌握正确开、关微机的步骤。

第 2 章　中央处理器

中央处理器（CPU）是计算机最重要的组成部分，其规格与频率常用来衡量计算机的性能。多年来，CPU 的发展一直遵循“摩尔定律”：CPU 性能每隔 18 个月提高一倍，价格下降一半。现在 CPU 仍朝着多核心、多线程的方向发展。

2.1　CPU 的发展历史

Intel x86 架构从 1978 年到现在已经经历了 30 多个年头，x86 架构的 CPU 处处影响着如今的计算机用户。下面以 Intel 公司为主线，介绍 CPU 的发展历史。

Intel 公司成立于 1968 年，是 x86 体系 CPU 最大的生产厂家。Intel 这个英文单词是由 Integrated Electronics（集成/电子）两个英文单词组合成的。

AMD（Advanced Micro Devices，超微半导体）公司于 1969 年 5 月 1 日成立，总部位于美国加利福尼亚州桑尼维尔。其在台式机 CPU 市场上的占有率仅次于 Intel 公司，是全球第二大处理器生产商。

2.1.1　4 位处理器

1971 年，Intel 公司成功地把传统的运算器和控制器集成在一块大规模集成电路芯片上，发布了第一款微处理器芯片 Intel 4004 处理器，如图 2-1 所示。Intel 4004 处理器的字长为 4bit（位），采用 10μm（微米）制造工艺，16 针 DIP 封装，芯片核心尺寸为 3mm×4mm，共集成有 2300 个晶体管，时钟频率为 1MHz，每秒运算能力为 6 万次，其中包含寄存器、累加器、算术逻辑部件、控制部件、时钟发生器及内部总线等。

2.1.2　8 位处理器

1972 年，Intel 公司研制出 Intel 8008 处理器，字长为 8bit，晶体管数量为 3500 个，速度为 200kHz。Intel 8008 处理器的性能是 Intel 4004 处理器的两倍，如图 2-2 所示。

1974 年 Intel 研制出 Intel 8008 处理器的改进型号 8080，集成度提高了约 4 倍，每片集成了 6000 个晶体管，主频为 2MHz，采用 6μm 制造工艺，如图 2-3 所示。Intel 8080 处理器主要应用于控制交通信号灯。当年，爱德华 • 罗伯茨用 Intel 8080 处理器作为 CPU 制造了第一台“牛郎星”个人计算机。

图 2-1　Intel 4004 处理器

图 2-2　Intel 8008 处理器

图 2-3　Intel 8080 处理器

其他公司生产的微处理器还有 Motorola 6502/6800，以及 1976 年 Zilog 公司的 Z80。

2.1.3　16 位处理器

1．Intel 8086/8088 处理器

1978 年 6 月 8 日，Intel 公司推出了首枚 16 位微处理器 Intel 8086 处理器，如图 2-4 所示。Intel 8086 处理器集成了 2.9 万个晶体管，采用 3μm 制造工艺，时钟频率为 4.77MHz，内部数据总线（CPU 内部传输数据的总线）、外部数据总线（CPU 外部传输数据的总线）位宽均为 16bit，地址总线位宽为 20bit，可寻址 1MB 内存。Intel 8086 处理器的诞生标志着 x86 架构的开始，到今天它仍然是所有 x86 兼容处理器的基础。

不过，这款 16 位处理器的高昂价格阻止了其在计算机中的应用。于是，1979 年，Intel 又推出了 Intel 8086 处理器的简版——8 位的 Intel 8088 处理器，如图 2-5 所示。Intel 8086 处理器和 Intel 8088 处理器的内部数据总线位宽均为 16bit，而 Intel 8088 处理器的外部数据总线位宽为 8bit。因为当时的大部分设备和芯片都是 8bit 的，Intel 8088 处理器的外部数据总线传送、接收 8bit 数据，能与这些设备相兼容。Intel 8088 处理器采用 40 针的 DIP 封装，工作频率为 6.66MHz、7.16MHz 或 8MHz，处理器核心集成了大约 2.9 万个晶体管。在 Intel 8088 处理器的架构上，已经可以运行较复杂的软件，因此使研制商用计算机成为可能。1981 年，IBM 公司将 Intel 8088 处理器用于其研制的 IBM PC 中，从而开创了全新的计算机时代。

2．Intel 80286 处理器

1982 年，Intel 推出了 Intel 80286 处理器，其内部包含 13.4 万个晶体管，时钟频率由最初的 6MHz 逐步提高到 20MHz。其内部和外部数据总线位宽皆为 16bit，地址总线位宽为 24bit，可寻址 16MB 内存。Intel 80286 处理器有两种工作方式：实模式和保护模式。图 2-6 所示是 Intel 80286 处理器的外观。IBM 公司将 Intel 80286 处理器用在 IBM PC/AT 中。

图 2-4　Intel 8086 处理器

图 2-5　Intel 8088 处理器

图 2-6　Intel 80286 处理器

2.1.4　32 位处理器

1．Intel 80386DX 处理器

图 2-7　Intel 80386DX 处理器

1985 年，Intel 发布了 Intel 80386DX 处理器，如图 2-7 所示。其内部包含 27.5 万个晶体管，工作频率为 16MHz，后来逐步提高到 20MHz、25MHz、33MHz 和 40MHz。Intel 80386DX 处理器的内部和外部数据总线位宽都为 32bit，地址总线位宽也为 32bit，可以寻址到 4GB 内存，并可以管理 64TB 的虚拟存储空间。除具有实模式和保护模式以外，还增加了一种“虚拟 86”的工作模式，可以通过同时模拟多个 Intel 8086 处理器来提供多任务能力。

Intel 公司发布 80386DX 处理器后，AMD、Cyrix、IBM、TI 等公司也开始生产与 80386DX 处理器兼容的处理器。Motorola 公司在此期间开发出了 68030 CPU，用于 Apple 计算机。

2．Intel 80486DX 处理器

1989 年，Intel 推出了 Socket 1 接口的 Intel 80486DX 处理器，如图 2-8 所示。80486DX 为 32 位微处理器，集成了 125 万个晶体管，其时钟频率从 25MHz 逐步提高到 33～50MHz。80486DX 处理器将 80386DX 和 80387 数字协处理器以及一个 8KB 的高速缓存集成在一个芯片内，并且在 80x86 系列中首次采用了 RISC 技术，可以在一个时钟周期内执行一条指令。

AMD、Cyrix、IBM、TI 等公司也推出了与 80486DX 兼容的 CPU 芯片，如图 2-9 所示。

图 2-8　Intel 80486DX 处理器

图 2-9　其他兼容 80486DX 的 CPU 芯片

处理器的频率越来越快，但是 PC 外部设备受工艺限制，能够承受的工作频率有限，这就阻碍了处理器主频的进一步提高。在这种情况下，从 80486DX 开始首次出现了处理器倍频技术。该技术使处理器内部工作频率为处理器外部总线运行频率的 2 倍或 4 倍，486DX2 与 486DX4 的名字便是由此而来的，如图 2-10 所示。例如，80486DX2-66 处理器的频率是 66MHz，而主板的外频是 33MHz，即 CPU 内频是外频的 2 倍。

图 2-10　Intel 80486DX4 处理器

80486 处理器首次采用了 Socket 接口架构，通过主板上的处理器接口插座与处理器的插针接触。不过，由于是第一次采用这种架构，因此 486 处理器时代存在着多种 Socket 处理器接口，如 Socket 1、Socket 2 与 Socket 3 等。所以，从那时开始就可以升级 CPU，而不是像以前那样将 CPU 直接焊接在主板上。也是自从那时开始，DIY（Do It Yourself）成为可能。

3．Intel Pentium 处理器

1993 年，Intel 公司发布了 Intel Pentium 处理器。Pentium 处理器集成了 310 万个晶体管，最初推出时的初始频率是 60MHz 与 66MHz，后来提升到 233MHz 以上。Pentium 系列产品经历了 3 代，处理器的接口分别采用 Socket 4、Socket 5 和 Socket 7。Intel Pentium 处理器的外观如图 2-11 所示。

其他公司生产的与 Pentium 处理器属于同一级别的处理器有 AMD K6 处理器与 Cyrix 6x86MX 处理器等，如图 2-12 和图 2-13 所示。

图 2-11　Intel Pentium 处理器

图 2-12　AMD K6 处理器

图 2-13　Cyrix 6x86MX 处理器

4．Intel Pentium II 处理器

1997 年 Intel 公司发布的 Intel Pentium II 处理器集成了 750 万个晶体管，整合了 MMX 指令集，时钟频率为 233～333MHz，处理器接口也从 Socket 7 转向 Slot 1，如图 2-14 所示。

同期，AMD 公司和 Cyrix 公司分别推出了同档次的 AMD K6-2 处理器和 Cyrix M II 处理器，如图 2-15 和图 2-16 所示。

图 2-14　Intel Pentium II 处理器

图 2-15　AMD K6-2 处理器

图 2-16　Cyrix M II 处理器

5．Intel Pentium Ⅲ 处理器

1999 年，Intel 公司发布了 Intel Pentium Ⅲ处理器，如图 2-17 所示。它采用 0.25μm 制造工艺，集成了 950 万个晶体管，采用 Slot 1 接口，系统总线频率为 100MHz 或 133MHz，新增加了 SSE 指令集，初始主频为 450MHz。其后，Intel 相继发布了主频为 500～600MHz 的多个不同版本的处理器。

2000 年 3 月，AMD 公司领先于 Intel 公司推出了 1GHz 的 AMD Athlon（K7）微处理器，其性能超过了 Intel Pentium Ⅲ处理器，如图 2-18 所示。

图 2-17　Intel Pentium Ⅲ（Slot 1 接口）处理器

图 2-18　AMD Athlon（K7）微处理器

为了降低成本，后来的 Intel Pentium Ⅲ处理器都改为 Socket 370 接口，时钟频率有 667MHz、733MHz、800MHz、933MHz 和 1GHz 等，其外观如图 2-19 所示。

同期，AMD 公司推出了 AMD Athlon 处理器，如图 2-20 所示。它采用 462 针的 Socket A 接口，时钟频率为 700MHz～1.4GHz，内建 MMX 和增强型 3DNow!技术。

图 2-19　Intel Pentium Ⅲ（Socket 370 接口）处理器

图 2-20　AMD Athlon 处理器

6．Intel Pentium 4 处理器

Intel 公司在 2000 年 11 月发布了 Pentium 4 处理器，采用 Socket 423 接口和 0.18μm 制造工艺，有 4200 万个晶体管，主频为 1.4～2.0GHz。后期的 Pentium 4 处理器均改为

Socket 478 接口，0.13μm 制造工艺，集成了 5500 万个晶体管，主频为 1.8～2.4GHz，如图 2-21 所示。

同期，AMD 公司推出了 AMD Athlon XP 处理器，如图 2-22 所示，仍采用 Socket A 接口，以全面对抗 Pentium 4 处理器。Athlon XP 具有当时最强大的浮点单元设计和优秀的整数计算单元，广泛测试显示，Pentium 4 处理器需要多付出 300～400MHz 的工作频率才可以获得与 Athlon XP 处理器相当的性能。

2004 年 6 月，Intel 公司推出了 LGA775 接口的 Pentium 4、Celeron D 及 Pentium 4 EE 处理器。Intel LGA775 接口的 Pentium 4 处理器的外观如图 2-23 所示。

图 2-21　Intel Pentium 4（Socket 478 接口）处理器

图 2-22　AMD Athlon XP 处理器

图 2-23　Intel Pentium 4（LGA775）处理器

2.1.5　64 位处理器

对 x86 架构进行扩展，从而实现同时兼容 32 位和 64 位运算，这一理念是由 AMD 公司率先提出的，但当时 Intel 公司曾多次公开对此进行否定和嘲笑。事实证明，2003 年 AMD 公司发布的针对桌面的 Athlon 64 处理器以及针对服务器/工作站的 Opteron 处理器，取得了非常大的成功，兼容 32/64 位运算，使平台过渡顺利而稳定。

1. AMD Athlon 64 系列

2003 年 9 月，AMD 公司发布了 Athlon 64 系列处理器（也称为 K8 架构处理器）。K8 架构处理器有许多架构方面的改进，重点则是在将北桥芯片中的内存控制器整合到了处理器内部。K8 架构处理器的很多设计理念非常超前，并且提供了出色的性能。K8 架构处理器在很多应用上都领先于当时的 Intel Pentium D 处理器。AMD Athlon 64 处理器的实际初始频率为 2.0GHz，PR（Pentium-Rate，表示 AMD CPU 的频率）值为 3200+，如图 2-24 所示。

图 2-24　AMD Athlon 64 处理器

2. Intel Pentium 4 64 位系列

Intel 公司于 2005 年 2 月发布了桌面 64 位双核处理器 Intel Pentium D，如图 2-25 所示，采用 LGA775 接口，频率分别为 2.8GHz、3.0GHz 及 3.2GHz，并冠以“6XX”的名称。后来推出的 Pentium 4 5XX 系列处理器、入门的 Celeron D 处理器中也引入 64 位技术。

图 2-25　Intel Pentium D 处理器

2.1.6　64 位双核/四核处理器

1. Intel 双核/四核处理器

2006 年 7 月，Intel 公司发布了全新的微架构桌面处理器——Core 2 duo（酷睿 2），并且宣布正式结束 Pentium 时代。Core 2 桌面双核处理器分为 Core 2 Duo（酷睿 2 双核心版，Duo

代表多核）和 Core 2 Extreme（Core 2 极品版）两种。Core 2 处理器采用 65nm 制造工艺和 LGA775 接口。其外观如图 2-26 所示。

Intel 公司于 2006 年 11 月发布了四核桌面处理器，频率为 2.4～2.83GHz，分别采用 65nm 和 45nm 制造工艺，LGA775 接口。

2009 年 6 月，Intel 公司发布了采用 45nm 制程 Nehalem 微架构的 Core i7 处理器，采用 LGA1366 接口。Core i7 处理器的性能大幅领先于 Core 2 duo 处理器。

图 2-26　Intel Core 2 处理器

2．AMD 桌面双核/四核处理器

2005 年 5 月，AMD 公司发布了第一款 64 位双核处理器——基于 K8 架构的 Athlon 64 X2 系列（包括 4800+、4600+、4400+及 4200+等）处理器，采用 Socket 939 接口。

2007 年 11 月，AMD 公司发布了基于全新 K10 架构的四核 Phenom 处理器系列，采用 65nm 工艺、Socket AM2+接口。AMD Phenom 处理器的外观如图 2-27 所示。

2009 年 6 月，AMD 公司推出了 K10.5 架构的双核/四核处理器 Phenom II、Athlon II，接口为 AM3，采用先进的 45nm SOI 制造工艺。AMD 基于 Socket AM3（938）接口、45nm 制造工艺、K10.5 架构的处理器产品分为两大系列：Phenom（羿龙）II 和 Athlon（速龙）II。采用原生六核、四核或两核设计，CPU 内同时内置 DDR2 和 DDR3 内存控制器，可支持两种内存，支持 HT 3.0 总线，支持 4.0GT/s 16 位连接，提供最高 16GB/s 的输入/输出带宽，主频为 2.6～3.2GHz。

图 2-27　AMD Phenom 处理器

2.1.7　Intel 64 位酷睿多核处理器

自 2006 年发布 Core 2 处理器后，Intel 公司就以 Tick-Tock 钟摆节奏有规律地更新处理器。Tick-Tock 指的是制程与架构交替更新的演进方案。按照 Intel 公司的计划，每两年进行一次制程与架构升级，其中 Tick 年代表制程工艺的升级，Tock 年是在维持相同制程工艺的前提下进行微架构的革新，如图 2-28 所示。

图 2-28　Intel CPU 的“Tick-Tock”节奏及历代 CPU 产品的代号

例如，Intel 公司在 2014 年推出的第五代酷睿（Broadwell）属于 Tick 年，而 2015 年推出的第六代酷睿（Skylake）则是 Tock 年（见表 2-1）。如果按照这个定律，应该于 2016 年上市的第七代酷睿（Kaby Lake）属于 Tick 年，采用 10nm 制程。但是，由于 Intel 在 10nm 研发和商业化量产上遇到了麻烦，因此很难按原计划应用在 Kaby Lake 架构处理器上。10nm 制程工艺

之后的 7nm 也将向后推迟。受限于物理学的障碍，Tick-Tock 节奏已经很难继续下去。

表 2-1　Intel 公司“Tick-Tock”节奏历代 CPU 产品对应表

Tick 年（工艺的升级）					Tock 年（架构的革新）				
制程	微架构代号	上市年	图形核心	代	制程	微架构代号	上市年	图形核心	代
					65nm	Conroe/Merom	2006 年		
45nm	Penryn	2007			45nm	Nehalem	2008 年		
32nm	Westmere	2010	HD	第一代	32nm	Sandy Bridge	2011 年	HD 3000	第二代
22nm	Ivy Bridge	2012	HD 4000	第三代	22nm	Haswell	2013 年	HD 4400/4600	第四代
14nm	Broadwell	2015	GTx	第五代	14nm	Skylake	2015 年	HD 530	第六代
					14nm+	Kaby Lake	2016 年	UHD 620	第七代
					14nm++	Coffee Lake	2017 年	UHD 630	第八代
					14nm++	Coffee Lake-S	2018 年	UHD 630	第九代

为了顺利推出 Kaby Lake，Intel 公司不得不在 Tick-Tock 后面塞进了一个优化的环节，于是，Tick-Tock 节奏就变成了 Process-Architecture-Optimization（制程-架构-优化）。Kaby Lake 的制程还是 14nm，但 Intel 公司将其称为 14nm+，Coffee Lake 的制程称为 14nm++。

1. Intel 第一代酷睿系列处理器

2010 年 1 月，Intel 公司发布了酷睿系列（Core i 系列）处理器，Core 是核心、芯片的意思，而 i 则是智能、智慧（Intelligence）的意思，它们相比以往的 CPU 更加智能，Intel 公司称它们为智能处理器。Core i 分为旗舰版、高端、中级、低级和入门级 5 个系列，分别是六核的 Core i7 Extreme Edition（旗舰版）、四核的 Core i7、四核或两核的 Core i5、两核的 Core i3、Pentium，分别对应 5 个级别的用户。Intel Corei 系列处理器采用 45nm 制造工艺，采用 LGA 1366 接口和 LGA 1156 接口。Intel Core i 系列处理器的标识如图 2-29 所示。i5-600 系列处理器基于 Westmere 架构，核心代号为 HD，采用 32nm CPU+45nm GFX 制造工艺，是 Intel 公司 PC 史上第一款集成显卡的 CPU。Intel Core i5-655K 处理器的外观如图 2-30 所示。第一代 Core i 系列处理器对应的主板芯片组是 Intel H55/H57。

图 2-29　Intel Core i 系列处理器的标识

图 2-30　Intel Core i5-655K 处理器

Intel 官方认为第一代处理器是酷睿 i5-655K、微架构代号 Westmere/Clarkdale、基于 32nm 制程的双核处理器。之所以将其定义为第一代酷睿，主要是因为其图形核心（Graphics Core）。在 Clarkdale 上，Intel 首次将图形核心整合到 CPU 封装系统中。

2. Intel 第二代酷睿系列处理器

2011 年 1 月，Intel 公司发布了第二代 Core i 系列处理器 Core i7/i5/i3/Pentium，命名为第二代智能酷睿处理器，分为高端、中、低、入门级 4 个系列，均采用 32nm 制造工艺的 Sandy Bridge 微架构。第二代 Core i7/i5/i3/Pentium 处理器采用了全新的标识，如图 2-31 所示。

第二代酷睿处理器更多的意义在于规范化产品线，包括定位、命名等。第二代产品统一

命名为 2000 系列，以第二代 Core i7 2600 为例，如图 2-32 所示，“Core”是处理器品牌，“i7”是定位标识，“2600”中的“2”表示第二代，“600”是该处理器的型号。型号后面的字母有 4 种：不带字母、K、S、T。不带字母的是标准版；“K”是不锁倍频版，面向超频用户；“S”是节能版，默认频率比标准版稍低，但睿频（指当启动一个远行程序后，处理器会自动加速到合适的频率）幅度与标准版一样；“T”是超低功耗版，默认频率比睿频幅度更低，更为节能。

图 2-31　Intel 第二代 Core i 系列处理器的标识

Intel® Core™ i7 - 2600
Intel® Core™ i7 - 2600K

图 2-32　Intel 第二代 Core i 系列处理器的命名方式

第二代 Core i 处理器均内置了显示卡（GPU）。CPU 和 GPU 真正封装在同一晶片上，GPU 已成为第二代 Core i 内部的一个处理单元，Intel 称之为“核芯显卡”。核芯显卡有 HD Graphics 2000 和 HD Graphics 3000 两种版本，两款显示卡均支持 DirectX 10.0 特效、OpenGL 2.0 运算、3D 技术。第二代 Core i 产品采用 LGA 1155 接口，搭配的主板有 3 种，分别是 P67、H67 和 H61。

图 2-33 所示是 Intel Core i3 2100 处理器的外观，CPU 部分采用原生双核设计，通过超线程技术提供 4 个线程，CPU 部分不支持睿频加速技术，但核芯显卡支持睿频。核芯显卡为 HD Graphics 2000，具备 6 个处理单元（EU），默认频率为 850MHz，可睿频到 1.1GHz，支持 DX 10.1 技术。CPU 和核芯显卡共享 3MB 缓存，TDP（Thermal Design Power，热设计功耗）为 65W。

图 2-33　Intel Core i3 2100 处理器

3．Intel 第三代酷睿系列处理器

2012 年 4 月，Intel 公司发布了第三代 Core i 系列处理器 Core i7/i5/i3 和 Pentium，命名为第三代智能酷睿处理器。把工艺更新到 22nm，微构架为 Ivy Bridge，它只是 Sandy Bridge 的改进版，并非全新微架构。第三代 Core i7/i5/i3 内置新一代核芯显卡，有两种型号的核芯显卡，高端型号命名为 HD 4000，主流型号命名为 HD 2500，这是 Ivy Bridge 最大的改进部分。第三代产品与第二代产品相同，采用 LGA 1155 接口，两者兼容。

第三代 Intel Core i7/i5/i3 的命名方式是基于第二代的，其 4 个数字序列中的第一个数字升级为 3，例如 Intel Core i3-3220。图 2-34 所示是 Intel Core i3-3220 处理器的外观。

图 2-34　Intel Core i3 3220 处理器

4．Intel 第四代酷睿系列处理器

2013 年 6 月，Intel 公司发布了采用 22nm 的 Haswell 架构的第四代智能酷睿处理器 Core i7/i5/ i3/Pentium，分别为高端、中、低、入门级 4 个系列。Haswell 架构使用了新的产品

Logo，Logo 图标改成 Windows 8 风格，如图 2-35 所示。2014 年 9 月发布了 Haswell 升级版 Haswell Refresh（Haswell-R），只是升级了主频，其他没有变化。

图 2-35　第四代智能酷睿使用全新系列的标识

第四代智能酷睿处理器的命名方式基于一种字母数字方案，即以品牌及其标识符开头，随后是代编号和产品系列。4 个数字序列中的第一个数字表示处理器的代编号，接下来的三位数是 SKU 编号。在适用的情况下，处理器名称末尾有一个代表处理器系列的字母后缀。以 Core i7-4770K 为例，“Core”是处理器品牌，“i7”是定位标识，“4770”中的“4”代表第四代，“770”是具体型号，“K”代表不锁倍频版。

第四代智能酷睿处理器在性能与上一代产品差距不大，主要特性是采用 Haswell 新架构，22nm 工艺制造，晶体管数量是 14 亿个，而且集成了完整的电压调节器；添加了新的指令集；核芯显卡更新为 HD 4400/4600，支持 DX 11.1、OpenGL 1.2，优化 3D 性能，支持 HDMI、DP、DVI、VGA 接口标准。CPU 接口更换为 LGA 1150，不兼容旧平台，对应全新的 8 系列主板，包含 H81/B85/H87/Z87 四个芯片组，全线整合了原生 USB 3.0、SATA 3.0 接口。图 2-36 所示是 Intel Core i3-4130 处理器的外观。

图 2-36　Intel Core i3-4130 处理器的外观

除桌面处理器外，Intel 公司还推出了 Intel 服务器版本的至强 Xeon 处理器，包括入门级的 Xeon E3-1200 v3 处理器和性能级的 Xeon E5-2600 v2 处理器。

5. Intel 第五代酷睿系列处理器

2015 年 1 月，Intel 公司发布了代号为 Broadwell 的第五代酷睿处理器。第五代酷睿处理器最大的改变是采用 14nm 的制程工艺，处理器的架构基本保持不变，第五代酷睿 Broadwell 和第四代酷睿 Haswell 一样，处理器内部设计依然保留了内置 FIVR（全集成式电压调节模块），而不像第六代酷睿 Skylake 那样将“FIVR 整体移除”，这就是所说的处理器的架构基本保持不变的所在。第五代酷睿 Broadwell 处理器仅支持 DDR3 内存，不支持 DDR4 内存，还是双通道 DDR3。其使用的是 LGA 1150 接口，与第四代一样沿用 Intel 9 系列芯片组（Z97 主板能用）。

Intel 第五代 Broadwell 处理器包含 4 类核芯显卡型号，分别为 GT1、GT2、GT3 与 GT3（28W）。其中 GT3（28W）性能最高，为 Intel Iris Graphics 6100 或 Iris Pro Graphics 6200，拥有 48 个执行单元，并且自带 128MB 增强动态随机存取存储器（eDRAM）的显示缓存；其次是 GT3，也就是 Intel HD Graphics 6000，拥有 48 个执行单元，但是频率略低；然后是

GT2，即 Intel HD Graphics 5500，拥有 24 个执行单元，低端 i3 为 23 个执行单元；最后是 GT1，对应的是 Intel HD Graphics，被削减得仅有 12 个执行单元，性能较低。

第五代智能酷睿处理器的命名方式是基于第四代的，以 Core i7-5775C 为例，“Core”是处理器品牌，“i7”是定位标识，“5775”中的“5”代表第五代，“775”是具体型号，“C”代表不锁倍频版。“C”后缀，与之前 K 系列命令方式中的“K”大同小异，都能够自由超频；不同的是，Broadwell 内置了代号为 Crystalwell 的第 4 级缓存 eDRAM，所以 Intel 公司另起了后缀，让“C”成为它的专属。

第五代 Broadwell 桌面版只有两款产品，分别是 i7-5775C、i5-5675C，搭载 Iris Pro Craphics 6200 核芯显卡，TDP 均为 65W。图 2-37 所示是 Intel Core i5-5675C 处理器的外观及用 CPU-Z 测试得到的数据。

图 2-37　Intel Core i5-5675C 处理器的外观及用 CPU-Z 测试得到的数据

由于 Skylake 处理器不支持 X99 主板，Intel 公司于 2016 年 5 月发布了采用 14nm 制程的 Broadwell-E 系列处理器，采用 LAG 2011-3 接口，包括 i7-6950X、i7-6900K、i7-6850K 和 i7-6800K，内核数分别为 10、8、6、6 个，内核时钟分别为 3.00GHz、3.30GHz、3.60GHz、3.40GHz。

6．Intel 第六代酷睿系列处理器

2015 年 8 月，Intel 第六代酷睿（代号 Skylake）架构处理器发布。Skylake 采用 14nm 制程工艺新架构，性能更强，超频潜力更大；核芯显卡增强，升级为第九代核芯显卡；接口改变，使用 LGA 1151 接口，不兼容旧平台；同时支持 DDR4 和 DDR3L（低电压）。原先从 Haswell 时代开始整合的电压调节器，从 Skylake 中移除，重新整合到主板上。第六代酷睿 Skylake 处理器搭配全新 Intel 100 系列芯片组（最高端是 Z170 主板）。

核芯显卡升级为第九代架构，并且启用了新的三位数字命名方式 HD 530，GT2 级别，24 个执行单元。同时解码能力得到进一步加强，支持 JPEG、JMPEG、MPEG2、VC1、WMV9、AVC、H.264、VP8、HEVC/H.265 硬件解码，支持最新版本的 DirectX、OpenGL 和 OpenGL API 等。

第六代智能酷睿处理器的命名方式同样是基于第四代的。第六代 Skylake 高中端处理器主要包括 i7/i5 系列的 i7-6700K、i7-6700、i5-6600K、i5-6600、i5-6500、i5-6400。中端处理器主要包括 i3 系列的 i3-6300、i3-6100。中低端处理器主要包括奔腾系列的 Pentium G4500、Pentium G4400。入门处理器则为赛扬 G3900、G3920、G3900T。

图 2-38 所示是 Core i7-6700K 处理器的外观及用 CPU-Z 测试得到的数据。Core i7-6700K 处理器采用 4 核 8 线程设计，默认主频为 4.0GHz，通过睿频加速最高频率可以达到

4.2GHz，8MB 的三级缓存，支持 DDR3L1600、DDR4-2133 内存。

图 2-38　Intel Core i7-6700K 处理器的外观及用 CPU-Z 测试得到的数据

此外，第六代高端处理器还包括服务版本的至强 E3 1230 V5。

7. Intel 第七代酷睿系列处理器

2017 年 1 月，Intel 公司发布了桌面版的第七代智能酷睿处理器，产品采用了全新的 Kaby Lake 架构，但依然是 14nm 制程工艺，Intel 将其称作 14nm+。其他参数部分，Kaby Lake 系列新品将原生支持 2400MHz DDR4 内存，并且最高可支持 4000MHz 以上内存频率。Kaby Lake 依然采用 LGA 1151 接口，搭配 200 系列芯片组，同时兼容上代 100 系列芯片组。

Kaby Lake 的核芯显卡为 HD 620，可以解码编码 HEVC 10-bit 与 VP9 格式的 4K 视频，在编辑或播放视频时能耗更低。Intel 公司的官方数据表示 Kaby Lake 处理器播放 4K HEVC 10-bit 视频的续航时间相较于上一代提升了 2.6 倍。自 Kaby Lake 起，Intel 芯片全面支持 4K。

Kaby Lake 系列新品原生支持 Thunderbolt 3 接口。微软官方宣布不再为 Kaby Lake 提供 Windows 10 以下版本的软件支持，微软认为这样做对 PC 市场和消费者都有好处。

Intel 公司在发布 Skylake 处理器时启用了新的“拟物化”CPU 标识，取消了以前的 inside 标识，加上了“7th Gen”的字样，如图 2-39 所示。

图 2-39　第七代智能酷睿处理器使用的标识

第七代智能酷睿处理器的命名方式同样是基于第四代的。第七代 Kaby Lake 桌面高中端处理器主要包括四核的 i7/i5 系列的 i7-7700K、i7-7700、i7-7700T、i5-7600K、i5-7600、i5-7600T、i5-7500、i5-7500T、i5-7400、i5-7400T，K 为不锁频版本，T 为低电压版本，核心时钟频率从 4.2～2.4GHz。图 2-40 所示是 Intel i5-7600K 的外观及用 CPU-Z 测试得到的数据。

图 2-40　Intel Core i5-7600K 处理器的外观及用 CPU-Z 测试得到的数据

8．Intel 第八代酷睿系列处理器

2017 年 8 月，Intel 第八代酷睿处理器上市，产品采用 Coffee Lake 架构，制程工艺从上代的 14nm+升级到 14nm++。产品主要有 i7、i5 和 i3 系列，主要包括 i7、i5、i3 系列各两颗（一颗无锁频的 K 系列，一颗普通版的），i7-8700K/8700 皆为 6 核 12 线程、i5-8600K/8400 皆为 6 核 6 线程、i3-8350K/8100 则皆为 4 核 4 线程。入门的奔腾、赛扬系列，以及发烧级 i9 系列处理器也将陆续上市。第八代酷睿桌面处理器整合的核芯显卡还是 GT2 级别的，24 个 EU 单元，名字变成了 UHD Graphics 630。第八代处理器仍然采用 LGA1151 封装接口，兼容第六代 Skylake 及第七代 Kaby Lake。第八代酷睿 CPU 使用全新的 Intel 300 芯片组，原生支持 USB 3.0，支持 DDR4-2666 内存，支持雷电 3 标准，目前 300 系列只有规格最高的 Z370 芯片组。Intel 第八代酷睿系列处理器的型号及参数见表 2-2。

图 2-41 所示是 Core i7-8700K 处理器的外观及用 CPU-Z 测试得到的数据。

图 2-41 Intel Core i7-8700K 处理器的外观及用 CPU-Z 测试得到的数据

图 2-42 所示是六核的 Coffee Lake 多晶硅示意图，左上部分是内存控制器，左边是 SA（System Agent，系统助手），中间是 6 个物理核心+L3 缓存，右边的部分是 UHD 630 集成显卡。L3 的 RING Bus 环形总线连接 6 个核心。SA 内有双通道内存控制器和 PCI-E 控制器。

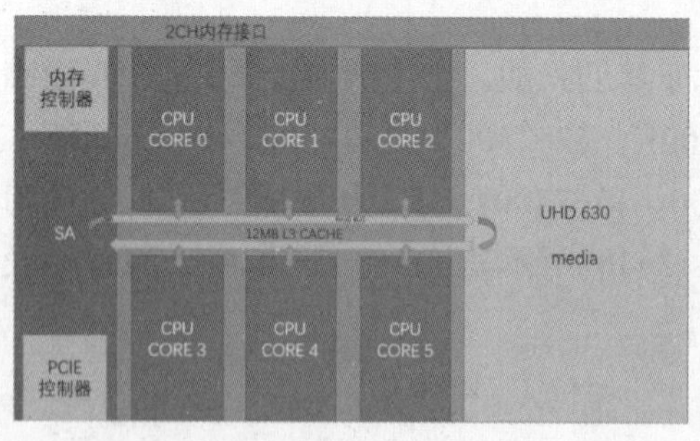

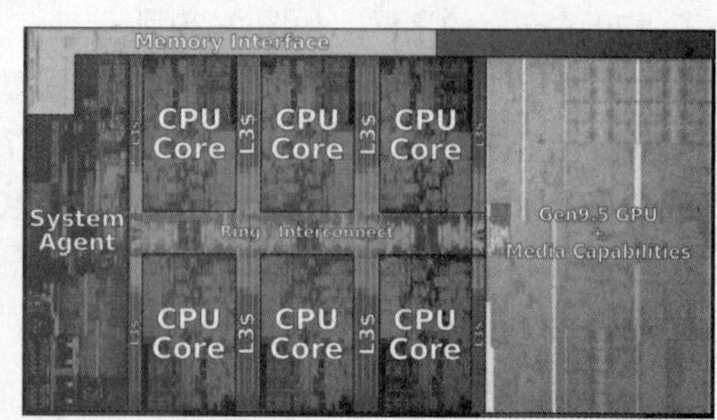

图 2-42 六核的 Coffee Lake 多晶硅示意图

9．Intel 第九代酷睿系列处理器

2018 年 10 月，Intel 发布第九代酷睿桌面处理器，首发了 3 款不锁倍频 K 系列型号产品，分别是 i5-9600K、i7-9700K、i9-9900K，另外还有 i5-9600、i5-9500、i5-9400、i5-9400T（低功耗）、i3-9100、i3-9000。采用 Coffee Lake-S Refresh 架构，第九代芯片继续使用第八代的 14nm++工艺制程，最高拥有 8 核心和 16 线程，5.0GHz 的单核睿频，以及 16MB Intel 智能高速缓存，具有多达 40 条平台 PCIe 3.0 通道，Intel 睿频加速技术 2.0 可支持

实现高达 5.0 GHz 的单核睿频频率。集成核显仍然是第八代酷睿的 UHD 630，内存支持双通道 DDR4-2666。第九代处理器仍然采用 LGA1151 封装接口，兼容前几代。为配合第九代酷睿 CPU，Intel 推出全新 Intel Z390 芯片组，Z390 芯片组包括集成 USB 3.1 Gen 2 高速端口和集成英特尔 Wireless-AC 适配器，支持千兆 WiFi。第九代酷睿处理器兼容所有 Intel 300 系列芯片组主板。Intel 第九代酷睿系列处理器型号、参数见表 2-2。如果是游戏的玩家，Intel 推荐使用 K 系列的产品。如图 2-43 所示是 Core i5-9600K 处理器的外观及用 CPU-Z 测试得到的数据。

表 2-2　Intel 第九代酷睿系列处理器型号、参数

CPU 型号	i9-9900K	i7-9700K	i5-9600K	i5-9600	i5-9500	i5-9400	i3-9100	i3-9000
基本频率	3.6GHz	3.6GHz	3.7GHz	3.1GHz	3.0GHz	2.9GHz	3.7GHz	3.6GHz
最大睿频频率	5.0GHz	4.9GHz	4.6GHz	4.5GHz	4.3GHz	4.1GHz	无	无
内核数/线程数	8/16	8/8	6/6	6/6	6/6	6/6	4/4	4/4
三级缓存	16MB	12MB	9MB	9MB	9MB	9MB	6MB	6MB
TDP	95W	95W	95W	65W	65W	65W	65W	65W

图 2-43　Intel Core i5-9600K 处理器的外观及用 CPU-Z 测试得到的数据

10．Intel 全新酷睿 X 系列处理器

2018 年 11 月，Intel 发布 7 款全新的英特尔酷睿 X 系列处理器（i7-9800X、i9-9820X、i9-9900X、i9-9920X、i9-9940X、i9-9960X 和 i9-9980XE），如图 2-44 所示。全新英特尔酷睿 X 系列处理器提供了丰富的型号，配备有 8 到 18 个核心，最高多达 18 核心 36 线程、24.75MB Intel 智能高速缓存和高达 68 条平台 PCIe 通道。Intel 称睿频加速 Max 技术 3.0 能够实现高达 4.5GHz 的单核睿频频率，并支持将最关键的工作负载导向处理器的两个速度最快的核心，以便根据需要提升轻度多线程应用工作负载的性能。X 系列的平台主打的市场是内容创建的市场，能够帮助内容创作者组建可扩展性的台式机平台，可支持内容创作者同时快速开展录制、编码、编辑、渲染和转码多项工作。

图 2-44　Intel 全新酷睿 X 系列处理器

2.1.8 AMD 64 位 APU 多核处理器

APU（Accelerated Processing Unit，加速处理器）是 AMD 公司收购 ATI 公司之后提出的，它把 CPU 与 GPU 的功能融合在一起，封装在一个核心里，是 CPU 与 GPU 两种异架构芯片真正融合后的产品，也是计算机中两个最重要处理器的融合，相互补充，实现异构计算加速以发挥最大性能。AMD A 系列面向桌面主流市场，A 系列 APU 是 AMD 公司近几年来最重要的产品之一。AMD A 系列 APU 微架构由 5 部分融合而成：CPU、GPU、北桥、内存控制器和输入/输出控制器。

AMD 的 x86 架构基本都是 4 年更换一代，比如 2003 年的 K8（Opteron、Athlon 64），2007 年的 K10，2011 年的 Bulldozer（推土机）。

自 2011 年第一代 APU 和第一代 FX 系列处理器发布后，AMD 公司便开始实行类似 Intel 公司的 Tick-Tock 钟摆更新计划，每年更新一次处理器。AMD 微架构的命名都和机械工程相关。AMD 公司这几年的 CPU 架构一直依赖 Bulldozer（推土机），之后的应该都是推土机的优化改进版，每年改进一次。后来衍生出了 Piledriver（打桩机）、Steamroller（压路机）、Excavator（挖掘机）。2011 年的第一代是 Bulldozer（推土机），2012 年的第二代是 Piledriver（打桩机），2013 年的第三代是改进的 Piledriver（打桩机），2014 年的第四代是 Steamroller（压路机），2014 年的第五代只发布了低耗能版本，2015 年的第六代是增强版的 Steamroller（压路机），2016 年的第七代是挖掘机（Excavator）。AMD APU 代号如图 2-45 所示。

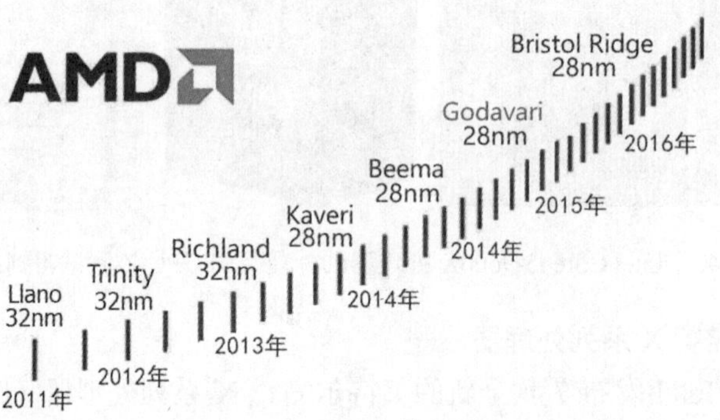

图 2-45 2011～2016 年的 AMD APU 代号

AMD 公司历代 APU 产品及其相关参数见表 2-3。

表 2-3 AMD 公司历代 APU 产品及其相关参数

代	制程	平台名	核心代号	上市年	接口	图形处理器
第一代	32nm	Llano	K10/Bulldozer	2011 年	FM1	HD 6000
第二代	32nm	Trinity	Piledriver	2012 年	FM2	HD 7000
第三代	32nm	Richland	Piledriver+	2013 年	FM2	HD 8000
第四代	28nm	Kaveri	Steamroller	2014 年	FM2+	Radeon R7
第五代	28nm	Beema	Puma	2014 年	未知	Radeon R5
第六代	28nm	Godavari	Steamroller+	2015 年	FM2+	Radeon R7
第七代	28nm	Bristol Ridge	Excavator	2016 年	AM4	Radeon R7/R5

1．AMD 第一代 APU 处理器

AMD 公司于 2011 年 6 月发布了研发代号为 Llano 的第一代 AMD A 系列 APU 产品。AMD A 系列采用 32nm 制造工艺，CPU 单元基于 K10 架构，内置 HD 6000D 系列独立显卡核心，FM1 接口，不兼容 AM3/AM3+ CPU。AMD A 系列 APU 的配套主板是 A75 和 A55。AMD A 系列根据 CPU 核心数目和 GPU 级别，被划分为 A8（四核）、A6（四核）和 A4（双核）3 个系列，主频为 2.1～2.9GHz，其产品标识如图 2-46 所示。AMD A 系列命名为“3 系列”，具体型号有 A8-3800/3700、A6-3600/3500、A4-3300 AMD A6-3600 处理器的外观如图 2-47 所示。

图 2-46　AMD A、FX 系列的产品标识

图 2-47　AMD A6-3600 处理器

AMD 公司于 2011 年 9 月发布了 Bulldozer（推土机）微架构，核心代号为 Zambezi 的 FX 系列。AMD FX 系列是高端、旗舰级 CPU，面向高端桌面市场。AMD FX 不属于 APU 系列。Bulldozer 微架构是 AMD K10 之后的最新一代 CPU 微架构，Bulldozer 微架构的重大改进主要有：采用 32nm SOI 制造工艺，全新的模块化设计。AMD FX 系列，根据 CPU 的核心数目划分为 FX-8000、FX-6000 和 FX-4000 系列，分别代表八核、六核和四核，其中旗舰级的 FX-8000 系列将成为桌面级第一款八核心 CPU。FX 系列采用新的封装接口 Socket AM3+（向下兼容），可搭配 900 系列芯片组主板，支持双通道 DDR3 1866MHz 内存。

2．AMD 第二代 APU 处理器

2012 年 6 月，AMD 发布了核心代号为 Trinity 的第二代 APU 产品。CPU 单元引入模块化打桩机 Piledriver 架构，第二代 APU 采用 32nm 制程工艺，主频为 3.4～4.2GHz，GPU 部分为 HD 7000D 系列。第二代 APU 家族成员由双核的 A4、A6 和四核的 A8、A10 组成，命名为“5 系列”，处理器具体型号有 A10-5800/5700、A8-5600/5500、A6-5400、A4-5300。AMD A10-5700 的外观如图 2-48 所示。第二代 APU 采用 FM2 接口，主板可以搭配对应的 A55/A75/A85X 芯片组，它们所支持的 SATA 3、USB 3.0 已经逐步成为标准配置。

图 2-48　AMD A10-5700 处理器

3．AMD 第三代 APU 处理器

2013 年 6 月，AMD 发布了核心代号为 Richland 的第三代 APU 产品。这一代属于 Trinity 的小幅度增强版，AMD 将其称为增强打桩机 Piledriver。Richland 无论架构还是制程工艺都与 Trinity 相同，沿用 FM2 接口，基于 32nm 工艺制作，基础频率突破 4.0 GHz，命名为“6 系列”。新的系列包括双核和四核产品，TDP 分别为 65W 和 100W。Richland APU 依旧分为 A4、A6、A8 和 A10 四大系列，Richland 架构 APU 有 A10-6800K、A10-6700、A8-6600K、A8-6500、A6-6400K 等型号（A10、A8 为四核，A6 为双核），均集成了 HD 8000D 系列独立显卡核心。此外，Richland 支持 DDR3-2133 内存以及无线显示技术，无线显示技术可以将 PC 中的画面直接传输到手机、平板电脑、电视等终端。AMD A10-6800K 处理器的外观如图 2-49 所示。

4．AMD 第四代 APU 处理器

图 2-49 AMD A10-6800K 处理器

2014 年 1 月，AMD 发布了第四代 APU 产品 Kaveri APU，命名为“7 系列”。Kaveri APU 采用模块化 Steamroller（压路机）架构，制造工艺 28nm；拥有 4 个 CPU 核心和 8 个 GPU 图形单元，共计 12 个计算核心（Compute Core）；CPU 频率为 3.7～4.0GHz，二级缓存 4MB，内存支持 DDR3-2400。GPU 核心为桌面级 Radeon R7。TDP 为 95～45W 动态调整。Kaveri APU 改用新的 FM2+接口，对应芯片组为新推出的 A88X、A78。FM2+主板向下兼容 FM2 APU。图 2-50 所示是 AMD A10-7850K 处理器的外观、包装及用 CPU-Z 测试得到的数据。

图 2-50 AMD A10-7850K 处理器的外观、包装及用 CPU-Z 测试得到的数据

5．AMD 第五代 APU 处理器

2014 年 5 月，AMD 公司发布了移动版的低功耗 APU Beema/Mullins，28nm 制造工艺。这个版本被称为第五代 APU。第五代没有桌面版产品。

6．AMD 第六代 APU 处理器

2015 年 5 月，AMD 公司发布第六代桌面版 APU。第六代桌面版 APU 采用 Godavari 架构，依然延续了 28nm 的制程，FM2+接口。Godavari 是对上一代 Kaveri 架构的改进，最多拥有 4 个 Steamroller（压路机）核心；集成的 Radeon 7 显卡，基于 GCN 1.1 架构，集成双通道 DDR3 内存控制器，支持异构系统架构。

Godavari APU 的 LOGO 标识包括 FX、A10、A8。新标识的整体设计和当前的基本一致，不过周边底色从黑色变成了白色，中间背景从纹理变成了硅芯片内核的样子。最关键的变化在于底部，增加了一个“6TH GENERATION”（第六代）的标注（如图 2-51 所示）。这在 APU 处理器乃至 AMD 处理器历史上还是第一次。印上六代标识的意图很清晰，就是为了有更好的市场推广。

第六代在型号命名上变为 Ax-8050 系列，即大都以 50 作为数字部分的结尾，包括 A10-8850K、A10-8750、A8-8650K、A8-8650、A6-8550K、Athlon X4 870K、Athlon X4 850、A10 Pro-8850B、A10 Pro-8750B、A8 Pro-8650B、A6 Pro-8550B、A4 Pro-8350B。图 2-52 所示是 AMD A10-8550K 处理器的外观。A88X、A78 主板同样可以安装第六代 APU 系列处理器。

7．AMD 第七代 APU 处理器

2016 年 9 月，AMD 公司发布了代号为 Bristol Ridge 的桌面第七代 AMD A 系列 APU 产品，CPU 架构升级为 Excavator（挖掘机）架构。第七代采用改进的 28nm 制程工艺，Socket

AM4 封装接口。第七代 APU 产品有高端的 A12、A10，支持 DDR4-2400 内存；低端的 A8、A6、ATHLON 支持 DDR4-2133。支持 USB 3.1、HDMI 2.0、PCI-E 3.0、H.265 硬件解码、VP9 解码、MJPEG 解码。AMD 公司为第七代 APU 准备了三款 AM4 接口的芯片组，AMD B350 对应主流市场，AMD A320 对应大众市场，AMD X/B/A300 对应小型主板。

图 2-51　AMD 第六代 APU 处理器的标识

图 2-52　AMD A10-8550K 处理器

Bristol Ridge APU 的 LOGO 标识包括 A12、A10、A8、A6、ATHLON，新标识的周边为黑色，中间背景为红色纹理，并增加了“7TH GEN”（第七代）的标注，如图 2-53 所示。

图 2-53　AMD 第七代 APU 处理器的标识

第七代桌面级 APU（Bristol Ridge）最高端的 A12-9800 配备 4 个核心，基础主频 3.8GHz、最高 4.2GHz；Radeon R7 GPU 有 512 个流处理器，TDP 为 65W。A10-9700、A8-9600 也都是 65W 的四核心处理器，A6-9500 则是 65W 的双核心处理器。A12-9800E、A10-9700E 则都是四核心 35W 节能型（E 表示节能型）处理器。A6-9500E 是 35W 双核心处理器，采用 Radeon R5 GPU。在 Bristol Ridge 中有一款非 APU 型号为 Athlon X4 950，采用四核，基础频率 3.5GHz，TDP 为 65W。Bristol Ridge 面向的不是零售市场，而几乎全部面向 OEM（原始设备制造商）市场。

图 2-54 所示是 AMD A12-9800 处理器的外观、包装及用 CPU-Z 测试得到的数据。

图 2-54　AMD A12-9800 处理器的外观、包装及用 CPU-Z 测试得到的数据

2.1.9　AMD 64 位锐龙处理器

AMD 公司从 2012 年开始研发 Zen 微架构处理器，到 2017 年 3 月上市，研发 Zen 微架构处理器花费了将近 5 年的时间。AMD 公司给 Zen 微架构的处理器起了一个新的名字 Ryzen，中文名为锐龙。锐龙 Ryzen 处理器采用了全新的 Zen 微架构，跟 FX 系列推土机架

构及更早的羿龙 K10 架构完全不同，是一次重大升级。包装也做了大革新，意味着一切都是全新的，其标识如图 2-55 所示。Ryzen 要取代的是 Bulldozer（推土机）及其后来的改进版本 Piledriver（打桩机）、Steamroller（压路机）、Excavator（挖掘机）。

AMD Zen 是一次真正从底层开始完全重新设计的 CPU 架构，性能、能效并重，号称 IPC（每时钟周期指令数）比上代挖掘机提升了超过 40%。AMD 公司称，Ryzen 代表新 x86 架构，将至少维持 4 年寿命。Ryzen 采用全新的 AM4 处理器接口，1331 针。在未来这 4 年中，AMD 公司不是效仿 Intel 公司的 Tick（制程）-Tock（架构），而是 tock-tock-tock，也就是每年都有一代 Ryzen 的新架构。Zen 架构是未来多年发展的基础，其中 12nm Zen+已经于 2018 年 3 月上市，2019 年将带来第二代 Zen 2，采用新的 7nm 制程工艺，从多个方面改进架构。再往后就是第三代架构 Zen 3，工艺标注为 7nm+，也就是升级版 7nm，预计大约会在 2020 年面世。AMD x86 处理器计划如图 2-56 所示。

图 2-55　AMD 的 Ryzen 标识

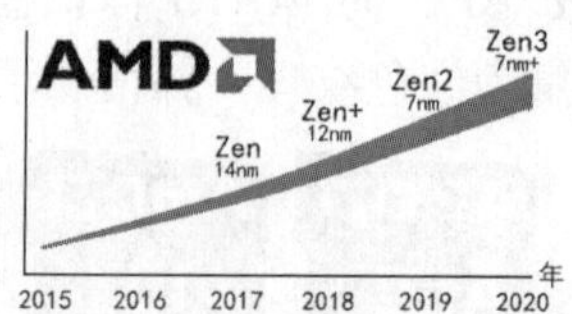

图 2-56　AMD x86 处理器计划图

第一代 Zen 架构，高端消费级代号是 ThreadRipper（线程撕裂者），不带显示核心的 CPU 代号是 Summit Ridge，带显示核心的 APU 代号是 Bristol Ridge。

第二代 Zen+架构，高端消费级代号是 ThreadRipper2（线程撕裂者），不带显示核心的 CPU 代号是 Pinnacle Ridge，带显示核心的 APU 代号是 Raven Ridge。

第三代 Zen 2 架构，高端消费级代号是 ThreadRipper2，核心代号为 Castle Peak。不带显示核心的 CPU 代号是 Matisse（马蒂斯），带显示核心的 APU 代号是 Picasso（毕加索）。

第四代 Zen 3 架构，高端消费级代号是 NG HEDT（Next-Gen High-DeskTop Top，下一代高端消费级），不带显示核心的 CPU 代号是 Vermeer（弗美尔），带显示核心的 APU 代号是 Renoir（雷诺阿）。

Zen 2、Zen 3 的处理器代号会采用新的命名模式，每一代都以一位欧洲知名画家的名字命名。AMD Zen 桌面处理器路线及处理器代号见表 2-4。

表 2-4　AMD Zen 桌面处理器路线及处理器代号

上市年	2017 年	2018 年	2019 年	2020 年
微架构名（制程工艺）	Zen（14nm）	Zen+（12nm）	Zen 2（7nm）	Zen 3（7nm+）
高端消费级的 CPU 代号	ThreadRipper	ThreadRipper 2	Castle Peak	NG HEDT
不带显示核心的 CPU 代号	Summit Ridge	Pinnacle Ridge	Matisse（马蒂斯）	Vermeer（弗美尔）
带显示核心的 APU 代号	Bristol Ridge	Raven Ridge	Picasso（毕加索）	Renoir（雷诺阿）
处理器接口	AM4	AM4	AM4	AM4
芯片组	X370、B350、A320	X470、B450、A320		

锐龙不是 APU 的升级，所以 AMD 公司没有称锐龙是第八代 APU。除已经面市的 Ryzen 5 2400G 和 Ryzen 3 2200G 集成有 Vega GPU 外，其他锐龙处理器并不集成 GPU 显示核心。

除高端消费级的 AMD ThreadRipper 系列外，锐龙 Ryzen 的产品及命名包括：旗舰级的

Ryzen 7 系列、高性能的 Ryzen 5 系列、主流的 Ryzen 3 系列。每个系列都采用 4 位数，其中最高位数字代表代数，第一代为 1XXX，第二代为 2XXX。后缀的 X 代表该 CPU 支持 AMD 的 XFR（自适应动态扩频）技术，能够根据温度和功耗自动提升主频。后缀 G 代表该 CPU 带有显卡核心，也就是说，该 CPU 是 APU。

1. 第一代锐龙

2017 年 3 月，最先上市的是旗舰级的型号 Ryzen 7 1800X/1700X/1700，核心代号 Summit Ridge，14nm 制程工艺，均采用 8 核 16 线程，主频为 3.4～4.0GHz，3MB 二级缓存（每核心 512KB），16MB 三级缓存（每 4 个核心共享 8MB），热设计功耗 95W。4 月份上市的 Ryzen 5 系列，包含 1600X、1600、1500、1400 等型号，6 核 12 线程、4 核 8 线程，主频为 3.2～3.7GHz。7 月上市的 Ryzen 3 系列，包含 Ryzen 3 1300X/1200，4 核 4 线程，主频 3.1～3.5GHz。无核心显卡，均支持 DD4-2667MHz 双通道，AMD SenseMI 技术、不锁频、自适应动态扩频（XFR）。AMD Ryzen 系列处理器的参数见表 2-5。8 月份上市的 AMD ThreadRipper 1950X，16 核 32 线程。X370/B350/A320 系列主板芯片组均支持锐龙 AMD Ryzen 7/5/3 系列产品。

表 2-5 AMD Ryzen 系列处理器的参数

CPU 型号	1800X	1600	1500X	1300X	1200
核心代号	Summit Ridge	Summit Ridge	Summit Ridge	Summit Ridge	Summit Ridge
接口类型	AM4	AM4	AM4	AM4	AM4
核心数/线程数	8/16	6/12	4/8	4/4	4/4
基础主频/GHz	3.6	3.2	3.5	3.4	3.1
最高动态主频/GHz	4.0	3.6	3.7	3.5	3.5
二级缓存/MB	4	3	2	2	2
三级缓存/MB	16	16	16	16	16
内存支持	DDR4	DDR4	DDR4	DDR4	DDR4
核心显卡	无	无	无	无	无
自适应扩频	支持	不支持	支持	支持	不支持
手动调频	支持	支持	支持	支持	支持
TDP/W	95	65	65	65	65

AMD Ryzen 1700X 处理器的外观、包装及用 CPU-Z 测试得到的数据，如图 2-57 所示。

2. 第二代锐龙

2018 年 3 月，AMD Ryzen 系列处理器的第二代产品上市，命名为 Ryzen 7/5/3 2000 系列。第二代系列产品的架构进化为 Zen+，12nm 制程工艺，芯片代号为 Pinnacle Ridge，从硬件底层改进以提升缓存、内存速度并降低延迟，内存支持频率抬高到 DDR4-2993，新的动态加速 Precision Boost 2，加入新的多核心加速算法，可以为游戏和应用程序带来更高性能。第二代 Ryzen 处理器产品包括 Ryzen 7 2700X、Ryzen 7 2700、Ryzen 5 2600X 和 Ryzen 5 2600 等。第二代锐龙 Ryzen 继续采用 AM4 封装接口，完全保持向下兼容，芯片组同步进化为 400 系列，首发高端型号 X470，改进性能、功能并降低功耗。300 系列主板只需更新 BIOS 即可支持，产品包装上也会标有“Ryzen Desktop 2000 Ready”标签。

2018 年 2 月，AMD 公司上市了基于 Ryzen 架构的第八代桌面平台 APU 处理器，CPU 部分

是 2017 年推出的 Zen 架构 Ryzen 核心，GPU 部分是 2017 年最新的 Vega 架构核心，14nm 工艺，均采用 AM4 标准接口。首发两款 APU，分别为 Ryzen 5 2400G 和 Ryzen 3 2200G，AMD 公司将这两款 APU 产品定位为第二代锐龙。Ryzen 5 2400G、Rzyen 3 2200G 声称是“世界上图形性能最强的桌面处理器”。Ryzen 5 2400G 和 Ryzen 3 2200G 处理器的参数见表 2-6。

图 2-57　AMD Ryzen 1700X 处理器的外观、包装及用 CPU-Z 测试得到的数据

表 2-6　Ryzen 5 2400G 和 Ryzen 3 2200G 处理器的参数

CPU 型号	Ryzen 5 2400G	Ryzen 3 2200G
核心代号	Raven Ridge	Raven Ridge
接口类型	AM4	AM4
核心数/线程数	4/8	4/4
制程工艺	14nm	14nm
是否锁频	否	否
基础主频/GHz	3.6	3.5
动态加速主频/GHz	3.9	3.7
二级缓存/MB	2	2
三级缓存/MB	4	4
内存支持	双通道 DDR4-2933，最大容量 64GB	双通道 DDR4-2933，最大容量 64GB
核心显卡	Radeon Vega 11	Radeon Vega 8
GPU 计算单元/个	11	8
GPU 流处理器/个	704	512
纹理单元/个	44	32
ROP 单元/个	16	16
GPU 最高主频/GHz	1.250	1.100
TDP/W	65	65
芯片组支持	X370、B350、X470	X370、B350、X470

AMD Ryzen 5 2400G 处理器的外观、包装及用 CPU-Z 测试得到的数据如图 2-58 所示。

如图 2-59 所示，第二代的 Zen+架构仍然由 CPU Complex（CCX）组成，每一个 CCX 模块仍然拥有 4 个 Zen+物理核心（CORE），CCX 中的每个核心有 64KB 的 L1 指令缓存，每个核心有 32KB 的 L1 数据缓存，每核拥有 512KB 的 L2 缓存，所有核心共享 8MB 的 L3 缓存。所有物理核心均支持超线程（SMT）技术。

图 2-58　AMD Ryzen 5 2400G 处理器的外观、包装及用 CPU-Z 测试得到的数据

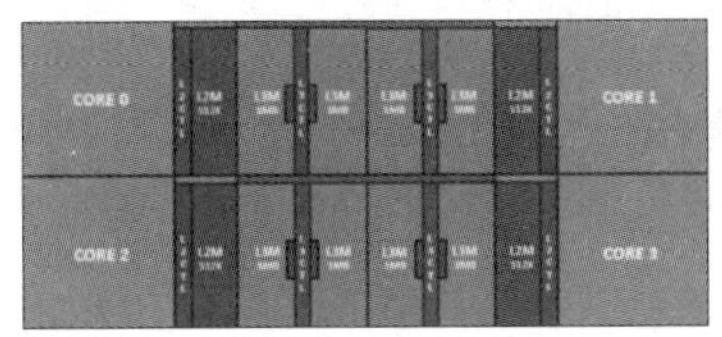

图 2-59　4 核心 Zen+架构 CPU 多晶硅示意图

2.2　CPU 的分类、结构、主要参数和选购

了解 CPU 的分类、结构和主要参数对理解 CPU 的技术指标很有帮助。

2.2.1　CPU 的分类

按照分类项目的不同，CPU 有以下多种分类方法。

1．按 CPU 的生产厂家分类

按 CPU 的生产厂家分，CPU 可分为 Intel CPU、AMD CPU 等。

2．按 CPU 的位数分类

CPU 的位数是指 CPU 中通用寄存器的数据宽度，即 CPU 一次可以运算的位数。按 CPU 的位数可分为 4 位、8 位、16 位、32 位和 64 位。

3．按 CPU 的接口分类

按 CPU 的接口分，Intel 系列分为 LGA 1156、LGA 1155、LGA 1150、LGA1151 等，AMD 系列分为 Socket AM2、Socket AM2+、Socket AM3、Socket FM1、Socket FM2、Socket FM2+、Socket FM4 等。

4．按 CPU 的核心数量分类

按 CPU 的核心（内核）数量分类，可分为单核 CPU、双核 CPU、三核 CPU、四核 CPU、六核 CPU、八核 CPU 等，未来将向多核 CPU 发展。例如，AMD Ryzen 3 2200G 是四核 CPU，Intel i7-8700K 是六核 CPU。

5．按 CPU 型号或标称频率分类

每个 CPU 都有一个型号或标称频率，同一档次系列的 CPU 按照型号或标称频率又分为不同规格，例如，AMD Ryzen 3 2200G（3.5GHz）、Intel i7-8700K（3.7GHz）。

6．按 CPU 的研发（核心）代号分类

同一系列的 CPU，按其研发或核心代号的不同，又分为多种版本或代号。不同的代号采

用不同的技术，将直接影响到 CPU 的性能。一般来说，版本越新，性能越好。

7．按适合安装的主板芯片组分类

CPU 型号、档次不同，配套的主板芯片组也不相同，即便是相同的 CPU 接口，有些也不能通用。

8．按应用场合（适用类型）分类

针对不同用户的需求、不同的场合，CPU 被设计成各不相同的类型。CPU 按适用类型或应用场合分为桌面（台式）版 CPU、移动版 CPU 和服务器版 CPU。

- 桌面版 CPU 也就是台式计算机适用的 CPU，是本书主要介绍对象。
- 移动版 CPU 主要用在笔记本电脑中，其特点是发热量小、节电。移动版 CPU 都包含有独特的节能技术。
- 服务器版 CPU 主要应用于服务器和工作站，此类 CPU 在稳定性、处理速度、多任务等方面的要求都高于桌面版 CPU。

2.2.2　CPU 的外部结构

CPU 的外观和结构都非常相似，从外部看，CPU 主要由两个部分组成：一个是内核，另一个是基板。下面以图 2-60 所示的两款四核 CPU（AMD A10-7850K 和 Intel Core i7-6700K）为例，介绍 CPU 的外部结构。

图 2-60　CPU 的外部结构（上图为 AMD A10-7850K，下图为 Intel Core i7-6700K）

1．CPU 的核心

核心（也称内核）是 CPU 最重要的组成部分。CPU 中间凸起部分就是核心（Die），是 CPU 硅晶片部分。目前，绝大多数 CPU 都采用了一种翻转核心的封装形式。也就是说，CPU 内核在硅芯片的底部被翻转后封装在陶瓷电路基板上，这样能够使 CPU 内核直接与散热装置接触。CPU 内核的另一面通过覆盖在电路基板上的引脚与外界电路连接。

由于 CPU 的核心工作强度很大，发热量也大，而且 CPU 的核心非常脆弱，为了核心的安全，同时为了帮助核心散热，现在的 CPU 一般在其核心上加装一个金属盖。金属盖不仅可以避免核心受到意外伤害，同时也增加了核心的散热面积。

2．CPU 的基板

CPU 基板就是承载 CPU 核心用的电路板，它负责核心芯片与外界的数据传输。在它上面常焊接有电容、电阻，还有决定 CPU 时钟频率的桥接电路。在基板的背面或者下沿，有引脚或者卡式接口，它是 CPU 与外部电路连接的通道，同时也起着固定 CPU 的作用。

早期的 CPU 基板都是采用陶瓷制成的，而最新的 CPU 有些已改用有机物制造，它能提供更好的电气和散热性能。

3．CPU 的编码

在 CPU 编码中，都会注明 CPU 的名称、时钟频率、二级缓存、前端总线、核心电压、封装方式、产地、生产日期等信息，但是 AMD 公司与 Intel 公司标记的形式和含义有所不同。图 2-61 所示是 Intel Core i7-7700K 上刻印的标识，图 2-62 所示是 AMD Ryzen 7 2700X 上刻印的标识。

图 2-61　Intel Core i7-7700K 上刻印的标识

图 2-62　AMD Ryzen 7 2700X 上刻印的标识

4．CPU 的接口

CPU 通过接口与主板连接。CPU 采用的接口方式有引脚式、触点式、卡式等。目前，CPU 的接口主要是引脚式和触点式，主板上也有相应的接口类型，不同类型的 CPU 有不同的 CPU 接口。目前主流处理器的接口如下。

（1）Intel 的处理器接口

从 2004 年 6 月 Intel 公司发布触点式 CPU 接口标准以来，发布的 CPU 均采用触点式。Intel LGA 封装的触点式 CPU 如图 2-63 所示。根据 CPU 型号的不同，又分为 LGA 775、LGA 1366、LGA 1156、LGA 1155、LGA 1150、LGA 1151 等。

（2）AMD 的处理器接口

AMD 一直采用引脚式 CPU 接口，AMD Socket 封装的引脚式 CPU 如图 2-64 所示。根据 CPU 型号的不同，又分为 Socket FM1、Socket FM2、Socket FM2+、Socket AM4 等。

图 2-63　Intel LGA 封装的触点式 CPU　　　图 2-64　AMD Socket 封装的引脚式 CPU

2.2.3　CPU 的接口插座

CPU 必须安装在接口类型相同的主板上，目前主流的 CPU 接口插座采用 Socket 形式。Socket 接口是方形零插入力（Zero Insert Force，ZIF）接口，接口上有一根拉杆，在安装和

更换 CPU 时只要将拉杆向上拉出，就可以轻易地插进或取出 CPU。下面分别介绍目前主流的 CPU 接口插座。

1. Intel 的 LGA CPU 接口插座

Intel LGA（Land Grid Array）CPU 插座没有引脚插孔，采用的是非常纤细的弯曲的弹性金属丝，通过与 CPU 底部对应的触点相接触。由于 CPU 的表面温度很高，因此 LGA 插座为金属制造，在插座的盖子上还卡着一块保护盖。LGA 插座最初是 Intel 公司在 2004 年 6 月发布 Intel Pentium 4 的 CPU 接口标准。

（1）LGA 1156 接口

LGA 1156 接口是 2010 年 1 月 Intel 公司发布的支持第一代 Nehalem/Clarkdale Core i3/i5/i7 CPU 的接口标准。LGA 1156 接口插座如图 2-65 所示。

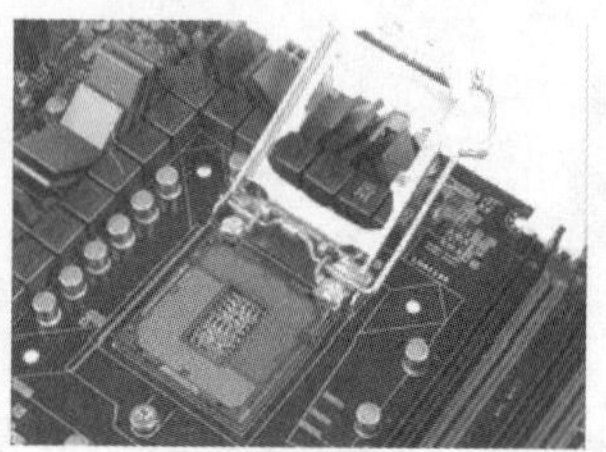

图 2-65　LGA 1156 接口插座

（2）LGA 1155 接口

LGA 1155 接口是 2011 年 1 月 Intel 公司发布的支持第二代 Sandy Bridge Core i3/i5/i7 CPU 的接口标准，其结构、大小与 LGA 1156 相似。LGA 1155 接口插座如图 2-66 所示。第三代 Core i3/i5/i7 CPU 也采用 LGA 1155 接口。

图 2-66　LGA 1155 接口插座

（3）LGA 1150 接口

LGA 1150 接口是 2013 年 6 月 Intel 公司发布的支持第四代 Haswell Core i3/i5/i7 CPU 的接口标准。LGA 1150 接口插座如图 2-67 所示。第五代 Broadwell Core i3/i5/i7 CPU 也使用 LGA 1150 接口。

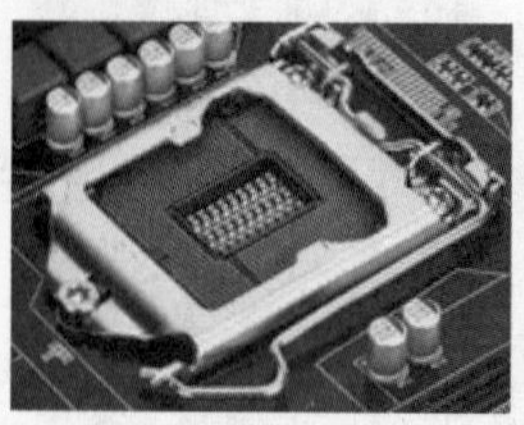

图 2-67　LGA 1150 接口插座

（4）LGA 1151 接口

LGA 1151 接口是 2015 年 8 月 Intel 公司发布的支持第六代 Skylake Core i3/i5/i7 CPU 的接口标准。LGA 1151 接口插座如图 2-68 所示。Intel 公司第七代的 Kaby Lake 和第八代的 Coffee Lake 仍然采用 LGA 1151 接口。

图 2-68　LGA 1151 接口插座

（5）LGA 2011 V3 接口

2011 年 8 月，Intel 公司发布了 LGA 2011-0 接口的 SandyBridge-E 处理器，芯片组为 X79。2014 年 8 月，Intel 公司发布了采用 LGA 2011-3 接口的 Haswell-E 处理器，芯片组为 X99。2016 年 5 月，Intel 公司发布了最新一代采用 LGA 2011-3 接口、14nm 制程的 Broadwell-E 系列处理器。

拥有多达 2011 个针脚的 LGA 2011 接口，是 Intel 公司高端桌面、工作站和服务器的 CPU 接口标准。LGA 2011-3 接口不向下兼容 LGA 2011-0。LGA 2011-3 接口插座如图 2-69 所示。

图 2-69　LGA 2011-3 接口插座

2. AMD 的 Socket CPU 接口插座

AMD Socket CPU 接口插座有引脚插孔，通过把 CPU 引脚插入插座的方式相接触。

（1）Socket FM1 接口

Socket FM1 接口是 2011 年 6 月 AMD 公司发布的第一代 APU（Llano）的接口标准。Socket FM1 接口插座如图 2-70 所示。

图 2-70　Socket FM1 接口插座

（2）Socket FM2 接口

Socket FM2 接口是 2012 年 10 月 AMD 公司发布的第二代 APU（Trinity）的接口标准，

同时也支持第三代 APU。Socket FM2 接口插座如图 2-71 所示。

图 2-71　Socket FM2 接口插座

（3）Socket FM2+接口

Socket FM2+接口是 2014 年 1 月 AMD 公司发布的第四代 APU（Kaveri）的接口标准，906 个针脚，插槽尺寸为 40mm×40mm。Socket FM2+接口插座如图 2-72 所示。第六代 APU（Godavari）也采用 Socket FM2+接口。

图 2-72　Socket FM2+接口插座

（4）Socket AM2/AM2+接口

Socket AM2 接口是 2004 年 AMD 公司发布的支持 Athlon 64 X2 系列的处理器接口。Socket AM2+接口是 2007 年 AMD 公司发布的四核 Phenom 处理器系列处理器采用的处理器接口。AM2 和 AM2+其实是完全一样的两个插槽，都是 940 根针脚，如图 2-73 所示。采用 AM2 接口以及采用 AM2+接口的处理器都可以接近完美地兼容另一种接口的主板（只要 BIOS 能够识别）。

图 2-73　Socket AM2/AM2+接口插座

（5）Socket AM3/AM3+接口

Socket AM3 接口是 2009 年 AMD 公司推出 K10.5 架构的双核/四核处理器 Phenom II、Athlon II 采用的接口标准。Socket AM3 接口插槽拥有 941 个孔，不过 Socket AM3 接口的处理器只有 938 个引脚。Socket AM3+接口是 2011 年 AMD 公司发布 Bulldozer（推土机）微架构，FX 系列采用新的封装接口，插槽拥有 942 个孔，而 Socket AM3+接口处理器也不过只有 940 个引脚。这些多出的孔理应是出于上下代兼容的考虑而预留的。Socket AM3/AM3+接口插座如图 2-74 所示。

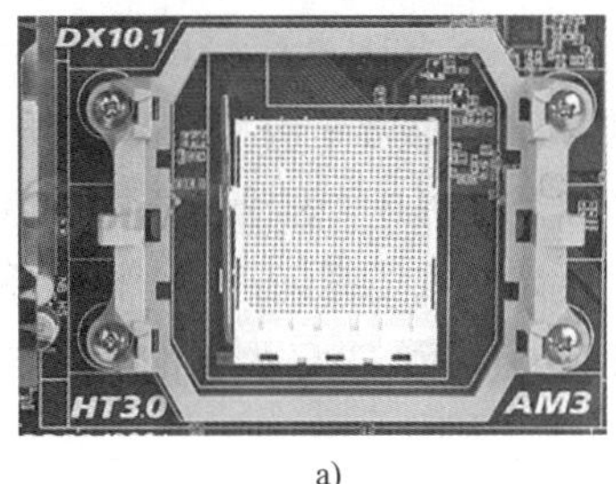

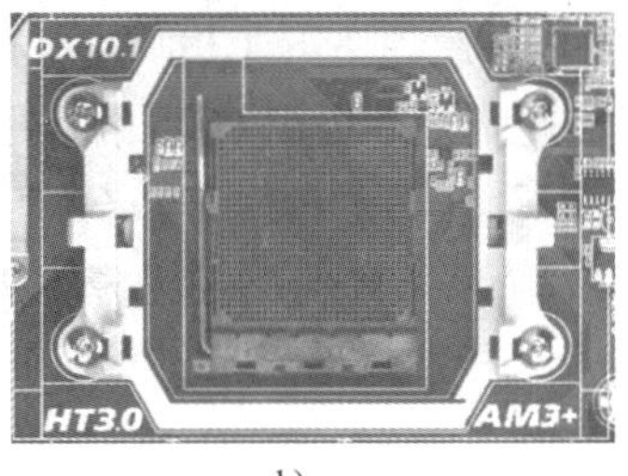

a)　　　　b)

图 2-74　Socket AM3/AM3+接口插座

a) Socket AM3 接口插座　b) Socket AM3+接口插座

（6）Socket AM4 接口

Socket AM4 接口是 2017 年 3 月 AMD 公司发布的 Zen 微架构锐龙 Ryzen 处理器采用的 CPU 接口标准。Socket AM4 处理器接口有 1331 个引脚，插槽尺寸为 40mm×40mm，如图 2-75 所示。

图 2-75　Socket AM4 接口插座

2.2.4　CPU 的主要参数

CPU 的技术参数有许多，主要参数如下。

1. 代号、核心架构、名称

为了便于对 CPU 设计、生产、销售的管理，在研发过程中，厂商就会给它们一个研发代号用于称呼。例如，AMD Ryzen 7 2700X 的核心代号为 Pinnade Ridge（如图 2-76 所示），Intel Core i7-6700K 的核心代号是 Skylake（如图 2-77 所示）。

图 2-76　AMD Ryzen 7 2700X 的参数

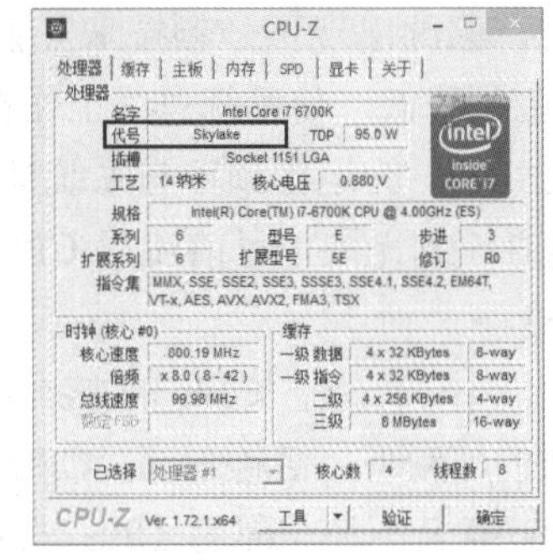

图 2-77　Intel Core i7-6700K 的参数

简单来说，核心架构就是 CPU 核心的设计方案。影响 CPU 性能的因素分为工艺因素和架构因素。半导体工艺水平决定了芯片的集成度和可达到的时钟频率，而 CPU 的架构则决定了在相同集成度和时钟频率下 CPU 的执行效率。工艺因素和架构因素是相互制约和影响的。更新 CPU 架构能有效地提高 CPU 的执行效率。有时微架构和产品的研发代号会同名。

产品上市前，厂商会给 CPU 一个名称，名称是 CPU 厂商给属于同一系列的 CPU 产品定的一个系列型号，而系列型号则是区分 CPU 性能的重要标识。同一档次系列的 CPU 按照型号或标称频率又分为不同规格，Intel 公司和 AMD 公司对 CPU 型号的命名方式是不同的。

2．主频

CPU 的主频也叫 CPU 核心工作的时钟频率（CPU Clock Speed），单位是 MHz、GHz。在单核时代，它是决定 CPU 性能的最重要指标。目前流行 CPU 的主频有 3.0GHz、3.2GHz、3.4GHz、3.8GHz、4.0GHz 等。在 CPU 的包装盒上都会标出这些重要参数，如图 2-78 所示。

图 2-78 CPU 包装盒上标出的主频、缓存等重要参数

CPU 的主频并不是其运算的速度，而是表示在 CPU 内数字脉冲信号振荡的频率，它与 CPU 实际的运算能力并没有直接关系。主频与实际的运算速度存在一定的关系，但目前还没有一个确定的公式能够定量表示两者的数值关系，因为 CPU 的运算速度还要看 CPU 流水线的各方面的性能指标（如缓存、指令集、CPU 的位数等）。

3．总线速度（外频）

由于 CPU 的发展速度远远超出主板总线、内存等配件的发展速度，因此为了能够与主板、内存的频率保持一致，就要降低 CPU 的频率。即无论 CPU 内部的主频有多高，数据一出 CPU，都将降到与主板系统总线、内存数据总线相同的频率，这就是外频和倍频的概念。

CPU 的外频通常为系统总线的工作频率（系统时钟频率），单位是 MHz、GHz，是由主板提供的系统总线的基准工作频率，是 CPU 与主板之间同步运行的时钟频率。实际运行过程中的主板系统总线频率、内存数据总线频率不但由 CPU 的频率决定，而且受到主板和内存频率的限制。例如，从图 2-76 和图 2-77 中可以看出，总线速度都是 100MHz。

4．倍频

CPU 的倍频，全称是倍频系数。由于 CPU 主频不断提高，渐渐地提高到其他设备无法承受的速度，因此出现了分频技术（主板北桥芯片的功能）。分频技术就是通过主板控制芯片将 CPU 主频降低，使系统总线工作在相对较低的频率上，而 CPU 速度可以通过倍频来提升。倍频是 CPU 的运行频率与系统外频之间的倍数，也就是降低 CPU 主频的倍数。理论上，倍频从 1.5 到无限，目前流行 CPU 的倍频为 7.5×～45×，以 0.5 为一个间隔单位。三者的关系如下：

CPU 的主频（核心运行的频率）= 外频×倍频

在相同的外频下，倍频越高，CPU 的频率也越高。但实际上，在相同外频的前提下，高倍频的 CPU 意义不大。因为 CPU 与系统之间数据传输的速度是有限的，这将会造成 CPU 从系统中得到数据的速度不能够满足 CPU 运算的速度。如果在外频一定的情况下，提高倍频也是可以的，但是对于锁频的 CPU，不能提高倍频。所谓“超频”，就是通过提高外频或倍频来提高 CPU 实际运行频率。

5. 高速缓存（高速缓冲存储器，Cache）

Cache 是一种速度比主存更快的存储器，其功能是减少 CPU 因等待低速主存所导致的延迟，以改进系统的性能。Cache 在 CPU 和主存之间起缓冲作用，Cache 可以减少 CPU 等待数据传输的时间。CPU 需要访问主存中的数据时，首先访问速度很快的 Cache，当 Cache 中有 CPU 所需的数据时，CPU 直接从 Cache 中读取。因此，Cache 技术直接关系到 CPU 的整体性能。

Cache 一般分为一级缓存（L1 Cache）、二级缓存（L2 Cache）及三级缓存（L3 Cache）。

三级缓存工作原理：L1 Cache 存储着 CPU 当前使用频率最高的数据，而当空间不足时，一些使用频率较低的数据就被转移到 L2 Cache 中；而当再次需要使用该数据时，再将其从 L2 Cache 中转移到 L1 Cache 中；新加入的 L3 Cache 延续了 L2 Cache 的角色，L2 Cache 将溢出的数据暂时寄存在 L3 Cache 中。

L1 Cache 建立在 CPU 内部，与 CPU 同步工作，CPU 工作时首先调用其中的数据，因此 L1 Cache 对 CPU 的性能影响较大。Cache 均由随机存取存储器（Random Access Memory，RAM）组成，结构较复杂。在 CPU 核心面积不能太大的情况下，L1 Cache 的容量不可能做得太大，其容量通常为 32～256KB。

L2 Cache 是 CPU 的第二层高速缓存，分内部 L2 Cache 和外部 L2 Cache 两种。内部 L2 Cache 的运行速度与主频相同，而外部 L2 Cache 的速度则只有主频的一半。L2 Cache 的容量也会影响 CPU 的性能，其容量通常为 512KB～6MB。

为了进一步降低内存延迟，同时提升大数据量计算时处理器的性能，新推出的 CPU 内部集成了 L3 Cache。图 2-79 所示是拥有 L3 Cache 的 Intel 四核 CPU 的 Haswell 架构。

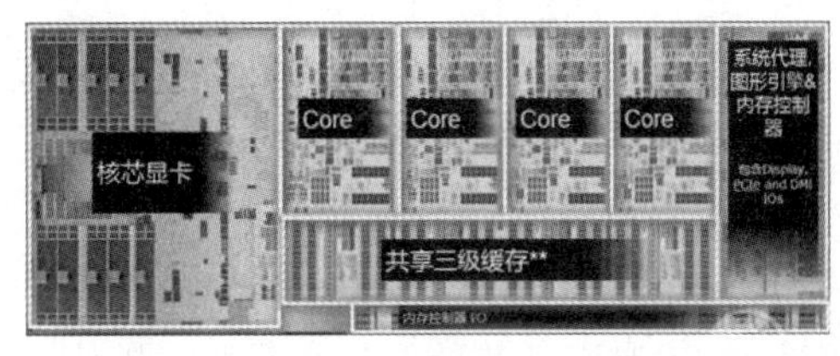

图 2-79　拥有 L3 Cache 的 Intel 四核 CPU 的 Haswell 架构

6. x86 指令集

x86 指令集是 Intel 公司为其第一块 16 位 CPU——8086 专门开发的指令集，其简化版 8088 使用的也是 x86 指令，同时为提高浮点数据处理能力而增加了 x87 处理器，以后就将 x86 指令集和 x87 指令集统称为 x86 指令集。由于 Intel x86 系列、AMD x86 系列都使用 x86 指令集，因此就形成了今天庞大的 x86 系列及其兼容 CPU 阵容。

7. 多媒体扩展指令集

CPU 多媒体扩展指令集指的是 CPU 增加的多媒体或者 3D 处理指令。这些扩展指令可以提高 CPU 处理多媒体和 3D 图形的能力，有多媒体扩展指令（Multi-Media eXtension，MMX）、单一指令多数据流扩展（Streaming SIMD Extensions，SSE）、SSE2、3DNow!、SSE3、SSE4 等。

8. 字长及 64 位技术

CPU 在单位时间内能一次同时处理的二进制数的位数叫字长或位宽。所以，32 位字长的 CPU 就能在单位时间内处理字长为 32 位的二进制数据，Pentium 4 和 Athlon XP 都是 32 位的。

64 位技术是指 CPU 中通用寄存器的数据宽度为 64 位，采用 64 位指令集可以一次传输、运算 64 位的数据。目前主流 CPU 使用的 64 位技术主要有 AMD 公司的 AMD64 技术、Intel 公司的 EM64T 技术和 IA-64 技术。

- AMD64 技术。AMD64 技术是在原来 32 位 x86 指令集的基础上加入了 x86-64 扩展 64 位 x86 指令集，使之在硬件上兼容原来的 32 位 x86 软件，并同时支持 x86-64 的扩展 64 位计算，使得这款芯片成为真正的 64 位 x86 处理器。
- EM64T 技术。Intel 的 64 位扩展技术（Extended Memory 64-bit Technology，EM64T）是 Intel IA-32（Intel Architecture-32 extension）架构的扩展。Intel 公司为支持 EM64T 技术的处理器设计了两大模式：传统 IA-32 模式（Legacy IA-32 Mode）和 IA-32e 扩展模式（IA-32e Mode）。在传统 IA-32 模式下，处理器作为一颗标准的 32 位处理器运行；在 IA-32e 扩展模式下，EM64T 被激活，处理器运行在 64 位模式下。
- IA-64 技术。Intel IA-64（Intel Architecture-64 extension）就是 64 位的英特尔架构，不论是 IA-32 还是 IA-64，都是 Intel 公司旗下处理器架构的通称，而数字 32 和 64 分别代表 32 位与 64 位。IA-64 技术是 Intel 公司服务器 CPU Itanium（安腾）采用的架构，它是 64 位处理器。IA-64 处理器最大的缺陷是与 x86 不兼容。

目前所有主流 CPU 均支持 x86-64 技术，但要发挥其 64 位优势，必须搭配 64 位操作系统和 64 位软件。

9．核心数

虽然提高频率能有效提高 CPU 性能，但受限于制造工艺等物理因素，提高频率便遇到了瓶颈，于是只能另辟蹊径来提升 CPU 性能，双核/多核 CPU 便应运而生。目前主流 CPU 有双核、三核、四核和六核的。

多核心处理器就是在一块 CPU 基板上集成多颗处理器的核心，并通过并行总线将各处理器核心连接起来的处理器。在服务器领域，多核心早已经实现。

10．工作电压

工作电压是指 CPU 核心正常工作所需的电压。CPU 的工作电压是根据 CPU 的制造工艺而定的。一般制造工艺数值越小，核心工作电压越低，电压一般在 1.3～3V。提高 CPU 的工作电压可以提高 CPU 工作频率，但是过高的工作电压会使 CPU 发热，甚至烧坏 CPU。而降低 CPU 电压不会对 CPU 造成物理损坏，但是会影响 CPU 工作的稳定性。

11．制造工艺

CPU 制造工艺是指生产 CPU 的技术水平，通过改进制造工艺来缩短 CPU 内部电路与电路之间的距离，使同一面积的晶圆上可实现更多功能或更强性能。制造工艺也称为制程宽度或制程，一般用μm 或 nm 表示。nm 的数字表示处理器内部晶体管之间连线宽度，电路连接线宽度值越小，制造工艺就越先进，单位面积内可集成的晶体管就越多，CPU 可以达到的频率越高，CPU 的体积会更小。在 1965 年推出 10μm 处理器后，经历了 6μm、3μm、1μm、0.5μm、0.35μm、0.25μm、0.18μm、0.13μm、0.09μm、0.065μm、0.045μm（45nm）、32nm、22nm、14nm，目前 CPU 的最高制造工艺是 14nm。

制造工艺是高性能芯片的参照标准之一，在更高的制造工艺下，相同单位面积下可以容纳更多的晶体管，而晶体管数量的增多直接提升了性能。同时由于单位体积的减小，以及新材料的大量应用，更为先进的工艺制程下制造的芯片产品耗电量以及发热量也会得到很好的控制，这也是为什么新一代工艺制程的产品会比前一代产品在功耗上有更好表现的原因之一。

12．封装技术

封装是指将集成电路用绝缘的塑料或陶瓷材料打包的技术。以 CPU 为例，用户看到的

体积和外观并不是真正的 CPU 核心的大小和面貌，而是 CPU 核心等元件经过封装后的产品。封装不仅起着安放、固定、密封、保护芯片和增强散热功能的作用，封装后的芯片也更便于安装和运输。芯片的封装技术已经历了好几代的变迁，从 DIP、PQFP、PGA、BGA 到 FC-PGA，技术指标一代比一代先进。目前封装技术适用的芯片频率越来越高，散热性能越来越好，引脚数增多，引脚间距减小，重量减少，可靠性也越来越高。

13. 节能技术

CPU 越来越强大的性能，也带来了越来越高的功耗，为减少 CPU 在闲置时的能量浪费，Intel 公司和 AMD 公司各自推出了降低 CPU 功耗的技术：Intel 公司的智能降频技术（Enhanced Intel SpeedStep Technology，EIST）和 AMD 公司的冷又静（Cool and Quiet，C&Q、CNQ 或 C'n'Q）技术。它们都是在 CPU 空闲时自动降低 CPU 的主频，从而降低 CPU 功耗与发热量，达到节能目的。目前 Intel 公司和 AMD 公司的全系列 CPU 都支持各自的节能技术。

无论是 Intel 公司还是 AMD 公司的节能技术，均需要在 BIOS 设置中找到 EIST（Intel CPU）或 C'n'Q（AMD CPU）选项并将其开启才有效。

14. 热设计功耗（TDP）

TDP 是指 CPU 负荷最大时释放出的热量，单位是 W，主要是给散热器厂商的参考标准。高性能 CPU 同时也带来了高发热量，例如，Phenom II X4 965，其 TDP 达到了 140W，而主流级的 Athlon II X2 250 只有 65W，它们对散热器的要求显然不同。值得注意的是，CPU 的 TDP 并不是 CPU 的实际功耗，CPU 的实际功耗小于 TDP。

15. 超线程技术

因为操作系统是通过线程来执行任务的，增加 CPU 核心数目就是为了增加线程数，一般情况下它们是 1∶1 对应关系，也就是说，四核 CPU 一般拥有 4 个线程。但 Intel 公司引入超线程（Hyper-Threading，HT）技术后，使核心数与线程数形成 1∶2 的关系，如四核 Core i7 支持八线程（或叫作 8 个逻辑核心），大幅提升了多任务、多线程性能。

超线程技术就是利用特殊的硬件指令，把一颗 CPU 当成两颗来用，将一颗具有 HT 功能的“实体”处理器变成两个“逻辑”处理器，而逻辑处理器对于操作系统来说跟实体处理器并没什么两样，因此操作系统会把工作线程分派给这“两颗”处理器去并行计算，减少了 CPU 的闲置时间，提高了 CPU 的运行效率。

虽然采用超线程技术能同时执行两个线程，但它并不像两个真正的 CPU 那样每个 CPU 都有独立的资源。当两个线程都同时需要某一个资源时，其中一个要暂时停止并让出资源，直到这些资源闲置后才能继续，因此超线程的性能并不等于两颗 CPU 的性能之和。

超线程技术只需要增加很少的晶体管数量，就可以在多任务的情况下提供显著的性能提升，比再添加一个物理核心划算得多。所以，在新一代主流 CPU 上多采用 HT 技术。

同步多线程（Simultaneous Multi-Threading，SMT）出自于超线程技术，借助 QPI（快速通道互联）等技术，已发展为更具前景的“第三代超线程技术”。

16. Intel Turbo Boost 技术

睿频加速技术（Turbo Boost）是 Core i×系列中最重要的技术之一，它能根据 CPU 的负载情况智能调整频率。因为目前真正支持多核、多线程的软件和游戏相对来说仍是少数，普通多核 CPU 运行单/双线程的任务会造成性能浪费，而睿频加速能改变这个现象，它会关闭闲置核心、提高负载核心的频率，保证 CPU 有最佳的性能表现。而第二代睿频加速技术在两方面有很大的改进：CPU 和 GPU 都可以睿频，而且可以一起睿频；第二代睿频不再受 TDP 限制，而是受内部最高温度控制，可以超过热设计功耗（TDP）提供更大的睿频幅度，不睿频时却更节能。

17. AMD Turbo Core 技术

AMD 在 Phenom II X6 系列中引入的类似 Intel Turbo Boost 技术称为 Turbo Core，AMD 在 A 系列 APU 中引入了第二代 Turbo Core。AMD 在第二代 Turbo Core 中引入了 APM 模块，它会监测 APU 的功耗、温度及当前任务的负载情况，判断下一步 CPU 和 GPU 的加速动作，降低用不上的 CPU 核心或 GPU 的频率，把能源留给正在执行任务的核心，智能地提高其频率，只要功耗不超过 TDP，加速便一直有效。例如，上网时，一般情况只用到一到两个核心，此时 GPU 与其他 CPU 核心会降频，正在使用的那两个核心的频率会大幅度提升。例如，在运行 3D 游戏时，只用到两个核心，但 GPU 要满载，用不上的两个 CPU 核心就会降频，正在使用的核心频率会提升，但幅度相对较小，此时 APU 的功耗和温度会比上网时高。

18. 虚拟化技术

CPU 的虚拟化技术（Virtualization Technology，VT）就是用单 CPU 模拟多 CPU，并允许一个平台同时运行多个操作系统，应用程序都可以在相互独立的操作系统内运行而互不影响，从而提高工作效率。例如，在 Windows 7/10 中安装虚拟机软件，虚拟机（Virtual Machine，VM）可以像真实计算机一样安装其他操作系统。当需要使用其他操作系统时，直接调用，不需要重启切换系统，这点对于程序员来说是非常有用的。

虚拟化可以通过软件实现，如果 CPU 硬件支持，执行效率会大大提升，目前 Intel 和 AMD 公司的绝大部分 CPU 都支持虚拟化技术，但对于普通用户而言，虚拟化技术没有实质作用。如果要用到虚拟化技术，需要先在 BIOS 中开启该技术。

19. AMD SenseMI 技术

AMD SenseMI 技术首次搭载在锐龙 AMD Ryzen 处理器上，借助数值精确的传感器可在 1s 内为处理器提供 1000 次数据，这些重要的数据将被用来检测处理器的实时运行状态，然后由处理器决定是否对当前 CPU 的运行状态进行调整，使 CPU 全程保持在最适宜当前需求的最佳状态。

AMD SenseMI 技术主要包含以下 5 个方面功能。

1）Pure Power（精确功耗控制）。分布式网络传感器可精确控制处理器在任何负载下的功耗，从单纯的功耗优化到监控数据。这允许每一颗锐龙 AMD Ryzen 处理器都有个人性化的电源管理策略。

2）Precision Boost（精准频率提升）。根据处理器的运行状况（负载、温度等）来精确地调整频率，精度可达到 25MHz。更加精确的频率调整可以帮助处理器更好地达到理想的运行频率。

3）Extended Frequency Range（自适应动态扩频）。这对于拥有高端散热器的用户来说是一个福利。锐龙 AMD Ryzen 会自动检测散热的情况，散热情况越好，就越能够帮助处理器达到一个更高的频率，从而获得更快的运行速度。

同时，这项技术完全不需要用户干涉，只需要安装好散热器即可。另外，该项技术只有在型号带 X（例如，锐龙 AMD 1800X、锐龙 AMD Ryzen 1600X）的处理器上可用。

4）Neural Net Prediction（神经网络预测）。锐龙 AMD Ryzen 处理器当中搭载了真正的

AI，它可以通过应用程序的行为来进行实时的学习并且预测该程序的下一个动作，让处理器总是处在工作的最佳状态。

5）Smart Prefetch（智能数据预取）。复杂的学习算法可学习应用程序的内部模式和行为，并预计将需要什么样的数据并且在需要时快速执行。AMD Sense MI 会将需要的数据预先加载到大缓存的锐龙 AMD Ryzen 处理器当中，让处理器可以更快地响应和计算相应数据。

2.2.5 CPU 的选购

目前，CPU 的主频已不是整机性能的决定因素，内存大小、硬盘速度、显示卡速度等都会影响整个微机的性能，因此盲目追求 CPU 的高频率并不可取。另外，CPU 是所有微机配件中降价速度最快的部件，所以选择 CPU 时以够用为原则。在购买 CPU 时应该注意：首先要明确购机的目的，是用来进行三维图形处理还是玩游戏，是仅用来文字处理、上网还是另有其他特殊的用途；其次，要有明确的经济预算；最后，对自己的计算机水平要有清醒的认识，即是初学者还是熟练用户。

在计算机系统中，CPU 应该是最先选购的配件，因为只有确定 CPU 后，才能选购主板、内存等其他配件。各品牌 CPU 在软件上完全兼容，AMD 平台和 Intel 平台没有任何区别。至于是选 AMD 还是选 Intel，完全取决于个人的偏好。

CPU 的购买群体一般可以分为以下 4 种。

1）企业、学校、家庭等办公用户。一般企业、学校、家庭的计算机主要用来处理数据、上网，大多数用户都属于这一类型。建议选购价格在 700～1000 元的主流 CPU。

2）大、中学生或初学者。因 CPU 更新和降价都较快，大、中学生及初学者对计算机性能的要求会随着学习的进展而提高，所以建议先选购低端的 CPU，以后再选购更加先进的产品，同样的支出，比“一步到位”能购买到更好的产品。建议选购价格在 500 元左右的低端 CPU。

3）多媒体和三维图形处理用户。多媒体运算需要强大的 CPU、内存与硬盘作后盾，因此建议选用价格在 1000 元以上的高端 CPU。

4）游戏用户。3D 游戏对各个部件的性能要求都很高，特别是 CPU 的浮点性能与显示卡的像素填充率。许多游戏软件针对 3DNow!进行了特别优化。推荐使用价格在 1000 元以上的高频率的 CPU。

2.3 CPU 散热器

随着 CPU 频率的不断提高，其耗电量也在不断攀升，随之而来的便是其发热量的上升，CPU 的散热问题变得越来越重要，散热器已成为与 CPU 配套的重要配件。

2.3.1 CPU 散热器的分类

CPU 散热器根据散热原理可分为风冷式、热管散热式、水冷式、半导体制冷式和液态氮制冷式等几种。当前最常用的散热器采用风冷式或风冷+热管式，风冷散热器如图 2-80 所示，热管散热器如图 2-81 所示。

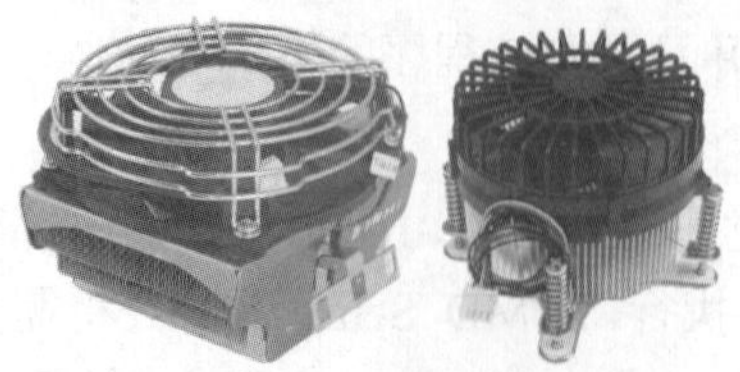

图 2-80　风冷散热器

图 2-81　热管散热器

2.3.2　散热器的结构和基本工作原理

1．风冷散热器的外部结构和基本工作原理

风冷散热器主要由散热片、风扇、电源插头和扣具构成，如图 2-82 所示。其中，电源插头大多是两芯的，一红一黑，红色接+12V 电源，黑色为地线。有些是三芯的，是在原来两线基础上加入了一条蓝线（或白线），主要用于侦测风扇的转速。

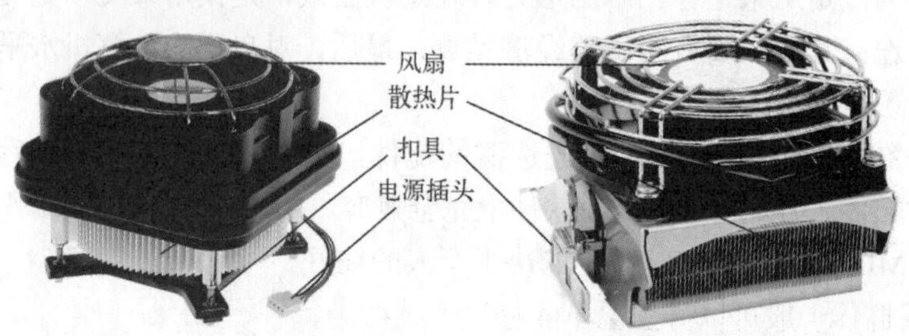

图 2-82　风冷散热器的结构

风冷散热器的工作原理很简单，它是利用散热底座吸收 CPU 工作时产生的热量，并传导至散热片上，依靠散热器上部高速转动的风扇加快空气对流，带走散热片的热量，如图 2-83 所示。风冷散热器因其结构简单，制造成本低，技术成熟，所以较多地被用作 CPU 散热器，是现在最常用的散热器。

图 2-83　风冷散热器的工作原理

2．热管散热器的外部结构和基本工作原理

热管散热器分为有风扇主动式散热器和无风扇被动式散热器两种，其结构如图 2-84 所示。

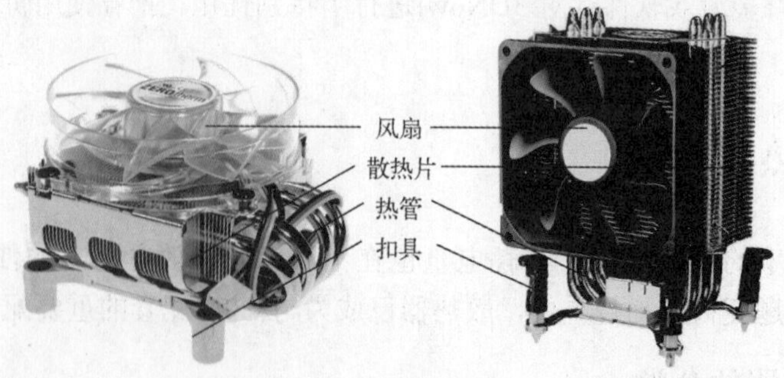

图 2-84　热管散热器的结构

热管散热器的工作原理就是利用液体的蒸发与冷凝来传递热量，是一种高效的传热元件。金属管（一般为铜）两段密封起来，充入工作液，抽成真空，就成为一只热管。当一段受热时，工作液吸热而汽化，蒸汽在压差作用下流向另一端，并且释放出热量，重新凝结成

液体。液体靠重力重新流回受热端，完成一次循环。如此循环就把热量从热源传到冷源，如图 2-85 所示。计算机散热器中应用的热管属常温热管，工艺成熟，热管内的液体为水。需要注意的是，热管并不是一个散热设备，它只是起传递热量的作用，因此热管数量和散热效果没有直接关系。一款好的热管散热器产品，应该是采用适当数量的热管，配合设计优秀的底座和散热片，这样才能将热管导热快的优势完全发挥出来。热管散热器具备散热效果好、整体成本较低的优点，因此也逐渐被中、高端的 CPU 采用。

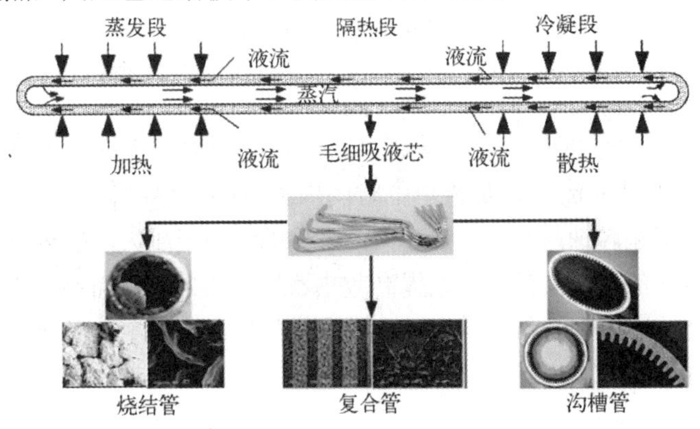

图 2-85　热管散热器的工作原理

2.3.3　CPU 散热器的主要参数

常见的风冷散热器一般由风扇和散热块两部分组成。风扇的参数有转速、风量、噪声等，散热块包含了所用材质、工艺等，这两个重要部分的设计、结合，将直接影响到散热器的散热效能。

1. 风扇

风扇对整个散热效果起决定性的作用，其质量往往决定了散热器的效果、噪声和使用寿命。散热风扇由电动机（包括轴承）和叶片两大部分组成。常见风扇的外观如图 2-86 所示。

图 2-86　风扇

风扇的主要参数如下。

- 风扇轴承类型：风扇的轴承是散热器的关键部件，风扇的轴承和叶片的设计直接影响到散热器的噪声大小。常见的风扇轴承类型主要有油封轴承（Sleeve Bearing）、单滚珠轴承（One Ball Bearing）、双滚珠轴承（Two Ball Bearing）、液压轴承（Hydraulic Bearing）、磁悬浮轴承（Magnetic Bearing）、纳米陶瓷轴承（NANO Ceramic Bearing）、来福轴承（Rifle Bearing）、汽化轴承（VAPO Bearing）、流体保护系统轴承（Hypro Wave Bearing）等。常见风扇轴承类型的标签如图 2-87 所示。
- 风扇口径：即风扇的通风面积，风扇的口径越大，排风量也就越大。

a)

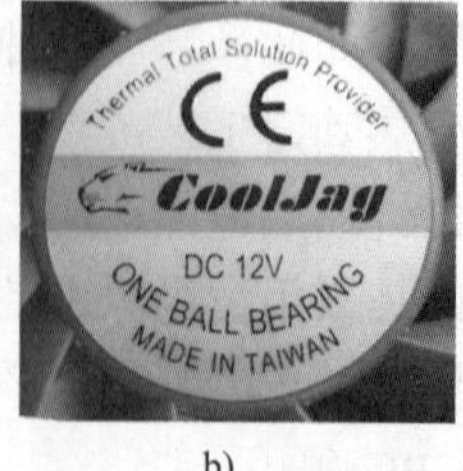

b)

c)

d)

图 2-87　常见风扇轴承类型的标签

a) 油封轴承　b) 单滚珠轴承　c) 双滚珠轴承　d) 液压轴承

- 风扇转速：同样尺寸的风扇，转速越高，风量也越大，冷却效果就越好。
- 风扇排风量：即体积流量，是指单位时间内流过的气体的体积，排风量越大越好。
- 风扇的噪声：风扇转速越高，风量越大，产生的噪声也越大。散热技术发展到现在，塞铜技术、热导管的引入等都能大大提高散热器的散热效率，而不再依靠提高风扇转速来提升散热速度。近年来，市场越来越注重静音效果，所以主流散热器风扇转速都控制在2000～3000r/min。

2．散热块

散热块由底座和鳍片（或称鳃片）两个部分组成。通过散热块的底座把 CPU 核心处的热量传导到面积巨大的鳍片上，最终将热量散发到空气中。散热块越大，散热性能越好。

散热块的材料主要为铜和铝。铝及铝合金的散热性能好，铜的导热性能好，把这两种材质有机地结合起来，使整体散热效能获得提升。另外，为了防止铜材氧化，还使用了新的镀镍技术。常见的散热块如图 2-88 所示。

图 2-88　散热块

散热片的制造工艺主要有铝挤压工艺、塞铜技术、折叶技术、回流焊接技术和热管工艺，如图 2-89 所示。散热片的体积越大，散热效果越好。

图 2-89　采用不同制造工艺生产的铝质散热片

有些散热块底部会粘贴一块导热硅脂，第一次使用时，导热硅脂被 CPU 高温熔化后填满 CPU 和散热片之间的微小间隙，然后在散热片的作用下温度很快降下来，于是 CPU 就和散热片通过导热硅脂紧密地连接起来了。

3. 热管数量和直径

热管的作用是吸收 CPU 的热量并传递到散热片，因此热管的数量和直径大小就直接影响散热性能。一般散热器的热管为 2～3 根，直径 6mm；高端为 5～6 根，直径 8mm。

4. 扣具

散热器的扣具是固定散热片和 CPU 插槽的，是散热器的重要配件之一。扣具设计的优劣将直接影响到安装的难易以及散热的效果。由于 CPU 的封装不同，散热器扣具设计是随 CPU 类型而定的。散热器底部和 CPU 表面所形成的压力越大，扣具越紧密，散热片与 CPU 表面的接触面积就越大，散热效果也越好。

常见的散热器的扣具有 3 种设计，如图 2-90 所示。第 1 种是 Intel LGA 平台的原装散热器扣具，安装拆卸都很简便，但是压力不够；第 2 种是经过改进的“背板+螺钉固定”扣具，散热效果比第 1 种好；第 3 种是 AMD 散热器的扣架，这种设计形成的压力比较适中，安装拆卸都很方便，所以 AMD 处理器都普遍采用这种设计。

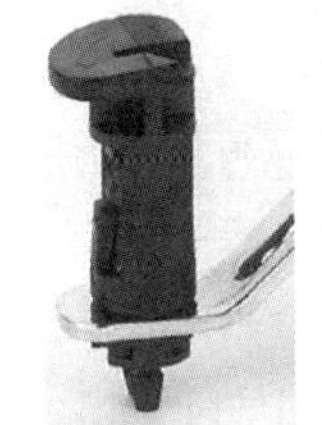  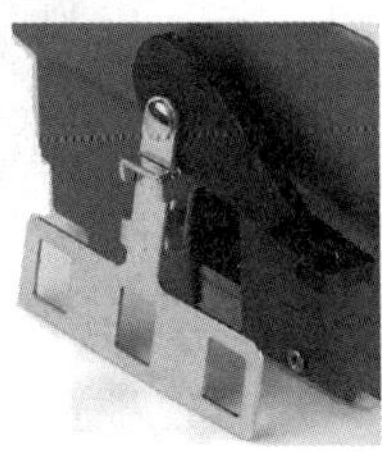

图 2-90　常见的散热器扣具

2.3.4　CPU 散热器的选购

选购散热器的注意事项如下。

如果购买的是盒装 CPU，其包装中一般都会附带一个原装散热器，只要不超频使用 CPU，完全不需要另外购买散热器。

目前，桌面级处理器的主流平台主要有 Intel LGA 775/1366/1156/1155 和 AMD Socket AM2/AM2+/AM3，这两种平台要使用各自的散热器。市场上也有全系列散热器，适合所有平台。在购买散热器时必须特别注意，以免购入不合适的产品而无法使用。

购买 CPU 散热器时要先明确 CPU 的主要用途。例如，用于超频的 CPU，就必须将散热器的性能放在第一位，噪声以及功耗作为次要的选择。如果用户是一位音乐爱好者或者需要长时间工作，噪声、功耗才是首先需要考虑的，用户要同时兼顾散热性能和静音效果。

2.4　实训——CPU 的安装、拆卸与检测

2.4.1　CPU 的安装、拆卸

CPU 有 Intel LGA 775/1156/1150/1151 等和 AMD Socket AM2/AM2+/AM3/AM4 两种平台，安装方法也有所区别，本节将介绍 Intel CPU 平台的安装，AMD CPU 平台的安装将在第 11 章介绍。

虽然 Intel 目前有 LGA 775/1156/1150/1151 等不同架构的 CPU，但它们的安装和拆卸方法都相同。下面以安装 LGA 775 架构的 CPU 为例，介绍安装方法。

1）首先扳开固定杆，将上盖打开，如图 2-91 所示。

2）取下 Socket T 插槽上的黑色塑料保护盖，如图 2-92 所示。

3）把 CPU 平放在 Socket T 插槽内，如图 2-93 所示。由于有金手指缺口，因此方向不正确是放不进去的。

图 2-91　扳开固定杆并打开上盖

图 2-92　取下黑色塑料保护盖

图 2-93　放入 CPU

4）把上盖盖上，并且扣上固定杆，如图 2-94 所示，CPU 的安装就完成了。

5）安装散热器。Socket T 的固定方式是以 4 根塑料卡榫直接扣在主板上，因此 LGA775 CPU 插座周围并没有散热器的固定座，只有 4 个孔预留在印制电路板（PCB）上面，如图 2-95 所示。

图 2-94　固定 CPU

图 2-95　散热器的固定孔

6）将风扇盖在 CPU 上方，并将散热器扣环压入主板孔位，向下压紧扣环，以锁定散热器，如图 2-96 所示。

图 2-96　固定散热器

7）最后将风扇电源线安装在主板上，CPU、风扇安装完成。

若需要取下散热器和 CPU，先要用螺钉旋具把扣环依逆时针方向转动以移除风扇，然后再按与安装相反的顺序取下 CPU。

2.4.2　查看 CPU 信息

虽然从处理器的外观以及 CPU 编号上可以分辨出 CPU 的大致情况，但是如果希望知道某块 CPU 更详细的参数，尤其为了避免受到一些不法商家蒙骗，则需要检测 CPU。检测方法有两种：一种是在安装了待检测 CPU 的计算机中运行检测程序；另一种是根据 CPU 上的编号，在互联网上查询。

CPU-Z 是一款最常用的 CPU 检测软件，其自带的 Benchmark 能准确地判断 CPU 的多核性能和单核性能，通过 CPU 的 ID 号来检测 CPU 详细信息的免费工具软件，可以支持目前市场上所有的 CPU 产品。该软件可以提供全面的 CPU 相关信息报告，包括处理器的名称、厂商、时钟频率、核心电压、超频检测、CPU 所支持的多媒体指令集，并且可以显示出关于 CPU 的 L1、L2 缓存的资料（大小、速度、技术），支持双处理器。该软件不仅可以检测 CPU 的信息，还可以检测主板、内存等信息。

CPU-Z 可以在 Windows 9x/Me/2000/XP 下直接运行，不需要安装。执行 CPU-Z 后，显示一个对话框，其中列出了当前 CPU 的主要参数，分为 3 部分。

第 1 部分为处理器（Processor）的类型，包括处理器名称（Name）、内核代号（Code Name）、封装（Package）、制造工艺（Technology）、规格（Specification）、系列（Family）、型号（Model）、步进（Stepping）、指令集（Instructions）。

第 2 部分为处理器的频率（Clocks）参数，包括核心速度（Core Speed，即 CPU 的主频）、倍频（Multiplier）、Bus Speed（总线速度，即外频）、FSB/QPI/HT/DMI 总线频率。

第 3 部分为处理器的缓存（Cache）情况，包括一级数据缓存（L1 Data）、一级指令缓存（L1 Code）、二级缓存（Level 2）、三级缓存（Level 3）。在“缓存”（Caches）选项卡中会显示更详细的缓存信息。

2.5　思考与练习

1．上网搜索有关 CPU 发展简史的文章（搜索关键词：CPU 发展简史）。

2．上网搜索当前主流 CPU 的资讯。硬件网有：

装机之家 http://www.lotpc.com/　　Chiphell 网 https://www.chiphell.com/

太平洋电脑网 http://diy.pconline.com.cn/　　IT168 网 http://diy.it168.com/

中关村在线 http://diy.zol.com.cn/　　天极网 http://diy.yesky.com/

游侠网游戏硬件 http://in.ali213.net/

3．到当地电脑配件市场咨询当前主流 CPU 的型号、价格等商情信息。

4．上网搜索有关 CPU 选购原则的内容。假设分别要配置高档游戏型、家庭娱乐型和普及型 3 台计算机，请分别为其选择合适的 CPU 型号和价格（搜索关键词：CPU 选购原则、配置清单、CPU 天梯图）。

5．掌握 CPU 的型号及安装方法，了解 CPU 与主板的匹配情况。

6．用 CPU-Z 等测试程序，测试 CPU 的信息。

7．热管散热器的工作原理是什么？请用图表示（搜索关键词：热管工作状况示意图）。

第3章 主 板

主板又叫主机板（Main Board）、系统板（System Board）或母板（Mother Board），是计算机系统中最基本的也是最重要的部件之一。主板是计算机系统中最大的一块电路板，是整个计算机系统的载体，CPU、显示卡、内存等配件都通过主板上的插槽连接到主板上，组成计算机系统。主板也是与 CPU 配套最紧密的部件，每推出一款新型的 CPU，都会推出与之配套的主板控制芯片组。

3.1 主板的分类

计算机主板的分类方式有以下几种。

1. 按主板的结构分类

生产主板时都遵循行业规定的技术结构标准，以保证主板在安装时的兼容性和互换性。ATX（Advanced Technology Extended）主板规格由 Intel 公司在 1995 年制订，它对主板的尺寸、背板设置做出了统一的规定，使主板更易于安装，与周边设备有更好的兼容性。主板根据尺寸大小分为几种板型，从大到小分别是：E-ATX（加强型）、ATX（标准型）、Micro-ATX（紧凑型）、Mini-ITX（迷你型），还有比 Mini-ITX 更小的 STX，甚至一些定制的超迷你主板。当前最常用的主板结构是 ATX、Micro-ATX、Mini-ITX 三种，尺寸依次减小，扩展能力也逐渐减小，如图 3-1 所示。

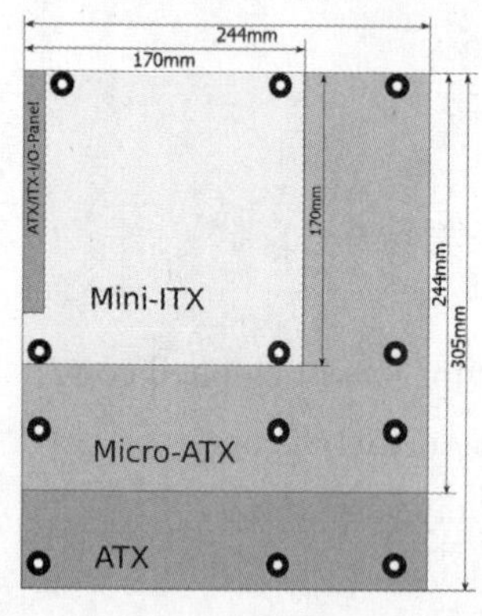

图 3-1 ATX、Micro-ATX、Mini-ITX 结构主板尺寸大小的对比

- ATX：标准型，俗称大板，一般为 305mm×244mm，有 5～8 个扩展插槽，有 4 条内存插槽，ATX 板型一般配置 6 个 SATA 接口。能兼容绝大多数的普通机箱，好处是尺寸大，接口多，扩展能力强。
- Micro-ATX：紧凑型，俗称小板，尺寸为 244mm×244mm，有 3～4 个扩展插槽，有 2～4 条内存插槽。
- Mini-ITX：简称 ITX，主板的尺寸非常小，尺寸仅为 170mm×170mm，只有手掌大

小，用于小空间、相对低成本的场合，如 HTPC、汽车、机顶盒以及网络设备中的计算机，可用于制造瘦客户机。Mini-ITX 主板仅有 1 条扩展插槽（PCI-E 或 PCI），有 1～2 条内存插槽，有的 Mini-ITX 主板只能用笔记本电脑内存。

Micro-ATX、Mini-ITX 是 ATX 的衍生版本，保留了 ATX 的背板规格，但主板的面积、扩展插槽的数目均有不同程度的缩减，更适合安装在小型机箱中。

2. 按主板支持 CPU 的类型分类

每种类型的 CPU 在接口类型、封装、主频、工作电压等方面都有差异，尤其在速度上差异很大。只有采用与主板相匹配的 CPU 类型，两者才能协调工作。特别需要注意的是，同一名称的 CPU 由于内核不同，能支持它的芯片组也不相同，与这种 CPU 配套的主板也不同。

3. 按逻辑控制芯片组分类

芯片组（Chipset）是主板上最重要的部件，是主板的灵魂，主板的功能主要取决于芯片组。每推出一种新型的 CPU，就会推出与其配套的主板芯片组。现在研发 PC 主板芯片组的公司主要是 Intel、AMD 两家，各自仅适合各自的平台，分别对应不同品牌的处理器。而每个系列又按照芯片组类型的不同，分为很多子系列，以适合不同的 CPU 级别和不同的性能，且有不同的价位。

4. 按生产厂家分类

目前主板芯片组只有 Intel、AMD 两个品牌的产品，但市场上的主板品牌有华硕（ASUS）、技嘉（GIGABYTE）、微星（MSI）、华擎（ASRock）、七彩虹（Colorful）等近十个。不同品牌的主板在外观和技术上会有一些差别，但都使用 Intel、AMD 的芯片组。虽然同属于 Intel 或 AMD 系列主板，但根据处理器的不同，需要搭配对应芯片组的主板才能成功组建出一台可以使用的主机。例如，Intel 第八代酷睿处理器只能搭配 Z370、B360 芯片组的主板来使用。AMD 的 Ryzen 3/5/7 系列 CPU 和 APU 产品则可以搭配 X370、B350 和 A320 芯片组的主板。

5. 按是否为整合型分类

整合（All In One）主板，即主板上集成了视频处理等功能。通俗地解释，就是显示卡、声卡、网卡等扩展卡都被做到主板上。Intel、AMD 芯片组厂商都拥有属于自己的整合型主板芯片组。随着技术的提高，整合型主板应用越来越多，已经成为主流。

3.2 主板的组成结构

主板的主体是一块多层的印制电路板，在电路板上包括基本电路系统、各类芯片和接口，以满足计算机的各项功能及用户的硬件扩展需求。芯片部分分为南桥芯片和北桥芯片，南桥芯片和北桥芯片共同构成了主板的芯片组，还包括网卡芯片、声卡芯片、USB 接口控制芯片、内存管理芯片等。接口部分包括 CPU 插槽、内存插槽、PCI-E 插槽、USB 接口、视频/音频输出接口、网络接口等。接口需要靠芯片组的驱动和控制，才能完成与计算机之间的互动。主板首先是用来连接其他硬件的“桥梁”，没有主板就没有办法完成各个硬件之间的协同工作。另外，整个主机的扩展能力在很大程度上也取决于主板的规格。

虽然主板的品牌很多，CPU 架构也有 Intel LGA 1155/1151、AMD FM2+/AM4 等，这些

主板除 CPU 接口不同外，其他部分几乎都是相同的。主板一般为矩形电路板，主要由 CPU 插座、内存条插槽、扩展插槽（PCI-E 插槽、PCI 插槽等）、主板芯片组、电源插座、供电单元、SATA 接口、功能芯片（声卡芯片、网卡芯片、时钟发生器等）、外接面板插针、I/O 接口背板等组成。下面以图 3-2 所示的主板为例，介绍主板上的重要部件。

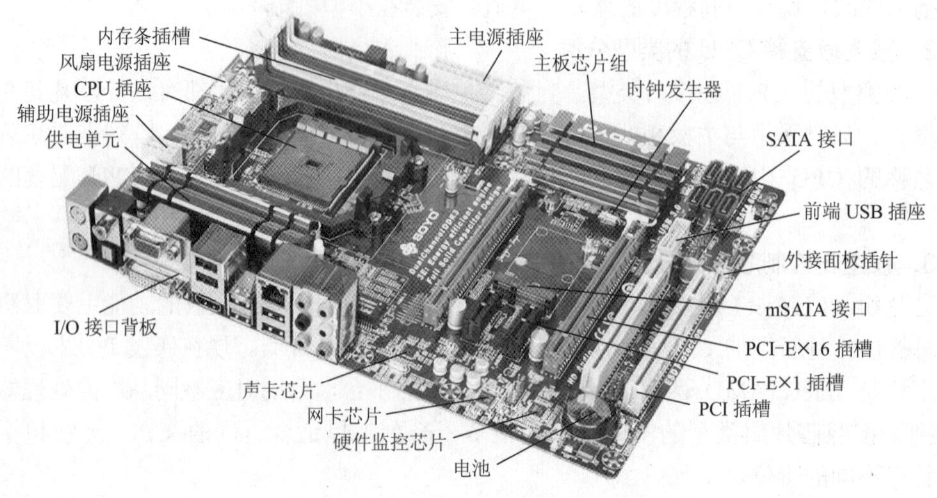

图 3-2 ATX 主板的结构

3.2.1 PCB 基板

PCB（Printed Circuit Board，印制电路板）主要由铜皮（敷铜板）、玻璃纤维，经树脂材料黏合而成。其中每层铜皮称作一个电路层，其上的电子元器件是通过 PCB 内部的迹线（即铜箔线）连接的。铜皮层（即 PCB 层数）越多，电子线路的布线空间会越大，线路将能得到越优化的布局，能有效减少电磁干扰和不稳定因素，提高产品运行的稳定性。

主板的 PCB 为 4 层或 6 层，一般的主板分为 4 层，最上面和最下面的两层为“信号层”，中间两层分别是“接地层”和“电源层”。4 层 PCB 和 6 层 PCB 的结构如图 3-3 所示。

PCB 表面颜色是一种阻焊剂（也称为阻焊漆）的颜色，其作用是防止电子元器件在焊接过程中出现错焊。同时，它还有另一个作用，就是防止焊接元器件在使用过程中线路氧化和腐蚀，减少故障率。因此，PCB 的颜色与主板性能无直接关系。

在一块主板上，从主板芯片组到 CPU、内存、PCI-E 插槽的距离应该相等，这是主板设计的基本要求——时钟线等长。有时元器件之间的直线距离太短，为了保证走线线路的等长，常采用蛇行走线（如图 3-4 所示），即以弯曲的方式走线来调节长度。蛇行走线还可以降低信号之间的干扰。

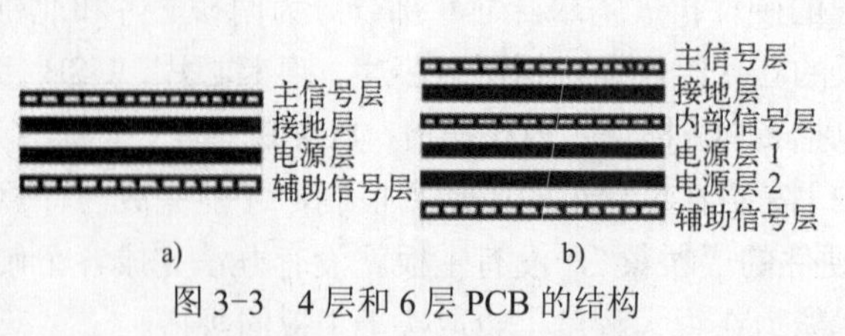

图 3-3 4 层和 6 层 PCB 的结构

a) 4 层 PCB 结构 b) 6 层 PCB 结构

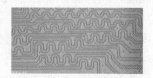

图 3-4 蛇行走线

3.2.2　CPU 插座

目前常见的 CPU 插座有两类：一类是 Intel 的 LGA CPU 插座，如图 3-5 所示；另一类是 AMD 的 Socket CPU 插座，如图 3-6 所示。

图 3-5　Intel 的 LGA CPU 插座

图 3-6　AMD 的 Socket CPU 插座

3.2.3　主板芯片组

芯片组（Chipset）是保证系统正常工作的重要控制模块。芯片组有单片和两片两种结构。对于两片结构和芯片组，靠近 CPU 插槽的芯片称为北桥芯片，主要负责控制 CPU、内存和显示卡的工作，该芯片上面通常覆盖着一块散热片。靠近 PCI 插槽的芯片称为南桥芯片，主要负责控制系统的输入/输出等功能。芯片组也可以集成显示卡、声卡和网卡等部件。主板芯片组在主板上的位置如图 3-7 所示。

图 3-7　主板芯片组在主板上的位置

3.2.4　内存条插槽

内存条插槽的作用是安装内存条，一般主板提供 1、2 或 4 个插槽。

目前，DDR3、DDR4 为主流，主板上的 DDR3、DDR4 插槽如图 3-8 所示。

图 3-8　DDR3、DDR4 内存条插槽

对于支持双通道 DDR 内存的主板，4 条内存条插槽用两种颜色区分。要实现双通道必须成对配备内存，即只需将两条完全一样的 DDR 内存条插入同一颜色的内存条插槽中。

为了节省空间，有些 Mini-ITX 结构的主板采用笔记本电脑小外形双列内存模组（Small Outline Dual In-line Memory Module，SO-DIMM）内存条插槽。图 3-9 所示是 Mini-ITX 结构主板上的笔记本电脑 SO-DIMM 内存条插槽。

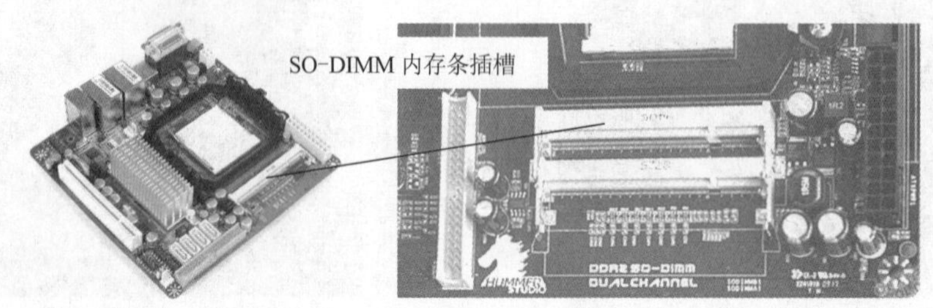

图 3-9 Mini-ITX 结构主板上的笔记本电脑 SO-DIMM 内存条插槽

3.2.5 扩展插槽

扩展插槽（Slot）是主板上用于固定扩展卡并将其连接到系统总线上的插槽，也叫扩展槽、I/O 插槽。主板上一般有 1～8 个扩展槽，通过插入扩展卡可以添加或增强系统的特性及功能。例如，用户若不满意主板整合显示卡的性能，可以添加独立显示卡。对于计划将来扩展计算机性能的用户，在选购主板时，扩展插槽的种类和数量的多少是一个重要指标，有多种类型和足够数量的扩展插槽就意味着今后有足够的可升级性和设备扩展性。目前，新出的主板上只有 PCI 插槽和 PCI-E 插槽，如图 3-10 所示。

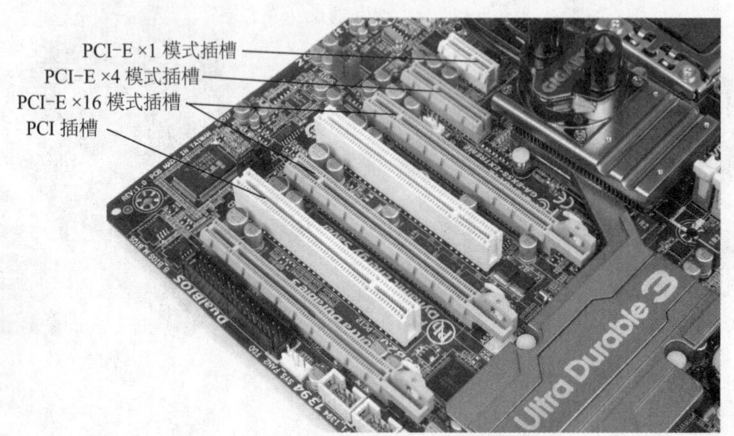

图 3-10 PCI 插槽和 PCI-E 插槽

1. PCI 插槽

PCI 插槽是基于外部设备互连（Peripheral Component Interconnect，PCI）局部总线的扩展插槽。PCI 接口的数据宽度为 32bit 或 64bit，工作频率为 33.3MHz，最大数据传输速率分别为(33.3MHz×32bit)/8≈133MB/s 或(33.3MHz×64bit)/8≈266MB/s。PCI 总线能自动识别外部设备，能插显示卡、声卡、网卡、电视卡、视频采集卡等扩展卡。PCI 插槽是主要扩展插槽，通过插接不同的扩展卡可以获得目前计算机能实现的几乎所有外接功能。

2．PCI Express（简称 PCI-E、PCIE 或 PCIe）插槽

PCI-E 是由 Intel 公司提出的总线和接口标准，这个标准用于取代 PCI，它的主要优势就是数据传输速率高，而且还有相当大的发展潜力。PCI-E 总线采用设备间的点对点串行连接，即允许每个设备都有自己的专用连接，同时利用串行连接的特点使传输速度提高到一个很高的频率。

PCI-E 1.0 标准于 2002 年发布，工作频率为 2500MHz（2.5GHz）。PCI-E 也有多种规格，根据总线位宽不同可分为×1、×4、×8、×16 和×32 通道（×2 通道用于内部接口而非插槽模式），能满足现在和将来一定时间内出现的各种设备的需求。较短的 PCI-E 卡可以插入较长的 PCI-E 插槽中使用。×1 通道能实现单向(2500MHz×1bit)/8=312.5MB/s 的传输速率。×16 通道专为显示卡设计，能够达到 312.5MB/s×16=5GB/s 的传输速率。

PCI-E 2.0 于 2007 年发布，工作频率从 2.5GHz 翻番至 5GHz。PCI-E 3.0 于 2010 年发布，工作频率达到 8GHz，每个通道的带宽为 1GB/s，一个 16 通道的插槽就可以提供 16GB/s 的带宽。目前主要采用 PCI-E 2.0 和 PCI-E 3.0 标准。

有些主板还提供了 Mini PCI-E 插槽，用于插接无线网卡、SSD 等设备。Mini PCI-E 插槽最初是笔记本电脑的 PCI-E 插槽，现在也应用在台式机主板上，这种插槽设计方案方便了用户扩展主板的性能，如图 3-11 所示。很多主板都给 PCI-E 接口增加了金属护甲，称为 Safe Slot（安全插槽）。金属护甲增加了插槽强度，还同时获得了电磁屏蔽的效果。Mini PCI-E 与 M2 不兼容，新出的主板已经用尺寸更小的 M.2 接口替代 Mini PCI-E 接口。

图 3-11　Mini PCI-E 插槽

3.2.6　硬盘接口

1．IDE（EIDE、ATA、PATA）接口

现在新出的主板都已经不提供原生的 IDE 接口，但个别主板厂商为照顾老用户，仍通过第三方芯片提供支持。早先推出的主板有两个 IDE 接口，现在新推出的主板只保留一个 IDE 接口插槽。每个 IDE 接口可以接两个 IDE 设备（硬盘、光驱），每个 IDE 接口上的设备有主从之分，第一个 IDE 接口标注为 IDE1 或 Primary IDE，第二个 IDE 接口标注为 IDE2 或 Secondary IDE，最多可以连接 4 个 IDE 设备。IDE 接口的最大数据传输速率是 100MB/s。

IDE 接口为 40 针双排针插槽。一些主板为了方便用户正确插入电缆插头，取消了未使用的第 20 针，形成了不对称的 39 针 IDE 接口插槽，以区分连接方向。有的主板还在接口插针的四周加了围栏，其中一边有个小缺口，标准的电缆插头只能从一个方向插入，以避免连接错误。主板 IDE、SATA 接口插槽如图 3-12 所示。随着 SATA 接口硬盘、光驱的普及，现在新推出的主板已经取消了 IDE 接口插槽。

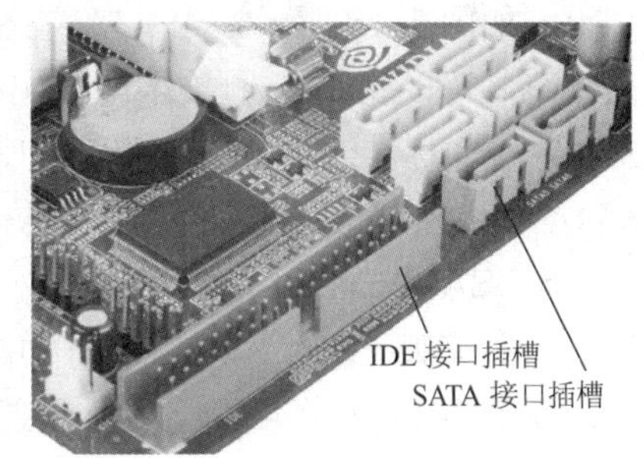

图 3-12　IDE、SATA 接口插槽

2．SATA 接口

Serial ATA（简称 SATA，即串行 ATA）接口是为了取代并行 IDE 接口而设计的，用 4 根引脚就能完成所有的工作，分别用于连接电源、连接地线、发送数据和接收数据。2001 年发布 SATA 1.0 标准，定义的带宽（数据传输速率）为 1.5Gbit/s；2007 年制订了 SATA 2.0 及 SATA 2.5 标准，带宽为 3.0Gbit/s；2009 年制订了 SATA 3.0 标准，带宽为 6.0Gbit/s。新标准完全向下兼容，新标准产品与旧标准产品相连时速度会自动降至 3Gbit/s 或 1.5Gbit/s。现在新出的主板一般提供 2 个 SATA 3.0 接口插槽，4 个以上 SATA 2.0 接口插槽。SATA 接口插槽带有防插错设计，可以很方便地插拔。SATA 接口的设备没有主从之分。带有 SATA 2.0、SATA 3.0 接口插槽的主板如图 3-13 所示。

图 3-13　同时带有 SATA 2.0、SATA 3.0 接口插槽的主板

3．eSATA 接口

外部串行 ATA（External Serial ATA，eSATA）是 SATA 接口的外部扩展规范。换言之，eSATA 就是外置版的 SATA，它是用来连接外部而非内部 SATA 设备。通过 eSATA 接口，就可以轻松地将 SATA 硬盘与主板的 eSATA 接口连接，而不用打开机箱更换 SATA 硬盘。eSATA 2.0 最高可提供 3.0Gbit/s（384MB/s）的数据传输速率，远远高于 USB 2.0 传输速度，并且提供方便的热插拔功能，用户不用关机就能随时接上或移除 SATA 装置，十分方便。图 3-14 所示为 eSATA 接口及连接示意图。

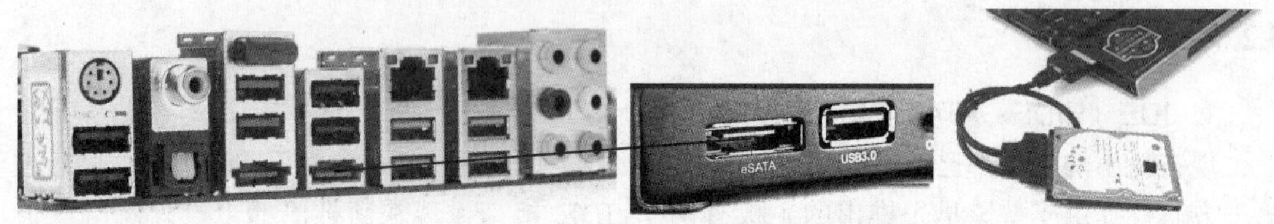

图 3-14　eSATA 接口及连接

4．mSATA 接口

有些主板提供了 mSATA 接口，可以把 mSATA 接口的固态硬盘（SSD）接在 mSATA 接口上，如图 3-15 所示。mSATA 是 SATA 协会开发的 mini-SATA（mSATA）接口控制器的产品规范，可以让 SATA 技术整合在小尺寸的装置上，如笔记本电脑。同时，mSATA 提供跟 SATA 接口标准一样的速度和可靠度。mSATA 接口是采用微型外观的 SATA 接口，仍然由 SATA 接口控制，因此可能是 SATA 2.0 或 SATA 3.0。

5．SATA Express（SATA-E）

为了突破 SATA 3.0 的瓶颈，并为以前的 SATA 设备提供兼容，SATA 组织于 2011 年制订，并于 2013 年批准了一种新的磁盘接口，称为 SATA-E。据 SATA 组织描述，SATA-E 是纯 PCI-E 环境的，支持 2 条通道，如果是 PCI-E 3.0 标准，那么带宽高达 2GB/s；如果是

PCI-E 2.0 标准，带宽为 1GB/s（接口理论速度则是 10Gbit/s）。虽然通道是 PCI-E，SATA-E 物理接口仍是 SATA 规范。

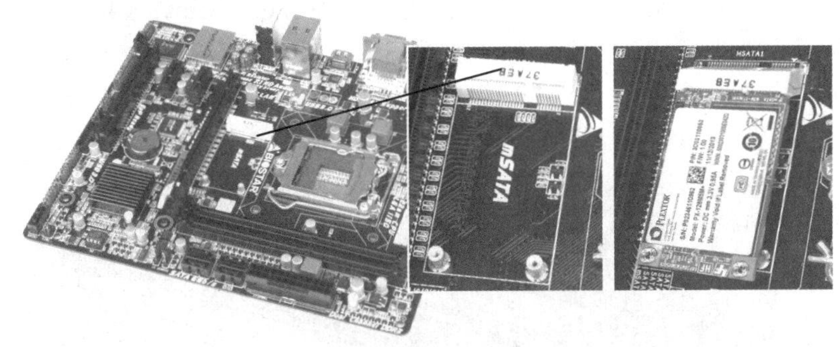

图 3-15　主板上的 mSATA 接口及安装的固态硬盘（SSD）

SATA-E 是目前 SATA 接口的升级版，并不是全新设计的接口，它是在现有 SATA 接口上加以改造得来的，由两个标准 SATA 接口加 1 个小型的 SATA 接口组成，物理向下兼容现在的 SATA 设备，如图 3-16 所示。

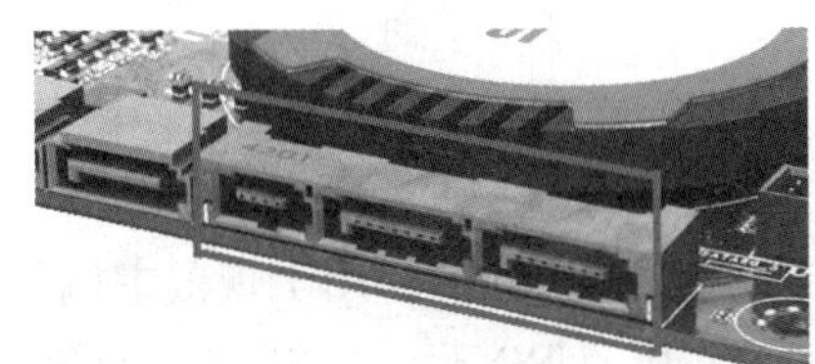

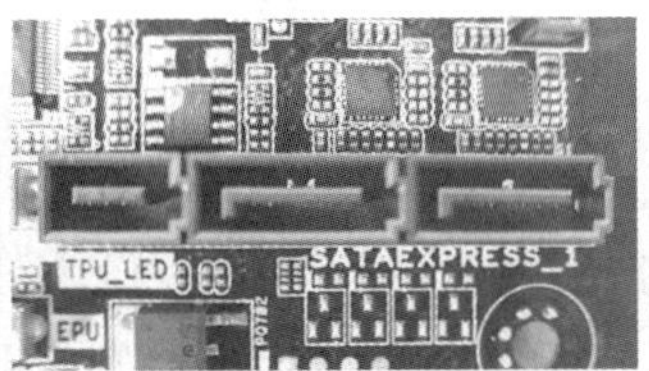

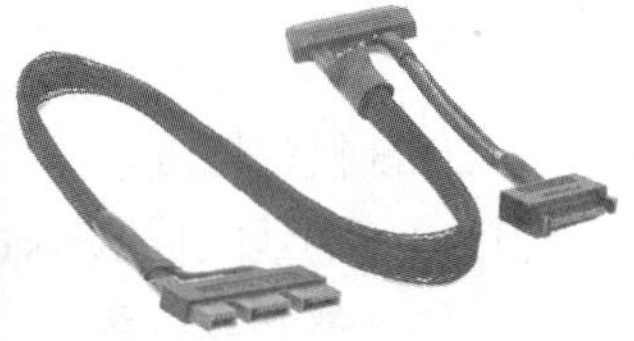

图 3-16　SATA-E 接口插槽及其数据线

SATA-E 主机必须同时支持 PCI-E 及 SATA 驱动器，而 SATA 驱动器只限于 AHCI 界面，PCI-E 驱动器则可以支持 AHCI 及 NVM Express。Windows 8.1 已经原生支持 AHCI 和 NVM Express，因此不需要额外驱动即可正常工作。

每个 SATA-E 接口可以接 1 个 SATA-E 硬盘，或者 2 个 SATA 硬盘。由于缺乏原生支持，目前 9 系列主板的 SATA-E 接口都是第三方芯片提供的。

6. M.2 接口（NGFF 接口）

SSD 速度瓶颈不只是台式机的问题，也是笔记本电脑的问题，为了解决 SATA 3.0 的读写瓶颈问题，Intel 公司推出了与 mSATA 接口近似的 NGFF 接口，也就是主板上的 M.2 接口，如图 3-17 所示。9 系列主板的 M.2 接口是 Intel 公司原生支持的，因此不需要经过第三方的芯片。

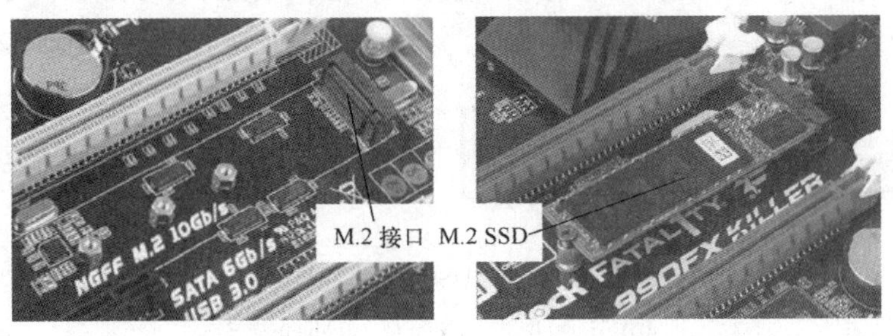

图 3-17　M.2 接口及安装的固态硬盘（SSD）

M.2 接口有两种类型：Socket 2 和 Socket 3，其中 Socket 2 支持 SATA、PCI-E ×2 接口。如果采用 PCI-E 2.0 ×2 通道标准，M.2 接口带宽与 SATA Express 一样是 10Gbit/s（约 1GB/s）。Socket 3 可支持 PCI-E 3.0 ×4 通道，理论带宽可达 32Gbit/s（4GB/s）。

图 3-18 所示提供了 1 个 SATA-E 和 4 个 SATA 3.0 接口，SATA-E 接口还能向下兼容 SATA 3.0。除此之外还提供了一个 M.2 接口供扩展，但该 M.2 接口与上层 SATA-E 接口共享总线，所以在使用时，两者只能择其一。

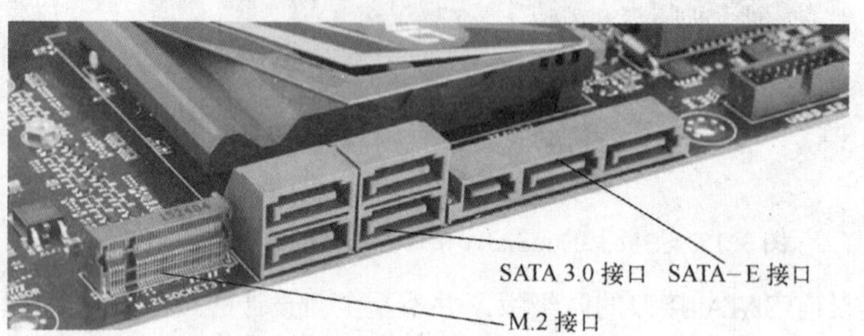

图 3-18　M.2 接口、SATA 3.0 接口和 SATA-E 接口

3.2.7　USB 接口

1. USB 接口标准

通用串行总线（Universal Serial Bus，USB）是一个外部总线标准，用于规范主机与外部设备的连接和数据传送。USB 有 5 个版本，分别为 USB 1.0、USB 1.1、USB 2.0、USB 3.0 和 USB 3.1。1996 年发布了第一代 USB 1.0，最大数据传输速率为 1.5Mbit/s。1998 年发布了 USB 1.1，最大数据传输速率为 12Mbit/s（1.5MB/s），后来称为“USB 2.0 Full-speed”（全速版 USB 2.0）。2001 年发布了 USB 2.0，最大数据传输速率为 480Mbit/s（60MB/s），称为“USB 2.0 High-speed”（高速版 USB 2.0）。2009 年发布了 USB 3.0，最大数据传输速率高达 5Gbit/s（625MB/s），称为“USB SuperSpeed”（极速版 USB）。USB 1.0/1.1 与 USB 2.0 的接口是相互兼容的，USB 3.0 向下兼容 USB 2.0 设备。2014 年发布 USB 3.1 接口标准，称为“USB SuperSpeed+”。

（1）USB 2.0 接口

USB 2.0 接口分为 4 种类型：A 型、B 型、Mini 型和后来补充的 Micro 型接口，每种接口都分插头和插座两个部分，如图 3-19 所示。A 型一般用于 PC；B 型一般用于非便携外围设备，如 3.5in 移动硬盘盒；Mini USB 一般用于早期的 MP3、数字照相机、移动硬盘等设备；Micro USB 是 2007 年制订的版本，应用于手机、移动硬盘、数字照相机等设备。

a)　b)　c)　d)

图 3-19　4 种类型的 USB 2.0 接口插头和插座

a) A 型　b) B 型　c) Mini 型　d) Micro 型

(2) USB 3.0 接口

USB 3.0 接口分为 3 种类型：A 型、B 型和 Micro 型（目前无 Mini USB 3.0 标准），每种接口分为插头和插座，如图 3-20 所示。行业规定了 USB 3.0 接口的颜色必须为蓝色。

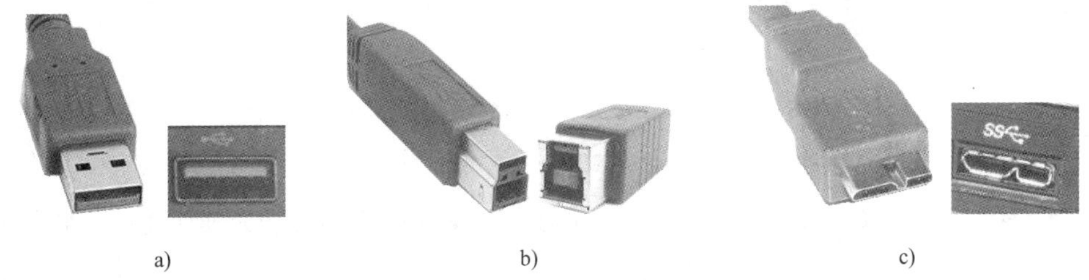

a)　b)　c)

图 3-20　3 种类型的 USB 3.0 接口插头和插座

a) A 型　b) B 型　c) Micro 型

主板上的 USB 插座使用 A 型接口插座，主板 I/O 面板一般提供 4～6 个 USB 接口，其中 USB 3.0 插座为蓝色，USB 2.0 插座为黑色。主板上还提供几个可扩展的 USB 接口，通过主板提供的 USB 扩展连线连接到机箱的前面板上，所以主板上扩展的 USB 接口称为前端 USB（Front USB）接口。

USB 3.0 接口共 9 个引脚，分为两排，上面 5 个专门为 USB 3.0 设计，称之为 SuperSpeed，下面 4 个为兼容 USB 2.0 引脚。USB 2.0 有 4 个引脚，单排，如图 3-21 所示。所以，USB 2.0 A 型插头可以插入 USB 3.0 A 型插座中，而且 USB 2.0 设备也可以正常工作，只是传输速度将会降到 480Mbit/s，而不是 USB 3.0 所支持的 5Gbit/s。

图 3-21　USB 3.0 接口与 USB 2.0 接口的引脚

(3) USB 3.1 接口

USB 3.1 是 USB 3.0 的改进版本，其改进一是将传输速率翻番达到了 10Gbit/s，二是将供电能力提升至最高 100W，此外还提供了视音频数据的传输通道。USB 3.1 可以同时作为供电、音视频通路和外设数据通路，可以大大简化主机的接口配置。

USB 3.1 有 3 种类型，分别为 Type-A（Standard-A）、Type-B（Micro-B）以及 Type-C，如图 3-22 所示。标准的 Type-A 是目前应用最广泛的接口方式，Micro-B 则主要应用于智能手机和平板电脑等设备，而新定义的 Type-C 主要面向更轻薄、更纤细的设备。Type-C 仿苹果 Lightning（闪电）连接器，正反均可正常连接使用。USB 3.1 是完全向下兼容 USB 3.0/2.0 等旧标准的，除了 Type-C 新接口之外，其他都可以继续使用老设备。

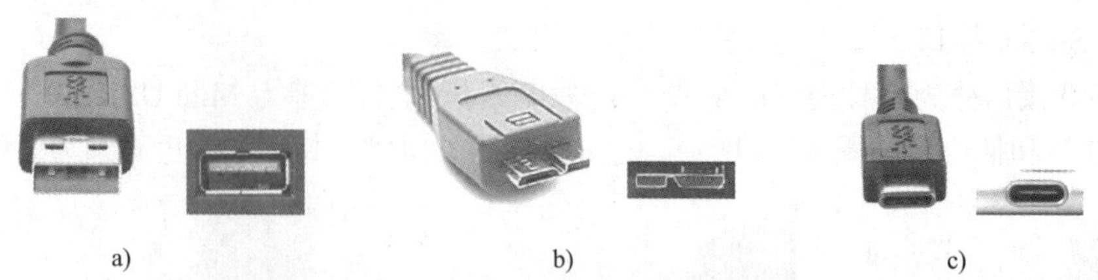
a)　b)　c)

图 3-22　3 种 USB 3.1 接口类型的插头和插座

a) Type-A（Standard-A）　b) Type-B（Micro-B）　c) Type-C

通过 USB 3.1 Type-C 转接口线，可以将 USB 3.1 Type-C 接口转换成其他接口，如图 3-23 所示。

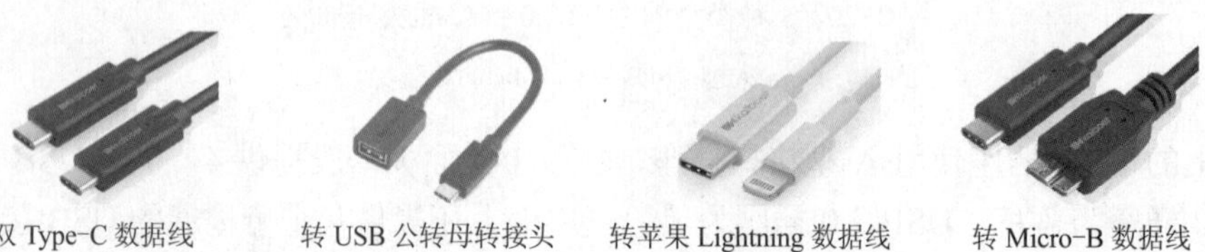
双 Type-C 数据线　转 USB 公转母转接头　转苹果 Lightning 数据线　转 Micro-B 数据线

图 3-23　USB 3.1 Type-C 转接口线

相比 USB 2.0 的 5V/0.5A，USB 3.0 提供了 5V/0.9A 电源。USB 3.1（SuperSpeed+）将供电的最高允许标准提高到了 20V/5A，供电 100W。

USB 3.1 的速度分 Gen1（5Gbit/s）和 Gen2（10Gbit/s）两个版本，所以并非所有 Type-C 接口就是最大 10Gbit/s 的版本，也可能只有 5Gbit/s 的理论带宽。

USB 3.1 Type-C 还引入了全新的交替模式（Alternate Mode），即 Type-C 接口和数据线能传送非 USB 数据信号。目前交替模式已经能够支持 DisplayPort 1.3 和 HDMI 3.2 规范，USB 3.1 的 USB AV 影音传输提供 9.8Gbit/s 频宽，最高支持 4096×2304 @ 30fps 的 4K 显示画面，4K 显示的规格已和 HDMI 1.4 一样，同时 USB AV 也支持 HDCP（High-bandwidth Digital Content Protection，高带宽数字内容保护）技术。

2．USB 3.1 控制芯片

Intel 100 系芯片组没有原生 USB 3.1 接口支持，要想实现只能靠第三方的桥接芯片。一枚祥硕 ASM1142 控制芯片可将 PCI-E 2.0 ×2 或 PCI-E 3.0 ×1 通道转接为两个 USB 3.1 接口，两个接口共享 10Gbit/s 带宽。一枚 Intel USB 3.1 控制芯片（Z527T、Z525T），通过 PCI-E 3.0×4 通道转接为两个 USB 3.1 接口，提供高达 32Gbit/s 的总带宽，可使每一个 USB 3.1 接口的带宽达 10Gbit/s。主板上的 USB 3.1 控制芯片如图 3-24 所示。

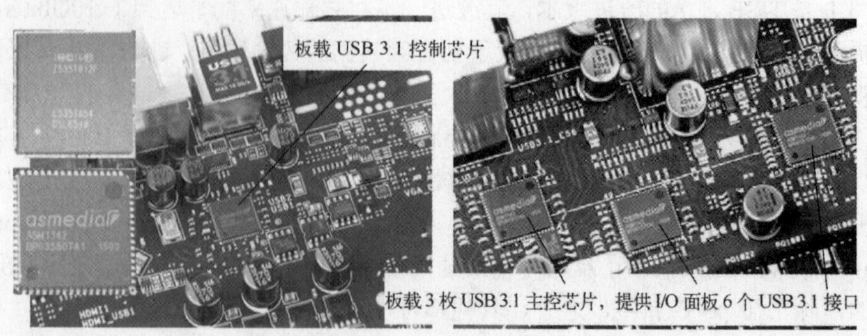

图 3-24　主板上的 USB 3.1 控制芯片

自 Intel 100 系主板开始，USB 3.1 接口更名为 USB 3.1 Gen2 接口（理论带宽为 10Gbit/s），而 USB 3.0 接口则更名为 USB 3.1 Gen1 接口（理论带宽为 5Gbit/s）。

3.2.8 Thunderbolt 接口

1. Thunderbolt 1 和 Thunderbolt 2 标准

Thunderbolt（雷电）技术由 Intel 公司于 2011 年发布，通过和 Apple 公司的技术合作推向市场。该技术主要用于连接 PC 和其他设备，融合了 PCI-E 数据传输技术和 DisplayPort 显示技术，两条通道可同时传输这两种协议的数据。与现在的其他接口相比，Thunderbolt 接口有着很出色的技术优势。目前，Thunderbolt 接口已经出现在 MacBook Pro 产品（见图 3-25）和高端主板上。Thunderbolt 接口的物理外观与原有 Mini DsiplayPort（Mini DP）接口相同。

图 3-25　苹果 Mac Book Pro 上的 Thunderbolt 接口

Thunderbolt 连接技术的核心是一颗 Intel 专用控制芯片，通过 PCI-E ×4、DisplayPort 总线与主板芯片组南桥 PCH 相连。支持 PCI-E 和 DisplayPort 两种传输协议，拥有两条全带宽通道，分别负责 DisplayPort 信号和数据信号传输。Thunderbolt 连接技术架构图如图 3-26 所示。简单概括起来，Thunderbolt 本身只是信号传输的载体，它既可以传输 DisplayPort 视频信号，也可以传输数据信号。专用的控制器芯片负责将这两种信号筛检出来，视频信号就按标准的 DisplayPort 协议，而传输数据时控制器就会将信号切入 PCI-E 通道，传输至 PCH 南桥芯片中。Mac Book Pro 主板上的 Thunderbolt 控制芯片如图 3-27 所示。

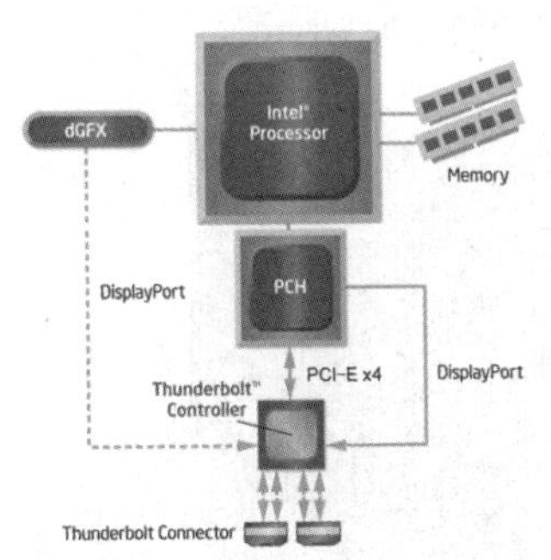

图 3-26　Thunderbolt 连接技术架构图

图 3-27　Mac Book Pro 主板上的 Thunderbolt 控制芯片

2. Thunderbolt 3 标准

2015 年 6 月 Intel 公布 Thunderbolt 3 标准，Thunderbolt 3 与 USB 3.1 Type-C 统一端口，兼容 USB 3.1 标准，USB 3.1 Type-C 设备可直接插在 Thunderbolt 3 接口上使用。

USB 3.1 Type-C 接口的诸多特性使它有着无限的发展可能，而新一代 Thunderbolt 3 接口的外观与 USB 3.1 Type-C 完全一样，但速度最高可达 40Gbit/s，Kaby Lake 支持这一高速传输技术，PC与外设之间的传输速度将有大幅度提升。

Thunderbolt 3占用4条PCI-E 3.0通道来传输信号，其数据传输速率将达到40Gbit/s，是Thunderbolt 2的两倍。Thunderbolt 3支持双4K（4096×2160）60Hz显示器输出，也支持输出5K显示信号（5K显示器的像素数比4K多70%）。同时，Thunderbolt 3提供更强的供电能力，可为设备提供15W电力，它还支持完整的USB 3.1规格，支持最高100W电力传送，并且支持更多的总线种类（Thunderbolt、DisplayPort、HDMI、MHL、USB和PCI-E），如图3-28所示。

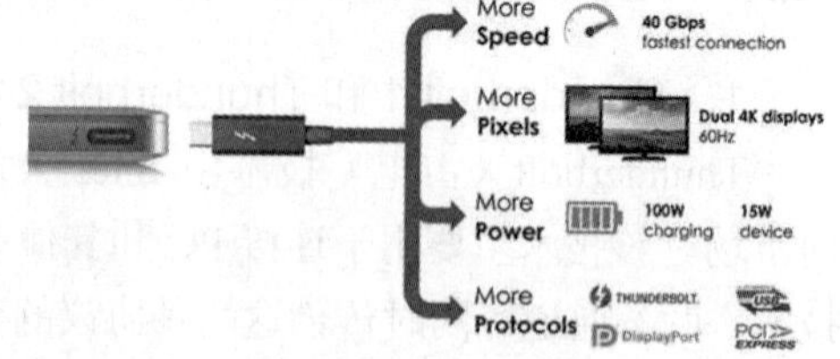

图3-28 Thunderbolt 3接口及其功能

3.2.9 BIOS和UEFI BIOS

1. BIOS

BIOS的全称是ROM BIOS（ROM Basic Input Output System，只读存储器基本输入输出系统），它是一组固化到只读存储器（ROM）芯片中，为计算机提供最低级、最直接的硬件控制程序。简单地说，BIOS是硬件与操作系统之间的接口程序，负责解决硬件的即时要求，并按软件对硬件的操作要求具体执行。BIOS中保存的程序主要包括以下几种。

- 自诊断程序：读取CMOS RAM中的数据识别硬件配置，并对其进行自检和初始化。
- CMOS设置程序：引导过程中，进入设置程序后，用户可设置硬件参数，设置的参数保存在CMOS RAM中。
- 系统自举装载程序：在自检成功后把引导盘上的0道0扇区上的引导程序装入内存，让其运行以装入操作系统。
- I/O设备的驱动程序和中断服务：由于BIOS直接与系统硬件资源打交道，因此总是针对某一类型的硬件系统，而各种硬件系统又各有不同，所以存在各种不同种类的BIOS，新版本的BIOS比起老版本功能更强。

主板上的BIOS芯片是一块方形芯片，其常见外观如图3-29所示。

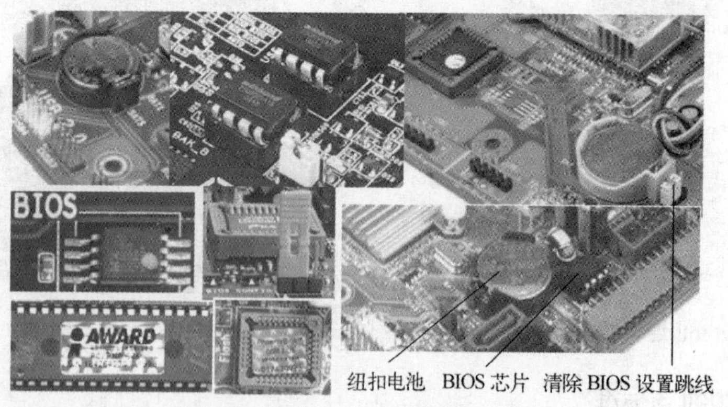

图3-29 常见BIOS芯片的外观

有的主板上有两个BIOS芯片（双BIOS），一个是主芯片，一个是备用芯片，支持一键切换，板载诊断卡和Debug指示灯，有启动快捷键和重启快捷键，方便裸机操作，如图3-30所示。

图 3-30　双 BIOS 设计

ROM BIOS 都采用闪存可擦编程只读存储器（Flash ROM），通过程序可以对 Flash ROM 重写，实现 BIOS 升级。主板 BIOS 主要有 Award BIOS、AMI BIOS、Phoenix BIOS 及 Phoenix-Award BIOS（Phoenix-Award 是 Phoenix 公司收购 Award 公司后的品牌），在芯片上都能看到厂商的标记。

由于 BIOS 是只读的，无法保存用户设置的数据。用户在 BIOS 中设置的各项参数要保存在 CMOS 中。CMOS 通常是指主板上的一块可读写的 RAM 芯片，它存储了系统的时钟信息和硬件配置信息等，系统在加电引导时，要读取 CMOS 信息，用来初始化系统各个部件的状态。CMOS 参数现在通常保存在主板芯片组中的 RAM 单元中。关机后，为了维持 BIOS 的设置参数和主板上系统时钟的运行，主板上都装有一块电池，现在多采用纽扣电池。电池的寿命一般为 2～3 年。由于电池容易造成电解液泄漏，腐蚀主板，所以应注意更换。若长时间不用计算机，应从主板上取下电池。

如果 CMOS 参数设置错误或忘记 BIOS 密码，并且无法进入 BIOS 程序重新设置，就要用硬件的方法恢复默认参数。为此，多数主板在电池旁边都有一个清除 BIOS 用户设置参数的跳线。为了方便操作，有些主板在后置面板上设置一个清空 BIOS 按键，不用打开机箱就可清空 BIOS。

2．UEFI BIOS

统一的可扩展固件接口（Unified Extensible Firmware Interface，UEFI）是一种详细描述全新类型接口的标准，是适用于计算机的标准固件接口，旨在代替 BIOS。此标准由 UEFI 联盟中的 140 多个技术公司共同创建，其中包括微软公司。UEFI 旨在提高软件互操作性和解决 BIOS 的局限性。

UEFI BIOS 是 BIOS 的一种升级替代方案，作为传统 BIOS 的继任者，UEFI BIOS 拥有 BIOS 所不具备的诸多功能，比如图形化界面、多种多样的操作方式、允许植入硬件驱动等。这些特性让 UEFI BIOS 相比于传统 BIOS 更加易用、更加多功能、更加方便。而 Windows 8、Windows 10 都全面支持 UEFI，这也促使了众多主板厂商纷纷转投 UEFI BIOS，并将此作为主板的标准配置之一，在最近新出厂的主板中，很多已经使用 UEFI BIOS。具备 UEFI BIOS 功能的主板预装了系统激活信息，有且仅可支持预装版本的系统激活。如果安装其他版本的系统，则必须关闭 UEFI BIOS 功能，且需要保持 UEFI 功能的关闭状态。

在新出的主板上，BIOS 同时有两种：一种是标准的 BIOS，另外一种是具备 UEFI 功能的 BIOS。这两种 BIOS 都固化在一个 BIOS 芯片中。

3.2.10　主板电源插座

主板和插接在主板上的所有配件（CPU、内存条、键盘、显示卡等）都通过电源插座供电。目前安装 Intel Core i 和 AMD APU 级别 CPU 的主板上的 ATX 电源插座都是 24 针双列插座，具有防插错结构。在软件的配合下，ATX 电源可以实现软件开机和关机、键盘开机和

关机、远程唤醒等电源管理功能。有的主板还另外提供一个 4 针或 8 针 12V 电源插座，给 CPU 提供辅助供电。ATX 主板电源插座如图 3-31 所示。

图 3-31　ATX 主板电源插座

3.2.11　主板供电单元

供电单元是指为 CPU、内存控制器、集成显示卡等部件供电的单元，其作用是对电源输送来的电流进行电压的转换，对电流进行整形和过滤，滤除各种杂波和干扰信号，以保证得到稳定的电压和纯净的电流。随着 CPU 主频和系统总线工作频率的提高，对主板供电的要求也越来越严格，因此主板稳定工作的前提是必须供应纯净的电流。主板供电电路的主要部分一般都位于主板 CPU 插座附近，如图 3-32 所示。

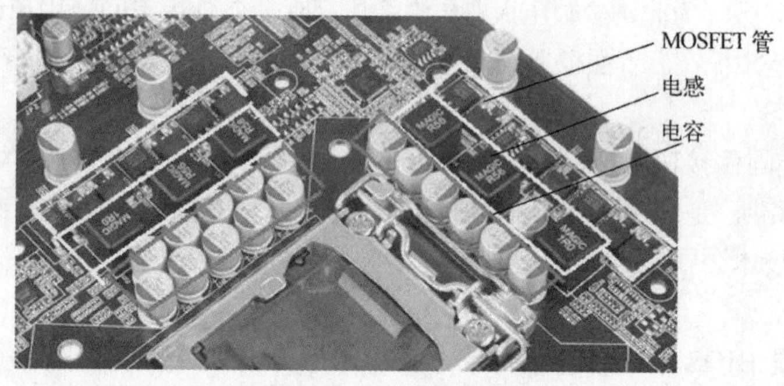

图 3-32　6 相供电电路

现在最常见的供电组合方案是由“电容+电感+场效应晶体管（MOSFET 管）”组成一个相对独立的单相供电电路，这样的组成通常会在供电部分出现 *N* 次，也因此出现了 *N* 相供电。多相电路可以非常精确地平衡各相供电电路输出的电流，以维持各功率组件的热平衡。但并不是供电相数越多越好，过多的相数可能会造成转换时效降低。

由于第 6 代以后酷睿处理器内部移除了电压调节器，于是 CPU 供电模块部分由主板商设计。强大的供电模块不仅能保证整机的稳定运行，更能为 CPU 极限超频提供超强的动力，于是主板厂商设计了不同的供电模块。主板上常用的有 4、6、8、16、24、32 相甚至 48 相或更多。

3.2.12　板载声卡

现在板载声卡已成为主板的标准配置，所有新出的主板都集成了符合 AC'97 Rev 2.3 规

范的音频编解码芯片 Codec。几乎所有板载声卡的音频编解码芯片都为 6 或 8 声道解码，能够提供高品质的 6 或 8 声道音效输出，支持 5.1 或 7.1 声道的环绕立体音频输出，支持立体声输入，支持 DS3D、EAX 1.0/2.0、A3D、Sensaura 3DPA 等 3D API。板载声卡对于大部分用户来说，已经足够满足影视、游戏的要求，不需要再安装独立声卡。对于集成了 AC'97 软声卡的主板，一般在主板左上角附近能看到一块小小的 AC'97 芯片。例如，瑞昱（Realtek）公司的 ALC888、ALC892 音频芯片提供 7.1 声道 HD Audio 音效输出，具备接口侦测功能 Jack Sense（环绕，中置/低音，前置，后置环绕）；支持 S/PDIF 输入与输出，可与其他 DVD 系统或者视频/音频多媒体系统进行数字连接；支持 Realtek 独有的通用音频接口（Universal Audio Jack，UAJ）技术，通过此技术，使得台式机的前面板与笔记本电脑的音频接口上的两个插孔皆具有输入/输出功能，可让使用者随意插用，从而消除使用者可能错误插用的困扰，达到即插即用（Plug and Play）的便利性。有些主板板载高保真音频技术，例如魔音音效系统，利用金属屏蔽罩覆盖音频芯片（8 声道 Realtek ALC1220、ALC1150 等），屏蔽外界干扰让声效更纯粹。配合黄金音频专用电容、信噪比数-模转换器、功放，可以得到更逼真的音频效果。图 3-33 所示是音频模块。

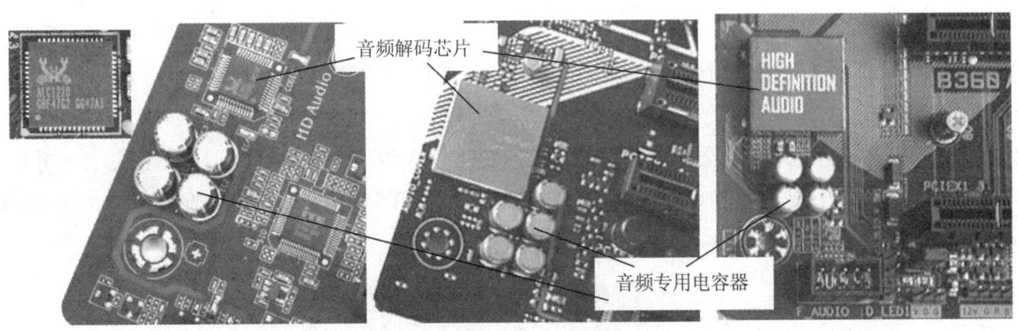

图 3-33　音频模块

3.2.13　板载网卡芯片

许多主板上集成了网卡芯片（Fast Ethernet 控制器）。网卡芯片一般在主板后部的 I/O 面板上的 RJ-45 接口附近。主板上常见的网卡芯片如下。

1）Realtek 公司的 RTL8100C、TRL8201CL，支持 10/100Mbit/s 自适应的以太网网络。RTL8111B、RTL8111F、RTL8111GR 网卡芯片，支持 10Mbit/s、100Mbit/s、1000Mbit/s。

2）Marvell 公司的 88E1111、88E1115、88E1121 网卡芯片，支持 10Mbit/s、100Mbit/s、1000Mbit/s。

3）Broadcom 公司的 BCM5702WKFB 网卡芯片是支持 10Mbit/s、100Mbit/s、1000Mbit/s 的高性能芯片。

4）Intel 公司的千兆有线网卡，网卡芯片为 Intel I218V、I219V，还有杀手系列网卡等。

在主板上常见的板载网卡芯片如图 3-34 所示。

图 3-34 常见的板载网卡芯片

3.2.14 硬件监控芯片

硬件监控芯片的功能主要是对输入/输出接口（如鼠标、键盘、USB 接口等）的控制，以及对系统进行监控、检测（为主板提供 CPU 电压侦测、线性风扇转速控制、硬件温度监控等）。对温度的监控，须与温度传感元件配合使用；对风扇电动机转速的监控，则须与 CPU 或显示卡的散热风扇配合使用。主板上的硬件监控芯片，也称 I/O 芯片或 Super I/O 芯片。目前流行的硬件监控芯片有 ITE 公司的 IT8628E、IT8712F-A、IT8620E，华邦（Winbond）公司的 W83627THF、WPCD376IAUFG，SMSC 公司的 LPC47M172，新唐（nuvoTon）公司的 NCT5573D、NCT5539D、NCT6776D、NVT6793D 等。硬件监控芯片一般位于主板的边缘，如图 3-35 所示。

图 3-35 硬件监控芯片

3.2.15 时钟发生器

自从 IBM 公司发布第一台 PC 以来，主板上就开始使用一个频率为 14.318MHz 的石英晶体振荡器（简称晶振）来产生基准频率。用晶振与时钟发生器芯片（PPL-IC）组合，构成系统时钟发生器。晶振负责产生非常稳定的脉冲信号，而后经时钟发生器整形和分频，把多种时钟信号分别传输给各个设备，使得每个芯片都能够正常工作，如 CPU 的外频、PCI/PCI-E 总线频率、内存总线频率等，都是由它提供的。现在很多主板都具有线性超频的功能，其实这个功能就是由时钟芯片提供的。时钟芯片位于 PCI 槽的附近，因为时钟给 CPU、北桥、内存等设备的时钟信号线要等长。常见的时钟发生器有 RTM862-488、RTM360-110R、

ICS950405AF、ICS952607EF、ICS950910AF、ICS96C535、W83194BR-SD、Cypress W312-02 等。图 3-36 所示为常见的晶振和时钟发生器。

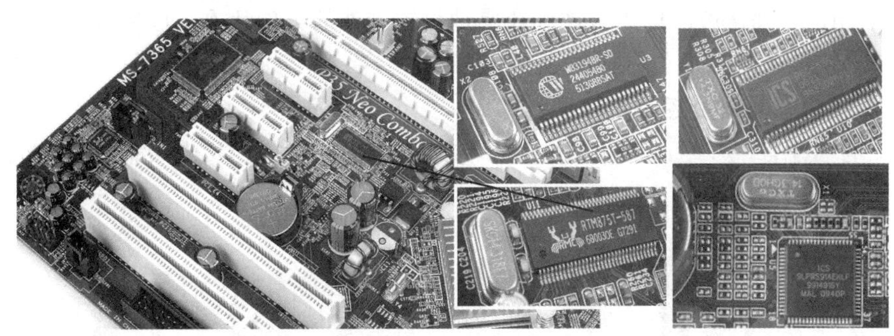

图 3-36　常见的晶振和时钟发生器

3.2.16　跳线、DIP 开关和插针

1．跳线

跳线（Jumper）主要用来设定硬件的工作状态，如 CPU 的核心（内核）电压、外频和倍频，主板的资源分配，以及启用或关闭某些主板功能等。跳线赋予了主板更为灵活的设置方式，使用户能够轻松地对主板上各部件的工作方式进行设置。但是随着大量硬件参数逐渐改在 BIOS 中设置，主板上的跳线已经越来越少了。

跳线实际上就是一个短路小开关，它由两部分组成：一部分固定在电路板上，由两根或两根以上金属跳线针组成；另一部分是“跳线帽”，这是一个可以活动的部件，外层是绝缘塑料，内层是导电材料，可以插在跳线针上面，将两根跳线针连接起来。跳线帽扣在两根跳线针上时为接通状态，有电流通过，称为 On；反之，不扣上跳线帽时，称为 Off。最常见的跳线主要有两种，一种是两针，另一种是三针。两针的跳线最简单，只有两种状态，即 On 或 Off。三针的跳线可以有 3 种状态：1 和 2 之间短接（Short），2 和 3 之间短接，以及全部开路（Open）。常见跳线及主板上的说明如图 3-37a 所示。

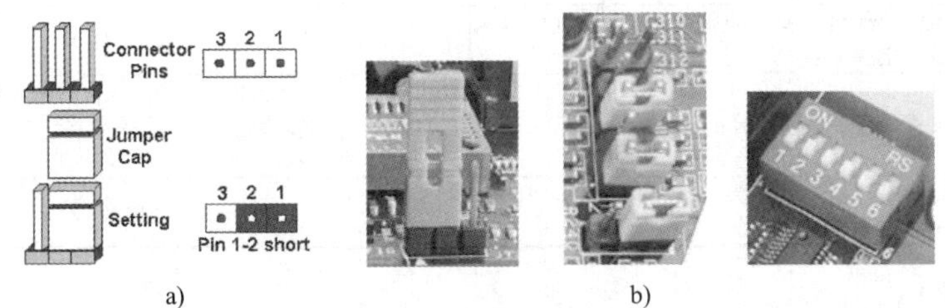

图 3-37　跳线和 DIP 开关

a) 常见跳线及主板上的说明　b) DIP 开关

跳线最常用的地方就是在主板上，早先的跳线用来设置 CPU 的倍频、外频、电压等项目。目前都采用免跳线的技术，在主板上除了一个清除 BIOS 设置参数的跳线之外再无任何跳线。只要把 CPU 插入，就可以自动识别并设置频率和工作电压。也可以通过 BIOS 设置参数对主频、工作频率和电压进行更改，不必使用专门的硬件跳线。

2．DIP 开关

尽管跳线已经使硬件设置变得非常灵活，但是跳线的插拔方式使用起来仍然不太方便。因此，使用 DIP 开关，可以更为直观和容易地设置硬件的工作状态。DIP 开关与普通跳线一样，只是把小跳线做成了开关，如图 3-37b 所示。

3．机箱面板指示灯及控制按钮插针

主板上的插针有很多组，如 USB 插针、CPU 风扇插针等，其中最重要的一组是机箱面板插针，如图 3-38 所示。

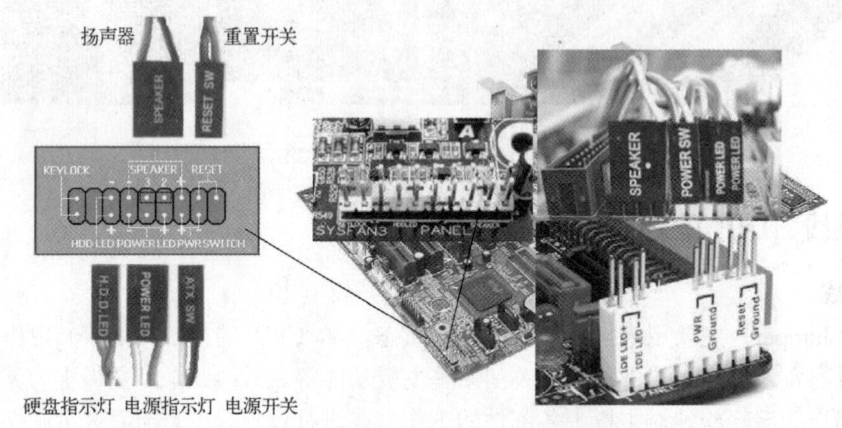

图 3-38 机箱面板指示灯接头及控制按钮插针示意图

机箱面板上的电源开关、重置开关、电源指示灯、硬盘指示灯等都连接到该插针组上，接头组的用途见表 3-1。说明中所标出的机箱接线颜色仅供参考，不同机箱接线颜色可能有所不同，不同主板插针接口的排列方式也可能有所不同。

表 3-1 面板指示灯及主板控制按钮插针说明

主板标注	用途	针数/针	插针顺序及机箱接线常用颜色
PWR SW	ATX 电源开关	2	1.黄（+） 2.黑（–）
RESET SW	复位接头，用硬件方式重新启动计算机	2	无方向性接头。1.红 2.黑
POWER LED	电源指示灯接头。电源指示灯为绿色，灯亮表示电源接通	2	1.绿（+） 2.白（–）
SPEAKER	扬声器接头，使计算机发声	4	无方向性接头。1.红（+5V） 4.黑 2、3.短接启动主板上的扬声器，开路关闭主板上的扬声器
HDD LED	硬盘读写指示灯接头，LED 为红色，灯亮表示正在进行硬盘操作	2	1.红（+） 2.白（–）

3.2.17 背板接口

随着技术的提高，主板上集成的接口越来越多，主板的 I/O 背板接口十分丰富，一般带有 PS/2 键鼠通用接口、RJ45 网络接口；视频输出（DisplayPort，DP）接口、DVI 接口、HDMI 接口；USB 2.0、USB 3.1 Gen1 接口、USB 3.1 Gen2 Type-A 和 USB 3.1 Gen2 Type-C 接口；音频输入/输出接口、光纤音频输出口。

1．USB 接口

主板上的 USB 2.0 插座使用 A 型接口插座，主板 I/O 面板一般提供 2～4 个 USB 接口，

USB 2.0 插座为黑色；主板上的 USB 3.0（3.1 Gen1）接口也使用 Type-A，提供 2～4 个，USB 3.0 插座为蓝色；主板上的 USB 3.1（3.1 Gen2）接口使用 Type-A 和 Type-C，各提供 1 个，USB 3.1 插座为红色，如图 3-39 所示。

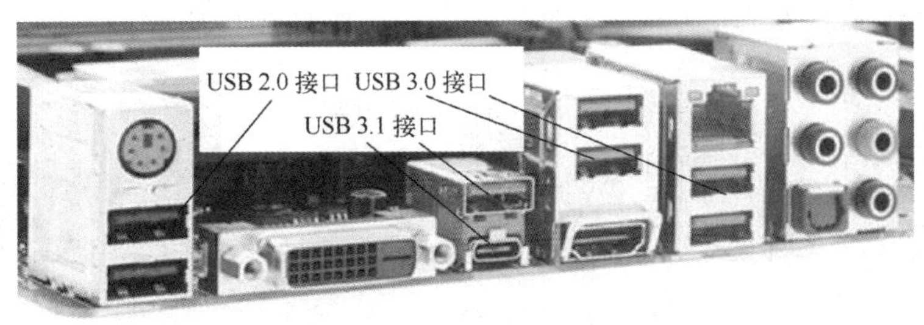

图 3-39　主板背板上的 USB 接口

主板上还提供几个可扩展的 USB 2.0 接口，通过主板提供的 USB 扩展连线连接到机箱的前面板上，所以主板上扩展的 USB 接口称为前端 USB（Front USB）接口。

2．PS/2 接口

多数主板都配有键盘和鼠标的 PS/2 接口，靠近主板的紫色口接键盘，绿色口接鼠标。有些主板只有一个键盘接口插槽；有些主板有一个键鼠通用接口插槽（PS/2 Combo 接口），插口颜色是紫、绿两色。主板背板上的 PS/2 接口如图 3-40 所示。有些主板取消了 PS/2 键盘、PS/2 鼠标接口，由 USB 接口代替。

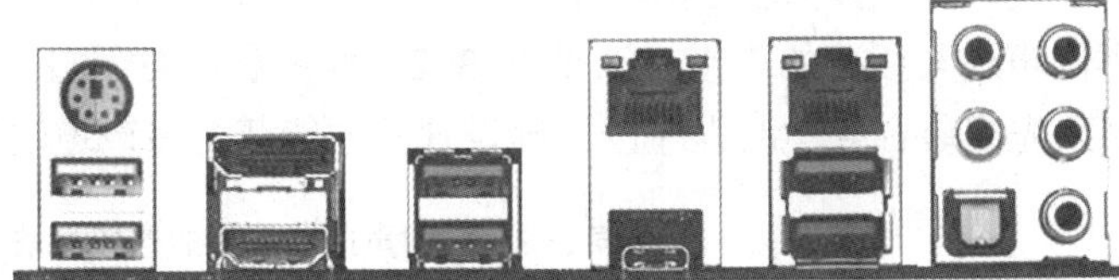

图 3-40　主板背板上的 PS/2 接口

3．RJ-45 网线接口

主板上的板载网络接口几乎都是 RJ-45 接口，RJ-45 是 8 芯线，如图 3-41 所示。RJ-45 接口应用于以双绞线为传输介质的局域网中，网卡上自带两个状态指示灯，通过这两个指示灯可判断网卡的工作状态。

图 3-41　主板背板上的 RJ-45 网线接口和外置天线接口

4．无线网络外置天线接口

对于板载无线网卡的主板，I/O 接口背板上带有外置天线接口，如图 3-41 所示。

5．音频接口

目前主板上常见的音频接口均为 3.5mm 插孔，有 3 种：3 个插孔（插孔的颜色从上到下依次为浅蓝色、草绿色、粉红色），5 个插孔（左侧增加 2 个插孔，插孔的颜色从上到下为橙色、黑色），6 个插孔（左侧下方增加 1 个灰色插孔），如图 3-42 所示。

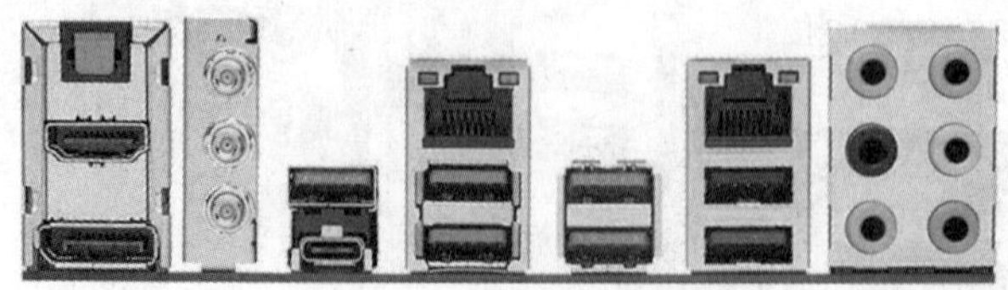

图 3-42　主板背板上的音频插孔

插孔各种颜色的含义如下。

1）浅蓝色：音源输入插孔。连接 MP3 播放器或者 CD 机音响等音频输出端。

2）草绿色：音频输出插孔。连接耳机、音箱等音频接收设备。

3）粉红色：传声器输入插孔。连接到 MIC。

4）橙色：中置或重低音音箱输出插孔。在 6 声道或 8 声道音效设置下，连接中置或重低音音箱。

5）黑色：后置环绕音箱输出插孔。在 4 声道、6 声道或 8 声道音效设置下，连接后置环绕音箱。

6）灰色：侧边环绕音箱输出插孔。在 8 声道音效设置下，连接侧边环绕音箱。

不同声道与插孔的连接方法见表 3-2。要注意，对于多声道声卡，要打开多声道输出功能，必须先安装音频驱动程序，正确设置后才能获得多声道输出。

表 3-2　不同声道与插孔的连接方法

声道 插孔	2 声道（2.0）	4 声道（2.1）	6 声道（5.1）	8 声道（7.1）
浅蓝色	声道输入	声道输入	声道输入	声道输入
草绿色	声道输出（一对音箱）	前置输出（一对音箱）	前置输出（一对音箱）	前置输出（一对音箱）
粉红色	MIC 输入	MIC 输入	MIC 输入	MIC 输入
橙色			中置和重低音（一只音箱）	中置和重低音（一只音箱）
黑色		后置输出（一只低音炮音箱）	后置输出（一对音箱）	后置输出（一对音箱）
灰色				侧置输出（一对音箱）

对于支持 Realtek 的 UAJ 技术的音频接口，台式机的前面板与笔记本电脑的音频接口上的两个插孔皆具输入/输出功能，可让使用者随意插用，完全消除使用者可能错误插用的困扰，真正达到即插即用的便利性。

6．光纤音频接口（S/PDIF 光纤输出接口）

光纤音频接口（Toshiba Link，TosLink）是日本东芝（Toshiba）公司开发并设定的技术

标准，在视听器材的背板上有 Coaxial 标识，TosLink 光纤曾大量应用在视频播放机和组合音响上。光纤连接可以实现电气隔离，阻止数字噪声通过地线传输，有利于提高 DAC（Digital-to-Analogue Conversion，数模转换）的信噪比。光纤连接的信号要经过发射器和接收器的两次转换，会产生严重影响音质的时基抖动误差。现在某些型号的主板也配备了光纤音频接口，如图 3-43 所示。

图 3-43　光纤音频接口

7．VGA 接口

VGA 接口是最常见的显示设备视频信号输出接口之一，主要连接显示器，一般为蓝色，有 15 个引脚，也称作 D-SUB 接口。集成主板上的 VGA 接口如图 3-44 所示。

8．DVI 接口

DVI 接口主要连接 LCD 等数字显示设备。DVI 接口有两种，如图 3-44 所示，一种是 DVI-D 接口，只能接收数字信号；另外一种是 DVI-I 接口，可同时兼容模拟信号和数字信号，通过转换接头可连接到 VGA 接口上。

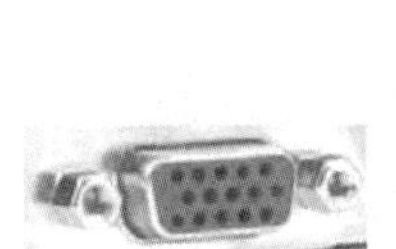

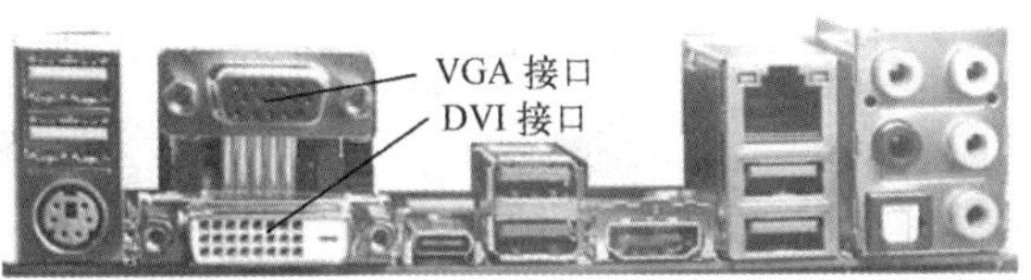

图 3-44　主板背板上的 VGA 接口和 DVI 接口

9．HDMI 接口

目前的主板和显示卡上都有高清晰度多媒体接口（High Definition Multimedia Interface，HDMI），如图 3-45 所示。通过一条 HDMI 线，可以同时传送影音信号，HDMI 1.0 接口提供 5Gbit/s 的数据传输速率，最新发布的 HDMI 1.3 提供的带宽为 10.2Gbit/s，可以用于传送无压缩的音频信号和高分辨率视频信号。HDMI 接口有 3 种：标准 HDMI 接口、Mini-HDMI 接口和 Micro-HDMI 接口，外观如图 3-45 所示。

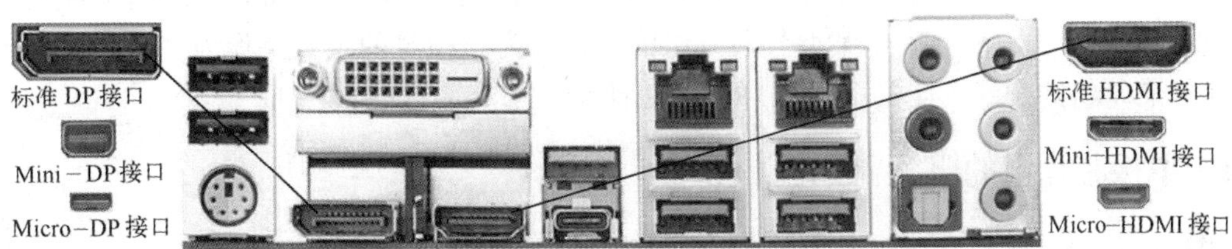

图 3-45　主板背板上的 HDMI 接口和 DP 接口

10．DisplayPort（简称 DP）接口

DisplayPort 1.0 标准可提供的带宽高达 10.8Gbit/s。DisplayPort 可支持 WQXGA+（2560×1600）、QXGA（2048×1536）等分辨率及 30/36bit（每原色 10/12bit）的色深，充足的带宽保证了今后大尺寸显示设备对更高分辨率的需求。DP 接口有 3 种：DP 接口、Mini-DP 接口和 Micro-DP 接口，外观如图 3-45 所示。Mini-DP 接口主要用于笔记本电脑、超极本，Micro-DP 接口主要用于智能手机、平板电脑以及超轻薄设备。

11．eSATA 接口

External SATA 简称 eSATA 或 E-SATA，是外置式 SATA 2.0 规范的延伸，用来连接外部

的 SATA 设备。它把主板的 SATA 2.0 接口连接到 eSATA 接口上，eSATA 接口与普通 SATA 硬盘相连，而不用打开机箱更换 SATA 2.0 硬盘。SATA 2.0 接口的最大传输率为 3Gbit/s，远远超过 USB 2.0 等外部传输技术的速度。最新的 SATA 3.0 接口的最大传输率为 6Gbit/s。eSATA 接口如图 3-46 所示。

12. 串行接口

串行（COM）接口简称串口，是采用串行通信协议的扩展接口，常用于连接鼠标、外置 Modem、写字板等低速设备。串口的数据传输速率是 115～230Kbit/s。目前，新出的主板已取消了串口。串行接口如图 3-47 所示。

13. 并行接口

并行（PRN、LPT）接口简称并口，是采用并行通信协议的扩展接口，如图 3-48 所示。并口的数据传输速率是串口数据传输速率的 8 倍，标准并口的数据传输速率为 1Mbit/s，常用来连接打印机，所以并口又被称为打印口。相对于 USB 接口，并行接口在速率和兼容性方面都要落后很多，所以许多主板取消了并行接口。

图 3-46　eSATA 接口

图 3-47　串行接口

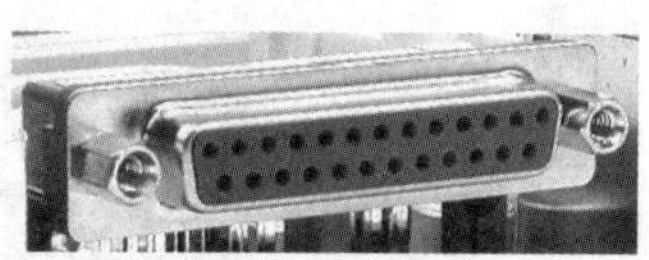

图 3-48　并行接口

3.3　主板芯片组

主板芯片组（Chipset）是主板的核心部件，起着协调和控制数据在 CPU、内存和各部件之间传输的作用，一块主板的功能、性能和技术特性都是由主板芯片组的特性来决定的。主板芯片组总是与某种类型的 CPU 配套，每当推出一款新规格的 CPU 时，就会同步推出相应的主板芯片组。主板芯片组的型号决定了主板的主要性能，如支持 CPU 的类型、内存类型和速度等，所以，常把采用某型号芯片组的主板称为该型号的主板。作为 PC 的主要配件，主板芯片组的发展直接关系到 PC 的升级换代。

3.3.1　主板芯片组的概念

主板芯片组按芯片数量可分为单芯片组南桥芯片组和北桥芯片组；按是否整合显示卡，分为整合芯片组和非整合芯片组。芯片组也可以集成显示卡、声卡和网卡等部件。

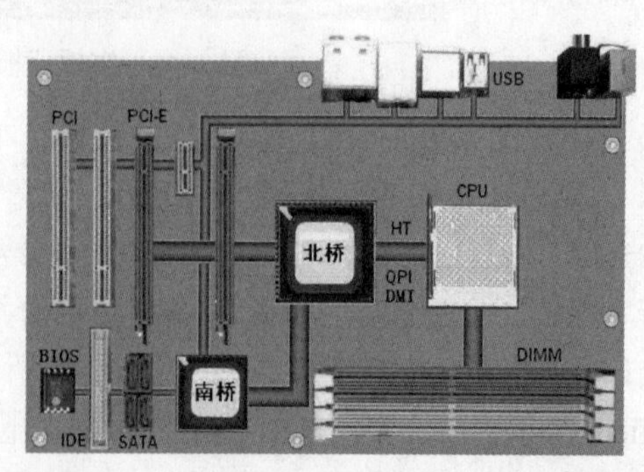

图 3-49　南北桥结构组成的主板示意图

采用由两片组成的南北桥结构的主板上都有两块面积比较大的芯片。按照地图“上北下南”的标记方法，靠近 CPU 插槽的芯片称为北桥芯片，靠近 PCI 插槽的芯片称为南桥芯片。图 3-49 所示为 CPU 中集成有内存控制器的南北桥结构组成的主板示意图。对于单芯片组，其功能与南

北桥芯片组相同，只是集成度更高。

1．北桥芯片（North Bridge Chipset）

北桥芯片是主板芯片组中起主导作用的组成部分，也称为主桥（Host Bridge），一般位于 CPU 插槽和 PCI-E 插槽之间。北桥芯片负责与 CPU 的联系，并控制内存、PCI-E 数据在北桥内部传输，提供对 CPU 的类型、主频，HT、QPI 或 DMI 总线频率，内存的类型和最大容量，PCI-E 插槽等的支持，整合型芯片组的北桥芯片还集成了显示卡核心。这也是芯片组的名称及主板的型号以北桥芯片的名称来命名的原因。总体来说，北桥芯片主要承担高速数据传输设备的连接。现在，CPU 陆续整合了内存控制器、PCI-E 控制器，北桥的主要功能已经整合到 CPU 中，芯片组只剩下一颗南桥芯片，用于连接外部低速设备。

2．南桥芯片（South Bridge Chipset）

南桥芯片负责低速 I/O 总线之间的通信，如 PCI 总线、PCI-E×1 或 PCI-E×4、USB、LAN、ATA、SATA、音频控制器、键盘控制器、实时时钟控制器、高级电源管理等。由于这些设备的速度都比较慢，因此将它们分离出来让南桥芯片控制，这样北桥高速部分就不会受到低速设备的影响，可以全速运行。主板上的众多功能都依靠南桥芯片来实现，南桥提供支持这些低速接口的类型和数量，如提供 USB、SATA 接口的数量等。当然，南桥芯片不可能独立实现这么多的功能，它需要与其他功能芯片共同合作，从而让各种低速设备正常运转。南桥芯片的功能在不断增强，以取代更多的独立板卡。南桥芯片一般位于主板上离 CPU 插槽较远的下方，PCI 插槽的附近，这种布局是考虑到它所连接的 I/O 总线较多，离处理器远一点有利于布线，而且更加容易实现信号线等长的布线原则。

南、北桥两片芯片之间的数据传递由专用总线完成。北桥芯片决定了芯片组的档次和性能，而南桥芯片相对灵活和次要。一般来说，CPU 决定了北桥芯片，而南桥芯片组与 CPU 的关系很小，它可以与各种不同的北桥芯片组搭配使用。对于单独的一片芯片组，其实是把南、北桥两片芯片集成到一片芯片中。芯片组就像桥梁或纽带一样，将系统中各个独立的器件和设备连接起来形成一个整体。

南桥芯片在功能上会存在很大的差异，同一种南桥芯片可以搭配不同的北桥芯片，厂商会根据成本控制及市场定位来选择搭配。虽然其中存在一定的对应关系，但是只要连接总线相符并且引脚兼容，主板厂商完全可以随意选择。

3.3.2　主板系统总线

1．前端总线（Front Side Bus，FSB）

总线是将数据从一个部件传输到另一个或多个部件的一组传输线，有多种总线类型。前端总线是 CPU 与主板北桥芯片之间连接的通道，前端总线也称为 CPU 总线，是 PC 系统中最快的总线，也是芯片组与主板的核心。这条总线主要由 CPU 使用，用来与高速缓存、主存和北桥之间传送信息。由于数据传输最大带宽取决于所有同时传输的数据的宽度和传输频率，而 CPU 通过 FSB 连接到北桥芯片，进而通过北桥芯片和内存、显示卡交换数据，因此前端总线频率越高，代表着 CPU 与内存之间的数据传输量越大，越能充分发挥出 CPU 的功能。前端总线频率（FSB Clock Speed）常以 MHz 或 GHz 为单位。

Intel Core2 Duo 使用的 FSB 工作频率有 800MHz、1066MHz、1333MHz、1600MHz 几种，宽度为 64 位。Intel Core2 Duo 的前端总线示意图如图 3-50 所示。

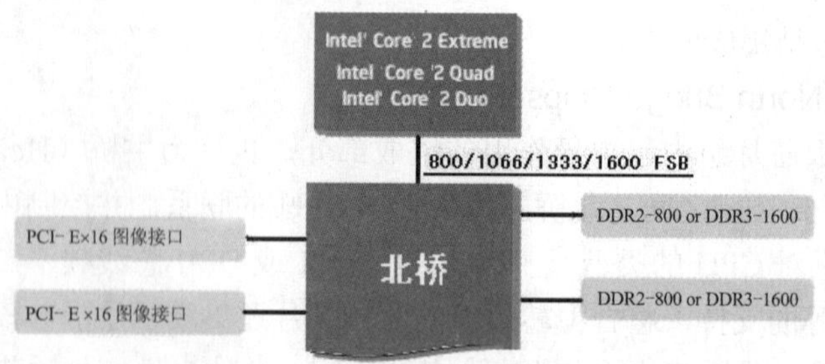

图 3-50　Intel Core2 Duo 的前端总线示意图

外频与前端总线频率是不同的。前端总线的速度指的是 CPU 和北桥芯片间总线的传输速度，更实质性地表示了 CPU 与外界的数据传输速度。而外频是 CPU 与主板之间同步运行的速度，主要表示对 PCI 及其他总线的影响。

2．超级传输通道（HyperTransport，HT）总线

AMD Athlon 64、Athlon 64 X2、Athlon II、Phenom II 等处理器，都在 CPU 内部集成有内存控制器，这样就取消了前端总线。2003 年 AMD 公司推出了 HT 总线来完成 CPU 与主板北桥芯片组之间的连接。HT 作为 AMD 主板 CPU 上广为应用的一种端到端总线技术，它可在内存控制器、磁盘控制器以及 PCI-E 总线控制器之间提供更高的数据传输带宽。HT 1.0 在双向 32bit 模式的总线带宽为 12.8GB/s。2004 年 AMD 公司推出的 HT 2.0 规格，最大带宽提升到 22.4GB/s。最新的 HT 3.0 又将工作频率增到 2.6GHz，这样，HT 3.0 在 2.6GHz 高频率 32bit 高位宽的运行模式下，即可提供高达 41.6GB/s 的总线带宽（即使在 16bit 位宽下也能提供 20.8GB/s 带宽）。HT 3.0 技术在近两年内都能满足内存、显卡和处理器的需要。AMD HT 总线示意图如图 3-51 所示。

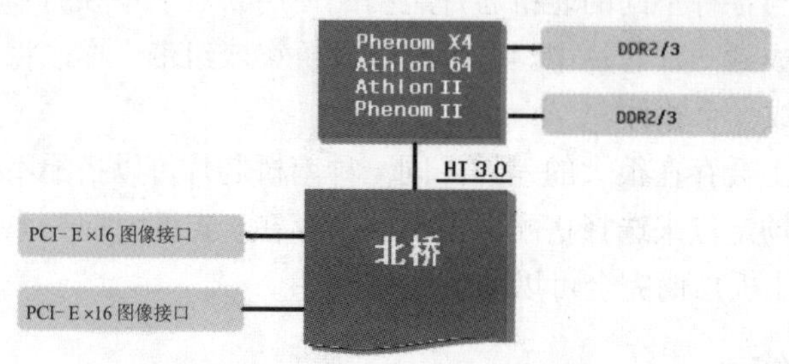

图 3-51　AMD HT 总线示意图

3．快速智能互连（Quick Path Interconnect，QPI）总线

AMD 公司早在 2003 年 K8 时代的 CPU 中已经集成了内存控制器，能大幅提升内存性能。Intel 公司为了改变 Core2 处理器内存性能低于 Athlon 64 X2、Phenom 系列的局面，2008 年 11 月推出的 Core i7 也开始集成内存控制器，内存控制器从北桥芯片组中转移到 Core i7 CPU 中，支持三通道 DDR3-1333 内存，内存读取延迟大幅减少，内存带宽则大幅提升。

CPU 集成内存控制器后，Intel 公司把 CPU 与主板北桥芯片组之间的连接总线命名为 QPI 总线（与 AMD 的 HT 总线相似）。QPI 总线将取代 FSB，成为 Intel 公司新一代 CPU 的总线，QPI 为串行的点到点连接技术，也可以用于多处理器之间的互连。QPI 总线速度将会

因平台而异，目前的 QPI 总线频率为 4.8GT/s（2.4GHz）、6.4GT/s（3.2GHz）等，例如，Core i7-980X/975/965 的 QPI 总线速率为 6.4GT/s，Core i7-960/950/940/920 的 QPI 总线速率为 4.8GT/s。GT/s 为 Giga Trans mission per second 的缩写，即千兆传输/秒，表示每一秒内传输的次数，把 GT/s 转换为 GHz 要除以 2。

现在支持 Gulftown、Bloomfield 核心的 Core i7-980X/975/950/920 等处理器的 X58 芯片组依然是南北桥架构，Core i7 与北桥之间通过 QPI 总线连接，其示意图如图 3-52 所示。

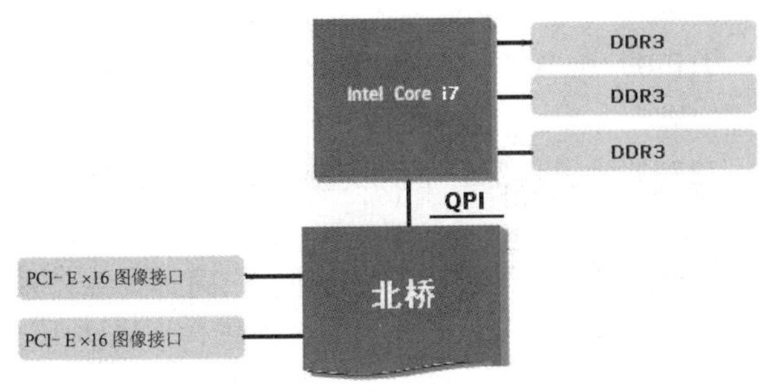

图 3-52　Intel QPI 总线示意图

4．直接媒体接口（Direct Media Interface，DMI）总线

从 Intel 第一代 Core i 系列处理器开始，已将内存控制器和 PCI-E 控制器集成到 CPU，即将以往主板北桥芯片组的大部分功能都集成到 CPU 内部，在与外部接口设备进行连接的时候，需要有一条简洁快速的通道，就是 DMI 总线。而且支持 Core i 系列处理器所使用主板都是单芯片芯片组，不再有南北桥，而只有主要负责 PCI-E、I/O 设备的管理等工作的 PCH（Platform Controller Hub）芯片。DMI 用于连接 CPU 与主板单芯片组及外部接口设备。DMI 总线相对于 QPI 总线来讲，在技术上有所创新，技术的进步也很明显。

在 Intel 100 系芯片组中，DMI 总线由原来的 DMI 2.0 升级到 DMI 3.0。DMI 总线提升至 DMI 3.0 后，速率达到 8GT/s，而 9 系则为 DMI 2.0 总线，速率为 5GT/s，DMI 总线作为 CPU 与芯片组之间通信的桥梁，对整个系统起着非常重要的作用。Intel DMI 总线示意图如图 3-53 所示。

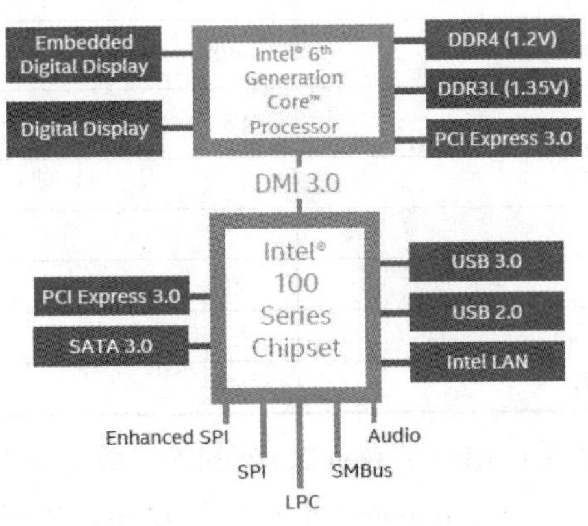

图 3-53　Intel DMI 总线示意图

3.3.3　主流主板芯片组

目前研发 PC 主板芯片组的厂家主要是 Intel、AMD 两家公司，各自不同的芯片组规格

仅适合各自的平台。下面介绍 Intel 和 AMD 两大架构的主流芯片组。

1. Intel 芯片组

（1）Intel 芯片组的命名

Intel 芯片组的命名延续了过去的规则，X 代表至尊，Z 代表高端，H 为主流，B 为低端，Q 为面向商务品牌机市场，同时，数字越大则定位越高。

B 系列（如 B360、B250）属于入门级产品，不具备超频和多卡互联的功能，同时接口及插槽数量也相对要少一些。

H 系列（如 H370、H170）比 B 系列略微高端一些，可以支持多卡互联，接口及插槽数量有所增长。

Z 系列（如 Z370、Z270）除了具备 H 系列的特点支持，还能够对 CPU 进行超频，并且接口和插槽数量也非常丰富。

X 系列（如 X99、X299）支持至尊系列高端处理器，同时具备 Z 系列的各项功能。

Q 系列（Q370、Q270）针对商务品牌机市场，不对零售市场销售。

（2）Intel 300 系列芯片组

2017 年 8 月，Intel 第八代 Coffee Lake 酷睿处理器上市，与该处理器配套的 300 系列芯片组的主板也一起上市，包括 Z370、H370、B360 等芯片组，这几款芯片组为第八代酷睿处理器提供完整的 CPU 支持。Z370、H370、B360 芯片组参数对比见表 3-3。

表 3-3　Z370/H370/B360 芯片组参数对比

芯片组	Z370	H370	B360
CPU 接口	LGA1151（第八代酷睿）	LGA1151（第八代酷睿）	LGA1151（第八代酷睿）
内存频率	双通道 酷睿 i7/i5 支持 2666MHz 酷睿 i3 及以下支持 2400MHz	双通道 酷睿 i7/i5 支持 2666MHz 酷睿 i3 及以下支持 2400MHz	双通道 酷睿 i7/i5 支持 2666MHz 酷睿 i3 及以下支持 2400MHz
超频功能	CPU/内存可超频	不可超频	不可超频
PCI-E 3.0 总线数	24×PCI-E 3.0	20×PCI-E 3.0	12×PCI-E 3.0
I/O 通道数	30	30	24
USB 接口数（USB 3.1 接口数）	14(10)	14(8)	12(6)
USB 3.1 Gen2（原生）接口数/Gen1 接口数	0/10	4/8	4/6
SATA 3.0 接口数	6	6	6
M.2 接口数	3	2	1
磁盘阵列	支持	支持	不支持
Intel Optane 磁盘技术	支持	支持	支持
Intel CNVi 无线网卡	不支持	支持	支持

Intel 300 系列芯片组集成 USB 3.1 Gen.2 10Gbit/s（最多 6 个）、802.11ac Wi-Fi、蓝牙 5.0、SDXC 3.0 控制器、新一代 Thunderbolt（支持 DisplayPort 1.4）、可编程四核心音频 DSP、SoundWire 数字音频接口等，扩展性更强。与 200 系列芯片组相比，300 系列芯片组 PCH 芯片除了支持的 CPU 不同之外，还有两个明显的区别。

1）PCH 芯片加入了原生 USB 3.1 Gen2 的支持，之前的 Intel 主板上的这些接口都是通过第三方芯片实现的，现在 H370 和 B360 都可以提供最多 4 个 USB 3.1 Gen2 接口，H310 则

没有。要注意的是，最大USB 3.1接口数量和最大USB接口数量和上代同等级PCH芯片是一样的，H370的USB 3.1（Gen 2+Gen 1）接口总数最多是8个，USB接口总数是14个，而B360则可提供最多6个USB 3.1接口和12个USB接口，H310可提供最多4个USB 3.1 Gen 1接口和10个USB接口。

2）300系列芯片组PCH芯片整合了部分WiFi无线网卡的功能。以前无线网卡是使用PCI-E接口与PCH芯片连接的，还要占用一个USB 2.0通道，现在PCH芯片内部整合了MAC（WiFi与蓝牙模块），而射频模块依旧在外部。使用专用的CNVi接口连接PCH芯片，这样做的好处就是节约了PCI-E接口与USB通道的使用，而且可以降低外置模块的成本。现在300系列主板只需要使用伴射频（CRF）模块即可，无需使用完整的无线网卡。只需要更换不同的伴射频模块就可以让它变成不同规格的无线网卡。目前Intel提供了三个射频模块，分别是Wireless-AC 9560、Wireless-AC 9462、Wireless-AC 9461。它们之间的主要区别在于天线，Wireless-AC 9560是2×2，另外两个都是1×1，Wireless-AC 9462用的是分级天线，而Wireless-AC 9461用的则是普通天线。

图3-54所示是Intel 300系列芯片组的PCH芯片外观及架构示意图。Intel 300系列芯片组采用PCH单芯片的设计，传统的北桥被设计在处理器内部，这也是Intel公司从2010年就开始沿用的设计思路，CPU和主板之间凭借DMI 3.0总线连接。

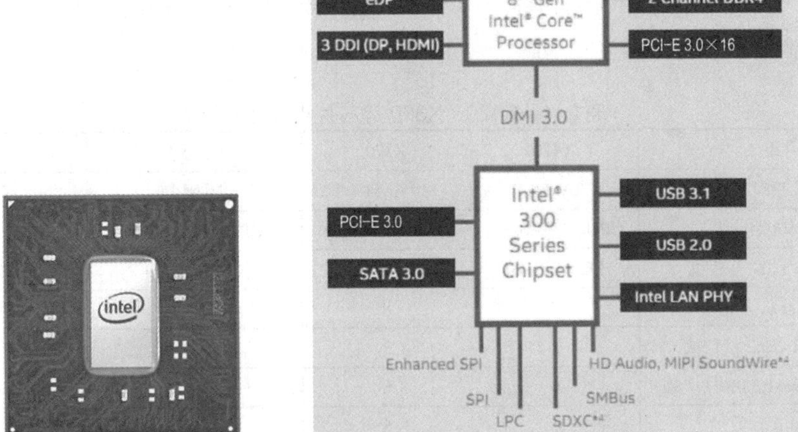

图3-54 Intel 300系列芯片组的PCH芯片外观及架构示意图

2. AMD系列芯片组

2017年3月Zen微架构锐龙Ryzen处理器推出后，AMD公司将其主板芯片组以300命名。全新AM4平台300系列芯片组用于搭载接口与之对应的Ryzen、APU以及Athlon等一系列处理器。300芯片组有四个系列，分别是主流的B350、入门级的A320、小板X/B/A300，以及发烧级的X370、X399。A320系列不支持超频及多卡互联，B350增加了对超频的支持，X370在B350的基础上增加了多卡互联功能，这三类主板都可搭配AMD锐龙3/5/7系列处理器。而X399主板则是专为AMD锐龙Threadripper处理器准备的。Ryzen内部集成了南桥，AMD芯片组采用单芯片，X370芯片组的外观及其芯片组架构如图3-55所示。AM4平台上，CPU和芯片组通过PCI-E 3.0 X4通道对接。而芯片组则主要提供磁盘接

口和网络接口，以及 8 条 PCI-E 2.0 通道（X370），而显卡、内存控制器等核心功能集成在CPU 上。

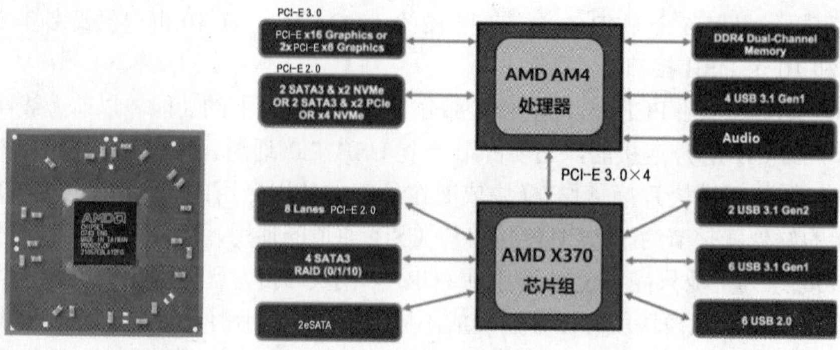

图 3-55　AMD X370 芯片组的外观及其芯片组架构示意图

2018 年 4 月 AMD 发布 Zen+微架构的第二代锐龙 Ryzen 2 处理器（代号 Pinnacle Ridge），Ryzen 2 代处理器依然是 AM4 接口（支持到 2020 年），兼容 300 系主板，并发布了 400 系列芯片组。400 系列芯片组划分为 X470、B450 和 A420。400 系列芯片组支持 PCI-E 3.0，而 300 系列芯片组是 PCI-E 2.0 at 5GT/s。400 系列芯片组将升级为 PCI-E 2.0 at 8GT/s，内存频率也提升至 DDR4-2933MHz。传输速率进一步提高极大地缓解了 Ryzen 处理器的压力。X470 与 X370 等芯片组参数对比见表 3-4，在芯片组的拓展能力上，X470 和 X370 是完全一致的，都有 8 条 PCI-E 2.0 通道。

表 3-4　X470、X370 等芯片组参数对比

芯片组	X470	X370	B350	A320
CPU 接口	AM4	AM4	AM4	AM4
超频功能	CPU/内存可超频	CPU/内存可超频	CPU/内存可超频	不支持
内存频率	DDR4-2400	DDR4-2400	DDR4-2400	DDR4-2400
PCI-E 2.0 总线数	8	8	6	4
原生 USB 3.1 Gen2 接口数	2	2	2	1
原生 USB 3.1 Gen1(3.0) 接口数	6	6	2	2
USB 2.0 接口数	6	6	6	6
SATA 3.0/6Gbit/s 接口数	4	4	2	2
磁盘阵列	支持	支持	支持	支持
AMD StoreMI 技术	支持	不支持	不支持	不支持

X470 支持 AMD StoreMI 新技术。AMD StoreMI 是随 X470 主板提供的技术，它最大的作用就是给传统读写很慢的机械硬盘加速。固态硬盘（SSD）非常快，但是大容量固态硬盘也非常贵。AMD StoreMI 技术将电脑的 HDD（机械硬盘）、SSD（固态硬盘）和部分内存（最高占用 2GB 的 DDR4 内存）组成一个存储的整体，对原本读写较慢的 HDD 进行加速，让在机械硬盘上的文件读写也快起来。在 AMD StoreMI 开启的情况下，系统智能学习算法不断优化常用文件位置，将经常访问的文件迁移到读写速度最快的存储设备上。传统的存储系统与使用 AMD StoreMI 技术的存储系统的对比示意图如图 3-56 所示。

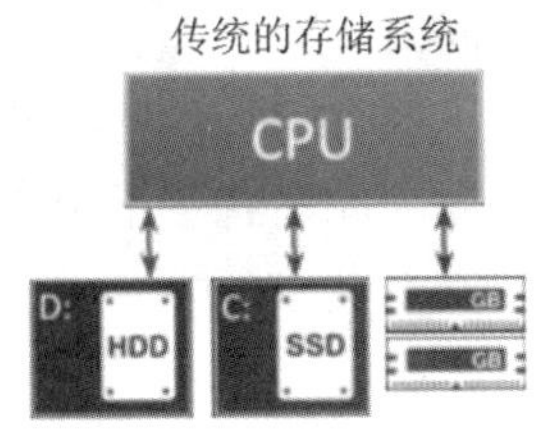

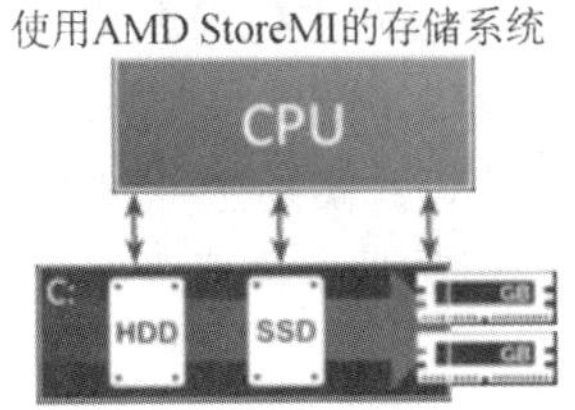

图 3-56　传统存储系统与使用 AMD StoreMI 技术存储系统的对比示意图

3.4　主板的选购

在组装计算机的时候，应该先确定 CPU 的型号，再根据 CPU 的型号、版本以及扩展需求来选择主板，需要考虑的方面主要有芯片组、PCI-E 接口、M.2 接口、SATA 接口、内存插槽和 I/O 区域等部分。这些接口就决定了这个平台未来的扩展能力，而这些都是由主板来决定的。

1. 选购主板的原则

1）根据应用需求。现在硬件的变化很快，而大多数硬件很难升级，以前留足升级的观点已经不再适用，用户应按自己的实际需要来选购主板。在选购时应放弃过去一味追求高性能、多功能的传统思想，将关注重点与自己的实际应用需求相结合，以找到最适合的解决方案。例如，如果只是上网、文字处理等普通应用，就不必强求具备强大的 3D 游戏性能与可升级能力，可选购一款主流集成主板产品，没有必要去选购当时最新推出的顶级产品。如果不是超频爱好者，就不要买提供外频组合及调节 CPU 核心电压功能的主板。

2）必要的功能。选购时还要考虑主板是否实现了必要的功能，例如，是否带有 USB 3.0、IEEE 1394、SATA 等接口，板载声卡、网卡是否满足需要等。

3）品牌。不同厂商及相同厂商的不同批次和不同型号的主板质量是不同的，因此选购时应该尽量选购口碑好的品牌和型号。

4）价格。价格是用户最关心的因素之一。不同产品的价格和该产品的市场定位有密切的关系。大厂商的产品往往性能好一些，价格也就贵一些。有的产品用料差一些，成本和价格也就可以低一些。用户应该按照自己的需要考察性能价格比，完全抛开价格因素而比较不同产品的性能、质量或者功能是不合理的。

5）服务。无论选择何种档次的主板，在购买前都要认真考虑厂商的售后服务，如厂商能否提供完善的质保服务、承诺产品保换时间的长短、是否提供详细的中文说明书、配件和驱动程序提供是否完整等。总之，在选购前要多了解主板方面的知识、主板厂商的实力、产品的特点，做到心中有数。同时也要多看、多听、多比较，这样才能选购到一块称心如意的主板。

2. 具体关键参数

面对性能各异、价格不一的主板，购买时要考虑的因素很多，在选购主板时，要注意以下关键参数。

1）主板板型。目前主流的主板分为 E-ATX、ATX、mATX 和 ITX 四种板型，可根据要组装的机箱体积选择主板的板型。例如，想组建一台小体积的主机，就需要选择 mATX 或 ITX 板型的主板。

2）主板支持的最大内存频率。一些高端用户为了进一步提升整机的性能，在装机时会选择高主频的内存，但不同主板最大可支持的内存频率不同。

3）是否需要主板附带的一些特殊功能。有些中高端主板会附加一些特殊的功能，包括一键超频、RGB 灯效等，实际上并没有想象中有用，反而因此多花了不少钱。因此在选购主板时，一定要考虑清楚是否需要一些额外的功能。

3.5 实训

3.5.1 主板的安装和拆卸

用户可按下面的方法把主板安装到机箱内：打开机箱的侧板，把机箱平放在桌子上，然后把已经安装好 CPU、内存条的主板放进机箱，将主板有 PCI-E 插槽的一面对着机箱后板放下，并大致将鼠标、键盘接口对准机箱背板上的对应插口，如图 3-57 所示。记住放主板时，不要插其他卡（如显示卡、声卡等）和连接线。将主板和机箱上的螺钉孔对准之后，把机箱自带的螺钉拧上，不需要拧得很紧，能达到稳固就行了，以利于以后的拆装。

如果要把主板从机箱中取出来，首先把插在主板上的显示卡、声卡、网卡等扩展卡取出来，并且把硬盘信号线、软驱信号线等各种连接线从主板上拔下，然后把固定主板的螺钉拧下，就可以很容易地取出主板了。

3.5.2 主板硬件参数的检测

还有很多方法可以查看主板型号，使用 CPU-Z 就可以检测主板的型号、芯片组、BIOS 版本、图形接口等参数，如图 3-58 所示。

图 3-57　安装主板

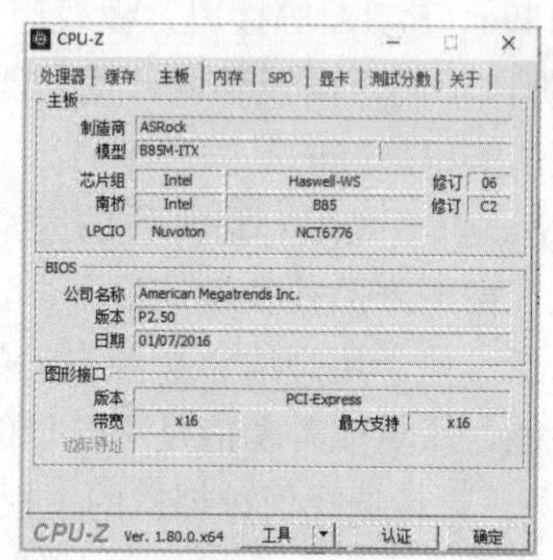

图 3-58　用 CPU-Z 检测主板参数

3.6 思考与练习

1．选购主板时应遵循哪些原则？CPU 与主板该如何匹配？

2．对照学校的计算机，学会读主板说明书，并能根据说明书设置主板。

3．掌握主板的固定方法和各种卡、插件的连接方法。

4．查阅《电脑商情报》等报刊或上网查看硬件资讯；到当地计算机配件市场考察主板的型号、价格等商情信息。要求列出不同应用要求或价格档次的 CPU 与主板的搭配清单。

5．用有关测试软件（如 CPU-Z 等）测试所用计算机的主板信息。

第4章　内　存　条

内存（Memory）条是计算机中重要的配件之一，主要用于暂时存放 CPU 中的运算数据，以及与硬盘等外部存储器交换的数据，因此内存的大小和性能影响着整机的性能。

4.1　内存条的分类、结构和封装

内存的作用是存放各种输入、输出数据和中间结果，以及与外部存储器交换数据时作为缓冲使用。由于 CPU 只能直接处理内存中的数据，因此内存的速度和容量大小对计算机性能的影响相当大。按内存在计算机内的用途分，内存可分为主存储器（Main Memory，简称主存）和辅助存储器（Auxiliary Memory，简称辅存）。平时说的内存容量指的就是主存储器的容量。

为了节省主板空间，增强配置的灵活性，现在主板均采用内存模块结构，其中条形结构是现在最常用的模块结构。条形存储器是把存储器芯片、电容、电阻等元器件焊在一小条印制电路板上，形成大容量的内存模块，简称内存条。

4.1.1　内存条的分类

1．按内存条的技术标准（接口类型）分类

根据内存条的不同技术标准（或称内存接口类型），内存条可分为 DDR SDRAM、DDR2 SDRAM、DDR3 SDRAM、DDR4 SDRAM 等。目前，主板上使用的主流内存条类型是 DDR3 SDRAM。

2．按内存条的使用机型分类

按内存条的使用机型，内存条可分为台式机内存条和笔记本电脑内存条。

（1）台式机内存条

台式机内存条使用标准双列直插式存储模块（Dual Inline Memory Module，DIMM），这种接口类型的内存条两边都有引脚。184 线的 DDR SDRAM、240 线的 DDR2/DDR3 SDRAM、284 线的 DDR4 内存条都属于 DIMM 接口类型。所谓内存线数是指引脚数。

图 4-1 所示是台式机 DDR3 DIMM 内存条。本章主要介绍台式机主板上使用的内存条。

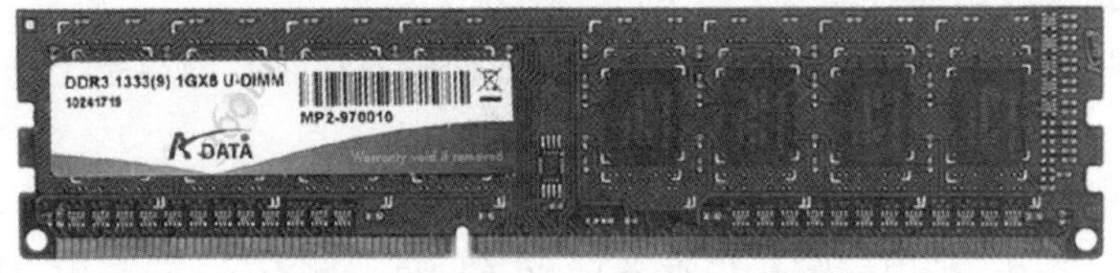

图 4-1　台式机内存条 DDR3 DIMM

（2）笔记本电脑内存条

为了满足笔记本电脑对小尺寸的要求，一般采用一种改良型的 DIMM（称为 SO-

DIMM）。SO-DIMM 应用于笔记本电脑、打印机、传真机等设备。SO-DIMM 的尺寸比标准的 DIMM 小很多，而且引脚数也不相同。SO-DIMM 根据 DDR 内存规格的不同而不同，SO-DIMM DDR 有 184 个引脚，DDR2 有 200 个引脚，DDR3 有 204 个引脚，DDR4 有 256 个引脚，如图 4-2 所示。

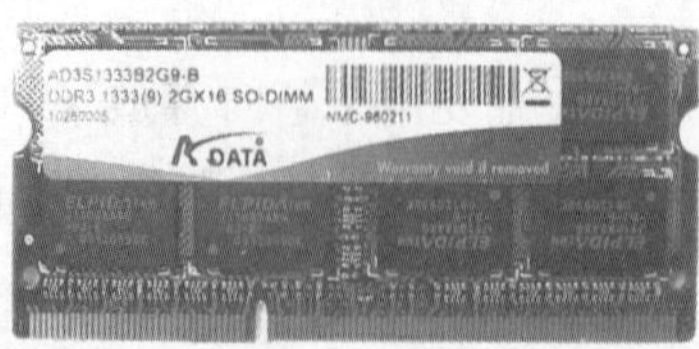

图 4-2　笔记本电脑内存条 DDR3/DDR4 SO-DIMM

4.1.2　内存条的结构

下面以图 4-3 所示的 DDR4 SDRAM 为例，介绍内存条的结构。

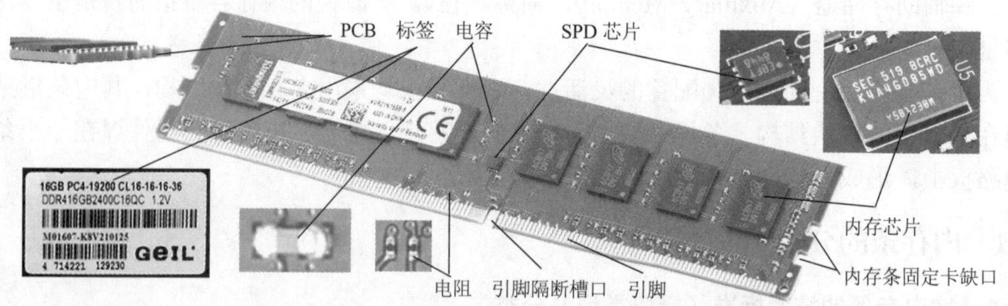

图 4-3　DDR4 SDRAM 内存条的结构

1．印制电路板（PCB）

内存条的 PCB 多数是绿色的，也有红色的，电路板都采用多层设计，有 4 层或 6 层的。理论上，6 层 PCB 比 4 层 PCB 的电气性能要好，性能也更稳定，所以大品牌内存条多采用 6 层 PCB 制造。因为 PCB 制造严密，所以从肉眼上较难分辨 PCB 是 4 层或 6 层，只能借助一些印在 PCB 上的符号或标识来判断。

2．引脚（金手指）

黄色的引脚是内存条与主板内存条槽接触的部分，通常称为金手指。金手指是铜质导线，使用时间长就可能被氧化，影响内存条的正常工作，以致发生无法开机的故障。每隔一年左右的时间，用橡皮擦一遍被氧化的金手指就可以解决这个问题。

3．内存条固定卡缺口

主板上的内存插槽上有两个夹子，用来牢固地扣住内存条，内存条上的缺口是用于固定内存条的。

4．引脚隔断槽口（金手指缺口）

金手指上的缺口，一是用来防止内存条插反（只有一侧有），二是用来区分不同类型的内存条。

5．内存芯片

内存条上的内存芯片也称内存颗粒，内存条的性能、速度、容量都是由内存芯片决定

的。内存芯片上都印有芯片标签，这是了解内存条性能参数的重要依据。现在内存芯片的最新制造工艺是 30nm。

内存条上焊接的内存芯片有单面与双面之分。单面焊接内存芯片的内存条，每条提供一组 Bank；对于双面内存条，则每条提供两组 Bank。单、双面内存条区别很小，但同等容量的内存条，单面的比双面的集成度要高，工作起来更稳定，所以应尽量购买单面内存条。

6．SPD 芯片

SPD（Serial Presence Detect，串行存在检测）芯片是一片 8 针、容量为 256B 的 EEPROM 芯片。SPD 芯片位于 SDRAM、DDR SDRAM 内存条正面的右侧，位于 DDR2、DDR3 内存条的中间，采用小外形集成电路（Small Outline Integrated Circuit，SOIC）封装形式。SPD 芯片内记录了该内存条的许多重要参数，如芯片厂商、内存厂商、工作频率、容量、电压、行/列地址数量、是否具备 ECC 校验、各种主要操作时序（如 CL、tRCD、tRP、tRAS）等。

SPD 芯片中的参数都是由内存制造商根据内存芯片的实际性能写入的，主要用途是协助北桥芯片精确调整内存的时序参数，以达到最佳的运行效果。如果在 BIOS 中将内存设置选项定为“By SPD”，当开机时，主板 BIOS 就会读取 SPD 芯片中的参数，主板北桥芯片组则根据这些参数自动配置相应的内存工作时序，从而可以充分发挥内存的性能。

7．内存颗粒空位

一般内存条每面焊接 8 片内存芯片，如果多出一个空位没有焊接芯片，则这个空位是预留给 ECC 校验模块的。

8．电容

内存条上的电容采用贴片式电容。电容的作用是滤除高频干扰，提高内存条的稳定性。

9．电阻

内存条上的电阻采用贴片式电阻。因为在数据传输的过程中要对不同的信号进行阻抗匹配和信号衰减，所以许多地方都要用到电阻。在内存条的 PCB 设计中，使用不同阻值的电阻往往会对内存条的稳定性产生很大影响。

10．标签

内存条上一般贴有一张标签，上面印有厂商名称、容量、内存类型、生产日期等内容，其中还可能有运行频率、时序、电压和一些厂商的特殊标识。内存标签是了解内存性能参数的重要依据。内存条上的标签如图 4-4 所示。

图 4-4　内存条上的标签

11．散热片

对于 DDR2、DDR3 内存条，由于其发热量较大，有些会外加散热片，以提高散热效果。带有散热片的内存条如图 4-5 所示。

图 4-5　带有散热片的内存条

4.1.3　内存条的封装

封装技术其实就是一种将集成电路内核加上外壳和引脚的技术。它不仅起着安装、固定、密封、保护芯片和增强导热性能的作用，而且是沟通芯片内部与外部电路的桥梁，即芯片上的接点用导线连接到封装外壳的引脚上。这些引脚又通过印制电路板上的导线与其他器件建立连接。因此，封装技术直接影响到芯片自身性能的发挥和与之连接的 PCB 的设计和制造。我们看到的内存芯片是内存核心经过封装后的产品。

芯片的封装技术历经几代变迁，技术指标一代比一代先进，芯片面积与封装面积越来越接近，适用频率越来越高，耐温性能越来越好，引脚数增多，引脚间距减小，重量减轻，可靠性提高，使用更加方便等。

目前内存的封装方式主要有 TSOP、BGA 和 CSP 3 种。封装方式也影响着内存的性能。

1．TSOP

薄型小尺寸封装（Thin Small Outline Package，TSOP）的一个典型特点就是在封装芯片的周围有很多引脚，如 SDRAM 内存的集成电路两侧都有引脚，SGRAM 内存的集成电路四周都有引脚。TSOP 操作方便，可靠性比较高，是目前的主流封装形式。改进的 TSOP 技术 TSOP II 目前广泛应用于 SDRAM、DDR SDRAM 内存的制造上，如图 4-6 所示。

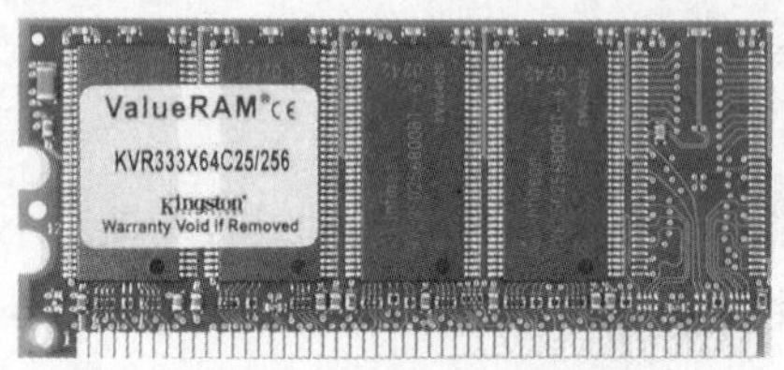

图 4-6　采用 TSOP 的内存芯片

2．BGA

球栅阵列（Ball Grid Array，BGA）封装的最大特点是芯片边缘没有引脚，而是通过芯片下面的球状引脚与印制电路板连接。采用 BGA 封装可以使内存在体积不变的情况下将内存容量提高 2～3 倍。与 TSOP 相比，它具有更小的体积、更好的散热性能和电气性能。DDR2 标准规定所有 DDR2 内存均采用 BGA 的改进型——细间距球栅阵列（Fine-pitch Ball Grid Array，FBGA）封装形式，如图 4-7 所示。

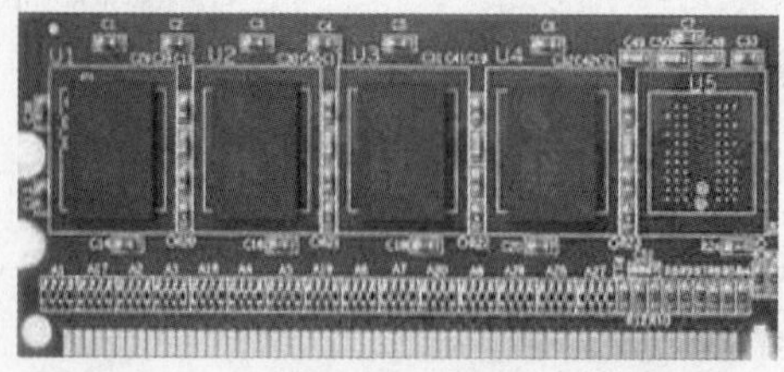

图 4-7　采用 FBGA 封装的内存芯片

DDR2 有 60/68/84 球 FBGA 封装 3 种规格。DDR3 增加了引脚，8 位芯片采用 78 球 FBGA 封装，16 位芯片采用 96 球 FBGA 封装，并且 DDR3 必须是绿色封装，不能含有任何有害物质。

3．CSP

芯片级封装（Chip Scale Package，CSP）作为新一代封装方式，其性能又有了很大的提高。CSP 不但体积小，同时也更薄，更能提高内存芯片长时间运行的可靠性，芯片速度也随之得到大幅度的提高。目前该封装方式主要用于高频 DDR 内存，如图 4-8 所示。

图 4-8　采用 CSP 的内存芯片

4.2　内存条的技术发展和技术标准

在计算机技术发展的初期，还没有内存条的概念，当时是把内存芯片直接焊接到主板上，因为维修和升级上的困难，所以设计出了模块化的条装内存。每一条上集成了多块内存芯片，同时在主板上也设计了相应的内存插槽，这样内存条就可随意安装与拆卸了，其维修和升级也都变得非常简单了。

4.2.1　内存条的技术发展

内存条经历了从第一代的 SIMM 内存条，到 EDO DRAM 内存条，以及 1999 年市场主流的 SDRAM 内存条，直到 2002 年进入 DDR（200～400Mbit/s）时代，在 2006 年大量使用 DDR2（400～800Mbit/s），2010 年 DDR3（800～2133Mbit/s）成为市场主流，预计 2015 年以后 DDR4（2133～4266Mbit/s）将取代 DDR3 成为主流。各种标准内存条的发展年代趋势图如图 4-9 所示。

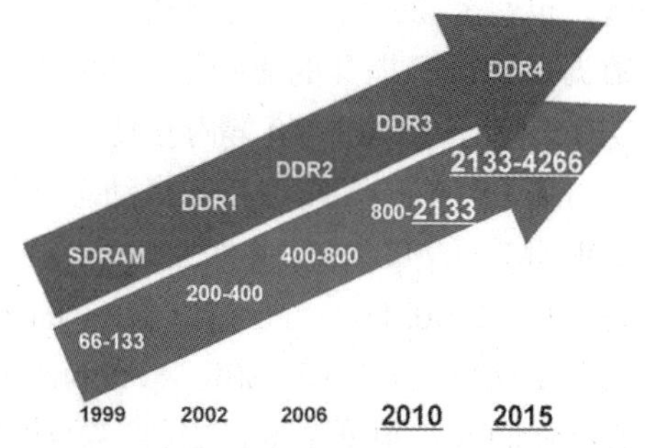

图 4-9　各种标准内存条的发展年代趋势图

内存有 3 种不同的频率指标，它们分别是核心频率、时钟频率和数据传输频率。核心频率即为内存 Cell 阵列（Memory Cell Array，即内部电容）的刷新频率，它是内存的真实运行频率；时钟频率即输入/输出缓冲（I/O Buffer）的数据传输频率；数据传输频率就是指等效频率。DDR DRAM 各标准的数据传输频率如图 4-10 所示。

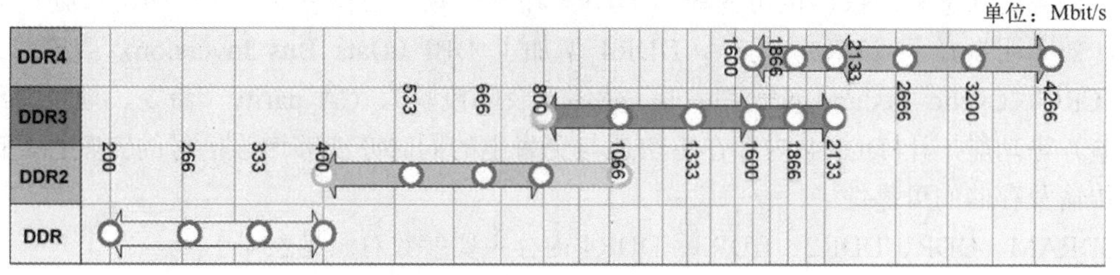

图 4-10　各标准 DDR DRAM 的传输频率

同步动态随机存取内存（Synchronous Dynamic Random Access Memory，SDRAM），前缀 Synchronous 告诉了大家这种内存的特性，也就是同步。1996 年底，SDRAM 开始在系统中出现。不同于早期的技术，SDRAM 是为了与 CPU 的计时同步化所设计，这使得内存控制器能够掌握准备所要求的数据所需的准确时钟周期，因此 CPU 从此不需要延后下一次的数据存取。举例而言，PC66 SDRAM 以 66MT/s 的传输速率运作；PC100 SDRAM 以 100MT/s 的传输速率运作；PC133 SDRAM 以 133MT/s 的传输速率运作，以此类推。SDRAM 也可称为单倍数据传输率 SDRAM（Single Data Rate SDRAM，SDR SDRAM）。SDR SDRAM 的核心频率、I/O 频率、等效频率皆相同。举例而言，PC133 规格的内存，其核心频率、I/O 频率、等效频率都是 133MHz。SDR SDRAM 在 1 个周期内只能读写 1 次，若需要同时写入与读取，必须等到先前的指令执行完毕，才能接着存取。

双倍数据速率同步动态随机存取内存（Double Data Rate SDRAM，DDR SDRAM）是新一代的 SDRAM 技术。有别于 SDR SDRAM，DDR SDRAM 就是指单一周期内可读取或写入 2 次。因此，在核心频率不变的情况下，DDR SDRAM 的传输效率为 SDR SDRAM 的 2 倍。第一代 DDR 内存 Prefetch 文件夹为 2bit，是 SDR 的 2 倍，运作时 I/O 会预取 2bit 的资料。举例而言，此时 DDR 内存的传输速率约为 266～400MT/s，DDR 266、DDR 400 等都是这个时期的产品。

第二代双倍数据速率同步动态随机存取内存（Double Data Rate Two SDRAM，DDR2 SDRAM）的 Prefetch 再度提升至 4bit（DDR 的两倍），DDR2 的数据传输频率是 DDR 的 2 倍，也就是 266MHz、333MHz、400MHz。例如，核心频率同样有 133～200MHz 的颗粒，数据传输频率提升的影响下，此时的 DDR2 传输速率约为 533～800MT/s，也就是常见的 DDR2 533、DDR2 800 等内存规格。

第三代双倍数据速率同步动态随机存取内存（Double Data Rate Three SDRAM，DDR3 SDRAM）的 Prefetch 文件夹提升至 8bit，即每次会存取 8bit 为一组的数据。DDR3 传输速率为 800～1600MT/s。此外，DDR3 的规格要求将电压控制在 1.5V，较 DDR2 的 1.8V 更为省电。DDR3 也新增 ASR（Automatic Self-Refresh，自动自刷新）、SRT（Self-Refresh Temperature，根据温度自刷新）等功能，让内存在休眠时也能够随着温度变化去控制对内存颗粒的充电频率，以确保系统数据的完整性。

第四代双倍数据速率同步动态随机存取内存（Double Data Rate Fourth generation SDRAM，DDR4 SDRAM）：DDR4 提供比 DDR3/DDR2 更低的供电电压 1.2V 以及更高的带宽，DDR4 的传输速率目前可达 2133～3200MT/s。DDR4 新增了 4 个 Bank Group 数据组的设计，各个 Bank Group 具备独立启动操作读、写等动作特性。Bank Group 数据组可套用多任务的观念来想象，也可解释为 DDR4 在同一频率工作周期内，至多可以处理 4 笔数据，效率明显好于 DDR3。另外，DDR4 增加了 DBI（Data Bus Inversion，数据总线倒置）、CRC（Cyclic Redundancy Check，循环冗余码校验）、CA parity（命令、地址总线奇偶校验）等功能，让 DDR4 内存在更快速与更省电的同时亦能够增强信号的完整性，改善数据传输及存储的可靠性。

SDRAM、DDR、DDR2、DDR3、DDR4 内存主要参数对照见表 4-1。

表 4-1　SDRAM、DDR、DDR2、DDR3、DDR4 内存主要参数对照表

内存标准类型	核心频率/MHz	时钟频率/MHz	预读取	数据传输速率/（MT/s）	带宽/（GB/s）	工作电压/V
SDRAM	100～166	100～166	1n	100～166	0.8～1.3	3.3
DDR	133～200	133～200	2n	266～400	2.1～3.2	2.5/2.6
DDR2	133～200	266～400	4n	533～800	4.2～6.4	1.8
DDR3/DDR3L	133～200	533～800	8n	1066～1600	8.5～14.9	1.5/1.35
DDR4	133～200	1066～1600	8n	2133～3200	17～21.3	1.2

从表 4-1 可看出，近年来内存的频率虽然在成倍增长，可实际上真正内存单元的核心频率一直保持在 133～200MHz，这是因为电容的刷新频率受制于制造工艺而很难取得突破。而每一代 DDR 的推出都能够以较低的存储单元频率实现更大的带宽，并且为将来频率和带宽的提升留下了一定的空间。虽然存储单元的频率一直都没变，但时钟频率一直在增长，再加上 DDR 是双倍数据速率传输，因此 DDR～DDR4 内存的时钟频率可以达到核心频率的 2～8 倍。

DDR3L 是用于笔记本电脑的一种低压版的内存条，其工作电压为 1.35V，而 DDR3 的笔记本电脑内存条工作电压为 1.5V。

4.2.2　内存条的技术标准

根据内存条的不同技术标准（或称内存接口类型），DRAM 又可分为不同的类型，SDRAM 家族的内存包括 DDR SDRAM、DDR2 SDRAM、DDR3 SDRAM、DDR4 SDRAM 等类型，下面主要介绍后 4 种内存条。

1．DDR SDRAM 内存条

DDR SDRAM（简称 DDR）内存条是在 SDRAM 内存条的基础上发展而来的，仍然沿用 SDRAM 生产体系。DDR 内存条有 184 个引脚，常见容量有 128MB、256MB、512MB 等。其外观如图 4-11 所示。

图 4-11　DDR 内存条

内存芯片的频率有芯片核心频率和外部频率（时钟频率）两种，平时所说的内存的频率都是指其外部频率。对于 DDR，这两个频率是相同的。根据 DDR 内存条的工作频率，分为 DDR200、DDR266、DDR333、DDR400 等多种类型。以 DDR333 为例，它的核心频率、外部频率、数据传输速率分别是 133MHz、133MHz、266Mbit/s。DDR400 的核心频率、外部频率、数据传输速率分别是 200MHz、200MHz、400Mbit/s。

内存带宽也叫数据传输速率（Data Rate），是指单位时间内通过内存的数据量，通常以 MB/s 表示。计算内存带宽的公式：

内存最大带宽（MB/s）=[最大外部频率（MHz）×每个时钟周期内交换的数据包个数×总线宽度（bit）]/8

如果内存是 SDRAM，“每个时钟周期内交换的数据包个数”为 1；如果是 DDR，则为 2；如果是 DDR2，则为 4；如果是 DDR3，则为 8。

例如，在 100MHz 下，DDR 内存的理论带宽为（100MHz × 2 × 64bit）/8 = 1.6GB/s，在 133MHz 下可达到（133MHz × 2 × 64bit）/8≈2.1GB/s。此处，除以 8 是将位（bit）换算成字节（B）。

关于 DDR 内存的命名方法，由于 DDR 比 SDRAM 的数据带宽提高了一倍，因此把时钟频率为 100/133/166/200MHz 的 DDR 内存称作 DDR200/266/333/400。另一种表示方法是用 DDR 内存的最大理论数据传输速率（内存带宽）来命名的，例如，DDR400 的外部工作频率是 200MHz，它的最大理论数据传输速率是（200MHz × 2 × 64 bit)/8=3200Mbit/s，所以就采用了 PC3200 的命名方法。

DDR 内存使用 184 线 DIMM 模块，采用 2.5 V 工作电压，提供 64 位的内存数据总线连接。DDR 内存价格低廉，性能较好。

2．DDR2 SDRAM 内存条

DDR2 SDRAM（简称 DDR2）内存条有 240 个引脚，内存条的 SPD 芯片与 DDR 内存不同，通常被焊在内存条的中间位置。DDR2 内存条的外观如图 4-12 所示。DDR2 常见容量有 256MB、512MB、1GB、2GB 等。

图 4-12　DDR2 内存条

DDR2 内存条的外部频率在 400～800MHz，从 400MHz（核心频率为 100MHz）开始，现已定义的频率达到 533MHz（核心频率为 133MHz）、667MHz（核心频率为 166MHz）和 800MHz（核心频率为 200MHz），标准工作频率分别为 200MHz、266MHz、333MHz 和 400MHz，工作电压为 1.8V，提供 64bit 的内存数据总线连接。例如，DDR2 533 的核心频率、时钟频率、数据传输速率分别为 133MHz、266MHz、533Mbit/s。而 DDR2 533 的核心频率与 DDR 266 和 PC133 SDRAM 是一样的。

3．DDR3 SDRAM 内存条

DDR3 SDRAM（简称 DDR3）内存条是当前主流内存产品。DDR3 与 DDR2 一样，也有 240 个引脚，但 DDR3 的金手指缺口与 DDR2 的不同，DDR3 内存左、右两侧的内存固定卡缺口也与 DDR2 不同。DDR3 的外观如图 4-13 所示。DDR3 常见容量有 1GB、2GB、4GB 等。

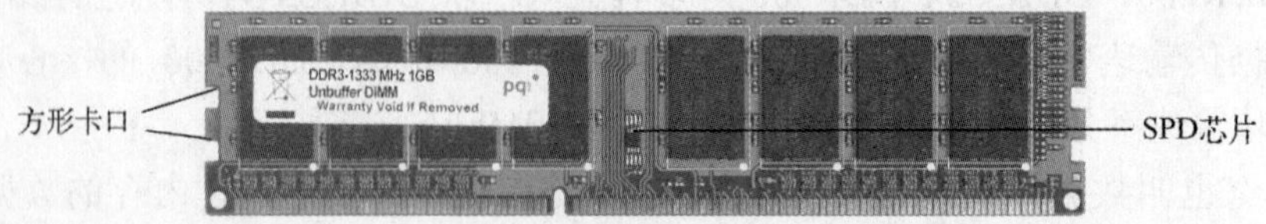

图 4-13　DDR3 内存条

JEDEC 制定的 DDR3 内存标准主要为 8bit 预取，较 DDR2 4bit 的预取设计效率提升一倍，其频率包括 DDR3 800/1066/1333/1600 共 4 种。在这 4 种频率中，DDR3 800 相对于 DDR2 800 并没有太大的性能优势，所以目前 DDR3 内存市场以 DDR3 1066 为主流。

DDR3 与 DDR2 的基本原理类似，没有本质区别。DDR3 进一步改进为 8bit 预取技术，它将 DRAM 的核心频率、外部频率和数据频率进一步分开，数据频率仍然为外部频率的两倍（还是 DDR 技术），而外部频率又为核心频率的两倍。这样，DDR3 的数据频率实际上是核心频率的 8 倍。以 DDR3-800 为例，虽然其核心频率只有 100MHz，但是数据通过 8 条传输路线同步传输至 I/O 缓存区，这样就实现了 800Mbit/s 的数据传输速率。

由于 DDR2 的数据传输速率发展到 800Mbit/s 时，其内核频率已经达到 200MHz，因此再向上提升较为困难，这就需要采用新的技术来保证速度的提升。

和 DDR 升级到 DDR2 类似，DDR3 内存相对于 DDR2 内存，同样只是规格上的提高，并没有真正的更新换代。DDR2 和 DDR3 的引脚数目皆为 240 针，只是金手指缺口的位置有所不同。DDR3 相比 DDR2 内存，主要有以下优点。

1）速度更快：预取文件夹大小从 DDR2 的 4bit 提升到 8bit，核心同频率下数据传输量将会是 DDR2 的两倍，在相同核心频率下，DDR3 的数据传输频率是 DDR2 的两倍。这样 DRAM 核心频率只有接口频率的 1/8，DDR3-800 的核心工作频率只有 100MHz，当 DRAM 内核工作频率为 200MHz 时，接口频率已经达到了 1600MHz。

2）更省电：DDR3 电压从 DDR2 的 1.8V 降低到 1.5V，并采用了新的技术，同频率下比 DDR2 更省电，也降低了发热量。

3）容量更大：DDR2 中有 4 Bank 和 8 Bank 的设计，目的就是为了应对未来大容量芯片的需求。而 DDR3 起始的逻辑 Bank 就是 8 个，而且已为 16 个逻辑 Bank 做好了准备，单条内存容量将大大提高。

从 DDR、DDR2 到 DDR3，最大的改进就是预取位数在不断增加，而核心频率却没有变化，所以随着生产工艺的改进，电压和功耗可以逐步降低。

4．DDR4 SDRAM 内存条

由于 DDR3 已经到达其性能和带宽的上限，为了继续满足人们对更高性能和增加带宽的需求，新一代 DDR SDRAM 应运而生。三星电子公司 2011 年 1 月 4 日宣布，完成了第一款 DDR4 DRAM 规格内存条的开发，并采用 30nm 级工艺制造了首批样品。

DDR4 的性能更高，DIMM 容量更大，数据完整性更强且能耗更低。DDR4 每引脚速度超过 2Gbit/s，且功耗低于 DDR3L（DDR3 低电压），能够在提升性能和带宽 50%的同时降低总体计算环境的能耗。这代表着内存技术的重大改进，并且能源节省高达 40%。除性能优化，更加环保、低成本计算外，DDR4 还提供用于提高数据可靠性的循环冗余校验（CRC），并可对链路上传输的“命令和地址”进行完整性验证的芯片奇偶检测。此外，它还具有更强的信号完整性及其他强大的 RAS（Row Address Strobe，行地址选通脉冲）功能。

DDR4 内存频率与带宽提升明显。DDR3 内存的起始频率为 800Mbit/s，最高频率为 2133Mbit/s；DDR4 内存起始频率就达到了 2133Mbit/s，最高频率达到 3200Mbit/s。从内存数据传输速率来看，DDR4 相比 DDR3 提升很大。带宽方面，DDR4 内存的每个针脚都可以提供 2Gbit/s（256MB/S）的带宽，DDR4-3200 就是 51.2GB/s，比 DDR3-1866 高出了超过 70%。综合来看，DDR4 内存性能比 DDR3 提升高达 70%，甚至更高，如图 4-14 所示。

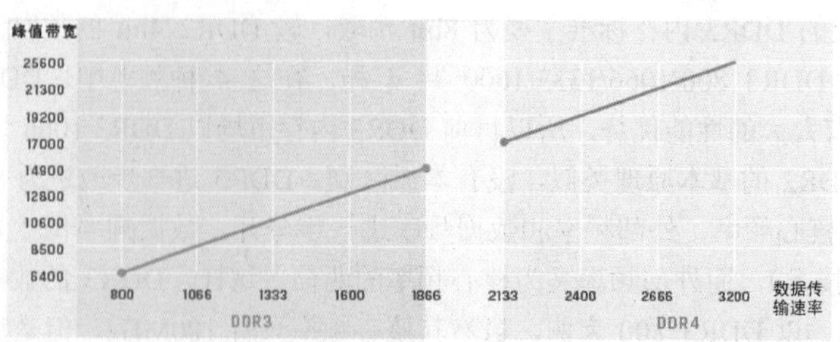

图 4-14　DDR3、DD4 的数据传输速率与峰值带宽

DDR4 内存容量提升明显，可达 128GB。上一代 DDR3 内存的最大单条容量为 64GB，市场销售的内存条基本是 16GB/32GB。DDR4 内存单条容量最大可以达到 128GB。

DDR4 将标准电压降低到了 1.2V，前三代的电压标准分别为 2.5V、1.8V、1.5V，如图 4-15 所示。DDR4 电压降低了，功耗下降，更省电，并且可以减少内存的发热。

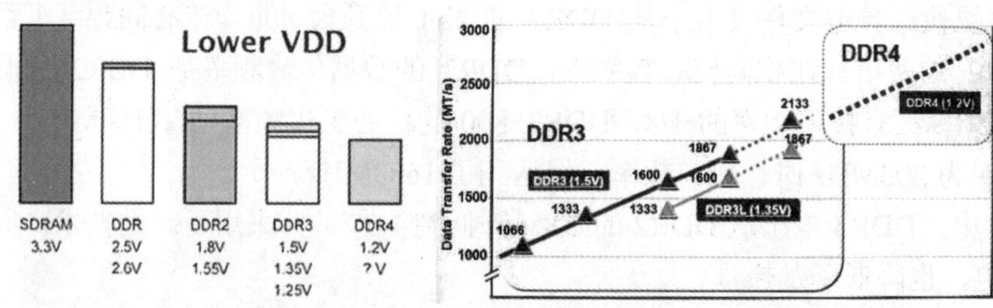

图 4-15　各标准内存条的电压

DDR、DDR2、DDR3 分别是 2bit、4bit、8bit 预取，每一代都翻番，但是 DDR4 依然停留在 8bit 预取上，也就是内部核心频率是外部接口频率的 1/8。bank group 可选 2 个或 4 个，这可以让 DDR4 内存在每个独立的 Bank Group 内单独执行激活、读取、写入或者刷新操作，也能提升整体内存效率和带宽，尤其是小容量内存颗粒。

DDR4 相比 DDR3 最大的区别有三点：16bit 预取机制（DDR3 为 8bit），同样核心频率下的理论数据传输速率是 DDR3 的两倍；更可靠的传输规范，数据可靠性进一步提升；工作电压降为 1.2V，更节能。

DDR4 内存条的外观有了一些变化。DDR4 内存条的长度与 DDR3 相同，高度略微增加。内存条厚度从 DDR3 的 1.0mm 增至 DDR4 的 1.2mm，主要是因为 PCB 层数增多了。金手指引脚数量，从 DDR3 的 240 针增至 DDR4 的 284 针，同时引脚间距从 1.0mm 缩短到 0.85mm，总长度不变。金手指缺口位置相比 DDR3 更为靠近中央。金手指底部以前一直都是平直的，但 DDR4 是弯曲的，其中两头较短、中间较长，这样主要是为了更方便插拔。其外观如图 4-16 所示。

图 4-16　DDR4 内存条

SO-DIMM 从 DDR3 的 204 针增至 DDR4 的 256 针，同时引脚间距从 0.6mm 缩短到 0.5mm，内存条也变长了 1mm。SO-DIMM DDR4 内存条如图 4-17 所示。

图 4-17　SO-DIMM DDR4 内存条

4.3　内存时间参数

内存时间参数就是系统在数据获取或传输之前处于等待内存的准备状态的时间长短。对于速度快的计算机而言，能够用较少时间就从内存中得到所需要的数据。因此，具有较短时间延迟的计算机通常也具有较高的性能表现。

4.3.1　内存的参数

影响内存性能的原因有多种，外部原因主要是位于主板芯片组内或者位于 CPU 内部的内存控制器，内存本身的性能影响因素包括频率和延迟两个方面，其中延迟在应用中将以时序参数的设定来体现。在标称 DDR/DDR2/DDR3 SDRAM 的时序参数时，常用类似“3-3-3-8”的形式，这是用户最关注的 4 项时序参数，依次为 CL、tRCD、tRP 和 tRAS。这 4 个参数的含义如下。

1．CAS Latency（CL 或 tCL）

列地址选通脉冲时间延迟（Column Address Strobe Latency，CAS Latency，简称 CL 或 tCL）是指内存接收到一条数据读取指令后要等待多少个时钟周期才能开始读写数据，也就是内存存取数据所需的延迟时间。内存单元矩阵就像一个大表格，通过列（Column）和行（Row）为存储在其中的数据定位，CL 就是指要多少个时钟周期后才能找到相应的位置。CL 是最重要的内存延迟参数，也是在一定频率下衡量支持不同规范的内存的重要标志之一。这个参数越小，内存的速度越快。目前 DDR 内存的 CL 值主要为 2、2.5 和 3，DDR2 的 CL 在 3～6，DDR3 的 CL 在 5～8。

DDR3 的延迟值有所增加，可能认为 DDR3 内存的延迟表现将不及 DDR2。其实要计算整个内存模块的延迟值，还需要把内存颗粒的工作频率计算在内。JEDEC 规定 DDR2-533 的 CL 4-4-4（CL-tRCD-tRP）、DDR2-667 的 CL 5-5-5 及 DDR2-800 的 CL6-6-6，其内存模块的延迟时间均为 15 ns。DDR3-1066、DDR3-1333 和 DDR3-1600 的 CL 值分别为 7-7-7、8-8-8 及 9-9-9，把内存颗粒工作频率计算在内，其内存模块的延迟值应为 13.125ns、12ns 及 11.25ns，相比 DDR2 内存模块，DDR3 延时缩短了约 25%，因此以 CAS 数值当成内存模块的延迟值是不正确的。

2．RAS to CAS Delay（tRCD）

行地址传输到列地址的延迟时间（time of RAS to CAS Delay，RAS to CAS Delay，简称 tRCD）是指内存行地址选通脉冲信号（RAS）与列地址选通脉冲信号（CAS）之间的延迟。该参数可以控制 SDRAM RAS 信号与 CAS 信号之间的延迟，参数越小，速度越快。其可选

值有 2、3 和 4。

3．RAS Precharge（tRP）

行地址选通脉冲预充电时间（time of RAS Precharge，RAS Precharge，简称 tRP）是指内存 RAS 预充电的时间。该参数可以控制在进行 SDRAM 刷新操作之前 RAS 预充电所需要的时钟周期数，数值越小，速度越快。其可选值有 2、3 和 4。

4．RAS Active Delay（tRAS）

RAS Active Delay（tRAS）也称 Cycle Time 或 Act to Precharge Delay，是指内存行地址激活预充电延迟时间，是指对某行的数据进行读写时，从操作开始到寻址结束需要的总时间周期，数值越小，速度越快。其可选值范围为 5～12。

4.3.2　内存的参数标识

在内存条的标签上，通常会给出该内存的重要参数，如 CL。有些内存条会给出更加详细的参数序列，通常按 tCL-tRCD-tRP-tRAS 的顺序列出这 4 个参数（有时省略 tRAS）。如图 4-18 所示，从右侧的内存条标签可看出，该内存条是 DDR4-2400，8GB，PC4-19200，CL 参数为 16-16-16-39，电压为 1.2V。

图 4-18　内存条标签上的参数

在 DDR SDRAM 的制造过程中，厂商已将这些特性参数写入 SPD 芯片中。在开机时，主板的 BIOS 就会检查此项内容，并以这些参数值作为默认的模式运行。它们的单位都是时钟周期。用户也可以在 BIOS 中设置（若设置为 Auto，则自动读取 SPD 芯片中的参数），设置值越小越好，对内存的要求也就越高，质量不过硬的内存就可能变得不稳定。例如，采用能够运行在时间参数为 5-5-5-15 内存的计算机要比采用 9-9-9-24 的计算机运行得更快，更有效率。图 4-19 所示是 BIOS 设置选项。用户如果不超频，应该设置为 Auto 或按内存条标签上的数值来设置。

DRAM tCL	[5]
DRAM tRCD	[5]
DRAM tRP	[5]
DRAM tRAS	[15]

CAS Latency(CL)	[9]
tRCD	[9 DRAM Clocks]
tRP	[9 DRAM Clocks]
tRAS	[24 DRAM Clocks]

CAS Latency (CL)	[Auto]
tRCD	[Auto]
tRP	[Auto]
tRAS	[Auto]

图 4-19　BIOS 设置选项

4.4　双通道内存技术

1．双通道内存技术的概念

双通道就是设计两个内存控制器，这两个内存控制器可以独立工作，每个控制器控制一个内存通道。双通道内存技术是一种内存控制和管理技术，它依赖于内存控制器产生作用，在理论上能够使两条同等规格内存所提供的带宽增长一倍。双通道早已应用于服务器和工作

站系统中了，后来才应用在台式机主板上。

早先的内存控制器被设计在主板芯片组的北桥中，如图 4-20 所示。2003 年 9 月，AMD 公司发布了桌面 64 位 Athon 64 系列处理器，将北桥芯片中的内存控制器整合到了处理器内部，如图 4-21 所示。后来，Intel 公司也把内存控制器整合到处理器内部，Intel 公司甚至在 Core i7 整合了 3 个内存控制器，可实现三通道内存技术，如图 4-22 所示。所以，现在内存是否支持双通道，是由 CPU 决定的，与主板无关。

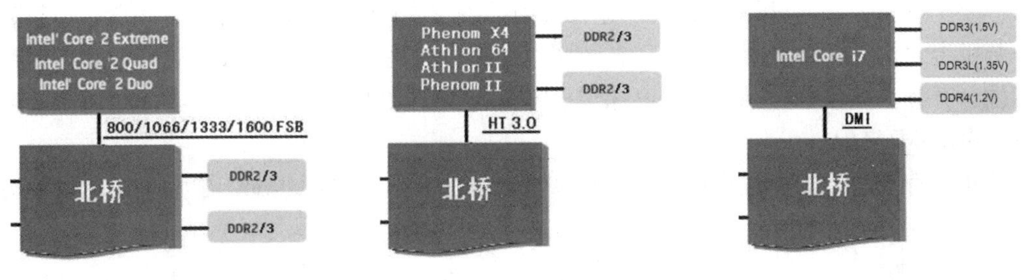

图 4-20　北桥双通道　　图 4-21　CPU 双通道　　图 4-22　CPU 三通道

双通道体系包含了两个独立的、具备互补性的智能内存控制器，两个内存控制器能够并行运作。双通道内存技术是为了解决 CPU 总线带宽与内存带宽的矛盾而提供的一种方案，能有效地提高内存总带宽，从而适应新型处理器的数据传输、处理的需要。例如，当控制器 B 准备进行下一次存取内存时，控制器 A 就在读/写主内存，反之亦然。两个内存控制器的这种互补可以让有效等待时间缩减 50%，因此双通道技术使内存的带宽翻了一番。

2. 实现双通道内存条的安装

双通道内存条的安装有一定的要求。对于支持双通道内存的主板，一般有 4 个 DIMM 插槽，每两个一组，每组有两种颜色的插槽，代表一个内存通道。要实现双通道必须成对地配备内存，即只需将两条完全一样的内存条插入同一颜色的内存条插槽中，如图 4-23 所示。

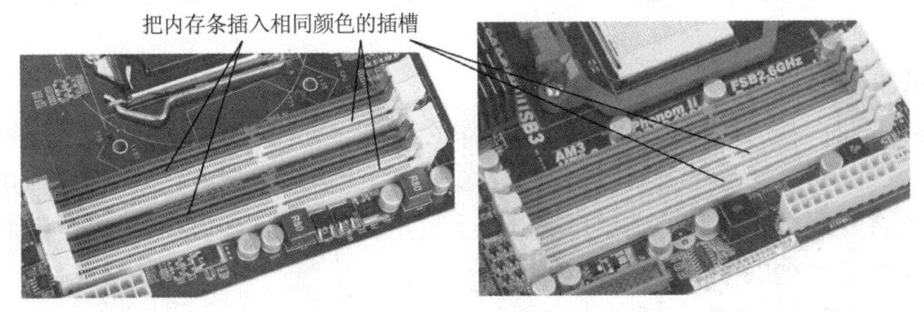

图 4-23　双通道内存条的安装

4.5　内存条的选购

选购内存条时，需要注意以下几个方面。

1. 主板是否支持该类型内存

目前桌面平台所采用的内存主要为 DDR3、DDR4 等，由于这几种类型的内存从内存

控制器到内存插槽都互不兼容，因此在购买内存条之前，首先要确定自己的主板支持的内存类型。

2．选择合适的内存容量

内存的容量大，整机的系统性能就能够提高，价格也较高。所以内存容量不是越大越好，在选购内存条时也要根据自己的需求来选择，以发挥内存的最大价值。

现在，Windows 10 已经成为主流操作系统，操作系统空载内存占用都超过 2GB，可见 4GB 为入门配置。对于办公室人员，建议选用单条 8～16GB 内存。对于游戏玩家，新装机用户装机容量为 16～32GB，因为现在游戏对内存的占用也是越来越大。对专业软件用户，如图像、音频、视频编辑用户，建议选装机容量为 32～128GB 的内存。

3．频率要搭配

购买内存条时一定要注意内存工作频率要与 CPU 前端总线匹配，宁大毋小，以免造成内存瓶颈，目前主流的内存为 DDR4 内存，容量为 16GB，频率为 2400Mbit/s。

4．内存颗粒

内存颗粒的好坏直接影响到内存的性能，它是内存条上最重要的元件。虽然内存条的品牌较多，但内存颗粒（内存芯片）的制造商只有几家，所以许多不同品牌的内存条上焊接着相同型号的内存芯片，在选择内存条时，应注意内存颗粒的品牌。常见的内存芯片制造商有三星（SAMSUNG）、华邦（Winbond）等厂家。这些厂家本身也推出了内存条产品，可优先选用。由于内存芯片生产技术都处于同一档次，因此不同厂商的内存芯片在速度、性能上相差很小。

5．产品做工要精良

对于内存条来说，最重要的是稳定性和性能，内存条的做工水平直接会影响到性能、稳定及超频。内存 PCB 的作用是连接内存芯片引脚与主板信号线，因此其做工好坏直接关系着系统稳定性。目前主流内存 PCB 层数一般是 6 层，这类电路板具有良好的电气性能，可以有效屏蔽信号干扰。而更优秀的高规格内存条往往配备了 8 层 PCB，以起到更好的效能。

内存条上的“金手指”的优劣也直接影响着内存条的兼容性甚至是稳定性，“金手指”的金属层要厚、明亮。

6．检测 SPD 信息

SPD 芯片里面存放着内存条可以稳定工作的指标信息以及产品的生产厂家等信息。不过，由于每个厂商都能对 SPD 参数进行随意修改，因此很多杂牌内存厂商会将 SPD 参数进行修改或者直接复制名牌产品的 SPD 信息，上机用软件检测可以查看出来。因此，在购买内存条以后，建议用 CPU-Z 等软件查看。

7．小心假冒或返修产品

假冒品牌内存条采用打磨内存颗粒的手段，然后再印上新的编号参数。打磨过的芯片比较暗淡无光，有起毛的感觉，而且加印上的字迹模糊不清晰，这些一般都是假冒的内存产品。此外，还要观察 PCB 是否整洁、有无毛刺等，“金手指”是否有明显的插拔痕迹，如果有，则很有可能是返修内存产品（当然也不排除有厂家出厂前经过测试，不过比较少）。需要提醒读者的是，返修和假冒内存条因为存在安全隐患，无论多么便宜都不值得购买。

8．建议优先选购品牌内存条

内存条分为有品牌和无品牌两种。品牌内存条质量信得过，都有外包装。无品牌的内存

条多为散装，这类内存条只依内存条上的内存芯片的品牌命名。在内存条的选择上，建议优先选购知名品牌的内存产品，虽然价格上会稍贵，但是主流品牌不仅品质有保证，而且一般都提供“终身保修”的售后服务。正规产品的包装都比较完整，包括产品型号、产品描述、安装使用说明书、产品保证书、条形码、产地、符合标准的盒子等。

4.6　实训

4.6.1　内存条的安装和拆卸

内存条的安装和拆卸非常简单。首先分清内存条的类型。在安装内存条前，先用双手把内存条插槽两端的卡子向两侧掰开，如图 4-24 所示。将内存条平行地放入内存条插槽内，并用力下压，听到“啪”的一声响后，卡子恢复到原位，说明内存条安装到位，如图 4-25 所示。如果内存条插到底，两端的卡子不能够自动归位，可用手将其掰到位。

内存条都采用了防误插设计，内存条的一边有一个不对称的凹槽，这个凹槽刚好与内存条插槽中的凸点（隔断）相对应，在插入内存条时一定要仔细观察内存插槽。

对于双通道内存条的安装有一定的要求。支持双通道内存条的主板，其内存插槽的颜色和布局一般都有区分。一般有 4 个 DIMM 插槽，每两个一组，每组颜色一般不一样，每一组代表一个内存通道，只有当两组通道上都同时安装了内存条时，才能使内存条工作在双通道模式下。另外要注意对称安装，即第 1 个通道第 1 个插槽搭配第 2 个通道第 1 个插槽，依此类推。用户只要按不同的颜色搭配，对号入座进行安装即可。如果在相同颜色的插槽上安装内存条，则只能工作在单通道模式下。

图 4-24　将卡子向两侧掰开

图 4-25　向下压入内存条

4.6.2　查看内存默认频率及默认 SPD 参数

要辨别内存的频率和 CAS 等参数值，仅靠内存条上的标签是很难确定其是否达标或真实可信的。这时，应该用 CPU-Z 等软件查看其 SPD 信息，如果是正品内存条，在这些软件中都可清楚地显示其本身频率和该频率下能达到的 CAS 值，而杂牌内存条一般不能正确显示 SPD 信息。

下面以使用 CPU-Z 为例，查看内存条中的内容。运行 CPU-Z，分别选择“内存”选项卡和“SPD”选项卡，查看其中的内容，如图 4-26 所示。

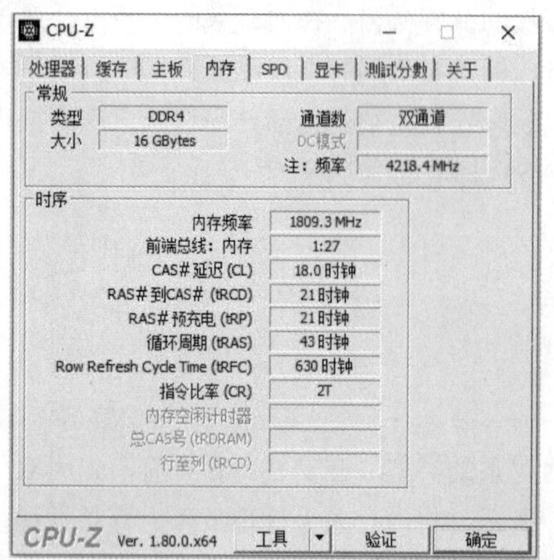

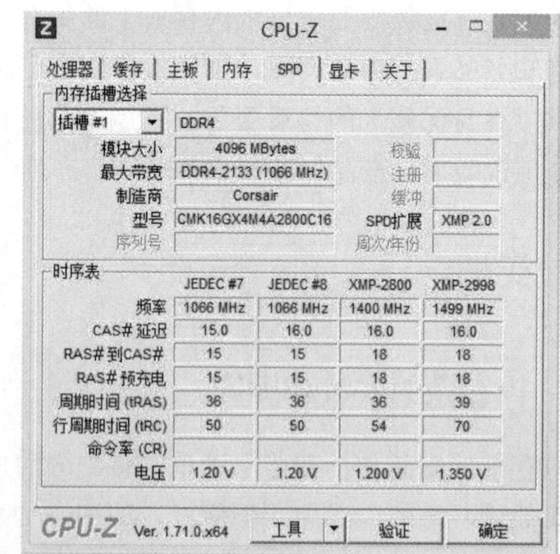

图 4-26　“内存”选项卡和“SPD”选项卡

在“内存”选项卡中可以看到，在“常规”选项组中，“类型”为 DDR4，“大小”为 16GB，“通道数”为双通道。在“时序”选项组中，“内存频率”为 1809.3MHz，“前端总线：内存”为 1∶27，“CAS#延迟（CL）”为 18.0 时钟，“RAS#到 CAS#（tRCD）”为 21 时钟，“RAS#预充电（tRP）”为 21 时钟，“循环周期（tRAS）”为 43 时钟。

在“SPD”选项卡中可以看到，在“内存插槽选择”选项组中可以看出最大带宽、制造商、型号等内容。在“时序表”选项组中，列出了不同总线频率下的延时值。

如果要检验一款内存条是否能达到厂家标称的频率或 CAS 值，可以在 BIOS 中将其调整为该频率或 CAS 值，看看其能否在 Windows 操作系统中正常运行。

4.7　思考与练习

1．查阅《电脑商情报》等报刊或上网查看硬件信息；到当地计算机配件市场考察内存条的型号、价格等商情信息。

2．上网查找有关主流 DDR3、DDR4 内存颗粒编码规则方面的资料（搜索关键词：主流 DDR 内存颗粒）。

3．理解 DRAM 的内存时间参数的含义，在 BIOS 中设置内存参数。

4．掌握内存条的型号及安装方法。

5．用有关的内存测试软件（如 CPU-Z 等）测试所用计算机的内存信息。

第5章 显　　卡

显卡（Video card，Graphics card）全称显示接口卡，又称显示适配器，是计算机最基本的组成部分之一。显卡是一种显示信息转换硬件，它向显示器提供行扫描信号，控制显示器的显示。显卡的作用是把 CPU 送来的图像数据转换成显示器能接收的格式，并向显示器提供信号，控制显示器正确显示。目前，显卡已经成为继 CPU 之后发展最快的部件，计算机的图形性能已经成为决定计算机整体性能的一个重要因素。

5.1　显卡的分类、结构和主要参数

计算机里有各种各样的扩展卡，其中必不可少的就是显卡，它是显示器与主机通信的控制电路和接口。

5.1.1　显卡的分类

显卡有许多分类方法。

1．按显卡的接口标准分类

根据显卡的接口标准分类，PC 的显卡一共经历了 5 代：MDA、CGA、EGA、VGA 和 SVGA，其中前 4 代都已被淘汰。由于 VGA 与显示器接口为模拟方式，扩展余地很大，因此 VESA 协会提出了 VGA 的扩展接口标准。凡是满足这些标准并得到 VESA 协会确认的扩展 VGA 就叫 SVGA（Super VGA）。目前，所有显卡都满足 SVGA 接口标准。

2．按显卡与 PC 的总线接口分类

显卡要插在主板上才能与主板交换数据。与主板连接的总线接口主要经历了 ISA、EISA、VESA、PCI、AGP、PCI-E 等阶段。目前新出的显卡几乎都是 PCI-E×16 接口。

3．按显卡的图形功能分类

按显卡的图形功能分类，可分为 3 类：第 1 类是纯二维（2D），第 2 类是纯三维（3D），第 3 类是二维+三维（2D+3D）显卡。影响此 3 类显卡的硬件因素主要是显示芯片和显示存储器。目前新出的显卡都是 2D+3D 的。

4．按显卡的显示芯片分类

显示芯片决定了显卡的性能和档次。目前显示芯片厂商只有 NVIDIA 和 AMD-ATI 两家。

5．按是否为整合（集成）显卡分类

整合显卡是将显示芯片、显存及其相关电路都集成在主板上，整合显卡的显示芯片有单独的，但大部分都集成在主板的北桥芯片中。一些主板整合的显卡也在主板上单独安装了显存，但其容量较小，整合显卡的显示效果与处理性能相对较弱，不能对显卡进行硬件升级，但可以通过 CMOS 调节频率或刷入新 BIOS 文件实现软件升级来挖掘显示芯片的潜能。集成显卡如今已被淘汰，已被核芯显卡所取代。

6．核芯显卡

核芯显卡是在 Intel 酷睿处理器和 AMD 的 AGP 处理器中，将图形核心与处理核心整合在同一块基板上，构成一颗完整的处理器。智能处理器架构这种设计上的整合大大缩减了处理核心、图形核心、内存及内存控制器间的数据周转时间，有效提升处理效能并大幅降低芯片组整体功耗，有助于缩小了核芯组件的尺寸，为笔记本电脑、一体机等产品的设计提供了更大选择空间，CPU 内置的核芯显卡性能已经可以媲美一些入门独立显卡。需要注意的是，核芯显卡和整合显卡并不相同。

7．独立显卡

独立显卡是指将显示芯片、显存及其相关电路单独做在一块电路板上，自成一体而作为一块独立的板卡，如图 5-1 所示。它需占用主板的扩展插槽（ISA、PCI、AGP 或 PCI-E）。独立显卡的优点在于它本身带有独立显存，不会占用系统内存。而且独立显卡可在计算机内部组成多显卡，拥有强大的图像处理能力。但独立显卡价格贵一些，升级方便但成本高，更适合游戏用户。

图 5-1　独立显卡

8．按显卡的应用领域分类

显卡的应用领域大致可分为 4 类：普通家庭用户、游戏发烧友、商业用户和专业图形工作者。普通家庭用户的主要目的是工作、娱乐和教育等；对游戏发烧友来说，他们往往会选择性能最高的硬件，以最大限度地满足他们在追求速度的同时所期待的逼真度；对商业用户来说，在购买显卡时一般会考虑到其 2D 加速性能，因为商业用户往往使用 Word、Excel、PowerPoint 或者 Access 等软件，快速、清晰、可靠的显示及处理速度是很重要的；专业图形工作者主要从事 CAD、3D 等图形图像处理，需要较高的图形性能。

9．按显卡的品牌分类

虽然设计生产显示芯片的公司只有几家，但生产显卡的公司很多。采用相同显示芯片制造的显卡，由于显卡上的其他元件（如显示内存）存在差异，其性能也会有所不同，在选购时应注意。常见的显卡品牌有华硕、技嘉、铭瑄、MSI、七彩虹等。

5.1.2　显卡的结构

显卡的主要部件有 GPU、显示内存、供电单元、PCB、散热器、接口、BIOS、等。现在主流的显卡由于运算速度快、发热量大，需要在 GPU 芯片上安装一个散热器。图 5-2 所示是一块 PCI-E×16 显卡的结构（已经去掉散热器）。

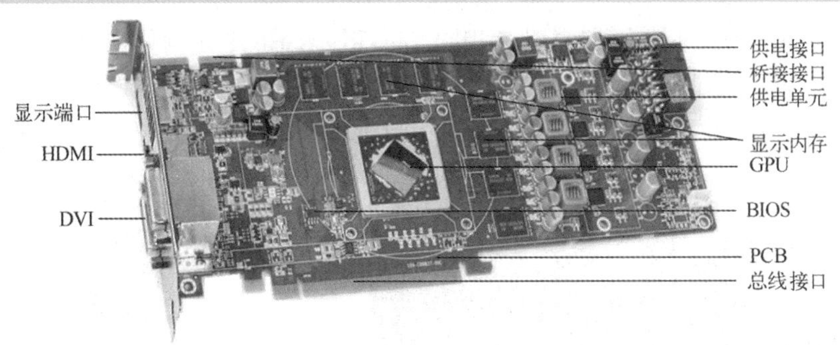

图 5-2　显卡的结构

1. GPU

GPU（Graphic Processing Unit，图形处理单元或图形处理器）也称显卡核心，是显卡的核心芯片，它的性能直接决定了显卡的性能。它的主要任务是把通过总线传输过来的显示数据在 GPU 中进行构建、渲染等工作，最后通过显卡的输出接口显示在显示器上。

GPU 的性能决定了显卡的性能和档次。家用娱乐型显卡都采用单芯片设计的 GPU 芯片，而部分专业的工作站显卡则采用了多个 GPU 芯片组合的方式。

GPU 芯片通常是显卡上最大的芯片，如图 5-3 所示，一般都有散热器。GPU 芯片上有商标、生产日期、编号和厂商名称，例如 NVIDIA、AMD-ATI 等。通常，GPU 厂商会对 GPU 性能进行划分，按照不同档次对 GPU 核心命名。相同的 GPU 核心又分为不同的型号，型号的差异通过增加或减少最大加速频率、CUDA 核心数量（流处理器数量）、晶体管数量、纹理单元数量、ROP 单元数量、显存位宽来进一步划分显卡的性能。

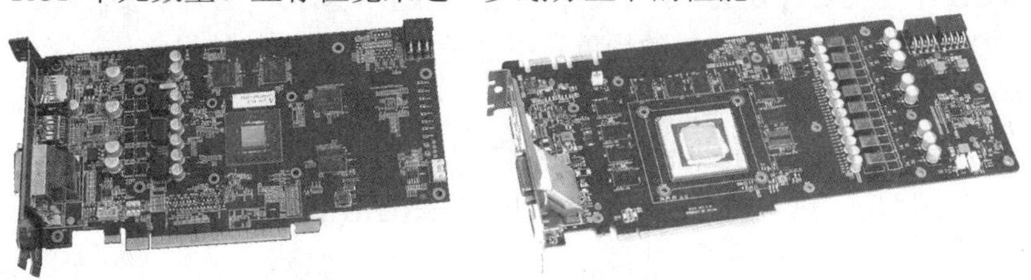

图 5-3　显卡上的 GPU（已经去掉散热器）

2. 显示内存

与主板上的主存功能一样，显卡缓冲存储器又称为显示内存（Video RAM），简称显存，也是用于存放数据的，只不过它存放的是显示芯片处理后的数据，在显示器上看到的图像数据都存放在显示内存中。GPU 的性能越强，需要的显存容量也就越大。目前显卡采用 GDDR3、GDDR4 或 GDDR5 显存，显存品牌有 Qimonda、SAMSUNG、Hynix 等。

3. 显卡 BIOS

显卡性能除了需要硬件支持，还需要软件支持。BIOS 的强弱也直接影响显卡的性能。通过显卡 BIOS，用户可以调节显卡的频率、核心电压、风扇转速等参数。

显卡 BIOS 又称 VGA BIOS，主要用于存放显示芯片与驱动程序之间的控制程序，还存放显卡型号、规格、生产厂家、出厂时间等信息。启动微机时，在显示器上首先显示 VGA BIOS 的内容。前几年生产的显卡的 BIOS 芯片大小与主板 BIOS 一样，如图 5-4 所示。现在显卡的

BIOS 很小，大小与内存条上的 SPD 芯片相同。早期显卡 BIOS 是固化在 ROM 中的，目前采用 Flash BIOS，可以通过专用的程序进行改写或升级。图 5-5 所示是 ATMEL 公司的 25F1024 显卡 BIOS 存储芯片，容量为 1MB。常见的显卡 BIOS 厂家有 AMD、ATMEL 等。

图 5-4　较早的显卡 BIOS

图 5-5　目前的显卡 BIOS

在操作系统中安装的显卡的驱动程序中包含有关显卡硬件设备的信息，显卡的驱动程序对显卡性能的发挥也有着不小的影响。显卡厂商为了保证硬件的兼容性及增强硬件的功能会经常升级驱动程序。

4．供电单元

显卡的频率越高，供电要求也越高，因此常采用显示核心芯片与显存独立供电的设计。有些高端或运行频率较高的显卡，核心更是采用了两相或多相供电的设计，每相供电分别由电容、MOS 管、电感组成。由于 PCI-E×16 接口目前所能提供的最大功率为 71W 左右，因此不少高端显卡还需要外接 4 针或 6 针电源插座，从机箱电源直接供电。

5．PCB

显卡的 PCB 厚度对显卡内部走线、电子芯片的焊接、显卡的牢固程度有着重要影响。显卡所采用的 PCB 厚度主要有 6 层、8 层几种（当然是越厚越好）。另外需要注意的是，显卡品质的好坏同 PCB 的颜色无关，PCB 的颜色只不过是染料剂作用的结果。

6．显卡的散热装置

显卡上都会带有散热器，散热装置的散热性能直接影响系统运行的稳定性。常见的显卡散热器有散热片、风扇、热管、涡轮式风冷、风扇+热管等散热方式，如图 5-6 所示。

a)　b)　c)　d)

图 5-6　常见的显卡散热器

a) 风扇　b) 热管　c) 涡轮式风冷　d) 风扇+热管

7．显卡接口

显卡上的接口主要有供电接口、桥接接口、总线接口、输出接口和显示端口。

（1）供电接口

供电接口为显卡提供电力支持，常见的有 6PIN、8PIN、8+6PIN，一般高端的显卡提供的供电接口多。

（2）桥接接口

显卡的桥接接口用于显卡交火，即让两块或多块显卡协同工作。

（3）总线接口

显卡总线接口主要是 PCI、AGP 和 PCI-E×16，目前流行的显卡总线接口均为 PCI-E×16。

（4）输出接口

显卡把处理好的图像数据通过输出接口与显示设备连接。显卡的输出接口主要有 VGA、DVI、HDMI、DP、MINI HMDI/DP 几种，显卡的视频输出能力与提供的输出接口类型、数量有关。

1）视频图形阵列（Video Graphics Array，VGA）接口：VGA 接口是 15 个插孔的 D 形插座（称为 D-Sub 接口）。VGA 插座的插孔分为 3 排，每排 5 个孔。VGA 插座是显卡的输出接口，与显示器的 D 形插头相连，用于把模拟信号输出到 CRT 显示器或者 LCD 中，是以前主要的输出接口。VGA 插座的外观如图 5-7 所示。

2）数字视频接口（Digital Visual Interface，DVI）：DVI 有 3 行 8 列共 24 个引脚，用于连接 LCD 等数字显示器。通过 DVI，视频信号无须转换，信号无衰减或失真，显示效果比 VGA 好，因此 DVI 将会取代 VGA 接口。这是因为显卡处理的都是数字信息，在把帧缓存数据传给显示器之前必须先把数字信号转换为模拟信号再传送出去，而在这个过程中就产生了信号的失真。模拟信号产生之后，要经由 VGA 电缆线（又一个信号失真源）传给显示器。如果显示器是数字设备（如 LCD 等）而不是传统的 CRT 显示器，那么失真会更加严重，因为模拟信号还要再一次被转换为数字信号，因此引入了 DVI。DVI 是目前主流的输出接口。

DVI 在支持数字平板显示器的同时也向下兼容 CRT 显示器。DVI 通常有两种：仅支持数字信号的 DVI-D 和同时支持数字信号与模拟信号的 DVI-I。DVI 插座的外观如图 5-8 所示。

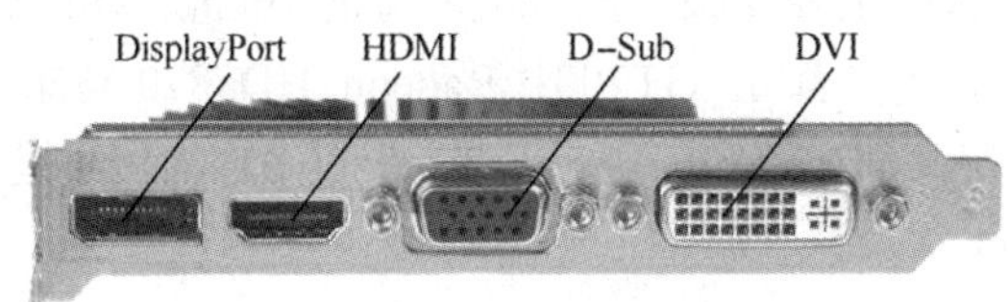

图 5-7　DisplayPort、HDMI、D-Sub、DVI 插座

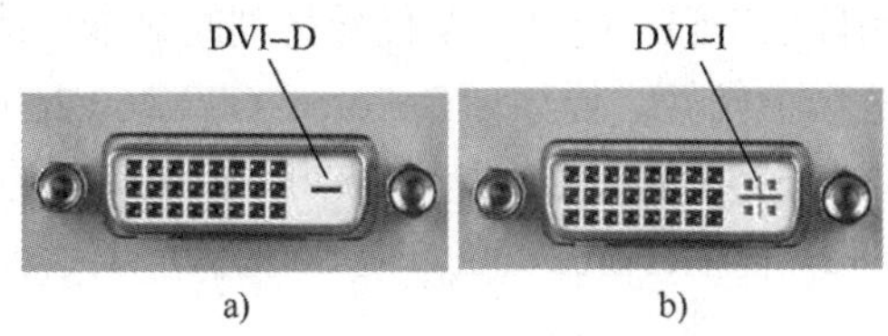

图 5-8　DVI-D 和 DVI-I

a) DVI-D　b) DVI-I

3）高清晰多媒体接口（High Definition Multimedia InterFace，HDMI）：HDMI 是基于 DVI 制定的，两者可以兼容。HDMI 可以看作是强化的 DVI 接口和多声道音频的结合。最新的显卡上已经配备 HDMI 接口插座，如图 5-7 所示。在数字家电领域，HDMI 正在逐步取代 DVI，成为连接消费类电子设备的标准接口。

（5）显示端口

显示端口（DisplayPort）是一种针对所有显示设备（包括内部接口和外部接口）的开放标准，是全新的数字视频音频接口。DisplayPort 插座如图 5-7 所示。

5.1.3　显卡的主要参数

显卡的参数很多，下面按部件分成 3 部分来介绍。

1. 显示芯片

显示芯片也就是图形处理器（GPU），它主要负责处理视频信息和 3D 渲染。GPU 决定了

显卡的性能。

（1）芯片厂商

目前主流的独立显示芯片厂商主要有两家：NVIDIA 和 AMD-ATI，其部分显示芯片外观如图 5-9 所示。

图 5-9 显示芯片

（2）开发代号

开发代号就是显示芯片厂商为了便于显示芯片在设计、生产、销售等方面的管理和驱动架构的统一，而对一个系列的显示芯片给出的基本代号。显示芯片厂商可以对相同核心代号的显示芯片做一些改动，如通过控制渲染管线数量、顶点着色单元数量、显存类型、显存位宽、核心频率、显存频率、所支持的技术特性等方面衍生出一系列的显示芯片，来满足不同性能、价格、市场等的需要。同一种开发代号的显示芯片可以使用相同的驱动程序，这为显示芯片制造商编写驱动程序以及消费者使用显卡都提供了方便。

同一种开发代号的显示芯片的渲染架构以及所支持的技术特性基本相同，而且所采用的制程也相同，所以开发代号是判断显卡性能和档次的重要参数。同一类型号的不同版本可以是一个代号，例如，GeForce GTX260/280/295 的代号都是 GT200；Radeon HD5870/5850/5770/5750 的代号都是 RV870。但也有其他的情况，如 GeForce 9800GTX/9800GT 的代号是 G92，而 GeForce 9600GT/9600GSO 的代号是 G94。

（3）芯片型号

相同核心代号的 GPU 也会有不同的芯片型号，如 Radeon HD4890/4870/4850/4830 都采用代号为 RV770 的显示核心。这是因为生产芯片时，会出现一些有缺陷的芯片，厂家通过屏蔽核心管线或降低显卡核心频率等方法，将其处理成合格的、较为低端的产品，并命名为不同的芯片型号。

（4）制造工艺

制造工艺是指集成电路内电路与电路之间的距离，显示芯片的制造工艺与 CPU 一样，也是用微米来衡量其加工精度的。制造工艺的提高，意味着显示芯片的体积更小、集成度更高，可以容纳更多的晶体管，性能会更加强大，功耗也会降低。当前主流的制造工艺是 14nm。但是，采用更高制造工艺的显示芯片并不代表其具有更高的性能，因为显示芯片设计架构各不相同，并不能单纯用制造工艺来衡量其性能。

（5）核心频率

显卡的核心频率是指显示核心的工作频率，其中最大频率为显卡工作时的最高频率，显卡的频率越高，性能就越强。其工作频率在一定程度上可以反映出显示核心的性能。但显卡的性能是由核心频率、流处理器单元、显存频率、显存位宽等多方面因素决定的，因此在显

示核心不同的情况下，核心频率高并不代表此显卡性能强。在同样级别的显示芯片中，核心频率高则性能要强一些。在同样的显示核心下，厂商会适当提高其产品的核心频率，使其工作在高于显示核心固定的频率上以达到更高的性能，提高核心频率是显卡超频的方法之一。

（6）显示芯片位宽

显示芯片位宽是指显示芯片内部数据总线的宽度，也就是显示芯片内部所采用的数据传输位数。采用更大的位宽意味着在数据传输速度不变的情况下，瞬间所能传输的数据量越大，因此位宽是决定显示芯片级别的重要参数之一。目前主流的显示芯片的位宽是 256bit，已推出的显示芯片最大位宽是 512bit。

显示芯片位宽增加并不代表该芯片性能更强，因为显示芯片集成度相当高，设计、制造都需要很高的技术能力，单纯强调显示芯片位宽并没有多大意义，只有在其他部件、芯片设计、制造工艺等方面都完全配合的情况下，显示芯片位宽的作用才能得到体现。

（7）刷新频率

刷新频率（单位为 Hz）是 GPU 向显示器传送信号时每秒刷新屏幕的次数。影响刷新频率的因素有两个，一是显卡每秒可以产生的图像数目，二是显示器每秒能够接收并显示的图像数目。刷新频率可以分为 56～120Hz 等许多档次。过低的刷新频率会使用户感到屏幕闪烁，容易导致眼睛疲劳。刷新频率越高，屏幕的闪烁就越不明显，图像也就越稳定，即使长时间使用也不容易感觉眼睛疲劳（建议使用 85Hz 以上的刷新频率）。

（8）最大分辨率

分辨率指的是显卡在显示器上所能描绘的像素数量，分为水平行点数和垂直行点数。例如，如果分辨率为 1024×768 像素，即水平方向上由 1024 个点组成，垂直方向上由 768 个点组成。典型的分辨率有 640×480 像素、800×600 像素、1024×768 像素、1280×1024 像素、1600×1200 像素或更高。

最大分辨率表示显卡输出给显示器并在显示器上描绘像素点的最大数量。目前的显示芯片都能提供 2048×1536 像素的最大分辨率，但绝大多数显示器并不能提供这样高的显示分辨率。

（9）色深

色深也称颜色数，是指显卡在一定分辨率下可以同屏显示的色彩数量。一般以多少色或多少 bit（位）色来表示，如标准 VGA 显卡在 640×480 分辨率下的颜色数为 16bit 色或 4 bit 色。通常，色深可以设置为 16 bit、24 bit，当色深为 24 bit 时，称为真彩色，此时可以显示出 2^{24}=16777216 种颜色。色深的位数越高，所能同屏显示的颜色就越多，相应的屏幕上所显示的图像质量就越好。由于色深的增加使显卡所要处理的数据量剧增，从而引起显示速度或屏幕刷新频率的降低。

（10）流处理器（渲染器，着色器）单元

着色或渲染（Shader）分两种，一种是顶点渲染（Vertex Shader），三维图形都是由一个一个三角形组成的，顶点渲染就是计算顶点位置，并为后期像素渲染做准备；另一种是像素渲染（Pixel Shader），像素渲染就是以像素为单位，计算光照、颜色的一系列算法。

在 DX10 时代首次提出了“统一渲染架构”，GPU 取消了传统的“像素管线”和“顶点管线”，统一改为流处理器单元，它既可以进行顶点运算，也可以进行像素运算，这样在不同的场景中，GPU 就可以动态地分配顶点运算和像素运算的流处理器数量，达到资源的充分利用。

现在，流处理器数量的多少已经成了决定显卡性能高低的一个很重要的指标，NVIDIA 和 AMD-ATI 也在不断地增加显卡的流处理器数量，使显卡的性能达到跳跃式增长，例如，Radeon HD5870 有 1600 个流处理器，HD4870 有 800 个流处理器单元，GTX280 有 240 个流处理器单元。由于 NVIDIA 和 AMD-ATI 的 GPU 架构不一样，因此不能以流处理器的数量来衡量 GPU 性能的强弱，例如，HD4850 有 800 个流处理器单元，9800GTX+有 128 个流处理器单元，而它们的性能却相当。

（11）光栅处理单元（Raster Operations Units，ROPs）

光栅处理单元，简称光栅单元，也称最终成像单元，作用是把 GPU 前几段处理的结果成像出来，将像素点光栅化，主要影响抗锯齿、动态模糊之类的特效，每一帧处理完后被光栅单元送入显存的帧缓冲区。光栅单元对性能影响较小，其数量也较少。例如，Radeon HD5800 系列的 ROPs 为 32 个，Radeon HD5700/4800 系列为 16 个。

2．显存芯片

显示内存简称显存，也称帧缓存，其主要功能是暂时储存显示芯片要处理或处理过的渲染数据。显示芯片（颗粒）决定了显卡所能提供的功能和其基本性能，而显卡性能的发挥则很大程度上取决于显存。显存频率及容量是影响显卡性能的第二大因素。影响显存性能的主要因素包括显存类型、显存位宽、显存带宽、显存容量、显存速度和显存频率。

（1）显存类型

显存芯片与内存芯片在 SDRAM、DDR SDRAM 时期是一样的，后来由于 GPU 需要比 CPU 更高的带宽、位宽、频率等特殊的需要，显存芯片与内存芯片开始分别发展。内存厂商推出了专门为图形系统设计的高速 DDR 显存，称为 GDDR（Graphics Double Data Rate），又分为 GDDR1、GDDR2、GDDR3、GDDR4、GDRR5。

显存主要由传统的内存制造商提供，目前主要的显存生产厂商有美国的镁光（Micron）、德国的英飞凌（Infineon）、韩国的三星（SAMSUNG）和现代（HY）等。常见的显存颗粒如图 5-10 所示。

图 5-10　常见的显存颗粒

（2）显存位宽

显存位宽是显存在一个时钟周期内所能传送数据的位数，位数越大则瞬间所能传输的数据量越大。一块显卡的显存位宽是由显卡核心的显存位宽控制器决定的。常见的显存位宽有 64bit、128bit、256bit、320bit 和 512bit，显存位宽越高，性能越好，价格也就越高。目前高端显卡的显存位宽为 512bit，主流显卡基本都为 128bit 和 256bit。

显卡的显存是由一块块的显存芯片构成的，显存总位宽同样是由显存颗粒的位宽组成的，即显存位宽=显存颗粒位宽×显存颗粒数。

（3）显存带宽

显存带宽指的是显示核心与显存通信的数据宽度，显卡的显存带宽越大，表示在相同的

时间段内，核心与显存间数据的交换量越大。显存带宽的计算公式：

显存带宽=(显存位宽×显存工作频率)/8

例如，GeForce 8600GT 核心及显存频率为 540MHz/1400MHz，显存位宽为 128bit，那么该显卡的显存带宽=(128bit×1400MHz)/8 = 22400B/s=22.4GB/s。

（4）显存容量

显存容量是显卡上显存的容量，它决定着显存临时存储数据的多少。目前显卡主流容量有 128MB、256MB、512MB、1GB 等。当显存到达一定容量后，再增加内存对显卡的性能已经没有影响了。显卡的显存容量只是参考之一，重要的还是其他参数，如核心、位宽、频率等，这些决定显卡性能的因素优先于显存容量。

单颗显存容量的计算公式：

单颗显存容量=(1 个显存单元容量×数据位宽)/8

例如，“显卡使用了 4 颗 16M×32bit 的高速 GDDR3 显存”，其中 16 M 表示 1 个显存单元的容量为 16Mbit，32bit 是单颗显存的数据位宽，单颗显存容量是(16Mbit×32bit)/8bit=64MB，4 颗显存的总容量是 4×64MB=256MB。

（5）显存时钟周期（显存速度）

显存时钟周期就是显存时钟脉冲的重复周期，它是衡量显存速度的重要指标。显存速度越快，单位时间交换的数据量也越大，显卡的性能也就越高。显存的时钟周期一般以 ns 为单位，越小表示显存的速度越快，显存的性能越好。现在常见的显存类型中，DDR2 显存时钟周期为 2.0～4.0ns，DDR3 显存时钟周期为 0.8～2.0ns，DDR4 显存时钟周期最低为 0.9ns，DDR5 显存时钟周期最低为 0.4ns。

（6）显存频率

显存频率是指默认情况下该显存在显卡上工作时的频率，以 MHz 为单位。显存频率在一定程度上反映了该显存的速度。显存频率随着显存的类型、性能的不同而不同（例如，GDDR5 显存强于 GDDR3 显存）。

显存频率与显存时钟周期是相关的，两者成倒数关系，计算公式：

显存频率（MHz）=1000/(显存速度×n)

n 因显存类型不同而不同，如果是 GDDR3 显存，则 n=2；如果是 GDDR5 显存，则 n=4。

3．RAMDAC 频率

RAMDAC（Random Access Memory Digital/Analog Convertor，随机存取内存数字/模拟转换器）的作用是将显存中的数字信号转换为显示器能够显示出来的模拟信号。计算机中处理数据的过程其实就是将事物数字化的过程。所有的事物都被处理成 0 和 1 两个数，而后不断进行累加计算。图形加速卡也是靠这些 0 和 1 对每一个像素进行颜色、深度、亮度等各种处理。显卡生成的信号都是以数字来表示的，但是所有的 CRT 显示器都是以模拟方式进行工作的，数字信号无法被识别，这就必须有相应的设备将数字信号转换为模拟信号。而 RAMDAC 就是显卡中将数字信号转换为模拟信号的设备。RAMDAC 的转换速率以 MHz 表示，它决定了刷新频率的高低（与显示器的“带宽”意义近似）。其工作速度越高，频带越宽，高分辨率时的画面质量越好。该数值决定了在足够的显存下，显卡最高支持的分辨率和刷新频率。如果要在 1024 像素×768 像素的分辨率下达到 85Hz 的刷新频率，RAMDAC 的速率至少是 1024×768×85Hz×1.344（折算系数）≈90MHz。目前主流的显卡 RAMDAC 都能达到 350MHz

和400MHz。

4．GPU的其他技术

（1）3D API

在计算机中，所有软件的程序接口，包括3D图形程序接口在内，统称为应用程序接口（Application Program Interface，API）。使用API，程序员无须关心硬件的具体性能和参数，只需要编写符合接口的程序代码，让设计软件调用其API程序，其API就会自动调用与硬件有关的底层数据，大大提高程序开发的效率。

同样，显示芯片厂商根据标准来设计自己的硬件产品，以达到在API调用硬件资源时最优化，获得更好的性能。有了API，便可实现不同厂家的硬件、软件在最大范围内的兼容。例如，在最能体现3D API的游戏方面，游戏设计人员不必去考虑具体某款显卡的特性，而只是按照3D API的标准来开发游戏，当游戏运行时则直接通过3D API来调用显卡的硬件资源。

在图形图像行业里，三维图形的API有许多种。这几年，有3种API格式逐渐确立了它们在图形图像领域的地位，即DirectX、OpenGL和Quick Draw 3D（Heidi）。很多图形加速卡都支持这3种格式。DirectX是由微软公司制定的3D规格界面，它因为Windows操作系统的关系而受到最多的3D游戏支持。

1）DirectX图形接口程序。DirectX是微软公司推出的Windows下的一种图形应用程序接口标准。简单地说，DirectX技术是一套多媒体接口方案，其中的Direct 3D部分被游戏和显卡厂商广泛使用，成了3D游戏和显卡的一个重要接口标准。微软定义DirectX为"硬件设备无关性"。也就是说，DirectX是一系列的动态链接库（Dynamic Link Library，DLL）。通过这些DLL，开发者可以在不关心硬件设备差异的情况下访问底层的硬件。其标准方式是DirectX提供（应用程序和游戏）软件，程序员在Windows下直接操作硬件，而不是通过Windows的图形设备接口（Graphics Device Interface，GDI）。DirectX确保了游戏软件的图形、语音、动画、3D和网络的表现能力，但其前提是所使用的计算机在软件和硬件上都支持DirectX标准。DirectX并不是一个单纯的图形API，而是由显示、语音、输入和网络4大部分组成的。它提供了一整套的多媒体接口方案。显卡所支持的DirectX版本已成为评价显卡性能的标准之一。从显卡支持什么版本的DirectX，用户就可以分辨出显卡的性能高低，从而选择出适合于自己的显卡产品。

2）OpenGL。开放图形库（Open Graphics Library，OpenGL）是美国SGI公司开发的3D图形库。OpenGL是一种3D程序接口（即常说的3D API），它是3D加速卡硬件和3D图形应用程序之间的一座非常重要的沟通桥梁。也可以说，OpenGL是一个功能强大、调用方便的底层3D图形库。因其与硬件、窗口系统、操作系统相互独立，可用在各种操作系统和窗口平台上开发应用程序，包括Windows、UNIX、Linux、Mac OS、OS/2等。虽然DirectX在家用市场上占优势，但在专业绘图领域，OpenGL的优势明显。

由于OpenGL具有强大的图形功能和可移植性，已经有许多大公司接受其作为标准图形软件接口。OpenGL目前由独立机构OpenGL体系结构审查委员会（OpenGL Architecture Review Broad，OpenGL ARB）负责维护，其成员包括SGI公司、微软公司、Intel公司、IBM公司等。在OpenGL ARB的努力下，OpenGL已经成为交互式图形图像处理的一种事实上的工业标准，其主要版本有1.0、1.1、1.2、1.2.1、2.0和3.0。OpenGL可以作为开发图形应用程序的基础。

3）Heidi。Autodesk是目前全球CAD/CAM/CAE/GIS/MM工业领域中拥有用户量最多的软

件公司，也是基于 PC 平台的全球最大的 CAD、动画及可视化软件公司。就目前的 AutoCAD 的应用状态和用户类型来看，从事纯三维设计的小于 25%（用于大型装配设计和复杂工程分析），从事纯二维设计的约 25%（用于绘制企业生产性数字化二维工程图），而既从事二维设计又从事三维设计的大于 50%（广泛用于零部件和一般装配设计分析）。Heidi 就是 Autodesk 在 CAD、动画及可视化软件领域中最重要的主流支撑应用软件接口。Heidi 与 OpenGL 的区别在于它不必通过显示表进行操作。Heidi 是一个纯粹的立即模式接口，主要适用于应用开发。著名的 3D 程序软件，如 3D Studio MAX/VIZ、AutoCAD，以及一些经济建模、商业图形演示和机械设计等软件都使用 Heidi 系统。与 OpenGL 相比，Heidi 还只是一种原始对象接口，功能请求单一化，靠使用标准界面或者直接利用特定的 3D 芯片来进行硬件加速。如果没有硬件的密切配合，在对大型的高质量、高分辨率、高刷新频率的图形工作时，显示效果会受到很大的影响。Heidi 的突出特点是灵活多变，这要归功于插入式结构（Plug-ins）和内部定义的 Heidi 接口。

（2）ATI Eyefinity 技术

ATI Eyefinity 技术是 AMD 显卡最新的多屏显示技术，Radeon HD 5000 系列单个 GPU 就能最多同时连接 6 台液晶显示器。每台分辨率最高 2560×1600 像素（30in），按照 3×2 的方式排列，总分辨率就是 7680×3200 像素，即 2457.6 万像素，而人眼只能直接处理大约 700 万像素。

（3）NVIDIA 立体多屏技术

3D Vision Surround（立体多屏环绕）技术是 NVIDIA 显卡最新的多屏显示技术，最多只能达到 3 屏，但它支持 3D 立体效果，是 3D Vision 技术的扩展增强版。

立体系统需要 3 台同样支持 3D Vision 技术的液晶显示器、投影仪或者 DLP，单个分辨率最高达 1920 像素×1080 像素；如果是非立体系统（此时叫作 NVIDIA Surround），则任何普通显示设备均可，单个分辨率最高达 2560×1600 像素。

（4）CUDA（Compute Unified Device Architecture，统一计算设备架构）

随着显卡的发展，GPU 越来越强大，而且 GPU 为显示图像做了优化，在计算上已经超越了通用的 CPU。如此强大的芯片，如果只是作为显卡就太浪费了，因此 NVIDIA 推出了 CUDA，让显卡可以用于图像计算以外的目的。

计算行业正在从只使用 CPU 的“中央处理”向 CPU 与 GPU 并用的“协同处理”发展。CUDA 是一种由 NVIDIA 推出的通用并行计算架构，该架构利用 CPU 和 GPU 各自的优点，可以解决商业、工业以及科学方面的复杂计算问题。

它包含了 CUDA 指令集架构（ISA）以及 GPU 内部的并行计算引擎。开发人员可以使用 C、C++和 FORTRAN 语言来为 CUDA 架构编写程序。

现在，该架构已应用于 GeForce（精视）、ION（翼扬）、Quadro 以及 Tesla GPU（图形处理器）上。

5.2 主流显卡

就像桌面处理器主要来自 Intel 和 AMD 两家一样，现在主流的显卡主要来自 NVIDIA 和 AMD。显卡根据其性能和价位分为入门级显卡、中端显卡和高端显卡，NVIDIA 和 AMD 两家均有各档次的产品。

5.2.1　NVIDIA 显卡

英伟达（NVIDIA）公司创立于 1993 年，创办人为黄仁勋、克里斯·马拉科夫斯基和卡蒂斯·普里姆，是一家以设计显示芯片和主板芯片组为主的半导体公司。NVIDIA 显卡（俗称 N 卡）产品线主要分为 GeForce 和 Quadro 两大系列。

NVIDIA 的游戏显卡系列叫作 GeForce，中文译名是“精视”，是 Geometry-Force 的缩写，直译过来就是“几何强”。有些显卡带有一个 Ti 尾缀，表示“钛”，定位该显卡为旗舰级别。

从 1999 年 NVIDIA 的 GeForce 产品线诞生到现在，已经走过近 20 年，上市了许多经典产品，例如 GeForce 256、GeForce 3、GeForce 6800、GeForce GTX 480 等。

1. 核心的命名

NVIDIA 的 GPU 核心的命名，采用以下方式（以 GM 204 核心为例）。

1）G× ×××：首字母 G 代表 GPU 产品，即 Graphics Technology。

2）×M ×××：次字母是代号，从 2008 年的 Tesla 开始，NVIDIA 一直延续物理学家的代号。如 Kepler（开普勒）是 GK ×××，Maxwell（麦克斯韦）是 GM×××，这一代的 Pascal（帕斯卡）故而就是 GP ×××，而下一代的 Volta（伏打/福特）将是 GV ×××。

3）×× 2××：接下来首个数字代表架构的代数，如 Maxwell 一代是 GM 1××，二代就是 GM 2××。

4）×× ×0×：第二个数字意义比较多，比如代表 refresh，一般忽略。

5）×× ××4：最后一个数字很重要，它体现的是性能，数字越小，性能越强悍。例如，GM 200 就是 Maxwell 的旗舰型号，GM 108 则是入门型号。

因此对于 Pascal 来说，GP 100 是高端旗舰，可以代替 GM 200，GP 104 可以代替 GM 204……依此类推。

2. Pascal 架构产品

从 GeForce 600 系到 GeForce 900 系列显卡，一直采用的是台积电（台湾积体电路制造股份有限公司）28nm 制程工艺。2016 年 4 月，NVIDIA 在业界最先采用 16nm 制程工艺，搭配最新的 NVIDIA Quadro Pascal 架构，核心频率大幅度提升，主频首次提高到了 1.5GHz 以上。

Pascal 架构有多个不同版本的核心代号，包括 GP 100、GP 104、GP 106、GP 107 等（定位从高到低依次排列）。GP 100 是功能最齐全的版本，其他都是缩进版本。

GPC（Graphics Processing Cluster，图形处理集群）属于 GPU 的次级单位，是具备高度独立性的 GPU 单元，拥有自己的渲染前端和后端。一个 GPU 包含几组 GPC，GPU 的架构和代号不同，GPC 相应的数量也不同。GP 100 有 6 个 GPC，GP 104 有 4 个 GPC，GP 106 有 2 个 GPC，GP 107 有 1 个 GPC，如图 5-11 所示。

每个 GPC 内包含几组 SM（Streaming Multiprocessor，流式多处理器）单元，虽然都是 Pascal 架构，不同核心代号的 GPC 中的 SM 组数是不同的，例如 GP 100 每个 GPC 内包含 10 组 SM，而 GP 104 每个 GPC 内包含 5 组 SM。每组 SM 单元中有若干个 CUDA 核心，不同核心代号的 SM 单元中包含的 CUDA 核心数量也不相同。

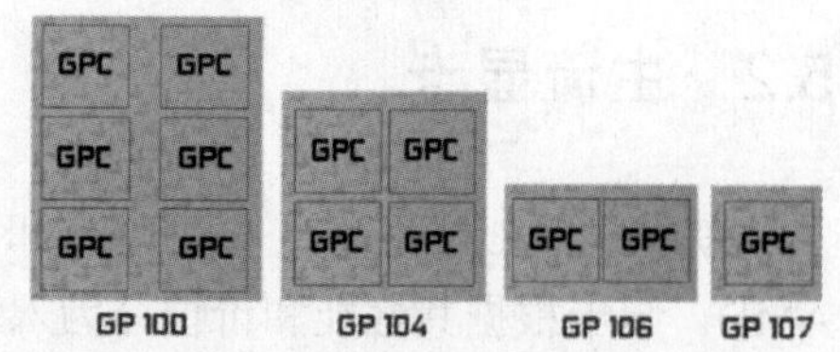

图 5-11　GPU 的 GPC 示意图

（1）GP 100 核心代号

基于 NVIDIA 全新计算平台 Pascal 架构、核心代号 GP 100 的 GPU 为高端旗舰级，采用 TSMC 台积电 16nm FinFET 制程生产，153 亿个晶体管，核心面积为 610mm^2，集成 NV Link 总线。GP 100 核心内建 3840 个流处理器核心（集成在 6 图形处理集群）、240 个纹理单元、最高 32GB HBM2 显存、位宽 4096bit，带宽可达到 720GB/s，功耗 235W。GP 100 的 GPU 称为大核心，GP100 架构如图 5-12 所示。

GP 100 整个核心被分成了 6 组 GPC。每组 GPC 内包含 10 组 SM 单元，如图 5-13 所示。而每组 SM 单元有 64 个 CUDA 核心，也就是整个 GPU 有 60 组 SM，共 3840 个 CUDA 核心，同时还有 240 个纹理单元。

图 5-12　GP 100 核心架构示意图

图 5-13　GP 100 的 1 个 GPC 包含 10 组 SM

GP 100 的并行运算特性很适合深度学习，可用于无人驾驶车辆的人工智能、预测气候变化、全新药物的研制等。NVIDIA 在 Tesla P100 之外还推出了基于 GP 100 核心的 DGX-1 深度学习超级计算机，由 8 颗 GP 100 核心及 2 颗 16 核 Xeon E5 处理器组成，深度计算性能达到了 170TFLOPS，号称比 250 台 X86 服务器还要强大。

2016 年 4 月，NVIDIA 正式发布了采用 Pascal 架构的 GP 100 顶级核心的显卡产品 Tesla P100 计算卡，也是迄今唯一基于 GP 100 大核心的产品，如图 5-14 所示。按照 NVIDIA 的说法，Telsa P100 的 GPU 采用的是“阉割版”的 GP 100，内建 3584 个流处理器核心，224 个纹理单元，16GB HBM2 显存，最大带宽 720GB/s，Tesla P100 的 TDP 高达 300W。

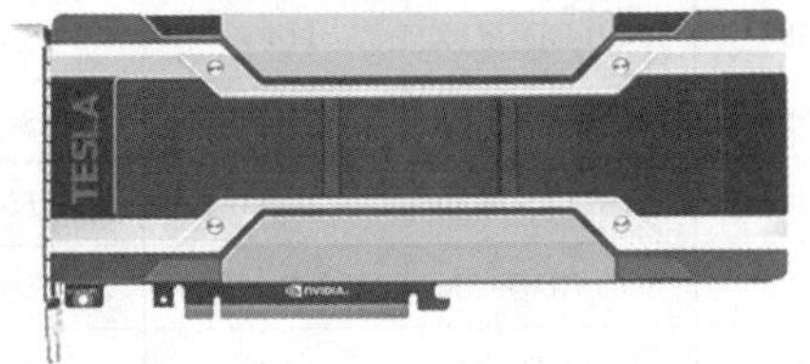

图 5-14　Telsa P100 显卡及其 GP 100

（2）GP 104 核心代号

基于 Pascal 架构的 GP 104 核心面向高端市场，GP 104 编号有 GP 104-400-A1、GP 104-200-A1 等版本，分别对应 GTX 1080、GTX 1070 等显卡。GP 104 核心是 GP 100 的阉割版。GP 104-400-A1 芯片如图 5-15 所示。GP 104 整个核心被分成了 4 组 GPC，如图 5-16 所示。

图 5-15 GP 104-400-A1 芯片

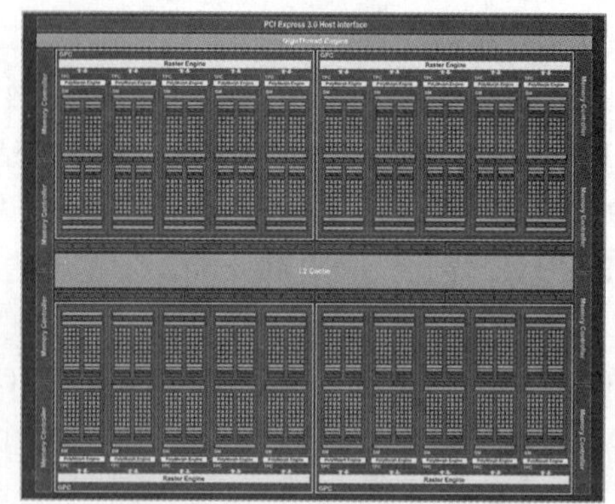

图 5-16 GP 104 核心架构示意图

每一个 GPC 内包含 5 组 SM，共有 20 组 SM 单元。每组 SM 单元有 128 个 CUDA 核心，整个 GPU 拥有 2560 个 CUDA 核心，有 160 个纹理单元。

4 个带宽为 64bit 的双通道显存控制器组成了总量为 256bit 的显存控制单元，大小为 8GB。显存采用了 GDDR5X，显存带宽达到了 320GB/s。

采用 GP 104-400-A1 核心的显卡型号为 NVIDIA GeForce GTX 1080，如图 5-17 所示。

图 5-17 NVIDIA GeForce GTX 1080 显卡

3. GeForce 10 系列显卡产品

GeForce 10 系列显卡产品的参数见表 5-1。

表 5-1 GeForce 10 系列显卡产品参数

显卡型号	核心代号	制造工艺/nm	流处理器/个	核心频率/MHz	显存位宽/bit	显存容量	显存频率/MHz	整卡功耗/W
Titan V	GV 100-400	12nm	5120	1200	3072	12GB HBM2	1700	250
Titan Xp	GP 102-450	16nm FinFET	3840	1405	384	12GB GDDR5X	11400	250
GTX 1080 Ti	GP 102-350	16nm FinFET	3584	1480	352	11GB GDDR5X	11000	280
Titan X	GP 102-400	16nm FinFET	3584	1471	384	12GB GDDR5X	10000	250
GTX 1080	GP 104-400	16nm FinFET	2560	1607	256	8GB GDDR5X	10000/11000	180
GTX 1070 Ti	GP 104-300	16nm FinFET	2432	1607	256	8GB GDDR5	8000	180
GTX 1070	GP 104-200	16nm FinFET	1920	1506	256	8GB GDDR5	8000	150
GTX 1060	GP 106-400	16nm FinFET	1280	1506	192	6GB GDDR5	8000/9000	120
GTX 1050 Ti	GP 107-400	16nm FinFET	768	1290	128	2GB GDDR5	7000	75
GTX 1050	GP 107-300	16nm FinFET	640	1354	128	2GB GDDR5	7000	75
GT 1030	GP 108-300	16nm FinFET	384	1228	64	2GB GDDR5	6000	50

5.2.2 AMD-ATI 显卡

AMD-ATI 显卡的前身是 ATi（Array Technology Industry）公司的产品，ATi 公司由何国源创立于 1985 年。AMD 公司于 2006 年以 54 亿美元将 ATi 公司收购。AMD 公司是目前业内唯一一家可以提供高性能 CPU、高性能独立显卡 GPU、主板芯片组三大组件的半导体公司。

AMD 显卡（俗称 A 卡）的子品牌有 ATI 和 Radeon（中文翻译为“镭”）。Radeon 系列是 2000 年发布的游戏显卡的名称，全称一般命名为 AMD Radeon HD/RX ××××，例如 AMD Radeon HD 7970、AMD Radeon RX 480。

1. Polaris（北极星）架构

2016 年 6 月，AMD 公司正式发布了采用 14nm 制程工艺的 Radeon RX 400 显卡。该显卡采用 AMD 公司的第四代 GCN（Graphics Core Next）架构“北极星”（Polaris）GPU。基于 Polaris 架构的 GPU 有两个，分别为 Polaris 10/Ellesmere 和 Polaris 11/Baffin，其中 10 为大核心的旗舰级产品，而 11 是简化版的小核心。

第一代 GCN 是 2011 年的 Tahiti，对应的显卡是 HD 7970；第二代 GCN 架构诞生于 2013 年，代表产品是采用 Hawaii 核心的 R9 290X；第三代 GCN 架构是 2014 年的 Fiji 核心的架构，代表显卡产品是 R9 Fury X。

Polaris 是 AMD 的第四代 GCN 架构，是一次全方位的提升，包括显示核心、计算引擎、指令调度器、几何处理器、多媒体核心、显示引擎、二级缓存、显存控制器等，几乎每个单元都是焕然一新。多媒体方面则加入了 4K H.265 Main10 硬件解码、4K H.265 60FPS 硬件编码，完整支持 4K 超高清体验。显示引擎方面，正式支持 HDMI 2.0a、DisplayPort 1.3 两大最新输出标准，同样为 4K 体验打好了基础。

AMD Radeon RX 400 显卡产品包括高端的 Radeon RX 480，中端的 Radeon RX 470 和低端的 Radeon RX 460。Radeon RX 480 采用 14nm FinFET 工艺制成，基于 GCN 4.0 架构的 Polaris 10/Ellesmere 核心，共有 2304 个流处理器，运算单元数量为 36 个，TMUs 总数量为 144 个，ROPs 数量为 32 个，4 个带宽为 64bit 的双通道显存控制器组成了总量为 256bit 的显存控制单元，大小为 8GB，如图 5-18 所示。

图 5-18 Polaris 10/Ellesmere 核心和 Radeon RX 480 显卡

2017 年 4 月，AMD 公司推出了采用改进的第二代 Polaris 架构的 Radeon RX 500 系列显卡，其具体显卡型号按性能从高到低分别为 Radeon RX 580（1440p 游戏）、Radeon RX 570（1080p 游戏）、Radeon RX 560 和 Radeon RX 550。

Radeon RX 400/500 系列显卡产品的参数见表 5-2。

表 5-2 Radeon RX 400/500 系列显卡产品参数

显卡型号	核心代号	制造工艺/nm	流处理器	核心频率/MHz	显存位宽/bit	显存容量	显存频率/MHz	整卡功耗/W
RX 580	Polaris 20	14nm FinFET	2304	1257-1340	256	4/8GB GDDR5	8000	
RX 570	Polaris 20	14nm FinFET	2048	1168-1244	256	4/8GB GDDR5	7000	
RX 560	Polaris 21	14nm FinFET	1024	1175-1275	128	4GB GDDR5	7000	
RX 550	Polaris 12	14nm FinFET	512	1100-1183	128	2/4GB GDDR5	7000	50
RX 480	Polaris 10	14nm FinFET	2304	1120-1266	256	4/8GB GDDR5	7000	150
RX 470	Polaris 10	14nm FinFET	2048	926-1206	256	4GB GDDR5	6600	120
RX 470D	Polaris 10	14nm FinFET	1792	926-1206	256	2/4GB GDDR5	5700	110
RX 460	Polaris 11	14nm FinFET	896	1090-1200	128	2GB GDDR5	7000	<75

2. Vega（织女星）架构

2017 年 8 月，AMD 公司发布了采用 14nm 工艺制造，全新的 Vega 架构的 GPU。Vega 架构是从底层全新设计的一种全新的高性能计算架构，不但要满足高端游戏，还要满足图形工作站、高性能计算、机器学习等各方面的需求。这也是 GCN 图形架构诞生 5 年以来，AMD GPU 最革命性的变化。

（1）Vega 10

Vega 架构的第一个产品是 Vega 10，一个相对大规模的芯片，面向高分辨率游戏、VR 虚拟现实、高性能计算和机器学习、高负载工作站等领域。它采用 14nm LPP FinFET 工艺制造，集成了 125 亿个晶体管，核心面积 486mm^2。

Vega 10 核心依然有 64 个计算单元、4096 个流处理器，规模上和 Fiji 是一样的，但凭借高进的架构和更高的频率，单精度浮点计算性能达到了惊人的 13.7TFLOPS（teraFLOPS，每秒千万亿次浮点运算），而且还支持 16 位数学计算，半精度浮点性能达 27.4TFLOPS。

Vega 10 还是 AMD 公司第一个使用了 Infinity Fabric 互连设计的 GPU 核心，也就是 Zen 处理器里的技术。Vega 10 芯片中，Infinity Fabric 连接着图形核心与其他主要逻辑模块，包括显存控制器、PCI-E 控制器、显示引擎、视频加速器等，也为未来的 APU 奠定了基础。

（2）全新显存架构和高带宽缓存控制器（HBCC）

GPU 通常需要在本地显存中保存所需要数据集或者资源的全部，因为走 PCI-E 等外部通道的话，将无法保证足够的带宽或延迟。为此，Vega 架构可以将本地显存作为末级缓存使用。如果 GPU 要访问的部分数据不在显存之内，可以通过 PCI-E 总线获取所需内存页面，并保存在高带宽缓存中，而不是让 GPU 停下来，等待完成全部所需资源的复制。这主要得益于 Vega 架构新增的高带宽缓存控制器（HBCC），可以将远程内存作为本地缓存使用，同时可以将本地显存作为末级缓存使用。

HBCC 被视为 Vega 架构中最大的革新，简单地说，可以把整个系统内存当作显存来使用，相当于一块显卡可以拥有 TB 级别的高速显存，无论性能还是容量都不是事儿。换言之，它实现了某种程度上的一体化内存池，AMD 称之为“HBCC 内存区”（HMS）。

（3）丰富的显示输出

Vega 支持 DisplayPort 1.4 标准和 HDR3、MST、HDR 和各种高精度色彩格式，也支持

HDMI 2.0，最高能输出 4K/60Hz、12 位色彩通道、4:2:0 编码，DisplayPort、HDMI 也都支持 HDCP 内容保护。

通过 FreeSync 技术，Vega 支持大量可变刷新频率游戏，同时也有 FreeSync 2，可将 HDR 内容低延迟地映射到附加显示器上。

Vega 和 Polaris 一样可以最多支持六屏输出，但是位深、分辨率和刷新率都更高，比如在 32-bit HDR 模式下，支持最多两台 4K/120Hz、三台 5K/60Hz（单数据线）、三台 8K/30Hz、三台 4K/60Hz，64-bit HDR 模式下还支持一台 4K/120Hz、一台 5K/60Hz。

在视频解码方面，Vega 支持 HEVC/H.265 Main10，分辨率最高 4K/60Hz，以及 10-bit HDR，H.264 同样可以做到 4K/60Hz，VP9 也能支持 4K。

在编码方面，HEVC/H.265 格式支持 1080p240、1440p120、2160p60，H.264 则支持 1080p120、1440p60、2160p60，相比之下，Polaris 又有了明显进步。

FreeSync 显示器使 AMD 的显卡和 APU（加速处理器）能直接、动态地控制与之相连的显示器的刷新频率。FreeSync 显示器既需要软件的支持也需要硬件的支持。FreeSync 显示器是指自身搭载 FreeSync 技术的显示设备，此类显示器的特点在于能够解决画面卡顿等问题。

（4）Radeon RX Vega 系列显卡产品

旗舰型号 Radeon RX Vega 有 3 个版本，即 RX Vega 64 水冷版、RX Vega 64 风冷版和 Vega 56 风冷版。其具体参数见表 5-3。

表 5-3　Radeon RX Vega 系列显卡产品参数

显卡型号	核心代号	制造工艺/nm	流处理器	核心频率/MHz	显存位宽/bit	显存容量	显存频率/MHz	整卡功耗/W
RX Vega 64 水冷版	Vega 10	14nm FinFET	4096	1406-1677	2048	8GB HBM2	945	345
RX Vega 64 风冷版	Vega 10	14nm FinFET	4096	1274-1546	2048	8GB HBM2	945	295
RX Vega 56 风冷版	Vega 10	14nm FinFET	3584	1156-1471	2048	8GB HBM2	800	210

RX Vega 64 水冷版如图 5-19 所示。

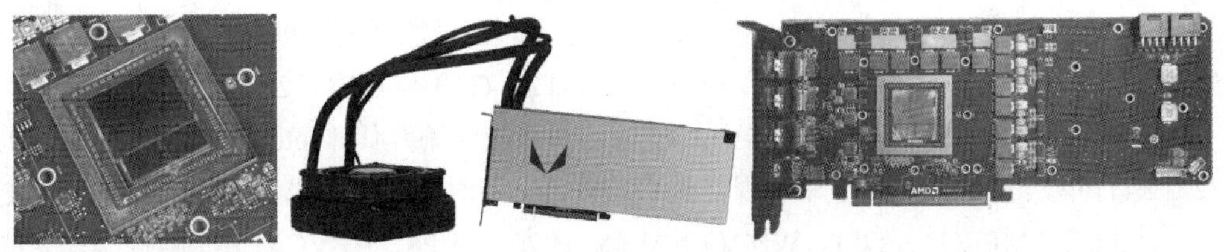

图 5-19　Vega 10 核心和 RX Vega 64 水冷版显卡

5.3　核芯显卡

核芯显卡是处理器厂商凭借其在处理器制程上的先进工艺以及新的架构设计，将图形核心（GPU）与处理核心整合在同一块基板上，构成一颗完整的处理器。

目前 Intel 的处理器以及 AMD 的 APU 都集成了核芯显卡，而核芯显卡的性能也在逐步提升，目前已经能够和入门级的独立显卡相媲美，适合对显卡性能要求高的办公及教育用户。

5.3.1 Intel 核芯显卡

2010 年，Intel 公司在第一代 Westmere 微架构的 Core i5-600/Core i3/Pentium 中首次集成了显卡，但是，CPU 和显卡并没有真正融合，只是将 CPU 和 GPU 两个芯片封装在一起而已，因此打开 CPU 顶盖后可以看到两个核心，如图 5-20 所示。

2011 年，在第二代 Sandy Bridge 微架构的 Core i3/i5/i7/Pentium 中，CPU 与 GPU 真正融合在一起，Intel 把这个 GPU 称为核芯显卡，核芯显卡划分成 HD Graphics 2000 和 HD Graphics 3000 两种。现在核芯显卡与内存控制、PCI-E 控制器等部件一样，成为 CPU 的一个处理单元，如图 5-21 所示。

图 5-20　第一代 Core i3/Core i5-600 中的内置显卡

图 5-21　第二代 Core i3/i5/i7 核芯显卡

2012 年在第三代 Ivy Bridge 中的核芯显卡有两种型号：高端型号命名为 HD Graphics 4000，主流型号命名为 HD Graphics 2500。

2013 年在第四代 Haswell 中的核芯显卡更新为 HD Graphics 4400/4600，功能更强，支持 DX11.1、OpenGL1.2，优化 3D 性能，支持 HDMI、DP、DVI、VGA 接口标准。

2014 年在第五代 Broadwell 中首次搭载 Intel 自家顶级核芯显卡 Iris Pro 6200（属于 Intel 的第八代 GPU 图形架构），完整支持 DX12，拥有 48 个 EU 单元，并且自带 128MB eDRAM 缓存。Broadwell 架构下所集成的显示核心将成为看点，在已发布的移动版上，第五代 Broadwell 处理器共包含 4 类核芯显卡型号，分别为 GT1、GT2、GT3 与 GT3（28W）。

2015 年在第六代 Skylake 处理器中，核芯显卡升级为第九代，Intel 首次在 Skylake 上配备 72 个执行单元的 GPU，核芯显卡规格进一步提升。同时解码能力也得到进一步加强，支持 JPEG、JMPEG、MPEG2、VC1、WMV9、AVC、H.264、VP8、HEVC/H.265 硬解码，支持最新版本的 DirectX、OpenGL 和 OpenGL API 等。

2017 年在第七代 Kaby Lake 处理器中，核芯显卡为 HD620，24 个 GPU 计算单元，可以解码编码 HEVC 10-bit 与 VP9 格式的 4K 视频，在编辑或播放视频时能耗更低。Intel 的官方数据表示，Kaby Lake 处理器播放 4K HEVC 10-bit 视频的续航时间相较于上一代提升了 2.6 倍。自 Kaby Lake 起，Intel 芯片全面支持 4K。

2017 年在第八代 Coffee Lake 架构处理器中，整合的核芯显卡与上一代一样，名字变成了 UHD Grahics 630。

Intel 以前并没有为自家的核芯显卡命名，不过在第四代酷睿系列处理器中，Intel 为核芯显卡命名为 Iris，中文名叫“锐炬”，Iris 直译是“虹膜”的意思。该系列显卡有着媲美入门级

独显的性能。Core i5-8400 的 GPU-Z 测试参数如图 5-22 所示。

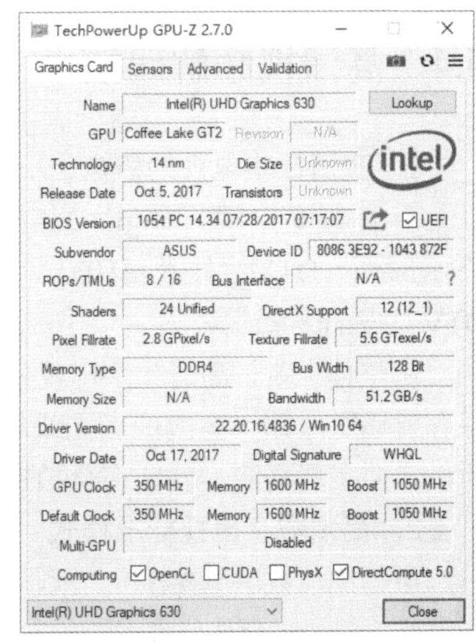

图 5-22　Core i5-8400 GPU-Z 测试参数

5.3.2　AMD 核芯显卡

2006 年，AMD 公司收购 ATI 公司后不久，AMD 公司便开始了 APU 计划，实现 CPU 与 GPU 的真正融合。2011 年 1 月发布了面向入门级用户的 AMD E 系列 APU，2011 年 6 月发布了面向桌面主流用户的 AMD A 系列 APU。它们具有比 Intel 第二代 Core i 核芯显卡更强大的性能。

2011 年，AMD 在核心代号为 Sumo 的第一代 APU 产品中内置了 HD6000D 独显核心。

2012 年，AMD 在核心代号为 Trinity 的第二代 APU 产品中内置了 HD7000D 独显核心。

2013 年，AMD 在核心代号为 Richland 的第三代 APU 产品中将 GPU 更换成 HD8000D。

2014 年，AMD 在核心代号为 Kaveri 的第四代 APU 产品中，GPU 核心为桌面级 GCN 架构 Radeon R7 系列独显核心。

2015 年，AMD 在核心代号为 Godavari 的第六代桌面版 APU 产品中，GPU 核心为第三代次世代图形核心（GCN）架构设计，集成的 Radeon 7 显卡基于 GCN 1.1 架构。

2016 年，AMD 在核心代号为 Bristol Ridge 的第七代桌面版 APU 产品中，GPU 核心为 Radeon R7，512 个流处理器。

2018 年，AMD 在核心代号为 Ryzen 的第八代桌面平台 APU 处理器中，GPU 部分是 2017 年最新的 Vega 架构核心。锐龙 5 2400G 集成 GPU Radeon Vega 11，内置 11 个计算单元（704 个流处理器）、44 个纹理单元、16 个 ROP 单元，最高频率 1250MHz，其 CPU-Z 测试参数如图 5-23 所示。锐龙 3 2200G 集成 GPU Radeon Vega 8，内置 8 个计算单元（512 个流处理器）、32 个纹理单元、16 个 ROP 单元，最高频率 1100MHz，其 CPU-Z 测试参数如图 5-24 所示。

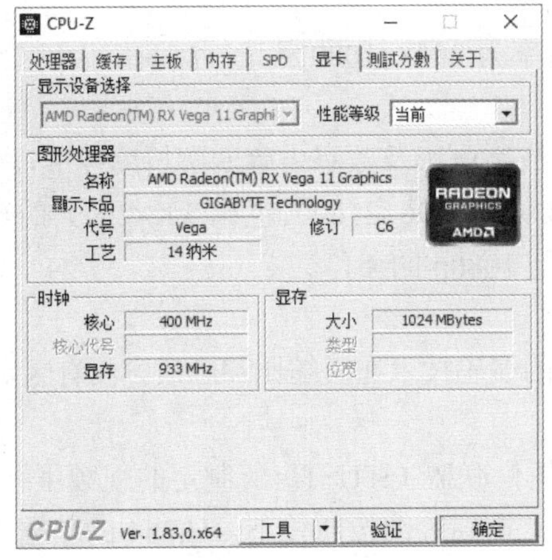

图 5-23　锐龙 5 2400G CPU-Z 测试参数

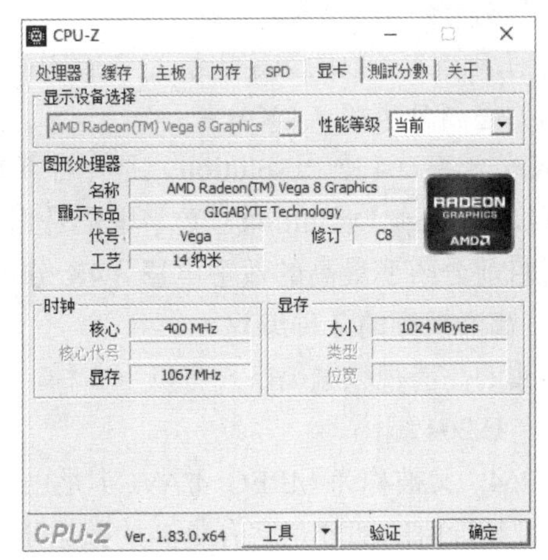

图 5-24　锐龙 3 2200G CPU-Z 测试参数

5.4　高清视频解码技术

1．高清数字电视的概念

高清晰度电视（High Definition Television，HDTV）技术源自于数字电视（Digital Television，DTV）技术，HDTV 技术和 DTV 技术都采用数字信号，而 HDTV 技术则属于 DTV 的最高标准。

从整体上讲，高清数字电视分为 3 部分，一是视频源的采集；二是将视频信号压缩编码，保存或通过线路（有线或者无线的）传给用户；三是信号在用户的数字电视上解码并重现。所以，要实现高清，就要在从拍摄、制作到显示的全过程中都采用高清设备。

2．高清数字电视标准格式

所谓高清数字电视标准，就是高清视频信号的压缩编码、传输、解码和重现的标准。美国电影电视工程师协会从分辨率的角度制定了 4 个数字电影及数字内容的解析度标准：低分辨率（低于 0.8 K）、常规分辨率（低于 2 K）、高分辨率（2 K）和超高分辨率（4 K 甚至更高）4 个层级。图 5-25 所示是目前常见的几种分辨率大小的示意图。

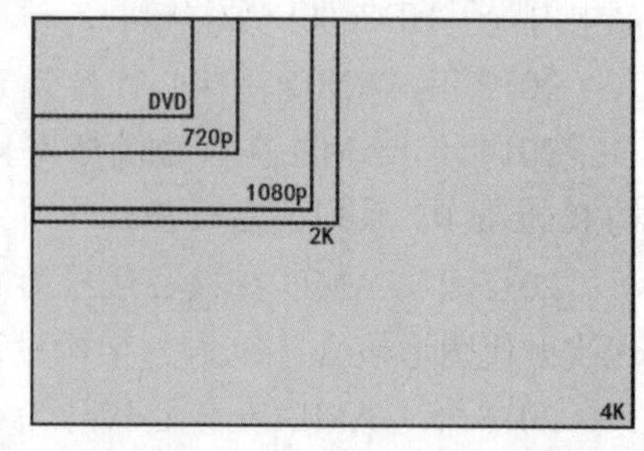

图 5-25　常见分辨率大小的示意图

（1）低分辨率（低于 0.8 K）

分辨率低于 0.8 K（1024×768=1 K）称为低分辨率，如 VCD、DVD（640×480）、电视节目、720p 格式（1280×720p）、1920×1080i 等，这类标准被称为标清（Standard Definition）。

（2）常规分辨率（低于 2 K）

常规分辨率分为高清（High Definition，HD）和全高清（FULL HD）。

国际上公认的高清的标准有两条：视频垂直分辨率超过 720p 或 1080i；视频宽纵比为 16∶9。其中 i 为 interlace，即隔行扫描；p 为 progressive，即逐行扫描。全高清是指能够以 1920×1080p 显示全高清影像。1080p 的画质要胜过 1080i。

（3）高分辨率（2 K）

目前国内大多数的数字电影是 2 K 的，分辨率为 2048×1080。

（4）超高分辨率（4 K）

4K 分辨率（4 K Resolution）是一种新兴的数字电影及数字内容的解析度标准，4 K 超高清（Ultra High Definition）数字电影是指分辨率为 4096×2160（也称 4 K×2 K）的数字电影，是目前分辨率最高的数字电影。4K 分辨率是 1080p 的 4 倍。

3．高清视频的 3 种编码

常用的高清视频编码格式有以下 3 种，不同的编码技术在压缩比和画质方面有区别。

（1）H.264 编码

H.264（又被称为 MPEG-4/AVC）是由国际电信联盟（iTU-T）所制定的视频压缩格式。H.264 最具价值的部分是它有更高的数据压缩比，在同等图像质量下，H.264 的数据压缩率比当前 DVD 系统中使用的 MPEG-2 高 2～3 倍，比 MPEG-4 高 1.5～2 倍。正因为如此，经过 H.264 压缩的视频数据，在网络传输过程中所需要的带宽更少，也更加经济，H.264 只需

要 1～2Mbit/s 的传输速率。H.264 是 DVD 论坛认可的蓝光光碟编码标准之一，不过，H.264 解码算法更复杂。经过 H.264 压缩的视频文件一般也是采用“avi”作为扩展名，与微软的 avi 格式很容易混淆，不容易辨认，只能通过解码器来识别。H.264 在大部分视频服务中都有应用，如数字电视、交互媒体、视频会议、视频点播、流媒体服务等。NVIDIA、AMD 和 Intel 公司新推出的显卡都支持 H.264 硬件解码加速。

（2）VC-1 编码（也称 WMV-HD）

VC-1 是微软公司开发的基于 Windows Media Video 9（WMV9）格式的视频编解码系统，是 DVD 论坛认可的蓝光光碟编码标准之一。VC-1 得到众多硬件厂商的支持，新推出的显卡大多针对 VC-1 解码进行了优化。VC-1 的压缩比率比 MPEG-2 优势明显，但与 H.264 相差不少。VC-1 要支付版权费，而 H.264 是免费的。但因在 Windows 操作系统中大力支持 WMV 系列版本，所以在 PC 系统中应用较广。

（3）MPEG-2 TS 编码

和 DVD 视频采用的 MPEG-2 格式不同的是，高清视频采用的是 MPEG-2 TS 格式，这是一种视频流格式，主要用于实时传送节目。MPEG-2 TS 格式的高清视频文件在网上很常见，一般采用 mpg、tp 和 ts 为扩展名。由于 MPEG-2 TS 压缩比率低，对解码环境要求也很低，因此 MPEG-2 TS 依然有很好的生存空间。MPEG-2 TS 格式的高清视频文件通常都相当大，因此很少应用在蓝光 DVD 中。

从系统要求来看，MPEG-2 TS 因其压缩比率较低，文件容量最大，所以对于解码环境要求也较低，而微软公司的 WMV-HD 格式的高清视频播放就需要更高的解码环境要求，H.264 对解码环境的要求较高。

4．高清设备接口标准

（1）HDMI 标准

高清晰度多媒体接口（High-Definition Multimedia Interface，HDMI）是首个支持在单线缆上传输，不经过压缩的全数字高清晰度、多声道音频和智能格式与控制命令数据的数字接口，是由日立、松下、飞利浦、SONY、汤姆逊、东芝和 Silicon Image 共 7 家公司共同发起制定的。该组织于 2002 年 12 月发布了 HDMI 1.0 技术规范，2006 年 5 月升级至 HDMI 1.3，带宽和速率都提升了 2 倍以上，达到了 340MHz 的带宽和 10.2Gbit/s 的速率，以满足最新的 1440p/WAXGA 分辨率的要求。HDMI 1.4 支持 3D 显示器，并支持高清 1080p 的分辨率，同时还有多种 3D 技术。新的 Micro HDMI 比现在的 19 针普通接口小 50%左右，可为便携设备带来最高 1080p 的分辨率支持。

HDMI 可以提供高达 5Gbit/s 的数据传输带宽，可以传送无压缩的音频信号及高分辨率视频信号。在使用 HDMI 互接时，只需要一条 HDMI 线便可以同时传送影音信号，大大简化了家庭影院系统的安装。HDMI 插孔及连接线插头如图 5-26 所示。

高带宽数字内容保护（High-bandwidth Digital Content Protection，HDCP）是 Intel 公司为 HDMI 开发的，防止具有著作权的影音内容遭到未经授权的复制的加密技术，如果软件和硬件其中之一不支持 HDCP，就无法读取数字内容。因此，要想播放经过加密的高清电影光盘，显卡要支持 HDCP。

图 5-26　HDMI 插孔及连接线插头

此外，微软公司从 Windows Vista/7 开始对 HDCP

也有了强制性的要求，简称为“保护内容输出管理（OPM）协议”。首先它会检测显卡是否采用 HDMI 数字连接，是否支持 HDCP，一旦操作系统的 OPM 协议检测不到符合 HDCP 规范的显卡，而又要欣赏这些受协议保护的数字内容，会发生两种情况：这些受保护的视频内容会以低质量的图像格式播放出来，就像把压缩过头的 JPEG 图片再放大一样；另一种结果就是黑屏，什么都看不到，如图 5-27 所示。

（2）DisplayPort 接口标准

目前 HDMI 技术凭借支持音视频输出、提供足以播放高清节目的带宽等优势，正向家电和 PC 领域扩展。不过，现在一种功能更强、带宽更大的新型接口——DisplayPort 正在同 HDMI 竞争。由于 HDMI 最初是基于家电领域的，而 DisplayPort 接口是基于 IT 领域的，所以 DisplayPort 接口更具竞争力。DisplayPort 接口插孔及连接线插头如图 5-28 所示。为了节省后挡板空间，除标准 DisplayPort 接口外，还有 Mini DisplayPort 接口。

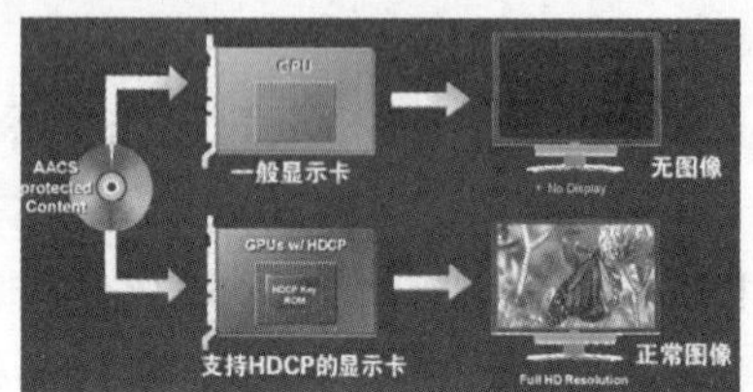

图 5-27　显卡要支持 HDCP

图 5-28　DisplayPort 接口插孔及连接线插头

2006 年 5 月，视频电子标准组织（VESA）正式发布了 DisplayPort 1.0 标准，这是一种针对所有显示设备（包括内部接口和外部接口）的开放标准。DisplayPort 标准具有下列特点。

- 高带宽。DisplayPort 1.0 标准可提供的带宽高达 10.8Gbit/s，而 HDMI 1.2a 的带宽仅为 4.95Gbit/s，最新发布的 HDMI 1.3 所提供的带宽（10.2Gbit/s）也稍逊于 DisplayPort 1.0。DisplayPort 可支持 WQXGA+（2560×1600）、QXGA（2048×1536）等分辨率及 30/36bit（每原色 10/12bit）的色深，充足的带宽保证了今后大尺寸显示设备对更高分辨率的需求。
- 最大程度整合周边设备。与 HDMI 一样，DisplayPort 也允许音频信号与视频信号共用一条线缆传输，支持多种高质量数字音频。但比 HDMI 更先进的是，DisplayPort 在一条线缆上还可实现更多的功能。在 4 条主传输通道之外，DisplayPort 还提供了一条功能强大的辅助通道。
- 同时适合内外接口。DisplayPort 的外接型接头有两种：一种是标准型，类似 USB、HDMI 等接头；另一种是低矮型，主要针对连接面积有限的应用，如超薄型笔记本电脑。两种接头的最长外接距离都可以达到 15m。除实现设备与设备之间的连接外，DisplayPort 还可用作设备内部的接口，甚至是芯片与芯片之间的数据接口。
- 具备高度的可扩展特性。尽管 DisplayPort 1.0 标准只支持一条音频流传输，但 DisplayPort 具备高度的可扩展特性。扩展后，一条 DisplayPort 连接线最高可支持 6 条 1080i 或 3 条 1080p 视频流。
- 内容保护技术更可靠。DisplayPort 不像 HDMI 那样采用 HDCP，而是使用 Philips 公司为 DisplayPort 制定的一套内容防复制协议。该技术基于 128 位高速加密引擎，采用标准密钥交换方法，支持标准的 RSA 认证，提供高达 2048 位的密钥长度，保护技术比 HDMI 的 HDCP 更加可靠。

从技术层面来说，DisplayPort 占据了很大优势。现在 DisplayPort 已经获得 DELL、HP、NVIDIA、

SAMSUNG、Philips、Genesis Microchip 等厂商的支持。2008 年，DisplayPort 产品已经进入市场。DisplayPort 接口也可以转接为 DVI 或 HDMI。

5．高清视频在 PC 中的应用

高清技术不但在传统的家电领域里取得了一定的进展，而且已经扩展到了 PC 行业。在使用 PC 播放高清视频文件时，如果使用 CPU 进行软解码，CPU 的占用率非常高。要想流畅地播放高清视频，显卡是否支持 MPEG-2 TS 和 WMA-HD 等视频格式的硬件解码显得尤为重要。目前 AMD-ATI、NVIDIA 和 Intel 公司推出的显卡、核显都支持高清视频标准，最新的 GPU 还支持 4K 标准。

5.5 实训

5.5.1 显卡的选购

确定 CPU、主板后，就需要选择显卡。在选购显卡时同样要根据主要用途和主板上的总线扩展插槽类型来选购。显卡按照价格情况，可分为低档、中档和高档。按照用途来分，分为普通应用型、高档玩家型和特殊需求型。各档次之间价格相差较大，从几百元到几千元不等。至于选购 NVIDIA 还是 AMD 的显示芯片，以及显卡的品牌，可根据个人爱好和主要技术来选购，对于一般用户来说则没有太大区别。

1．一般选购策略

（1）普通应用型

对于办公、家庭用户，PC 的主要用途是做文字处理、上网、编程等简单的工作，这些工作对显卡的要求都比较低。核芯显卡完全可以应付这些工作，无需购买独立显卡。

（2）高档玩家型

但如果是游戏玩家，想要畅玩各类主流游戏，一块主流独立显卡还是必不可少的。多数玩家用户的电脑其实都是配备了核芯显卡+独立显卡双显卡的。

这类用户需要功能强大的显卡，可选购该时期的中、高档显卡产品。一般这类产品的可选余地不大，而且价格较高。

（3）特殊需求型

对于一些特殊用户群体，如从事设计、3D 渲染、建模等工作的专业用户，需要购买专门的工作站设计显卡，普通的游戏显卡不太适用。

2．选购时的注意事项

对于很多游戏装机用户来说，他们在选择显卡的时候往往只看品牌和型号，而忽视了一个同样很值得关注的显卡版本问题。对于相同品牌与型号的显卡，不同的版本在价格、做工用料、以及性能上都会有所区别。目前很多相同品牌型号的显卡还会有不同版本，如白金版、至尊版、极速版等，因此有下面几点需要注意。

（1）同品牌同型号显卡，不同版本显卡性能可能不同

不同版本的显卡在显卡频率上有区别，这也导致了性能不同。

（2）同品牌同型号显卡，不同版本显卡显存类型与价格可能不同

显卡在外观上基本一样，但在价格以及内部的显存方面可能不同，例如采用 GDR5 显存

颗粒与采用 GDR3 显存颗粒，性能上相差较大。

（3）同品牌同型号显卡，不同版本显卡做工与用料上可能不同

显卡型号相差不大，并且性能参数以及价格都相同，但显卡外观不一样，在做工用料上会不同。

（4）同品牌同型号显卡，不同版本显卡频率不同

还有一些显卡，无论是性能参数、外观设计以及做工用料均相同，不同的只是显卡频率调节得更高。对于这点，其实用户可以自行调节频率，价格却相差几百元。

目前显卡市场上，即便是相同品牌型号的显卡，也会有多种显卡版本。不同版本在做工、用料、性能参数上都可能存在区别，因此在性能与价格上也会有差别，因此在购买显卡的时候，一定要选对显卡版本，不然很可能出现花高版本的价格买低版本产品的情况。

5.5.2　显卡的安装

显卡的硬件安装很简单，先去掉主板上对应显卡插槽位置的挡板，将显卡垂直插入插槽，如图 5-29 所示，然后拧紧螺钉固定显卡，如图 5-30 所示。此外，还要安装显卡驱动程序。

图 5-29　插入显卡

图 5-30　固定显卡

5.5.3　查看显卡参数

GPU-Z 是专门用来检测显卡规格、参数的工具软件。GPU-Z 的功能十分强大，不但操作简单方便，体积小巧，而且无须安装，可以很方便、很直观地看到显卡的各项参数信息。

运行 GPU-Z，对话框中显示有“Graphics Card”（显卡）“Sensors”（传感器）“Validation”（验证）等选项卡，默认为“Graphics Card”选项卡，它显示的是显卡的基本参数信息，如图 5-31 所示。通过查看这些参数，可以了解显卡的性能。

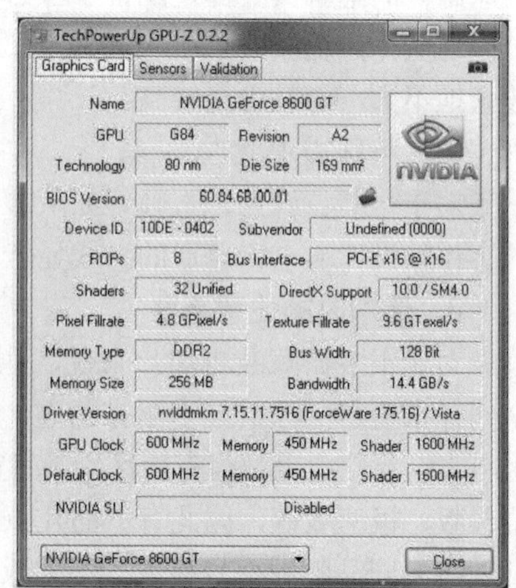

图 5-31　使用 GPU-Z 查看显卡参数

1．“Graphics Card”选项卡

（1）核心参数部分

Name（设备名称）：显示 GPU 的型号，如 GeForce 8600GT。

GPU（GPU 代号）：显示 GPU 芯片的核心代号，如 G84。

Revision（GPU 版本）：显示 GPU 芯片的步进制程编号，如 A2。

Technology（生产工艺）：此处显示 GPU 芯片的制程工艺，如 80nm。

核心参数部分还有 Die Size（芯片面积）、Transistors（晶体管数量）、Release（发布日期）、BIOS Version（BIOS 版本）、Device ID（设备 ID）、Subvendor（销售商）、ROPs（光栅单元）、Shaders（渲染器）、Pixel Fillrate（像素填充率）、Texture Fillrate（纹理填充率）、Bus Width（显存总线位宽）、DirectX Support（DirectX 支持）等。

（2）显存信息部分

Memory Type（显存类型）：显示显卡所采用的显存类型，如 GDDR5 等。

显存信息部分还有 Memory Size（显存容量）、Bandwidth（带宽）。

（3）显卡频率部分

GPU Clock（GPU 频率）：显示 GPU 当前的运行频率。

Default Clock（默认 GPU 频率）：显示 GPU 的默认频率。

GPU Clock 后的 Memory（当前显存频率）：显示显存当前的运行频率。

Default Clock 后的 Memory（默认显存频率）：显示显存默认频率。

（4）计算技术

Computing（计算）：显示是否支持该项技术，有 OpenGL、CUDA、PhysX、DirectCompute 等。

2. "Sensers" 选项卡

"Sensers"选项卡中的选项有 GPU Core Clock（GPU 核心频率）、GPU Memory Clock（GPU 显存时钟频率）、GPU Temperature（GPU 温度）、Fan Speed（风扇转速）、GPU Load（GPU 占有率）等相关参数。这里显示的参数均为当前显卡运行时的各项参数情况。

5.6　思考与练习

1．显卡由哪些部件组成？显卡的主要性能指标有哪些？

2．熟练掌握显卡的安装与拆除方法，以及显卡和显示器的连接方法。

3．掌握显卡驱动程序的安装方法。

4．查阅《电脑商情报》等 IT 报刊或上网查看硬件信息；到当地计算机配件市场考察显卡的型号、价格等商情信息（关键字：显卡天梯图）。

5．使用 GPU-Z 等测试程序，测试显卡的性能。

6．查找有关 GDDR 的文章（关键字：GDDR 全解析、显卡天梯图）。

7．上网查看有关数字高清的技术文章（关键字：HDMI、DisplayPort）。

第6章　液晶显示器

显示器（Monitor）是计算机中最重要的输出设备之一，用户通过显示器来观察计算机的运行情况，是用户与计算机沟通的主要界面。

6.1　显示器的分类

显示器有多种分类方法，如按工作原理分类、按屏幕尺寸分类、按横纵比分类、按用途分类和按特殊功能分类等。

1．按工作原理分类

按制造显示器的器件或工作原理来分，显示器产品主要有两类：一是 CRT（Cathode Ray Tube，阴极射线管）显示器；二是 LCD（Liquid Crystal Display，液晶显示器）。现在 CRT 显示器已经逐渐退出市场，本章仅介绍液晶显示器，如图 6-1 所示。

图 6-1　液晶显示器

2．按屏幕尺寸分类和按横纵比分类

显示器屏幕的尺寸一般以英寸为单位，目前常见显示器的屏幕大小有 17 in（英寸，1in=2.54cm）、19in、21in、22in、23in、24in、25in 等。

按屏幕的横纵比分为普屏（5∶4）和宽屏（16∶10、16∶9、21∶9 等），如图 6-2 所示。

a)　b)　c)　d)

图 6-2　常见横纵比例的液晶显示器

a) 5∶4　b) 16∶10　c) 16∶9　d) 21∶9

3. 按用途分类

按显示器的用途，可将显示器分为实用型、绘图型、专业型、多媒体型、3D 型、多点触控型和曲面型等，如图 6-3 所示。

图 6-3　不同用途的液晶显示器

实用型显示器适合一般个人及家庭使用，绘图型显示器适合绘图设计，专业型显示器适合专业排版及专业精密图形绘制，多媒体型显示器适合对图像品质要求较高的个人和家庭。3D 液晶显示器（分为偏光式 3D 显示器、裸眼 3D 显示器）、多点触控液晶显示器（触摸屏能够识别多个触点同时单击，并且识别触摸的运动轨迹）和曲面显示器，适合特殊需求的人。

6.2　液晶面板的分类

下面按照液晶面板的制造技术和质量级别来分类。

1. 按液晶面板的制造技术分类

液晶面板就是液晶显示器的屏幕。一台液晶显示器 80%左右的成本都集中在面板上，所以液晶面板关系着液晶显示器自身的质量和价格。在选择显示器时，面板是选择的重点考虑因素。

根据液晶面板的制造技术，目前市场上主流液晶显示器产品的面板类型有 4 大类，分别是 TN 型面板、VA 型面板（MVA 型面板、PVA 型面板）、IPS 型面板和 PLS 型面板。

（1）TN（Twisted Nematic，扭曲向列）型

目前市场上的入门级和中端级的液晶显示器广泛使用的 TN 型为 TN+Film 类型面板。TN+Film 类型面板基于早期可视角度很小的 TN 技术（视角最大 90°），但在面板上增加了一层转向膜，将可视角度提高到 170°左右，成了一种视角较广的产品。

在技术性能上，TN 型面板比 IPS 型面板、VA 型面板逊色，它不能表现出 16.7 M 色彩（某些 TN 型面板标称能达到 16.7 M 色，实际是通过电路芯片控制实现的）。虽然大部分 TN 型面板的显示器标称上下可视角度是 170°/170°，但只要达到 130°左右，图像颜色就开始变化。现在市场上响应时间在 8ms 以内的产品大多采用 TN 型面板。用手轻按液晶面板，能看到有水波纹的屏幕就是 TN 型面板。TN 型面板的优点是价格便宜、响应时间快、开机速度快、功耗较低；缺点是可视角度窄、色域偏低。TN+Film 类型面板的主要生产厂商有三星、LG-Display 等。

（2）VA（Vertical Alignment，垂直排列）型

VA 型面板在目前显示器产品中应用较为广泛，最为明显的技术特点是提供 16.7 M 色彩

和 160°以上大可视角度。VA 型面板属于常暗模式液晶，在液晶受损坏而未加电时，该像素呈现暗态。用手轻按 LCD 面板，压力点消失时，会在面板上留下梅花印记。VA 型面板属于软屏，梅花印记的色彩会偏深，消失速度也较快。VA 型面板的优点是广角设计，色域广，亮点率较低；缺点是功耗较高，价格偏高。目前 VA 型面板分为两种，一种为 MVA 型，另一种为 PVA 型。

MVA（Multi-domain Vertical Alignment，多区域垂直排列）型面板是富士通公司推出的一种面板类型。

PVA（Patterned Vertical Alignment，图像垂直排列）型面板是三星公司推出的一种面板类型，是在富士通 MVA 面板基础上改进和提高得到的，可以获得优于 MVA 的亮度输出和对比度。PVA 型又分为 S-PVA 型和 C-PVA 型。

（3）IPS（In Plane Switching，平面转换）型

IPS 是日立公司于 2001 年推出的液晶屏技术，俗称“Super TFT”。IPS 按性能优劣又分为 H-IPS、S-IPS、E-IPS 类型，其中 E-IPS 是经济型，价格较低。IPS 型面板的主要生产厂商有日立、LG-Display、NEC、瀚宇彩晶等。

IPS 技术最大的特点是它的两极都在同一个面上，不像其他液晶模式的电极是在上下两面，立体排列。由于电极在同一平面上，不管在何种状态下液晶分子都始终与屏幕平行，会使开口率降低，减少透光率，因此 IPS 面板应用在液晶电视上会需要更多的灯管，而耗电量在一定程度上也会大些。

IPS 面板的优点是可视角度大（178°），响应速度快，色彩还原准确，是液晶面板里的高端产品。缺点是功耗较高，漏光问题比较严重，黑色纯度不够，对比度要比 PVA 面板稍差，因此必须依靠光学膜的补偿才能实现更好的黑色，价格偏高。

与其他类型的面板相比，IPS 面板的屏幕较硬，用手轻轻划一下不容易出现水纹样变形，用手轻按面板时使用同样的力，出现的梅花印比较淡，松开后能迅速消失。仔细看屏幕时，如果看到的是方向朝左的鱼鳞状像素，再加上硬屏的话，就可以确定是 IPS 面板。

（4）PLS（Plane-to-Line Switching，平面线性切换）型

PLS 面板是三星公司研发制造的面板，自推出后一直是三星显示器使用的面板。PLS 面板与 IPS 面板两者的液晶分子排布规律相似，都是水平排布，因此都拥有“硬屏”特点，即手指触摸后不会留下水波纹痕迹，且可视角度均可以达到 178° 的广视角水平。三星 PLS 面板的驱动方式是所有电极都位于相同平面上，利用垂直、水平电场驱动液晶分子动作。与 IPS 面板驱动方式以及相关用料上的差异，使得 PLS 面板相比 IPS 面板，透光率有了 20%左右的提升。更高的透光率使 PLS 面板屏幕亮度提升了 10%，也有了 30%能耗的节省。由于不需要使用偏振片等昂贵部件，该液晶屏的生产成本也降低了 15%。除此之外，PLS 面板的每一个像素点都表现得异常清晰通透，还原最真实的色彩。事实上，IPS 面板只适合于文档编辑和观看视频，但 PLS 面板则非常适合处理游戏等需要高速刷新屏幕的应用。

（5）其他类型的液晶面板

液晶面板还包括 SHARP 的 ASV、NEC 的 ExtraView、Panasonic 的 OCB、Hyundai 的 FFS 等其他类型。它们生产的液晶显示器大多采用自己厂商独有的液晶面板，其他品牌的面板采用得相对较少。

（6）各种类型液晶面板的特点

表 6-1 列出了各种类型液晶面板的特点对比。

表 6-1　液晶面板的特点对比

种类	响应时间	对比度	亮度	可视角度	价格
TN	短	普通	普通或高	小	便宜
IPS	普通	普通	高	大	贵
E-IPS	普通	普通	普通	较大	一般
S-PVA	较长	高	高	较大	贵
C-PVA	较长	高	普通	较大	一般
PLS	普通	普通	高	较大	一般

TN 型面板是最常见的，适合一般显示器使用，色彩满足家用，价格便宜，市场占有率高。

PVA 是三星面板的一个概称，PVA 型面板相比 TN 型面板色彩饱和度有所提升，偏暖色调，可视角度大了些，有低端（C-PVA）和高端（S-PVA）之分。

IPS 是 LG 面板的一个总称，有 3 种，即 E-IPS、S-IPS 和 H-IPS。IPS 型面板总体色调偏冷，响应速度快，适合玩游戏，家用一般的 E-IPS 就足够了。

MVA 型面板比 PVA 型面板的优势就是黑色更黑，对比度更高，这种面板一般不多见，价格也不便宜。

三星的 PLS 面板定位在 S-PVA 面板之下，与 C-PVA 面板属于一个级别，不过其特征与 E-IPS 面板非常相似。

TN 型面板和 VA、IPS、PLS 型面板之间除了在显示色彩、可视范围和响应延时上有所区别外，更为关键的是产品的价格定位。TN 型面板成本较为低廉，适合大众用户，而 IPS、PLS 型面板更适合追求完美显示效果的用户。

2．按液晶面板的质量级别分类

液晶面板一般是按照其上的坏点数量来分级的。坏点就是有的显示单元永远亮着（称为亮点），有的永远不亮（称为暗点），有的显示不同的颜色（称为花点），这都是不可修复的坏点。国际标准化组织（International Organization for Standardi zation，ISO）在 2001 年制定的关于液晶面板坏点的标准，定义了 4 个等级（Class）的品质。Class 1 不允许有坏点，是最高等级，最差等级是 Class 4，允许有 10 个坏点。而一般情况使用的都是 Class 2 这个级别，即允许有 3 个坏点，但只有两个坏点却出现在 5 像素×5 像素的范围内，同样是不被允许的。

6.3　液晶显示器的主要参数

LCD 的主要参数有以下几项。

1．屏幕尺寸

LCD 的屏幕尺寸是根据其面板的对角线标注的，由于封装时其边框几乎不会遮挡面板，因此屏幕尺寸接近实际可视面积。LCD 的尺寸经历了从 15in、17in、19in、20in、21in、21.5in、22in、23in、23.6in、24in、26in、27in 直到 30in 的过程。

2. 屏幕显示比例（横纵比）

屏幕显示比例用“水平：高度”来表示，19in 以下多采用传统的 5：4 或者 4：3，更大尺寸的 LCD，由于主要面向视频娱乐，几乎都采用 16：10、16：9、15：9、21：9 的宽屏幕，以适应宽屏影视。16：10、16：9 和 21：9 等宽屏显示器，对于高清视频内容均能够兼容。在显示其他内容时，16：10 型液晶显示器要比 16：9 型液晶显示器显示的内容多，点距要大，阅读更舒服，所以 16：10 型液晶显示器比 16：9 型液晶显示器稍贵。由于 16：9 型显示器的面板切割更加经济，使其成本更低，厂商的利益更大，因此目前市场上的主流 LCD 屏幕显示比例是 16：9。消费者可根据主要用途和价格来选择屏幕显示比例，如果主要从事办公，可以选择 4：3 或 16：10；如果主要是视频娱乐，可以选择 16：9、21：9。有些宽屏 LCD，在 OSD 菜单中有支持 16：10 和 4：3 比例切换的功能，这样能够对不支持宽屏分辨率的游戏拥有很好的兼容性，画面不会出现因为拉伸而变形的现象。

3. 面板类型

目前市场上常见的面板类型有 TN、IPS、PVA、MVA、PLS 等。多数廉价的 LCD 产品都采用 TN 型面板。如果追求色彩逼真、靓丽，应该选用 IPS、PLS 型面板。

4. 液晶显示器色彩（最大显示色彩数）

虽然液晶显示器还原的色彩看起来更纯正、更艳丽，但实际上它能还原的最大色彩数还远远不及 CRT 显示器（几乎无限多种）。就目前彩色液晶显示器能还原的色彩数而言，红、绿、蓝三原色都只能单色表现 6 位色，即 2^6=64 种色，每个独立像素（R、G、B 3 种色彩）可以表现的最大色彩数是 64×64×64=262144 种色。高端液晶显示器利用 FRC（Frame Rate Control，帧比例控制）技术抖动算法，使得每个基色可以表现 8 位色，即 2^8=256 种色，则最大色彩数为 256×256×256=16777216（16.7M）种色。

目前主流 LCD 采用的液晶面板都是 TN 型的 6 bit 面板，加入 FRC 技术可实现所谓的 16.7M 色。即便采用 8bit 面板，由于背光灯和彩色滤光片等造成的偏差，也无法实现 16.7M 色。

对于专业级的 LCD，为了弥补背光灯和彩色滤光片造成的偏差，LCD 内部集成 10bit 甚至 12bit 可编程色彩查询表，可用于更加精确的色彩校准，并能在白色到黑色之间显示更多的灰阶，有助于 Gamma 曲线更加平滑地再现。

5. 背光类型

由于液晶本身不会发光，因此需要借助光源来使其产生亮度。目前，市场上主流的液晶背光技术包括 CCFL（冷阴极荧光灯）背光和 LED（发光二极管）背光两类，如图 6-4 所示。

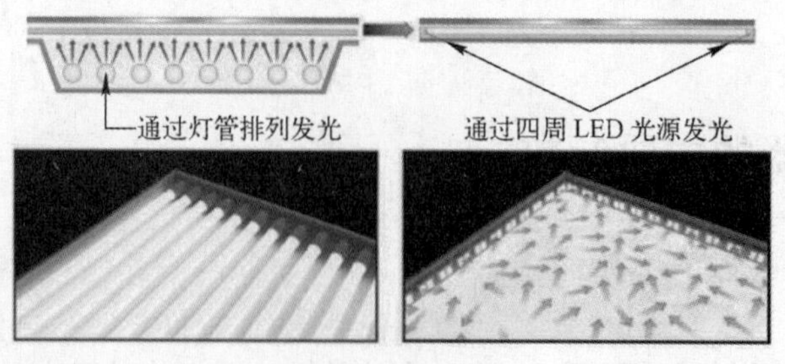

图 6-4　CCFL 背光（左图）和 LED 背光（右图）

CCFL（Cold Cathode Fluorescent Lamp）背光源，或称为 CCFT（Cold Cathode Fluorescent

Tube）背光源，是目前液晶电视的最主要背光产品，灯管标称寿命可达到 60000h。CCFL 背光源的特点是成本低廉，但是其发光效率低，含对人体有害物质，由于是线状光源，所以影响液晶面板的亮度均匀性，色彩表现不及 LED 背光。

LED 背光在 2009 年得到广泛应用，凭借色彩均匀、超低功耗等特色得到了不少厂商的认同。各厂商纷纷发布自家的 LED 背光显示器。LED 背光被看作是 CCFL 背光的替代与升级。在液晶显示器上可以使用白色 LED（WLED）背光，也可以是红、绿、蓝三原色。采用 LED 背光的优势在于厚度更薄，大约为 5cm，色域也非常宽广，黑色的光通量更是可以降低到 0.05lm，对比度高达 10000∶1。同时，LED 背光源具有 10 万小时的寿命。目前制约 LED 背光发展的问题主要是成本，其价格比冷荧光灯管光源高出许多。

6. 分辨率

分辨率就是屏幕上显示的像素的个数，用“横向点数×纵向点数”表示。液晶显示器只有一个最佳分辨率，而这一分辨率往往也是液晶显示器的最大分辨率。液晶显示器在最佳分辨率下的像素点与液晶颗粒是对应的。正是由于这种显示原理，液晶显示器只有在显示模式跟液晶显示器的分辨率（最大分辨率）完全一样时才能达到最佳效果。而在显示小于最佳分辨率的画面时，液晶显示器则采用两种方式来显示。例如，最大分辨率为 1024 像素×768 像素的屏幕，一种是居中显示，比如在显示 800 像素×600 像素分辨率时，显示器只以其中间的 800 像素×600 像素的区域来显示画面，周围则为阴影，此时，由于信号与像素是一一对应的，所以画面清晰，但画面太小；另外一种则是扩大方式，就是将该 800 像素×600 像素分辨率的画面通过计算扩大为 1024 像素×768 像素的分辨率来显示。液晶显示器的分辨率是制造显示器时的规格标准，常见液晶显示器的分辨率和点距见表 6-2。

表 6-2 常见液晶显示器的分辨率和点距

液 晶 尺 寸	点距/ mm	分辨率/像素	液 晶 尺 寸	点距/ mm	分辨率/像素
15in 普屏	0.297	1024×768	21in 普屏	0.270	1600×1200
17in 普屏	0.264	1280×1024	21.5in 宽屏（16∶10）	0.248	1920×1080
17in 宽屏（16∶10）	0.291	1280×720	22in 宽屏（16∶10）	0.282	1680×1050
17in 宽屏（16∶10）	0.255	1440×900	23in 普屏	0.294	1600×1200
18.5in 宽屏（16∶10）	0.300	1366×768	23in 宽屏（16∶10）	0.249	2048×1152
19in 普屏	0.294	1280×1024	24in 宽屏（16∶10）	0.270	1920×1200
19in 宽屏（16∶10）	0.2835	1440×900	24in 宽屏（16∶9）	0.277	1920×1080
20in 普屏	0.255	1600×1200	27.5in 宽屏（16∶10）	0.309	1920×1200
20in 普屏	0.2915	1400×1050	27in 宽屏（16∶9）	0.270	2560×1440
20in 宽屏（16∶10）	0.258	1680×1050	30in 宽屏（16∶10）	0.2505	2560×1600

2002 年，由迪士尼、福克斯、美高梅、派拉蒙、索尼电影、环球电影以及华纳电影等公司成立 Digital Cinema Initiatives（数字电影倡导联盟，DCI），目的是为数字电影制定标准规范。DCI 规定，数字电影分辨率使用水平分辨率，以 1024 像素（1K）的倍率作为格式名称，K 就成了这个级别分辨率的代名词。2K 分辨率（2K resolution）为具有水平 2000 像素分辨率的显示器或是其内容的总称，2K 是指 2048 像素×1440 像素分辨率或者相近的画面分辨率；4K 是指 4096 像素×2160 像素分辨率或者相近的画面分辨率；8K 是指 7680 像素×4320 像素分辨率或者相近的画面分辨率，如图 6-5 所示。能够满足 2K、4K 分辨率标准的显示器也称为

2K 显示器、4K 显示器。

702p（1280 像素×720 像素）、1080p（1920 像素×1080 像素）是由美国电影电视工程师协会（SMPTE）制定的高清数字电视的格式标准，是一种视频显示格式，p 意为逐行扫描（Progressive scanning）。能够满足 1920 像素×1080 像素的显示器或电视机称为全高清（Full High Definition，Full HD），厂家会在显示产品上贴一个标志，如图 6-6 所示。所以，高于 1920 像素×1080 像素分辨率的显示器均支持 Full HD。

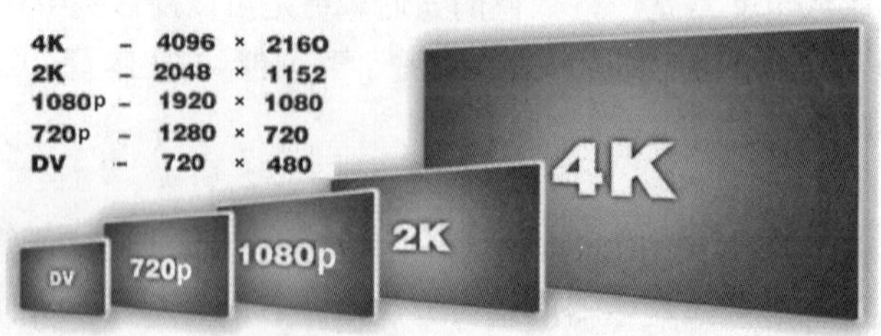

图 6-5　分辨率、视频标准与屏幕大小示意图

图 6-6　显示器的高清标志

2K、4K 以及 702p、1080p 都是电影标准，显示器的分辨率是显示器的参数，对于超过一定电影标准的显示器（分辨率大于电影标准），则可以完美呈现该电影视频。例如，使用 24in 宽屏 1920 像素×1200 像素分辨率的显示器播放 1080p（1920 像素×1080 像素）的电影，视频上下会有多余的黑边。

7．点距

液晶屏幕的点距是指两个连续的液晶颗粒（像素，包括红、绿、蓝 3 个点）中心之间的距离，如图 6-7 所示。点距的计算方式是面板尺寸除以分辨率所得的数值。由于液晶显示器的像素数量是固定的，因此在尺寸与分辨率都相同时，液晶显示器的像素间距是相同的。例如，22in 宽屏液晶显示器的点距计算方法：液晶面板（注意，是液晶面板而不是液晶显示器）的长（47.3cm）或者宽（29.6cm）除以长的像素（1680）或者宽的像素（1050），等于 0.282mm；24in 宽屏液晶显示器的点距计算方法：面板长度（51.8cm）除以面板长的像素（1920），等于 0.27mm。液晶显示器的点距在液晶面板出厂时已经确定，是无法改变的。

点距的大小决定显示图像的精细度。相同尺寸的情况下，点距越小，图像越精细；相反，点距越大，图像相比之下也要粗糙一些。因此，点距的选择需要在文本和图形、视频应用之间进行权衡，既不能太大，也不能太小。一般认为点距在 0.27～0.30mm 是令人感觉最舒适的。出于对眼睛的保护，对于没有精细点距要求的用户（如办公、写作、上网的用户），推荐使用同尺寸下点距大的液晶产品。常见液晶显示器的点距见表 6-2，文字大小对比如图 6-8 所示。

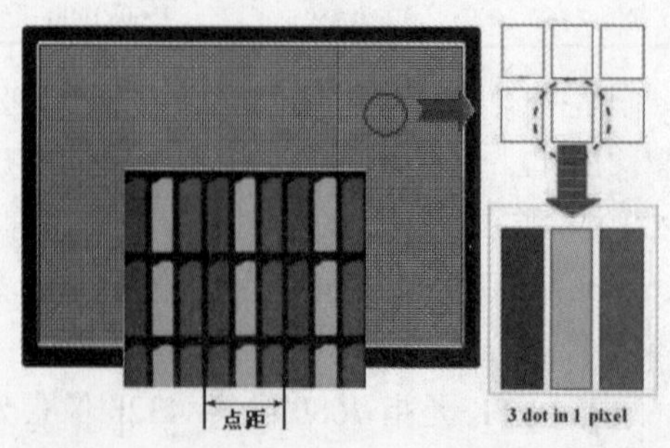

图 6-7　LCD 点距示意图

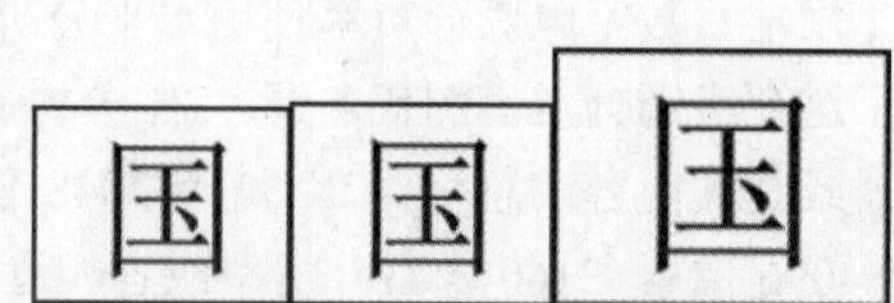

图 6-8　点距为 0.255mm、0.258mm、0.2915mm 时文字大小对比

8. 亮度

亮度是对发射或反射自某一平面的光通量的测定，而液晶显示器标称的亮度表示它在显示全白画面时所能达到的最大亮度，单位是 cd/m^2（坎[德拉]每平方米）。如 250 cd/m^2 表示在 1 m^2 面积内点燃 250 支蜡烛的亮度。人的眼睛接受的最佳亮度为 150 cd/m^2。由于显示器的亮度会受外界光线影响，因此需要制造亮度比较高的显示器。液晶显示器的标称亮度表示它在显示全白画面时所能达到的最大亮度。液晶材质本身并不会发光，因此所有的液晶显示器都需要背光灯管来照明，背光的亮度也就决定了显示器的亮度。目前主流产品的亮度标称值一般在 250～500cd/m^2 之间。但是，这个参数指的是最大亮度值，反映的是液晶背光灯管所能发出的最大亮度。适合长时间阅读工作的亮度值是 110cd/m^2 左右，亮度太高有可能使观看者眼睛受伤，没有必要选择高标称值的产品。

对于 LCD 而言，亮度并不是标称值越高越好，而是亮度要均匀，包括白色均匀性、黑色均匀性、色度均匀性。亮度均匀与否，和背光源的数量与配置方式相关，品质较佳的 LCD，画面亮度均匀，无明显的暗区。

9. 对比度

对比度的定义为最大亮度值（全白）除以最小亮度值（全黑）的比值。显示器接收全白信号时所显示的亮度与接收全黑信号时的亮度的比值，也称为最大对比度或全开/全关对比度（Full On Full Off，FOFO）。在动态对比度概念之前，厂商往往喜欢用这个最大数值标称显示器的对比度，例如，一台显示器在显示全白画面时，实测亮度值为 225cd/m^2，全黑画面实测亮度值为 0.5cd/m^2，那么它的最大对比度就是 450∶1，如图 6-9 所示。

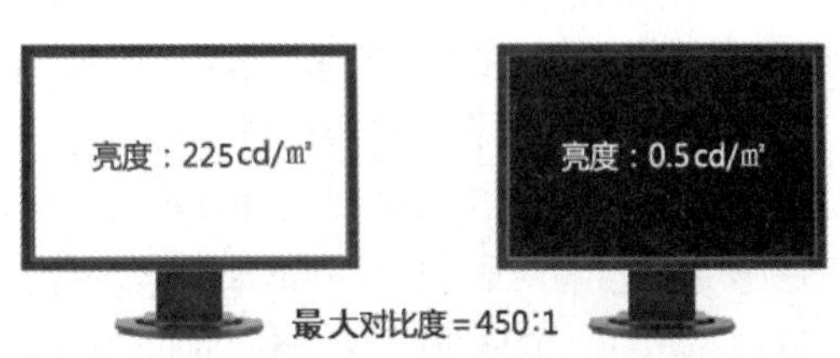

图 6-9 显示器最大对比度示意图

对比度越高，图像的锐利程度就越高，图像也就越清晰，显示器所表现出来的色彩也就越鲜明，层次感越丰富。

要提高对比度，就必须提高屏幕所显示画面的绝对亮度，同时还要降低液晶显示器在显示“黑色”时的亮度。由冷阴极背光灯（CCFL）所构成的背光源很难做到快速开关，因此背光源始终处于点亮的状态。为了要得到全黑画面，液晶模块必须把由背光源照射来的光完全阻挡，而由于液晶的物理特性，液晶模块不可能完全阻隔光线，因此液晶显示器实现全黑的画面非常困难。

10. 动态对比度

动态对比度技术可以在屏幕显示不同画面时，智能地调节出与显示画面最合适的对比度。如果屏幕上以黑暗的画面为主，那么动态对比度就会让屏幕黑得更多；在有暗有亮的情况下，则会瞬间调整对比度参数，以便让整幅画面获得更加清晰的细节纹理表现，不过此时亮部的画面往往都会有些偏色。

动态对比度是在某些特定情况下测到的液晶显示器的对比度数值。很多厂商利用对背光灯管控制电路进行改进，使其可以根据画面内容来动态调节背光灯管亮度，把全黑画面的亮度降到更低的水平，以达到提高局部区域的对比度。例如，如果厂商在控制电路中针对全黑画面将背光灯彻底关闭的话，这时亮度为 0cd/m^2，动态对比度将会是“无穷大”，目前动态对

比度已经达到 50000∶1，因此动态对比度意义不大。开启动态对比度后，画面的亮部更亮，暗部更暗，在播放动态画面时会有忽明忽暗的感觉，基本上只对欣赏电影类节目有帮助。所以消费者在选购时，还是应该参考真实的对比度进行选购。

11．响应时间

响应时间就是液晶颗粒由暗转亮或由亮转暗的时间，单位为 ms，有“上升时间”和“下降时间”两部分，而通常谈到的响应时间是指两者之和。响应时间数值越小，说明响应速度越快，对动态画面的延时影响也就越小。

当前厂商所标称的响应时间，一般是黑白响应时间或灰阶响应时间（TN 型面板）。所谓黑白响应时间是液晶显示器各像素点对输入信号反应的速度，即像素由暗转亮或由亮转暗所需要的时间，而标称值则基本以“黑-白-黑”全程响应时间作为标准。

响应时间也并非越短越好，较短的响应时间会造成显示的色彩变淡、不够鲜艳。同时，LCD 画面拖影现象也并非单纯由响应时间这个因素决定。

所谓的灰阶响应时间，是相对早期的黑白响应时间而定义的，因为显示器显示的图像极少出现全黑全白转换，所以黑白响应时间不够合理，灰阶响应时间显然更能反映动态效果。由于灰阶响应时间的数值较小，因此显示器上面标识的响应时间通常指灰阶响应时间。例如，某液晶显示器的全程平均响应时间为 16ms 左右，但是由于它在某一级灰阶的响应时间表现达到了 5ms，于是就把这款产品的响应时间标识为 5ms。

响应时间决定了显示器每秒所能显示的画面帧数。通常，当画面显示速度超过 25 帧/s 时，人眼会将快速变换的画面视为连续画面，不会有停顿的感觉，所以响应时间会直接影响人的视觉感受。当响应时间为 30ms 时，显示器每秒能显示 1/0.030=33 帧画面；响应时间为 25ms 时每秒显示 1/0.025=40 帧；响应时间为 16ms 时每秒显示 1/0.016=62.5 帧；响应时间为 8 ms 时每秒显示 1/0.008=125 帧；响应时间为 5ms 时每秒显示 1/0.005=200 帧；响应时间为 4ms 时每秒显示 1/0.004=250 帧画面。响应时间越短，显示器每秒显示的画面就越多。

目前市场上的主流 LCD 响应时间都已经达到 8ms 以下，某些高端产品响应时间甚至为 5ms、4ms、2ms 等，数字越小代表速度越快。对于一般的用户来说，只要购买 8ms 的产品就已经可以满足日常应用的要求了。

12．色域显示范围

一台显示器的色彩是否丰富最根本的决定因素是色域范围，其次是 γ 曲线对还原准确性的影响，所谓 16.2M 色和 16.7M 色并非决定因素。

一种颜色用 3 个属性来表示，即色调、亮度和颜色饱和度（鲜艳度）。

由于色调、亮度这两项参数对于大部分液晶显示器来说基本都是一样的，因此颜色饱和度，也就是色域范围，就成为决定 LCD 色彩好坏的关键。IPS 型面板还原更加真实，而 TN 型面板色彩表现得有点淡。

13．可视角度（水平/垂直）

液晶显示器的可视角度是指用户可以清楚看到液晶显示器画面的角度范围。因为背光源发出的光线经过偏极片、液晶和取向层后，绝大部分光线都集中于显示器正面，所以通常液晶显示器的最佳视角不大。超过最佳视角后，画面的亮度、对比度及色彩效果就会急剧下降，导致无法观看。可视角度分为水平和垂直两个方向，水平可视角度是以液晶显示屏的垂直中轴线为中心，向左向右移动，可以清楚地看到影像的范围。垂直角度是以液晶显示屏的平行

中轴线为中心，向上向下移动，可以清楚地看到影像的范围。

14．镜面屏

镜面屏就是显示器表面看上去像镜面（光滑、反光），由此被形象地称作镜面屏。镜面屏是通过特殊的镀膜技术在液晶显示屏的表面形成一层非常平整的透明薄膜，使其减少液晶屏内部出射光被散射的程度，从而提高亮度、对比度及颜色的饱和度。镜面屏适合游戏、DVD 影片播放等家庭娱乐，可以实现更加完美的显示效果。但是，镜面屏会像一面镜子一样让使用者清楚地看到自己和背后的一切，而无法看清屏幕上的文字和图像细节，还会感到非常刺眼，容易造成视觉疲劳。普通屏则采用了防炫处理，以减少反射光对眼的刺激。镜面反射和漫反射示意图如图 6-10 所示。

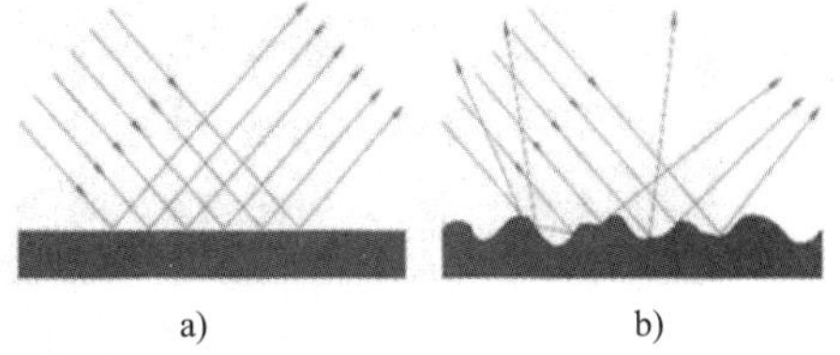

a)　　b)

图 6-10　镜面反射和漫反射

a) 镜面反射　b) 漫反射

15．坏点

液晶显示技术发展到现在，仍然无法从根本上克服坏点这一缺陷。因为液晶面板由两块玻璃板所构成，中间的夹层是厚约 5μm 的水晶液滴。这些水晶液滴被均匀分隔开来，并包含在细小的单元格里，每 3 个单元格构成屏幕上的一个像素点。在放大镜下，像素点呈正方形，一个像素点即是一个发光点。每个发光点都有独立的晶体管来控制其电流的强弱，如果控制该点的晶体管坏掉，就会造成该光点永远点亮或不亮。

液晶屏常见的坏点可分为亮点、暗点和花点 3 种。

1）亮点。在黑屏的情况下呈现的红、绿、蓝点叫作亮点。亮点的出现分为以下两种情况。

- 在黑屏的情况下单纯地呈现或红或绿或蓝的点。
- 在切换至红、绿、蓝 3 色显示模式下，只有在红、绿或者蓝中的一种显示模式下有白色点，同时在另外两种模式下均有其他色点的情况，这种情况是在同一像素中存在两个亮点。

2）暗点。在白屏情况下为纯黑色的点或者在黑屏下为纯白色的点。在切换至红、绿、蓝 3 色显示模式下，此点始终在同一位置上并且始终为纯黑色或纯白色。这种情况说明该像素的红、绿、蓝 3 个子像素点均已损坏，此类点称为暗点。

3）花点。在白屏的情况下出现非单纯红、绿、蓝的色点叫作花点。花点的出现分为以下两种情况。

- 在切换至红、绿、蓝 3 色显示模式下，同一位置上只有在红、绿或者蓝中的一种显示模式下有坏点的情况，这种情况表明此像素内只有一个花点。
- 在切换至红、绿、蓝 3 色显示模式下，同一位置上在红、绿或者蓝中的两种显示模式下都有坏点的情况，这种情况表明此像素内有两个花点。

一般来说，花点对液晶显示器品质的影响相对较小，因此液晶品质评判标准中对有无亮点及亮点所在位置的规定更严格。一般在销售产品时会承诺无亮点。

除了 ISO 对液晶基板坏点分级外，显示器生产厂家也有一种分级。生产出的液晶显示器成品如果无任何坏点就是 AA 级产品；有 3 个以下坏点，其中亮点不超过一个而且在屏幕中央的为 A 级产品；有 3 个以下坏点，其中亮点不超过两个而且在屏幕中央的为 B 级产品。

坏点是用户在选购液晶显示器时最需要注意的问题之一。如果要检测坏点，应记住坏点包括不同颜色的花点和亮点，选购时务必把桌面背景调成全黑、全白以及红、绿、蓝单色屏

来分别检查。

16．接口类型

目前，市场上主流液晶显示器的接口多数都同时具备 VGA（D-SUB）和 DVI 接口，部分大屏幕高端 LCD 还带有 HDMI、DisplayPort（DP）接口、S-Video（R、B、G）接口，如图 6-11 所示。

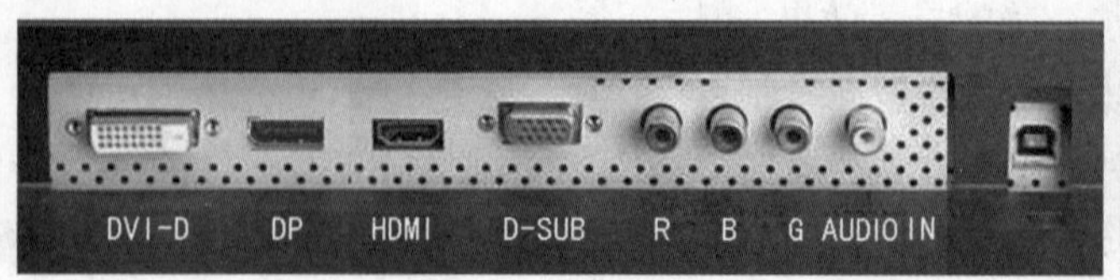

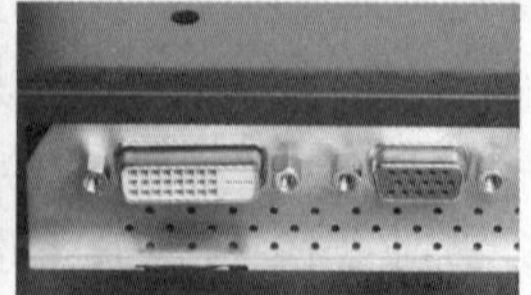

图 6-11　液晶显示器的输入接口

（1）VGA 接口

VGA 接口从 CRT 显示器时代到现在，一直都在被采用。它是一种模拟传输接口，D 型，有 15 个孔。另外，VGA 接口还被称为 D-SUB 接口。显示器和显卡上的 VGA 接口是母口，连接线上的 VGA 口为公口，如图 6-12 所示。

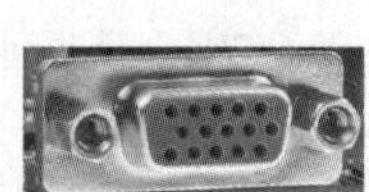

图 6-12　VGA 接口

VGA 是目前应用最广泛的显示器接口，几乎绝大部分的低端显示器均带有 VGA 接口。由于 VGA 接口用于模拟信号传输，因此容易受干扰，信号转换容易带来信号的损失。VGA 理论上能够支持传输 2048 像素×1536 像素分辨率画面。高分辨率无法达到应有刷新率及只有图像输入没有声音输入，让它很难在中高端的显示器中有发挥的余地。在 1080p 分辨率下，可以通过肉眼明显感受到画面的损失，建议 1080p 分辨率以下显示器采用 VGA 接口。

（2）DVI 接口

DVI（Digital Visual Interface，数字视频接口）是 1999 年由 Silicon Image、Intel（英特尔）、Compaq（康柏）、IBM、HP（惠普）、NEC、Fujitsu（富士通）等公司共同组成的 DDWG（Digital Display Working Group，数字显示工作组）推出的接口标准。DVI 接口比较复杂，主要分为 3 种，DVI-A、DVI-D 以及 DVI-I。DVI-A 接口传送模拟信号，其实就是 VGA 接口标准，用于转接 VGA，已废弃。DVI-A 接口类型在市场上不多见。DVI-D 接口用于传送数字信号，是真正意义上的数字信号接口，也是最常见的接口，不可转接 VGA。DVI-I 接口可以传送模拟或数字信号，使用转接头能够转接 VGA。在 DVI-D 和 DVI-I 规格中，又分为双通道和单通道两种类型，常用的都是单通道版的，双通道版的成本很高，只有部分设备才使用。

而 DVI-D 和 DVI-I 又有单通道和双通道之分。DVI-D 和 DVI-I 接口如图 6-13 所示。

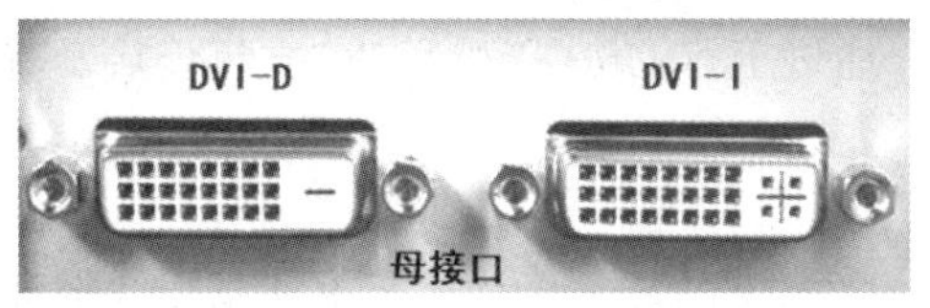

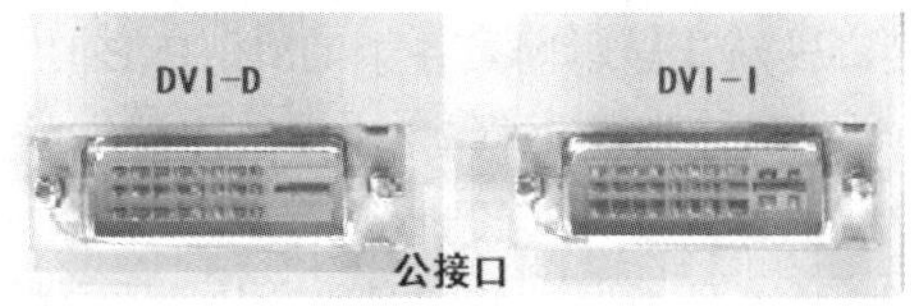

图 6-13　DVI-D 和 DVI-I 接口

常见的DVI接口都是18针，适用于显示器低于23in的规格。当传输的画面大于1920×1080像素分辨率或者是3D画面信号时，就必须使用24针的DVI数据线，这样才能保证高带宽的传输速度，而且传输线缆在5m以内才能保证信号不缺失。它只支持8bit的RGB信号传输，不能让广色域的显示器发挥最佳性能。DVI 双通道支持最大分辨率 2560×1440 60Hz 或 1920×1200 120Hz。另外，DVI接口只能传输图像信号，不能传送数字音频信号。

（3）HDMI 接口

2002 年，日立、松下、飞利浦、Silicon Image、索尼、汤姆逊、东芝 7 家公司共同组建了 HDMI（High Definition Multimedia Interface，高清多媒体接口）组织，制定符合高清时代标准的全新数字化视频/音频接口技术，可同时传送音频和影像信号。HDMI 标准有 1.0、1.1、1.2、1.2A、1.3、1.3A、1.4 版本，常用的版本是 1.3 和 1.4。1.3 版标准传输信号的带宽为 5Gbit/s，1.4 版支持 4K 分辨率的输出。HDMI 接口主要有标准 HDMI 接口（A 型）、Mini HDMI（C 型）和 Micro HDMI（D 型），如图 6-14 所示。HDMI 可搭配宽带数字内容保护（HDCP），以防止具有著作权的影音内容遭到未经授权的复制。

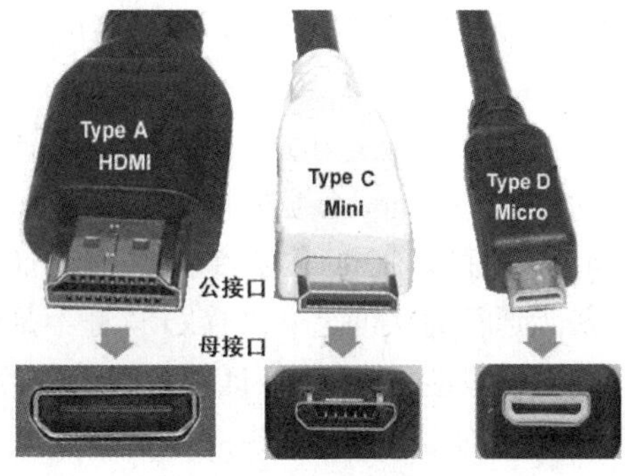

图 6-14　HDMI 接口

（4）DisplayPort（DP）、Thunderbolt（雷电）接口

2006 年，视频电子标准协会（VESA）确定了 DisplayPort 1.0 版标准，后来升级到 1.1、1.2a、1.3、1.4a、2.0 等版本，DisplayPort 获得了 AMD、Intel、NVIDIA、戴尔、惠普、三星等业界巨头的支持。目前普遍使用 DP 1.3 版，速度能达到 21.6Gbit/s，信道带宽最高支持画面在 8K 分辨率 60Hz 流畅运行，10bit 面板 4K 分辨率 120Hz 下运行。DP 接口的前瞻性之强无愧于最强主流显示接口之称。DP 接口公口带卡扣设计，插入时可按下卡位，然后松开。

Mini DP 接口最初由 Apple 公司定义，是 DP 接口的缩小版，不仅仅接口小巧，而且能够支持各种接口的兼容，只是需要添加一个转接头。

Thunderbolt 接口是 Apple 公司与 Intel 公司合作推出的技术，由 Intel 公司开发，通过和 Apple 公司的技术合作推向市场。其物理外观与 Mini DP 接口相同，并且兼容，如图 6-15 所示。

图 6-15　DP、Mini DP 和 Thunderbolt 接口

（5）USB 接口

越来越多的显示器上配置 USB 接口，包括 USB 3.0 接口。对大部分显示器而言，配置

USB 接口只是让显示器具备了 USB HUB 功能。通过上行 USB 接口和 PC 主机连接，就可以方便地通过显示器的下行 USB 接口连接电脑。

17. 钢琴烤漆外观设计

钢琴烤漆外观设计其实是外观表面经过高光镜面漆面处理，是近年来液晶显示器外观设计的一个新的发展趋势。液晶显示器上的钢琴烤漆设计实际使用的是“聚氨酯漆喷漆”工艺。这种漆和钢琴漆的面漆成分（钢琴漆使用的喷漆为“不饱和聚酯漆”）很接近，但与钢琴漆工艺相比，这种工艺没有喷涂底漆，也就不是烤漆工艺，也没有经过高温固化的过程，而聚氨酯漆本身的稳定性也不如不饱和聚酯漆，经过 1～2 年时间之后，聚氨酯漆就会失去原来的光彩，变得“灰头土脸”，而钢琴漆则不会有太大的变化。另外，钢琴烤漆设计容易留下指纹。

18. 认证

认证的本意是通过最权威的机构对产品进行鉴定，以判断其是否达到了该项指标的标准。由于普通消费者对很多产品不具备辨别的能力，认证就成为消费者购买产品的参考指标。现在已经衍生出许多认证，消费者应能识别这些认证。

（1）TCO 认证

TCO 认证是由瑞典专家委员会制定的世界上关于显示器环保要求最严格的标准之一。要通过 TCO 认证，必须在生态（Ecology）、能源（Energy）、辐射（Emissions）及人体工学（Ergonomics）4 个方面都符合标准。目前 TCO 认证在全球得到了广泛的认同，是目前显示器行业中公认的最为通行的认证之一。TCO 认证不是强制性的，而是厂商自愿申请的，并且需要缴费。所以消费者只能把 TCO 认证作为一个参考指数，不必一定有 TCO 认证。

TCO 认证的版本主要有 TCO'99、TCO'03 及 TCO'06 等，其中 TCO'03、TCO'06 是针对液晶显示器的版本，而且 TCO'06 更严格。TCO 认证标识如图 6-16 所示。

（2）CCC 强制认证

中国强制认证（China Compulsory Certification，CCC）是国家认证认可监督管理委员会根据《强制性产品认证管理规定》制定的。虽然 CCC 认证也是收费的，但是 CCC 是强制性认证，消费者一定要购买有 CCC 认证的液晶显示器产品。CCC 认证标识如图 6-17 所示。

（3）能源之星认证

除了 TCO 认证之外，能源之星也是被业内厂商和广大消费者认可的一项重要的认证标准。它是美国环境保护署发起的一项能源节约计划。能源之星认证自 1992 年起发展至今，目的是通过节能产品降低能耗，帮助人们节省开支，并保护地球大气环境。

2006 年推出能源之星 4.0，2009 年推出能源之星 5.0（其标识如图 6-18 所示）。能源之星 5.0 标准主要针对个人计算机、显示设备及游戏机等产品进行能效评定。显示器能源之星 5.0 标准综合了显示面积、像素数、工作功率、待机功率、关机功率等多项因素，并且针对具有自动亮度调节功能的产品做了补充规定。符合能源之星 5.0 标准的液晶显示器会更加节能、环保。

图 6-16　TCO'06、TCO'03 认证标识

图 6-17　CCC 认证标识

图 6-18　能源之星 5.0 认证标识

（4）环保 RoHS 认证

RoHS 认证是一项欧洲议会指令，它要求生产商在电子电气设备中限制使用有毒物质，其中包括铅（Pb）、镉（Cd）、汞（Hg）、六价铬（Cr6+）、多溴二苯醚（PBDEs）、多溴联苯（PBBs）6 大有害物质。其目的在于降低人们在平常使用产品时面对这类物质的风险，并且降低产品在最终循环再用或处理时排放到环境中的有害物质量。RoHS 认证表示该产品是绿色环保的电气产品。液晶显示器的背光源大多使用冷阴极荧光灯管，它含有铅和汞；印制电路板用的焊锡中含有铅；塑料外壳中会加入作为耐燃剂的多溴二苯醚、多溴联苯。这些有毒物质会慢性地影响用户的身体健康，其中铅是对人体的神经系统及肾脏造成损害的重金属元素，汞会影响人体的中枢神经及肾脏系统，多溴二苯醚和多溴联苯是致癌性及致畸胎性物质。

消费者为了健康，应该选用通过 RoHS 认证的产品。RoHS 认证标识如图 6-19 所示。

（5）其他认证

前面介绍的认证，一般都会将对应的认证标识粘贴到显示器的明显位置上，它们是常见的认证，还有以下一些认证通常不被注意。

图 6-19　RoHS 认证标识

1）MPR 认证：由瑞典国家技术部制定的电磁场辐射规范（包括电场、静电场强度），包括 MPRⅠ、MPRⅡ。目前，MPRⅡ是世界性的显示器质量标准之一，市场上的产品都符合这一标准。

2）FCC 认证：FCC 标准由美国联邦通信委员会制定，它对数字设备及开关电源等发出的辐射、噪声量进行了限定。FCC 认证分为 A 和 B 两类，B 类对技术要求更加严格。笔记本电脑和 CD 机需要符合 B 类限制规定，而在美国销售的电子产品也都必须通过 B 类认证。

3）CE 认证：贴有 CE 标志的产品，表示其符合欧盟《技术协调与标准化新方法》指令的基本要求，可以在欧盟市场上自由流通。

19．FreeSync 技术

FreeSync 显示器是指搭载 FreeSync 技术的显示设备，此类显示器的特点在于能够解决画面撕裂以及卡顿等问题。FreeSync 显示器使 AMD 的显卡和 APU（加速处理器）能直接、动态地控制与之相连的显示器的刷新率。大多数显示器的刷新率被固定为 60Hz，但刷新率高的显示器可以达到 75Hz、120Hz、144Hz。支持 FreeSync 的显示器，将与游戏同步刷新，刷新率的上限是其最高刷新率，在必要时会下调刷新率。

FreeSync 显示器既需要软件的支持也需要硬件的支持。要使用 FreeSync，需要安装兼容的 AMD 显卡或 APU 系统，需要兼容经过认证的 FreeSync 显示器。利用 DisplayPort 线缆把计算机与 FreeSync 兼容显示器连接起来后，安装 Catalyst 驱动程序，并匹配显卡和显示器。VGA、DVI 和 HDMI 连接不兼容 FreeSync 显示器。

6.4　显示器的选购

显示器、鼠标、键盘可能关系到人体的健康，因为在使用计算机时，用户始终要面对它们，尤其是显示器。显示器更新周期比较慢，价格变动幅度也不像其他部件那样大，是所有部件中寿命最长的，因此挑选一台好的显示器非常重要。

现在 LCD 技术已经非常成熟，而且 LCD 适合所有用户，包括图形设计工作者。在选购

显示器时，应根据用途、品牌、尺寸及技术参数等综合考虑。

首先是尺寸，在目前条件下，对于大多数消费者来说，应该选择 19in 以上的 LCD。如果主要用于上网浏览和文字处理，应该选择点距大的 LCD；如果主要用于图像处理，则可选择点距小的 LCD；如果主要用于办公，可选用 16∶10 大点距的 LCD；如果主要用于影视播放，则可选用 16∶9 的 LCD。目前，所有 LCD 都支持 HDCP，都可以播放高清电影。

6.5　实训

机箱内部全部组装完成后，还须将显示器、鼠标、键盘、打印机和音箱等连接到主机上。液晶显示器都有 DVI 插头，将该插头插入显示卡的对应输出端口，如图 6-20 所示，再将旁边的两个压紧螺钉慢慢拧紧。显示卡的输出端口与 DVI 接头均有防误插设计，安装时按照接口形状安装即可，非常方便。

图 6-20　DVI 插头及对应输出端口

对于传统的“D”形 15 针（信号）插头，可将其对准显示卡的 VGA 输出端口，如图 6-21 所示，平稳插入，然后拧紧插头两端的压紧螺钉即可。

图 6-21　显示器“D”形 15 针（信号）插头

大部分显示器都有独立的电源输入线，可将其直接插入市电的电源插座。

6.6　思考与练习

1．了解液晶显示器的技术指标。

2．显示器的选购原则有哪些？怎样选购一台合适的显示器？

3．调查市场，获取有关显示器的技术资料，逐项分析显示器的每个参数。上网查询显示器的商情信息，查询有关液晶显示器评测方面的文章（搜索关键字：显示器评测）。

4．用 MonitorTest、DisplayMate、Nokia Monitor Test 等显示器测试软件测试和调整显示器。

5．熟练掌握显示器的连接方法。

6．安装显示器驱动程序，并对比在不同分辨率、不同刷新频率下的显示效果。

7．用显示器上的调节按钮调整显示器参数。

第 7 章　硬　　盘

硬盘驱动器简称硬盘，是计算机中主要的外部存储设备，它具有比其他存储器大得多的存储容量，在整个计算机系统中起着重要的作用。因为大量的数据都是存储在硬盘上的，而这些数据比硬盘本身更宝贵，所以硬盘的可靠性非常重要。

7.1　硬盘的分类

目前，计算机的硬盘可按接口类型、存储技术、盘径尺寸和应用场合等进行分类。

1. 按接口类型分类

硬盘接口是硬盘与主机系统间的连接部件，作用是在硬盘缓存和主机内存之间传输数据。不同的硬盘接口决定着硬盘与计算机之间的连接速度，在整个系统中，硬盘接口的优劣直接影响着程序运行快慢和系统性能好坏。按与计算机之间的数据接口类型分类，可将硬盘划分为以下几大类。

（1）IDE 接口的硬盘

IDE 是智能驱动电子设备（Intelligent Drive Electronics）或集成驱动电子设备（Integrated Drive Electronics）的缩写。IDE 接口是一个集成存储设备的接口，控制器被集成在硬盘驱动器或光盘驱动器中。IDE 接口硬盘采用 ATA（Advanced Technology Attachment）规范，因此一般也把 IDE 硬盘称为 ATA 硬盘。加强型 IDE（Enhanced IDE，EIDE）是西部数据公司改进 IDE 接口之后推出的新接口，采用 ATA-2 标准，使用扩充 CHS（Cylinder Head Sector）或 LBA（Logical Block Addressing）的方式，突破 528MB 的容量限制。ATA 标准经历了 ATA-1（数据传输率为 4.16MB/s）、ATA-2（16.67MB/s）、ATA-3（16.67MB/s）、ATA-4（33.33MB/s）、ATA-5（66.67MB/s），以及后来的非正式标准 ATA-100/133（100/133MB/s）。硬盘及主板上的 IDE 接口都是 EIDE 接口。IDE 接口和 EIDE 接口的外观一样，都有 40 根针脚。IDE 接口硬盘的外观如图 7-1 所示。现今，IDE 接口硬盘已经退出市场。

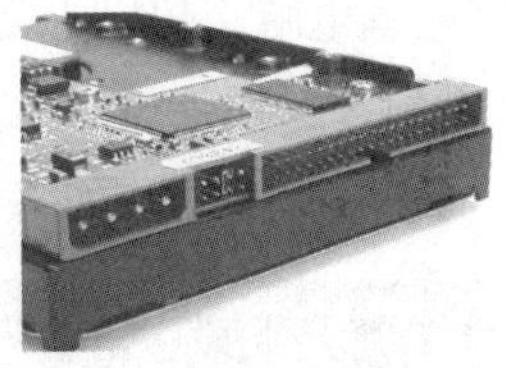

图 7-1　IDE 接口硬盘

（2）Serial ATA 接口的硬盘

现在主流的硬盘接口是 Serial ATA（简称 SATA）标准。SATA 1.0 数据传输速率的有效带宽峰值为 150 MB/s。SATA 2.0（SATA II）或 SATA 2.5 标准的数据传输速率为 300 MB/s，SATA

3.0（SATA III）标准的数据传输速率为 600MB/s。SATA 采用点对点传输模式，以保证每块硬盘都能够独享通道带宽，而且没有主从的限制。其数据线更长、更细，数据线的长度可以达到 1m。SATA 接口硬盘的外观如图 7-2 所示。

图 7-2　SATA 接口硬盘

（3）SATA Express（SATA-E）接口的硬盘

SATA 3.0 接口技术规范规定的带宽极限为 6Gbit/s，也就是每秒传输 600MB 左右的数据，但是最新的固态硬盘的速度已经达到了 1300MB/s，现有的 SATA 接口已经无法满足设备需求。为此，SATA-IO 组织于 2011 年底公布了新的 SATA 连接标准 SATA Express（简称 SATA-E），并于 2013 年批准。SATA Express 使用两个 PCI-E 2.0 通道，提供高达 10Gbit/s 的数据传输速度。

SATA-E 并不是全新设计的接口，而是 SATA 接口的升级版，在主板一端，由两个标准 SATA 接口加一个小型的 SATA 接口组成。SATA-E 设备将直接从电源取电，即需要额外的供电输入。其连接示意图如图 7-3 所示。

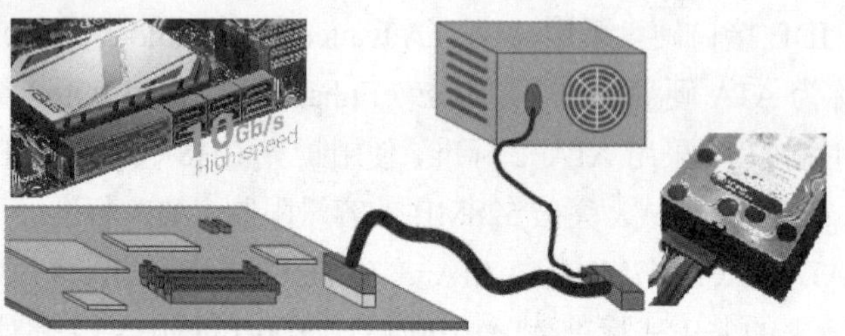

图 7-3　SATA-E 接口连接示意图

（4）mSATA 接口的固态硬盘

笔记本电脑、超极本常用 mSATA 接口的固态硬盘，如图 7-4 所示。有些主板也提供了一个 mSATA 接口，可以把 mSATA 接口的固态硬盘（SSD）接驳在 mSATA 接口上。

图 7-4　mSATA 接口的固态硬盘

（5）M.2 接口（NGFF 接口）的固态硬盘

在 Intel 9 系列以后的主板上提供了 M.2 接口。M.2 接口有两种类型：Socket 2 和 Socket 3，其中 Socket 2 支持 SATA、PCI-E×2 通道。如果采用 PCI-E×2 通道标准，M.2 接口带宽与 SATA Express 一样是 10Gbit/s。Socket 3 可支持 PCI-E×4 通道，理论带宽可达 32Gbit/s。但该 M.2 接口与上层 SATA-E 接口共享总线，所以两者只能同时用一个。M.2 接口的固态硬盘如图 7-5 所示。

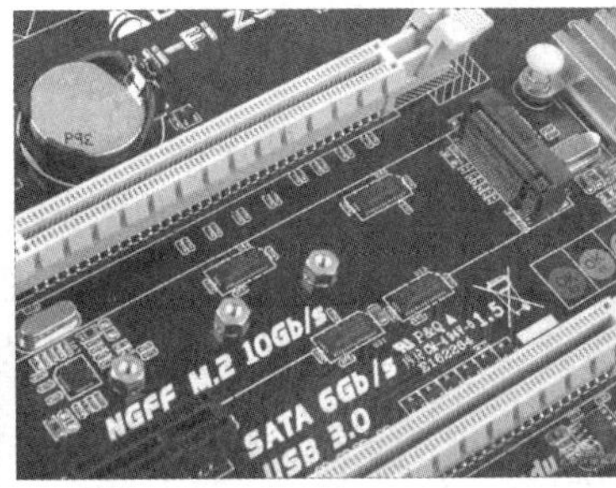

图 7-5　M.2 接口的固态硬盘

（6）PCI-E 接口的固态硬盘

随着固态硬盘性能不断地提高，SATA 接口（3Gbit/s）已经难以发挥固态硬盘在传输速度上的优势，就出现了采用更高带宽的 PCI-E 接口的固态硬盘（也称固态存储卡）。PCI-E 3.0×4 通道的理论接口带宽为 4GB/s。PCI-E 固态硬盘很像显卡，具备超高速读写速度和随机读写性能。由于 SATA 接口速率的限制，未来 SSD 的发展方向可能会倾向于 PCI-E 接口。PCI-E 接口的固态硬盘有 PCI-E 接口（×1、×4 等通道）和 Mini PCI-E 接口（×1 通道），其外观如图 7-6 所示。

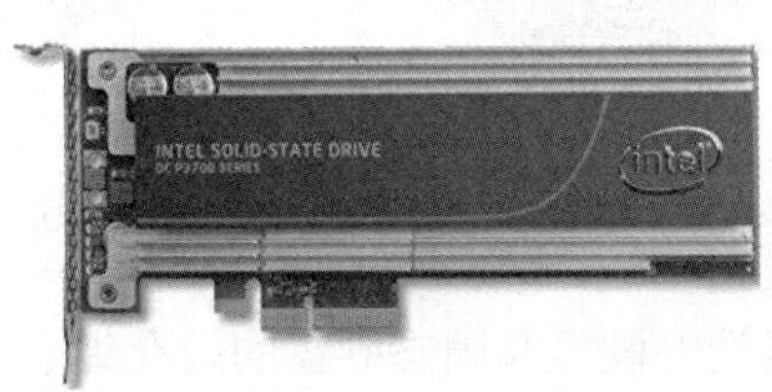

图 7-6　PCI-E 接口的固态硬盘

（7）其他接口的硬盘

除常用的 Serial ATA、IDE 接口的硬盘外，还有 SCSI 接口、无线、网络接口的硬盘。

2．按存储技术分类

（1）机械硬盘

机械硬盘采用 IBM 公司的温彻斯特（Winchester）技术，主要是由一个或者多个铝制或玻璃制的碟片组成，这些碟片外覆盖有铁磁性材料，被密封固定在硬盘外壳中。机械硬盘的外观如图 7-7 所示。

图 7-7　机械硬盘

（2）固态硬盘（Solid State Disk 或 Solid State Drive，SSD）

由于机械结构的原因，机械硬盘的转速不可能大幅提升，随着存储芯片价格的降低，便产生了固态硬盘。固态硬盘，也称电子硬盘或者固态电子盘，是由控制单元和存储单元（Flash 芯片或 DRAM 芯片）阵列组成的硬盘。固态硬盘的存储介质分为两种，一种采用 Flash 芯片作为存储介质，另一种采用 DRAM 芯片作为存储介质。目前绝大多数固态硬盘采用的是 Flash 芯片。存储单元负责存储数据，控制单元负责读取、写入数据。由于固态硬盘没有普通硬盘的机械结构，也不存在机械硬盘的寻道问题，因此系统能够在低于 1ms 的时间内对任意位置存储单元完成输入/输出操作。固态硬盘读写速度比机械硬盘更快，具有不怕振动和冲击、无工作噪声、极低发热量等优点。目前固态硬盘成本较高，广泛应用于车载、工控、视频监控、小型笔记本电脑、平板电脑等市场上。SSD 硬盘的容量为 240GB～2TB。常见固态硬盘的外观如图 7-8 所示。

图 7-8　固态硬盘

（3）混合固态硬盘

混合固态硬盘是把机械式构造的硬盘和固态硬盘的闪存集成到一起的一种硬盘，也称双驱动（Dual-drive）硬盘。简单地说，混合硬盘就是一块基于传统机械硬盘改进而成的新硬盘，除了机械硬盘必备的碟片、电动机、磁头等，还内置了闪存颗粒，用以存储用户经常访问的数据，可以达到如 SSD 一样的体验效果。从理论上来说，一块混合硬盘就可以结合闪存与硬盘的优势，完成 HDD+SSD 的工作，将经常访问的数据放在闪存上，而将大容量、非经常访问的数据存储在磁盘上。

3．按盘径尺寸分类

台式机和便携机使用的硬盘按内部盘径尺寸分为 3.5in 和 2.5in 两种，如图 7-9 所示。

目前，3.5in 硬盘的容量为 500GB～5TB，2.5in 硬盘的容量为 250GB～2TB。

图 7-9　3.5in 硬盘和 2.5in 硬盘

研发台式机 3.5in 硬盘的厂商有西部数据、希捷、日立等公司。研发笔记本电脑用的 2.5in 硬盘的厂商只有东芝公司。

4. 按应用场合分类

硬盘按应用场合分为普通级硬盘、企业级硬盘、监控级硬盘和笔记本电脑硬盘等，其中企业级硬盘、监控级硬盘对应用都有特殊要求，因此价格也高于普通级硬盘。

7.2　硬盘的结构

自从 IBM 公司在 1956 年 9 月推出世界上第一块硬盘至今，硬盘的温彻斯特结构就一直没有改变。除了容量在不断增加外，其他各方面性能一直无法得到更有效的提高。例如，主流硬盘的转速已在 7200r/min 停留了许多年，可以说，硬盘的性能已经在一定程度上限制了 PC 系统整体性能的提升。

7.2.1　机械硬盘的结构

硬盘的性能能否快速提高，主要受制于其机械结构。硬盘的组成主要包括盘片、读写磁头、盘片主轴、控制电动机、磁头控制器、数据转换器、接口、缓存等几个部分。另外，千万不要随意打开硬盘的外壳，因为硬盘的内部是不能沾染灰尘的，否则将报废。

1. 机械硬盘的外部结构

从外观上看，机械硬盘由数据接口、电源接口、控制电路板、固定盖板、安装螺孔和产品标签等组成。

（1）数据接口

数据接口根据连接方式的差异，分为 IDE、SATA 等接口。IDE 接口为 40 针，如图 7-10 所示。SATA 接口把 ATA 标准的并行数据传输方式改为连续串行的方式，这样在同一时间内只会有 1 位数据传输，此做法能减少接口的针脚数目，用 4 个针脚就能完成数据的传输（第 1 针数据输出、第 2 针信号输入、第 3 针供电、第 4 针地线）。SATA 硬盘使用 7 针接口，图 7-11 所示是 SATA 接口硬盘。

（2）电源接口

电源接口与主机电源相连，为硬盘工作提供能源。IDE 硬盘的电源接口为 4 针（如图 7-10 所示），而 SATA 硬盘的电源接口为 15 针（如图 7-11 所示）。

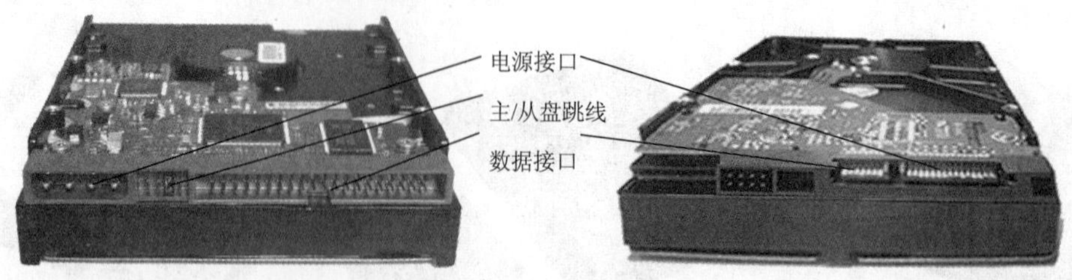

图 7-10　IDE 接口硬盘的外部结构　　图 7-11　SATA 接口硬盘的外部结构

（3）控制电路板

硬盘的背面是控制电路板。控制电路板上有主控芯片、电动机控制芯片和缓存芯片等。为了散热，控制电路板都是裸露在硬盘外壳上的，如图 7-12 所示。

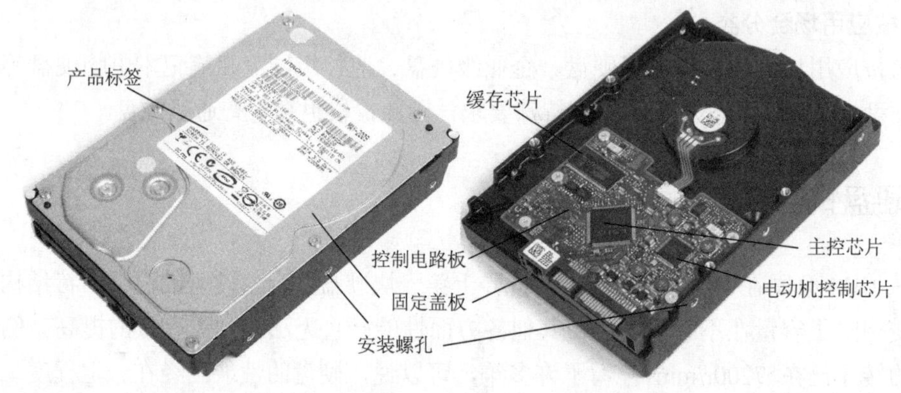

图 7-12　硬盘的外部结构

（4）固定盖板

硬盘的固定盖板面板上标注有产品的型号、产地、设置数据等信息，它与底板结合成一个密封的整体，以保证硬盘盘片和机构的稳定运行。

（5）安装螺孔

安装螺孔用于硬盘的安装。对于 3.5in 硬盘，固定盖板和侧面都有安装螺孔，可以方便灵活地安装。

（6）产品标签

一般在硬盘的正面都贴有硬盘的标签，标签上一般都标注着与硬盘相关的信息，如型号、容量、接口类型、缓存数量、产地、出厂日期、产品序列号等。

2．机械硬盘的内部结构

打开硬盘外壳之后，可以看到硬盘内部主要包括磁盘盘片、主轴组件、磁头驱动机构等主要部件，如图 7-13 所示。

（1）磁盘盘片

硬盘内部结构中体积最大的是磁盘盘片，是硬盘存储数据的载体。现在的磁盘盘片大多采用金属材料。一般硬盘的磁盘盘片是由多个重叠在一起并由垫圈隔开的盘片组成，也就是常说的该硬盘是几碟装。如图 7-13 所示的硬盘是三碟装盘片。

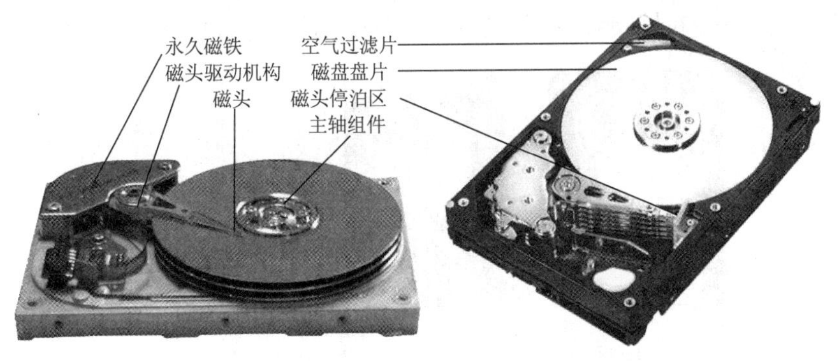

图 7-13　硬盘的内部结构

（2）主轴组件

硬盘的主轴组件包括轴承、驱动电动机等。随着硬盘容量的扩大和传输速率的提高，驱动电动机的速度也在不断提升，轴承也从滚珠轴承发展到油浸轴承，再发展到液态轴承，目前液态轴承已经成为主流。

（3）磁头驱动机构

磁头驱动机构是硬盘中最精密的部件之一，它由读写磁头、传动手臂和传动轴 3 部分组成。磁头是硬盘技术中最重要和关键的部件，是由多个磁头组合而成的，它采用非接触式头、盘结构，加电后在高速旋转的磁盘表面移动，与盘片之间的间隙只有 0.1～0.3μm，这样可以获得很好的数据传输率。目前转速为 7200r/min 的硬盘磁头与盘片的间隙（飞行高度）一般都低于 0.3μm，以利于读取较大的高信噪比信号，提高数据传输的可靠性。

其中电磁线圈电动机包含着一块永久磁铁，这是磁头驱动机构对传动手臂起作用的关键，永久磁铁磁力非常强。

7.2.2　固态硬盘的结构

1．固态硬盘的外部结构

由于固态硬盘有 SATA 接口、mSATA 接口、PCI-E 接口和 Mini PCI-E 接口，因此外观也不同，下面以 SATA 接口的固态硬盘为例，介绍固态硬盘的结构。

对于 SATA 接口的固态硬盘，其接口规范、功能及使用方法与机械硬盘完全相同，在产品外形和尺寸上也与机械硬盘一致。固态硬盘由于没有了盘片、电动机等机械结构，因此发热量、体积都要比传统的机械硬盘小。一般固态硬盘只有 2.5in，一些笔记本电脑用的固态硬盘只有 1.8in。

2．固态硬盘的内部结构

下面以某 2.5in SATA 接口的固态硬盘为例，介绍固态硬盘的内部结构。打开固态硬盘的外壳后，可以看到固态硬盘的内部结构非常简单，由两块金属外壳和 PCB 组成，如图 7-14 所示。

图 7-15 所示是其 PCB 的正面和背面，上面的元件主要有闪存芯片、缓存芯片、Fireware 固件芯片和主控芯片等。PCB 上的闪存芯片阵列分布于 PCB 两侧，每个容量为 4GB，共同组成固态硬盘，用于保存数据。固态硬盘的缓存芯片采用 DRAM 芯片，容量为 16MB，DRAM 的读写

速度比闪存芯片快。无论机械硬盘还是固态硬盘，都有主控芯片和 Fireware 固件芯片。

图 7-14　2.5in SATA 接口的固态硬盘内部

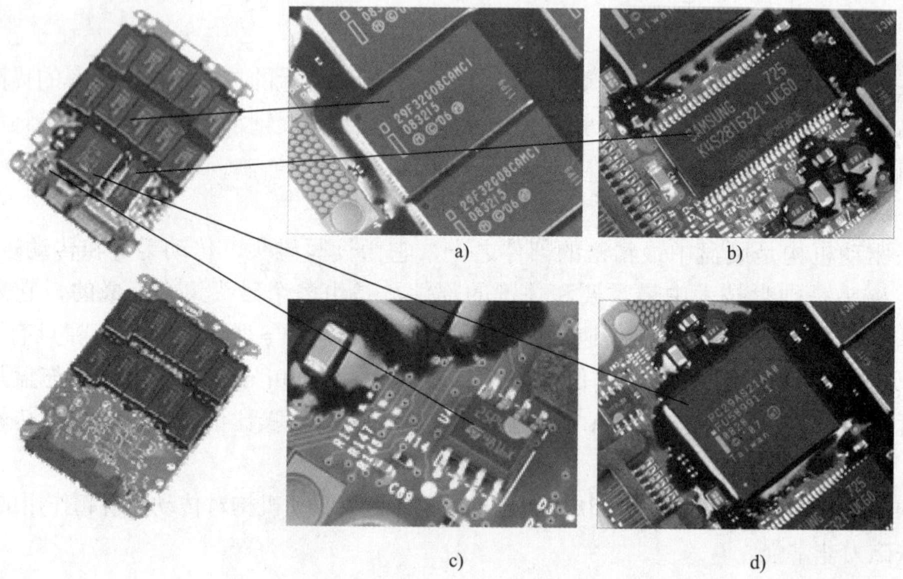

图 7-15　PCB 的正面和背面

a) 闪存芯片　b) 缓存芯片　c) 固件芯片　d) 主控芯片

3. 固态硬盘的优缺点

固态硬盘相比机械硬盘有以下优点。

1）读取速度快。由于采用闪存随机读取，因此读延迟极小，这是固态硬盘最大的优点。

2）防振抗摔。由于固态硬盘内部是纯电子元器件，因此不怕碰撞和冲击、振动。

3）发热低、噪声小。闪存芯片发热量小，工作时噪声小。

4）体积小。相比传统的机械硬盘，固态硬盘体积更小，重量更轻，方便携带。

虽然固态硬盘有许多优点，但目前还存在以下缺点。

1）容量小、成本高。相比机械硬盘，一般固态硬盘的容量小许多，当前主流 SSD 的容量为 240～480GB，而价格却是机械硬盘的 3～5 倍。

2）写入速度慢。固态硬盘在数据读取上比机械硬盘快许多，但在数据写入上比传统硬盘慢许多，而且容易产生碎片。

3）寿命短。在一般的固态硬盘中，闪存的写入寿命为 500～10 万次，在计算机系统中很容易超过这个数量。

4）可靠性低。固态硬盘中的数据损坏后基本不可能恢复损坏芯片中的数据。

7.2.3　混合固态硬盘的结构

SSD 的优点是读写速度快，多任务处理能力强，缺点是容量小、价格贵。传统的机械硬盘虽然读写速度慢，但是容量大，价格便宜。为此提出了一种折中方案，即把传统机械硬盘和固态硬盘集成到一起，形成一种新的硬盘，这样既可以实现普通机械硬盘的大容量，又能提供更快速的读写速度，而且还可以通过一定的策略进一步提高性能，即可以实时对硬盘文件的使用频率进行监测和分析，并把使用频率较高的文件复制到闪存中，以便快速进行重新调用，从而达到加快硬盘读写速度的目的。

1．混合固态硬盘的外部结构

混合硬盘（Hybrid HDD）也称混合固态硬盘（SSHD），与普通的机械硬盘在外观上没有区别，图 7-16 所示是希捷 4 TB SATA3 64MB 缓存+8GB SSD 的混合固态硬盘。

图 7-16　混合固态硬盘的外部结构

2．混合固态硬盘的内部结构

混合固态硬盘中的机械硬盘与普通机械硬盘没有区别，区别主要是混合硬盘的 PCB 基板上集成了 SSD 闪存和主控芯片，因此它的 PCB 基板面积更大，电子元器件更为密集，如图 7-17 所示。

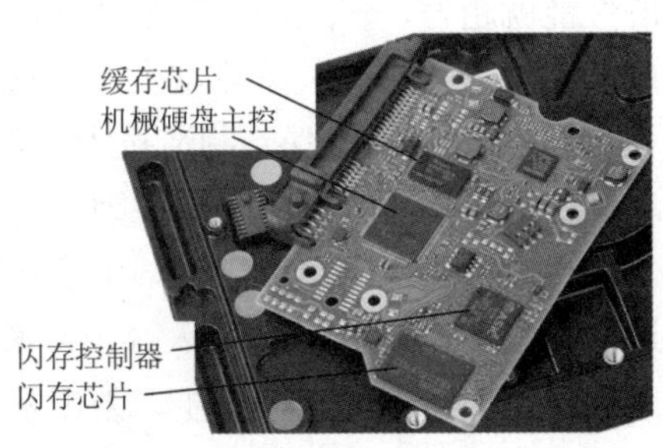

图 7-17　混合固态硬盘的内部结构

3．混合硬盘的工作方式

混合硬盘有以下两种工作方式。

（1）SSD 缓存加速技术

SSD 缓存加速技术将独立的 SSD 作为缓存，这个缓存相当于降低速度的内存，整个机械硬盘拥有固态硬盘的速度。它将 SSD 依附在机械硬盘，用户手动或者程序自动把 SSD 建立一个加速缓冲区，为主体的机械硬盘提供缓存加速服务。但是这种技术有两个缺点：一是数据的稳定可靠性较差，SSD 缓存全盘接收活动数据，而且需要快速擦写那些不用的数据，SSD 的寿命将快速消耗；二是它和内存一样，关机之后数据消失。

（2）SSD 缓存记忆技术

SSD 缓存记忆技术把 SSD 作为记忆缓存，并非全盘接收全部活动的数据，而是有选择性地预存数据。它的工作原理是把频繁使用的各种应用、数据预存到 SSD 缓存，这个缓存具备学习和记忆功能，它预存的数据不会因为关机而消失。因此，它的使用寿命更长，更加安全。

7.3　硬盘的主要参数

7.3.1　机械硬盘的主要参数

1．容量

硬盘容量的单位为 GB 或 TB。目前，硬盘容量一般为 250GB～5TB，多数硬盘由 1～5 张碟片组成，所以又可以分为硬盘总容量和硬盘单碟容量。从数量上说，每张碟片的存储容量越高，达到相同容量所用的碟片数量就越少，系统的可靠性也就越高。同时，高密度盘片可使硬盘在读取相同数据量时，磁头的寻道动作和移动距离减少，从而使平均寻道时间减少，加快硬盘的读写速度。因此，单碟容量成了减少碟片数量最直接的办法。目前，台式机硬盘的单碟容量有 250GB、500GB、1TB 等。

计算机中显示出来的容量往往比硬盘容量的标称值要小，这是由于不同的单位转换关系造成的。在计算机技术中，1GB=1024MB，而硬盘厂家通常按照 1GB=1000MB 换算。

2．转速

硬盘的转速是指硬盘内电动机主轴的旋转速度，也就是硬盘盘片在一分钟内所能完成的最大转数，单位为 r/min。硬盘的转速越高，硬盘的寻道时间就越短，内部数据传输速率就越高，硬盘的性能就越好，转速的快慢是硬盘档次的重要参数之一。

硬盘的转速与硬盘性能关系非常大，硬盘的主轴转速一般为 5400～10000r/min，主流硬盘的转速为 7200r/min。由于受到制造技术的限制，硬盘转速的提升非常缓慢，这也是新的硬盘接口出现后性能仍不能提升的主要原因。另外，高转速也带来了高热量。

从表 7-1 中的参数对比可以看出，由于转速的不同，性能差别直接反映在随机读取/写入寻道时间这个参数上。随机读取/写入寻道参数这个参数的数值是越低越好，也是日常硬盘应用在速度上最能直接体验的一个性能。无论是 Windows 系统启动、大量零碎文件的读写、各种软件的启动时间等，都和随机读取/写入时间有着直接的关系。这是 CPU、内存性能再高都无法改变的。

表 7-1　7200r/min 硬盘和 5900r/min 硬盘参数对比（单位：ms）

参 数 名 称	7200r/min 硬盘	5900r/min 硬盘
平均延迟时间	4.16	5.1
随机读取寻道时间	<8.5	<16.0
随机写入寻道时间	<9.5	<16.0

3. 硬盘缓存

硬盘缓存是指硬盘控制器上的一块存取速度极快的内存芯片，是硬盘与外部数据总线交换数据的场所，其容量通常用 KB 或 MB 来表示。硬盘缓存可以加快硬盘的读写速度，同时也可以在一定程度上保护硬盘。硬盘的缓存主要起三种作用：预读取、对写入动作进行缓存、临时存储最后访问过的数据，目的是解决硬盘与计算机其他部件速度不匹配的问题。目前，硬盘缓存的容量为 2MB、8MB、16MB、32MB、64MB 或更大。理论上，硬盘的缓存容量越大越好。

4. 接口

硬盘的数据接口主要有 ATA 和 SATA 两种标准。ATA-5 标准的数据传输速率为 66.67MB/s；SATA 1.0 标准数据传输速率的有效带宽峰值为 150MB/s，SATA 2.0 或 2.5 标准的数据传输速率为 300MB/s，SATA 3.0 标准的数据传输速率为 600MB/s。

5. 平均寻道时间（Average Seek Time）

平均寻道时间指硬盘磁头移动到数据所在磁道时所用的时间，单位为 ms。注意它与平均访问时间的差别，平均寻道时间当然是越小越好，现在选购硬盘时应该选择平均寻道时间低于 9ms 的产品。

6. 平均潜伏期（Average Latency）

平均潜伏期指当磁头移动到数据所在的磁道后，等待所要的数据块继续转动（半圈或多些、少些）到磁头下的时间，单位为 ms。

7. 单磁道时间（Single Track Seek）

单磁道时间指磁头从一磁道转移至另一磁道的时间，单位为 ms。

8. 全程访问时间（Max Full Seek）

全程访问时间指磁头开始移动直到最后找到所需要的数据块所用的全部时间，单位为 ms。

9. 平均访问时间（Average Access）

平均访问时间指磁头找到指定数据的平均时间，通常是平均寻道时间和平均潜伏期之和，单位为 ms。注意，现在一些硬盘广告中所说的平均访问时间大部分都是用平均寻道时间来代替的。

10. 最大内部数据传输速率（Maximum Internal Data Transfer Rate）

最大内部数据传输速率也叫持续数据传输速率（Sustained Transfer Rate），单位为 Mbit/s（注意与 MB/s 之间的差别）。它指磁头至硬盘缓存间的最大数据传输速率，一般取决于硬盘的盘片转速和盘片数据线密度（指同一磁道上的数据间隔度）。注意，在这项指标中常常使用 Mbit/s 为单位，如果需要将单位转换成 MB/s，就必须将 Mbit/s 数据除以 8（1B=8bit）。例如，某硬盘给出的最大内部数据传输率为 131Mbit/s，但如果用单位 MB/s，就只有 16.375MB/s。

11. 外部数据传输速率（External Transfer Rate）

通常称为突发数据传输速率（Burst Data Transfer Rate），指从硬盘缓冲区读取数据的速率，在广告或硬盘特性表中常以数据接口速率代替，单位为 MB/s。例如，Ultra ATA/100 的最大外部数据传输速率为 100MB/s，Ultra 320 SCSI 的数据传输速率为 320MB/s，SATA 1.0 的数据传输速率为 150MB/s，SATA 2.0 或 2.5 标准的数据传输速率为 300MB/s，SATA 3.0 标准的数据传输速率为 600MB/s。

内部数据传输速率与外部数据传输率的关系如图 7-18 所示。由于外部数据传输速率受内部数据传输速率的制约，所以无法达到标称的速率。

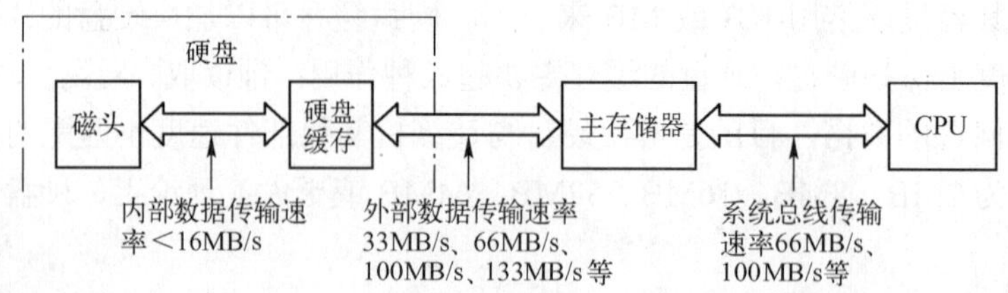

图 7-18　硬盘内部数据传输速率与外部数据传输速率关系示意图

12．单碟容量

硬盘中的存储盘片一般有 1～4 片。每张盘片的存储密度越高，其达到相同容量所用的盘片就越少，其系统可靠性也就越好。同时，高密度片可使硬盘在读取相同数据量时，磁头的寻道动作和移动距离减少，从而使平均寻道时间减少，加快硬盘读写速度。3.5in 的碟片单碟容量有 40GB、80GB、500GB、1TB、2TB 等。

13．数据保护技术

数据保护技术是硬盘的一项重要附加技术指标，现在的硬盘除了有自监测、分析和报告技术（Self-Monitoring、Analysis and Reporting Technology，S.M.A.R.T）外，一般还拥有各自的一套数据保护系统，如迈拓（Maxtor）公司的 ShockBlock 防振保护和 MaxSafe 技术，西部数据公司的数据卫士，希捷公司的 3D Defense 等。

硬盘是一种可靠性非常高的设备，它的平均无故障工作时间可达 10 万小时以上，但即使如此仍不能排除硬盘发生故障的可能。硬盘发生的故障有两种类型：不可预测的和可预测的。不可预测的故障可能是由于集成电路、控制装置或温度调节装置的焊接出现了问题而引起的，到目前为止无法预测这种故障。可预测的故障是由于硬盘驱动器逐渐老化造成的。大约有 60%的驱动器的故障是机械性的，而这正是 S.M.A.R.T 设计并希望预测的一类故障，例如，S.M.A.R.T 可以监视磁性介质上的磁头飞行的高度，也可以监视硬盘上的电子控制电路的工作状态或数据传输速率。计算机中的硬盘如果支持 S.M.A.R.T，那么万一该硬盘出现不良状态，硬盘的 S.M.A.R.T 功能通过操作系统就会发出一个警告，可能出现如下信息：

WARNING: Immediately backup your data and replace your hard disk drive. A failure may be imminent.

此时应该结束工作并退出应用程序，然后将重要数据备份到其他的存储器中。S.M.A.R.T 提供了一种低成本、高效率的保护数据的方式。要实现此功能，除硬盘具有 S.M.A.R.T 功能外，还要在 BIOS 或操作系统中设置。

14．NCQ 技术

从 Intel ICH6R 南桥芯片开始，引入了本机命令排序（Native Command Queuing，NCQ）技术。这些技术的引入使硬盘工作提速，并提高了硬盘工作时的可靠性。

SCSI 技术超越普通硬盘及 SATA 硬盘的一个重要原因就是 NCQ。PC 使用的传统硬盘都是线性工作的，这种工作方式存在着潜在的危害。硬盘内部由一片或几片盘片作为存储数据的介质。每层盘片按照半径不同的同心圆被划分为不同的磁道，而后磁道又被划分成不同的扇区。每层盘片都用一个或多个磁头进行读/写操作。如果数据存储于同一磁道中，那么数据

搜索速度将是最快的，即寻道时间最短，而磁头在磁道之间移动会消耗时间。通过 NCQ 技术，寻道顺序可以被有效地重新排列，将位于外围的全部需求数据块读取完毕之后，再读取内部磁道的数据，通过这种方式可以大大提高寻道的速度。NCQ 技术示意图如图 7-19 所示。目前，硬盘厂商都已开始在其生产的硬盘中加入对 NCQ 技术的支持。

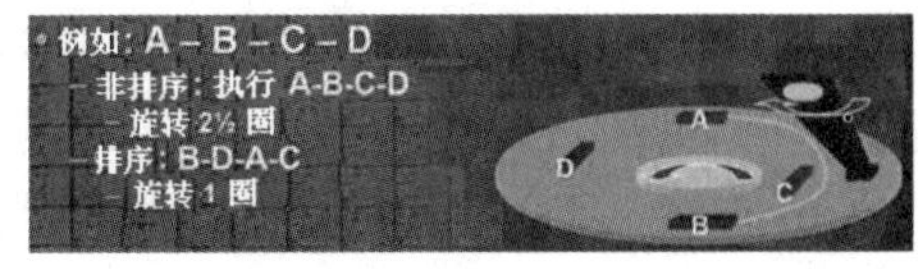

图 7-19　NCQ 技术示意图

对于支持 NCQ 技术的硬盘，安装到系统后一般并不会自动开启 NCQ 技术，必须在 BIOS 中开启 AHCI，部分芯片组还要进入系统，然后进行设置。现在的 P43、P45、NVIDIA 和 AMD 的主流芯片组几乎都支持 AHCI 功能，主板说明书中一般都会有介绍。

15. Green Power 技术

Green Power 技术是西部数据硬盘的一项技术，具有 3 大特色功能：优化降低寻道功耗（IntelliSeek）、闲置时将磁头撤出降低功耗（IntelliPark）和工作负载、智能调节硬盘转速（IntelliPower）。这种技术被称为绿色环保节能技术，有这种技术的硬盘被称为绿盘。

16. 高级格式化标准

硬盘容量不断扩展，之前定义的每个扇区 512B 不再是那么地合理，于是将每个扇区 512B 改为每个扇区 4096B，也就是现在常说的“4K 扇区”。随着 NTFS 成为标准的硬盘文件系统，其文件系统的默认分配单元大小（簇）也是 4096B，为了使簇与扇区相对应，即使物理硬盘分区与计算机使用的逻辑分区对齐，保证硬盘读写效率，所以就有了“4K 对齐”的概念。如果硬盘扇区是 512B，就要将硬盘扇区对齐成 4K 扇区，即 512bit×8=4096bit，只要用 8 的倍数去设置都可以实现 4K 对齐。

如果 4K 不对齐，例如在 NTFS 6.x 以前的规范中，数据的写入点正好会介于在两个 4K 扇区之间，也就是说，即使写入最小量的数据，也会使用到两个 4K 扇区，这样造成跨区读写且读写次数增加，从而影响读写速度。

自 2009 年 12 月起，硬盘制造商开始引入使用 4096B（4K）扇区的磁盘。2011 年 1 月，硬盘制造商一致同意，笔记本电脑和台式机市场发行的新型产品均采用高级格式化标准。简单说来，自 2011 年 1 月始，新型号的硬盘基本都采用了高级格式化（Advanced Format）技术，采用了该技术的硬盘一般会在盘体上标注“Advanced Format”字样或者“AF”标签，如图 7-20 所示。

图 7-20　高级格式化标签

但是，许多采用高级格式化技术的硬盘上并没有标注“Advanced Format”字样或“AF”标签。用户可以上网搜索硬盘型号，或者通过相关软件测试。

7.3.2　固态硬盘的主要参数

当今的组装电脑，固态硬盘已经成为标配。尤其是笔记本电脑，更换固态硬盘（SSD）是提升整机性能的最好选择。市场上有各种各样的固态硬盘，但质量和性能相差较大，并不是相同容量的硬盘性能都一样。除了容量的大小，还有芯片、接口、闪存及品牌都是固态硬盘的重要参数。

固态硬盘的主要构成是：闪存芯片、主控芯片、印制电路板、数据接口和通道、缓存、外壳。固态硬盘的性能优劣主要由几个参数来决定，即闪存芯片、主控芯片、固件芯片、缓存芯片，其中主控和闪存对固态硬盘的影响最大。

1．闪存芯片

在固态硬盘、U盘及智能手机中，其固态存储都使用闪存（Flash Memory），这是SSD产品最核心的部分。闪存是一种长寿命的非易失性存储器，在断电情况下仍能长时间保持所存储的数据，其存储特性相当于硬盘。这项特性正是闪存得以成为各类便携型数字设备的存储介质的基础。由于其断电时仍能保存数据，因此闪存通常被用来保存设置信息，如电脑的BIOS等。

各类DDR、SDRAM内存都属于挥发性内存，只要停止供应电流，内存中的数据便无法保持，因此每次电脑开机都需要把数据重新载入内存。

（1）闪存技术的分类

NOR和NAND是市场上两种主要的非易失闪存技术。Intel公司于1988年首先开发出NOR闪存技术，改变了原来只有EPROM和EEPROM的局面。1989年，东芝公司发表了NAND闪存结构，强调降低每比特的成本更高的性能，并且像磁盘一样可以通过接口轻松升级。

闪存是电可擦除只读存储器（EEPROM）的变种。闪存与EEPROM不同的是，EEPROM能在字节水平上进行删除和重写而不是整个芯片擦写；而闪存的数据删除不是以单个的字节为单位，而是以固定的区块为单位（注意NOR闪存为字节存储），区块大小一般为256KB～20MB。

NOR闪存的特点是芯片内执行（eXecute In Place，XIP），即应用程序可以直接在闪存内运行，不必再把代码读到系统RAM中。NOR的传输效率很高，在1～4MB的小容量时具有很高的成本效益，但是很低的写入和擦除速度大大影响了它的性能。内存和NOR闪存的基本存储单元是bit，可以随机访问任何一个位的信息。

NAND闪存的基本存储单元是页（Page）（NAND闪存的页就类似硬盘的扇区，硬盘的一个扇区也为512Byte）。每一页的有效容量是512Byte的倍数。所谓的有效容量是指用于数据存储的部分，实际上还要加上16Byte的校验信息，因此可以在闪存厂商的技术资料当中看到"（512+16）Byte"的表示方式。2Gbit以下容量的NAND闪存绝大多数是（512+16）Byte的页面容量，2Gbit以上容量的NAND闪存则将页容量扩大到（2048+64）Byte。

任何闪存的写入操作只能在空或已擦除的单元内进行，所以大多数情况下，在进行写入操作之前必须先执行擦除。NAND闪存执行擦除操作是十分简单的，而NOR闪存则要求在进行擦除前先要将目标块内所有的位都写为0。

由于擦除NOR闪存时是以64～128KB的块进行的，执行一个写入/擦除操作的时间为5s。与此相反，擦除NAND闪存是以8～32KB的块进行的，执行相同的操作最多只需要4ms。

NOR 闪存的读速度比 NAND 闪存稍快一些，NAND 闪存的写入速度比 NOR 闪存快很多，NAND 闪存的擦除单元更小，相应的擦除电路更少。在 NAND 闪存中每个块的最大擦写次数是 100 万次，而 NOR 闪存的擦写次数是 10 万次。NOR 闪存可以像其他存储器那样连接，并可以在上面直接运行代码。由于需要 I/O 接口，NAND 闪存要复杂得多。

NAND 闪存的单元尺寸几乎是 NOR 闪存的一半，由于生产过程更为简单，NAND 结构可以在给定的模具尺寸内提供更高的容量，也就相应地降低了价格。

NOR 闪存占据了容量为 1～16MB 闪存市场的大部分，而 NAND 技术用在 8～128MB 的产品当中，这也说明 NOR 闪存主要应用在代码存储介质中，NAND 闪存适合于数据存储。

（2）NAND 闪存

1）NAND 闪存的三种类型。NAND 闪存广泛应用在大容量存储设备上。根据 NAND 闪存中电子单元密度的差异，又可以分为 SLC、MLC 及 TLC。此三种存储单元在读取速度、寿命、价格上有着明显的区别。

SLC（Single-Level Cell，单层存储单元）：闪存在每个单元写一位数据，即 1bit/cell，速度快，寿命长，价格贵（约 MLC 3 倍以上的价格），约 10 万次擦写寿命。耐久性最好。

MLC（Multi-Level Cell，双层存储单元）：闪存在每个单元写两位数据，即 2bit/cell，速度一般，寿命一般，价格一般，约 3000～10000 次擦写寿命。耐久性排名第二。

TLC（Trinary-Level Cell，三层存储单元）：闪存在每个单元写三位数据，即 3bit/cell，速度慢，寿命短，价格便宜，约 500～1000 次擦写寿命。耐久性最差。每个单元写入的数据位越多意味着每个单元的容量越高，每吉字节（GB）的成本越低，同样意味着平均寿命更短。

SLC 是数据中心标准，但控制器技术的不断优化使得 MLC 被大多数用例所接受，尤其是在采用了某种方式的数据保护，如镜像、RAID 或者 Flash 闪存层时。

2）TLC 的优势。TLC 比 MLC 寿命低，是因为 TLC 存储状态更多，进行数据读写时对存储单元消耗大。举例来讲，相同主控芯片情况下，使用主流的 2Xnm 闪存芯片，拥有 3000P/E 的 MLC 芯片的寿命是 500P/E 的 TLC 芯片寿命的 6 倍！随着芯片纳米制程的提高，闪存芯片的存储寿命也在降低，这样一来，为了保证 SSD 的使用寿命，更加有必要采用 MLC 芯片作为存储。

P/E 是 Program/Erase Cycle 的意思，闪存每次写入（也叫编程，Program）之前需要先擦除（Erase），P/E 也就是闪存能够反复写入的次数。闪存完全擦写一次叫作 1 次 P/E，因此闪存的寿命就以 P/E 作单位。闪存的寿命主要是受擦写次数影响。对于固态硬盘，1 次 P/E 是指与固态硬盘容量等量（硬盘的写入量=硬盘的容量）的完全写入即为一次。比如一款 250GB 的固态硬盘，要累计写入 250GB 的数据才算是 1 次 P/E。固态硬盘的使用寿命和 P/E 次数成正比。一般来说，固态硬盘使用 MLC 主控的都是 3000～5000P/E，使用 TLC 都是 500～1000P/E。

目前大多数 U 盘和智能手机都采用 TLC 芯片颗粒，其优点是价格便宜，不过速度一般，寿命相对较短。而固态硬盘中，目前 TLC 颗粒固态硬盘是主流，而中端固态硬盘采用的是 MLC 芯片颗粒，SLC 颗粒主要在一些高端固态硬盘中出现。

现在常用的 TLC 闪存颗粒，它稳定性差、寿命极短，不过随着技术的进步，使用中的寿命大大延长，即使可擦写次数只有 MLC 的七分之一，也依旧能满足一般用户使用五六年。

（3）2DNAND 和 3DNAND

2D NAND 就是一种颗粒在单 die（逻辑单元）内部的排列方式，是以二维平面模式排列闪存颗粒的。3D NAND 则是在二维平面基础上，在垂直方向也进行颗粒的排列。利用 3D NAND 技术使得颗粒能够进行立体式的堆叠，从而解决了由于晶圆物理极限而无法进一步扩大单 die 可用容量的限制，在同样体积大小的情况下，极大地提升了闪存颗粒单 die 的容量体积，提高了存储颗粒总体容量。2D NAND 与 3D NAND 的对比如图 7-21 所示。

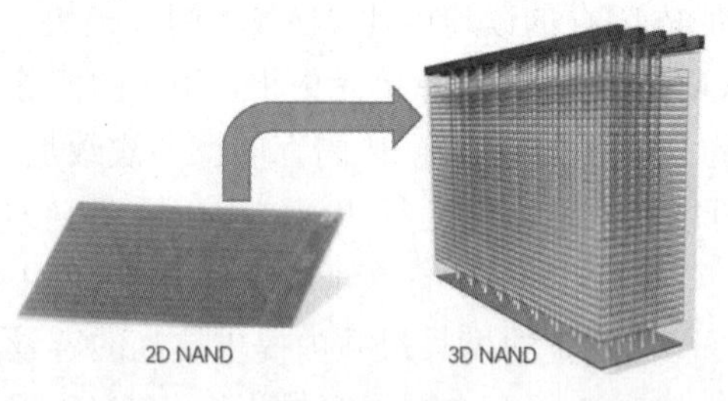

图 7-21　2D NAND 与 3D NAND 的对比

根据在垂直方向堆叠的颗粒层数不同和选用的颗粒种类不同，3D NAND 颗粒又可以分为 32 层、48 层、64 层、72 层的 3D TLC/MLC 颗粒。2017 年以来，三星、东芝、镁光、海力士等都投产了 64 层、72 层 3D TLC/MLC 颗粒的不同产品。

（4）闪存颗粒的品牌

目前主流 SSD 均采用 TLC 3D NAND 颗粒。目前生产 SSD 闪存颗粒的制造商主要是这 6 家：三星（SAMSUNG）、东芝（Toshiba）、镁光（Micron）、英特尔（Intel）、海力士（Hynix）、闪迪（SanDisk），如图 7-22 所示。它们 6 家的闪存产能占据了 NAND 闪存市场近 9 成的市场比重，几乎所有工艺的创造和升级都是由这几家原厂所主导。

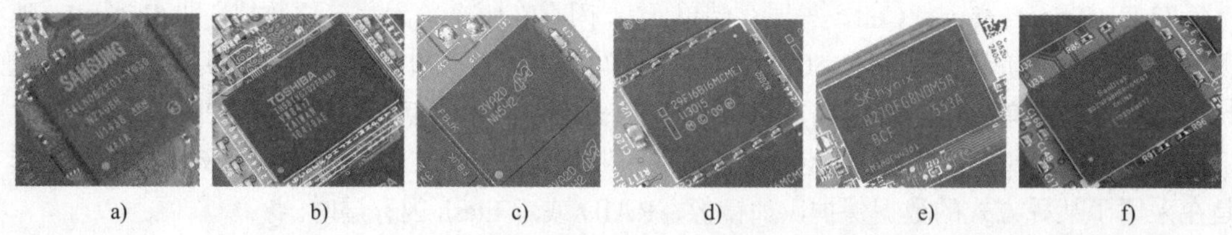

a)　b)　c)　d)　e)　f)

图 7-22　各品牌的闪存颗粒

a) SAMSUNG　b) Toshiba　c) Micron　d) Intel　e) Hynix　f) SanDisk

闪存颗粒有 3 种成品：原厂封装（有 6 家闪存的原厂 Logo，有详细的型号规格标注）、白片（指原厂封装有瑕疵筛选后的颗粒，通常是品质不合格的颗粒，只有品牌厂商的 Logo 标注）、黑片（就是原厂封装淘汰的废品颗粒，闪存上不带任何标注）。

闪存颗粒有两种形态：同步闪存和异步闪存（可以简单理解为同步闪存颗粒比异步闪存颗粒工作速度更快，同样速度的同步闪存颗粒比异步闪存颗粒贵一些）。

SSD 闪存颗粒生产工艺（制程）：1Xnm（目前新的工艺是 15nm），现在业界已经从 2D Planar NAND 过渡到 3D V-NAND（即从平面堆叠更多个数发展到立体堆叠更多层数）。

SSD 有两种闪存工作模式：Toggle DDR 和 ONFI。其中以英特尔、镁光、海力士为首的 NAND 厂商所主打制定的闪存接口标准为 ONFI，而以三星和东芝阵营为首的 NAND 厂商当前所主打的则是 Toggle DDR。

2．主控芯片

主控芯片（System-on-a-Chip，SoC）也会对固态硬盘的速度及功耗造成影响。一款好的主控算法可以有效提升闪存固态硬盘的性能，还可以降低固态硬盘的能耗。

SSD 主控芯片的本质是一颗处理器，主要基于 ARM 架构。SSD 主控芯片的运算能力由制造工艺、核心面积的大小（晶体管数量）、核心的数量、频率决定。其具体作用表现在，一

是合理调配数据在各个闪存芯片上的负荷，让所有的闪存颗粒都能够在一定负荷下正常工作，协调和维护不同区块颗粒的协作；二是承担了整个数据中转，连接闪存芯片和外部 SATA 接口；三则是负责固态硬盘内部各项指令的完成，如 trim、CG 回收、磨损均衡。可以说，一款主控芯片的好坏直接决定了固态硬盘的实际体验和使用寿命。

主控芯片的技术门槛较高，所以主控品牌比较少，目前主流主控品牌有 Silicon Motion（慧荣）、Phison（群联）、Marvell（美满）、SAMSUNG（三星）、Intel（英特尔）、Toshiba（东芝）、SanDisk（闪迪）被 Western Digital（西部数据）收购，如图 7-23 所示。

a)

b)

c)

d)

e)

图 7-23　各品牌的主控芯片

a) Silicon Motion　b) Phison　c) Marvell　d) SAMSUNG　e) Intel

慧荣和群联主控是两家台湾主控公司，其主控成本低廉，很多国产 SSD 使用它，涉及厂家包括但不限于浦科特、七彩虹、影驰、台电、光威、铭瑄等。

Marvell 主控属于高端系列，早期产品只用于企业级，现在应用在浦科特、闪迪、英睿达固态硬盘中。其技术实力雄厚，主控质量稳定，但是相应的固态硬盘的价格也比较昂贵。

三星主控只用在自家的 SSD 产品中，技术实力强悍。可以这么说，在 SATA 接口 SSD 中，三星 860PRO 读写速度最快，在 NVMe 固态硬盘中，三星 960PRO 读写速度最快。

瑞昱主控同样是台系品牌，是一家新晋主控品牌，七彩虹部分 SSD 采用瑞昱主控方案。

3. 缓存芯片

缓存芯片是固态硬盘中最容易被人忽视的一块，也是厂商最不愿意投入的一块。缓存芯片在 SSD 电路板上的位置如图 7-24 所示。和主控芯片、闪存颗粒相比，缓存芯片的作用确实没有那么明显。实际上，缓存芯片的存在意义还是有的，特别是在进行常用文件的随机性读写上以及碎片文件的快速读写上。由于固态硬盘内部的磨损机制，导致固态硬盘在读写小文件和常用文件时会不断进行整块数据的写入缓存，然而导出到闪存颗粒这个过程需要大量缓存维系。特别是在进行大数量级的碎片文件的读写进程，高缓存的作用更是明显。这也解释了没有缓存芯片的固态硬盘在用了一段时间后开始掉速。当前，缓存芯片市场规模不算太大，主流的厂商也基本集中在南亚、三星、金士顿等。有些固态硬盘没有缓存，在选购时要注意。

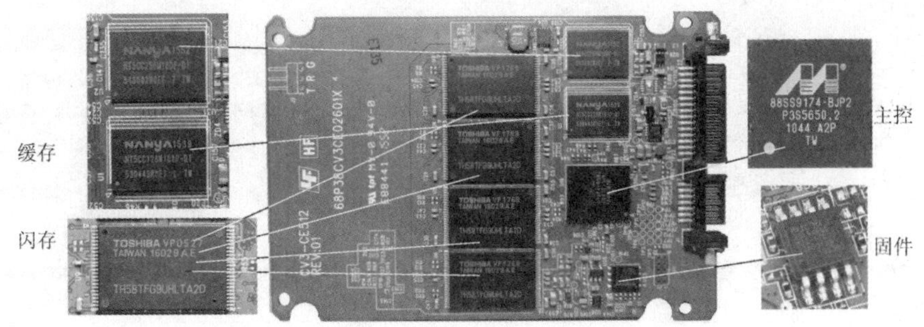

图 7-24　缓存芯片在 SSD 电路板上的位置

4．固件

固件（Firmware）是一段底层的软件程序，主要用于驱动控制器。固件是沟通计算机主机与固态硬盘硬件之间的桥梁，每次开机时主控都需要先加载固件程序运行，实现固态硬盘的各种功能。固件会影响固态硬盘的性能、稳定性，和硬件配置一样决定了固态硬盘的使用体验。像手机 ROM 一样，固件也能升级。

虽然 SSD 的结构看起来比 HDD 的结构简单很多，但实际上机制却要比 HDD 复杂。例如，SSD 需要通过 FTL 层和系统进行直接对话，闪存一定要在完全擦除后才能重新写入数据，所以 SSD 需要 Trim 来把闪存重新"擦干净"。再比如，SSD 需要一个非常完善的平衡写入算法，让所有的颗粒都均衡地被消耗，不至于导致有一部分颗粒写入寿命耗尽，而其他颗粒未使用的情况。固件中算法非常多，如错误校正码（ECC）、坏块管理、垃圾回收算法等，所以，SSD 固件的编写难度可见一斑。目前来看，能够独立开发固件的 SSD 厂商少，仅有三星、Intel、闪迪、英睿达、浦科特、东芝等，这是大厂带来的技术优势。

当然，在固态硬盘固件出现问题影响 SSD 正常使用时，这些 SSD 厂商也会很快地发布新的更新固件，而小厂商一般没有后续更新，也不具备这种技术实力。

5．SSD 的接口

固态硬盘的接口分为 PCI-E、M.2 和 SATA 接口，但其接口规范不固定。

PCI-E 接口：以高端消费级市场和企业级市场为主，有着超高的数据吞吐容量的数据接口，最高支持 PCI-E 3.0 ×16。在性能上，比 M.2 和 SATA 接口的硬盘要好很多。

M.2 接口：M.2 接口又分为 Socket 2 和 Socket 3，Socket 2 走 SATA 通道，Socket 3 走 PCI-E 通道。M.2 的 SATA 通道接口有 2.0 3Gbit/s、3.0 6Gbit/s 版本；M.2 的 PCI-E 通道接口有 PCI-E 2.0、PCI-E 3.0 版本，支持 NVMe 标准，最高数据传输速率达 32Gbit/s。后者比前者的性能要优越许多，买 M.2 接口的 SSD 必须看清所走的通道。图 7-25 所示是 SATA 接口固态硬盘（左图）与 PCI-E 接口固态硬盘（右图）的速度对比，从连续读写、4K 测试和综合得分看，PCI-E 固态硬盘高出 SATA 固态硬盘三倍多。

SATA 接口：与机械硬盘接口一样，包括 SATA 和 mSATA，版本有 2.0 3Gbit/s、3.0 6Gbit/s。其价格便宜，成本较低，目前主流的 SATA 3.0 通道的最大传输速度为 6Gbit/s，实际速度最大为 560MB/s，性能远低于 PCI-E、M.2 接口。

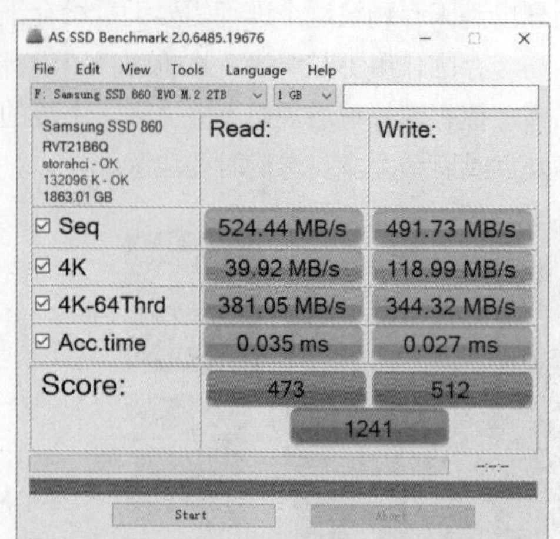

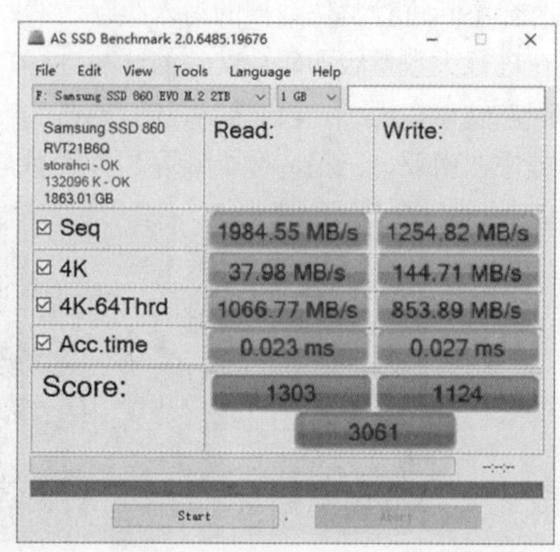

图 7-25　SATA 固态硬盘和 PCIe 固态硬盘对比

6．4K 对齐

随着硬盘容量不断扩展，使得之前定义的每个扇区 512B 不再合理，于是将每个扇区 512B 改为每个扇区 4096B，也就是现在常说的“4K 扇区”。随着 NTFS 成为了标准的硬盘文件系统，其文件系统的默认分配单元大小（簇）也是 4096B，为了使簇与扇区相对应，即使物理硬盘分区与计算机使用的逻辑分区对齐，保证硬盘读写效率，所以就有了“4K 对齐”的概念。在 Windows 7 及以上系统中，在安装系统时采用的格式化是自动对齐的。其默认是将硬盘扇区对齐到 4 扇区（2048B）的整数倍。

7．TRIM

SSD 有一种技术叫作“垃圾回收机制”，也就是 Trim 技术，所以，所有的 SSD 都支持 Trim 技术。SSD 的读写和 HDD 的读写有一个本质的不同，HDD 写入时，不管对应的块是否曾经写入过数据，只要硬盘索引表示该区域没有链接文件，那么 HDD 就直接写入。但是 SSD 不行，即使是索引表示目前即将写入的区域没有文件，但只要不是新盘，曾经写过文件，那么 SSD 就需要先做擦除操作再写入。所以，曾经被写满的 SSD，即使被格式化或者删除文件后，今后的每一次写操作都需要擦写一次，所以，SSD 就会出现越用越慢的情况。Trim 技术就是这种减缓和缓解 SSD 的“垃圾回收机制”的技术。只有 Windows 7 以上才支持 SSD 的 Trim 技术，XP 和以下版本是不支持 Trim 的。

使用 SSD 时注意，在 BIOS 中打开 AHCI。尽量不要给 SSD 分区，就算要分最多分两个区。采用 4K 对齐分区。给 SSD 留有足够的空余存储空间。一定要用 Windows 7 以上操作系统。千万不要用磁盘碎片整理功能来整理 SSD，否则会缩短 SSD 的寿命。备份数据时，用 SSD 工具初始化 SSD，恢复其性能。

7.4　硬盘的选购

硬盘作为计算机的重要组成部件之一，在整个计算机系统中起着重要的作用。尤其是硬盘中往往保存着的大量重要数据，如文件、照片等，一旦丢失将无法弥补。

7.4.1　机械硬盘的选购

目前市场上只有希捷、西数和东芝 3 个品牌的机械硬盘，而东芝的主要产品是移动市场，台式机市场就剩下希捷与西数两家。从质量和功能来说，硬盘采用的技术都差不多，质量都能保证，价格也相近，售后服务也都是 3 年保修。由于应用和需求的不同，在选择硬盘时还是应该根据自己的需求来选择性价比较合适的产品。在选购硬盘时除品牌、质保、售后服务外，还可从以下几个方面考虑。

1．按需求选择容量大小

购买硬盘时，首先要考虑的就是容量的大小，这主要根据用途而定。如果是一般学习工作使用，那么 1TB 容量就已经足够用了；如果是用来存储大型三维游戏和高清电影，那么就要选购 2TB 以上的大容量硬盘。

另外，在选购时还要注意，对于 2TB 以上容量的硬盘，由于 DOS 时代遗留下来的逻辑块寻址模式（LBA），无法寻址 2TB 容量以上的空间，因此，在 3TB 硬盘上使用的是 Long LBA 寻址技术，这种技术增加了用于寻址硬盘存储空间的地址字节数，可是 Windows XP 等操作

系统并不原生支持这种新的寻址模式。因此到目前为止，只有 Windows 7/8/10 的 64 位系统和修改版的 Linux 系统用户才可以正常使用这种硬盘。

2．选购主流转速

硬盘的转速越高，硬盘的寻道时间就越短，数据传输速率就越高，硬盘的性能就越好。市面上的硬盘主流转速为 7200r/min，而万转转速的硬盘价格过高，一般用户不适合选用。

3．注意缓存大小

除了转速，硬盘的缓存大小与速度也是直接关系到硬盘的数据传输速率的重要因素。大缓存可以把经常使用的数据暂存在缓存中，减小系统的负荷，也提高了数据的传输速度，从而提高整个平台的整体传输性能。目前，市面上硬盘的最大缓存容量可以达到 64MB，大部分主流硬盘产品的缓存容量为 32MB，一些中低端产品为 16MB，选购时在价格相差不大的情况下应该尽量选购大容量缓存的硬盘产品。

4．单碟容量越大，性能越高

目前，主流硬盘的单碟容量为 500GB、1～8TB 不等，单碟容量越大，硬盘可存储的数据就越多，硬盘的持续传输速率也得到提升。另外，相同容量的硬盘，单碟容量高的相对较薄，如图 7-26 所示。

图 7-26　同容量不同单碟容量的硬盘的体积对比

5．优先选购 SATA 接口的硬盘

目前市场上的 SATA 3.0 接口是主流标准，其外部数据传输率为 6Gbit/s（600 MB/s）。此外还包括 NCQ、端口多路器（Port Multiplier）、交错启动（Staggered Spin-up）等一系列的技术特征。

6．选购主流产品

在购买硬盘时优先考虑主流产品，近期的主流产品指标包括容量为 1～8TB，转速为 7200r/min，数据缓存为 64MB 或 32MB，接口类型为 SATA 600（SATA 3.0、SATA III 或 6Gbit/s）接口，平均寻道时间<9.0ms。

大部分消费者并不熟悉硬盘的发展，在购买硬盘的时候主要关注容量，即使商家拿出库存老产品，消费者也无从分辨，所以要注意看硬盘的生产日期（如图 7-27 所示）。如果是 2011 年及更早生产的产品，请不要购买。

图 7-27　查看硬盘的生产日期

7.4.2　固态硬盘的选购

HDD（机械硬盘）以价格低廉、存储量大的优势得到了全面普及，但其有一个严重的缺点，就是随机读取速度极低。随着 SSD 硬盘价格的降低，SSD 开始逐步取代 HDD。

1．看品牌

一线 SSD 品牌三星、OCZ、浦科特、英睿达（镁光）、闪迪、希捷、英特尔等全部基于原厂闪存。由于同一品牌的固态的闪存颗粒也有优劣之分，因此在购买时要看准型号。

2．看售后、看质保

有的品牌保修 3 年，有的则是保修 5 年，如果对品牌没有特别的要求，应该选择质保时间久的。

3．看闪存芯片的类型

民用的 NAND 闪存芯片分为 SLC、MLC、TLC 共 3 种类型，这 3 种闪存的速度、寿命差别很大，应根据用途选择。

4．看固态硬盘的读写速度

读写速度越快，数据访问就越快，体现在应用中就是程序响应快，软件打开速度快，系统运行效率高等。因此在选择 SSD 时，读写速度应是十分注重的一个方面。

5．看 SSD 容量和接口

如无特殊要求，购买 SSD 首选 240～256GB 容量的，这个区间的 SSD 容量价格适中，日常使用中装一些常见游戏和软件也足够使用，其他不常使用的照片、文档可以放在机械硬盘中。

新平台推荐购买 M.2 固态硬盘，老平台买了 M.2 固态硬盘也发挥不了优势，使用 SATA 固态硬盘价格还会便宜一些。

至于 PCI–E 接口 SSD，体积比较大，优势就是散热比 M.2 固态硬盘要好很多，购买此类 SSD 时注意自己的主板是否有多余的 PCI–E 接口。

7.5　实训

SATA 接口的硬盘同样需要连接数据线和电源线。SATA 数据线为扁长形，SATA 把 ATA 标准的并行数据传输方式改为连续串行的方式，这样在同一时间内只会有 1 位数据传输，此做法能减少接口的针脚数目，用 4 个针脚就能完成数据的传输（第 1 针数据输出、第 2 针信号输入、第 3 针供电、第 4 针为地线）。SATA 接口硬盘使用 7 针 SATA 的数据接口，SATA 接口及 SATA 接口数据线如图 7–28 所示。

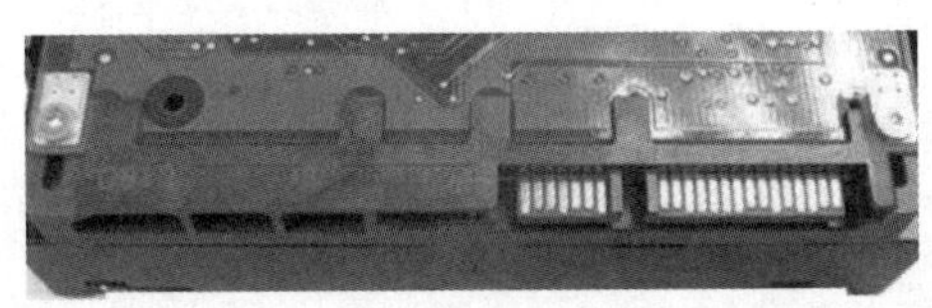

图 7–28　SATA 接口及 SATA 接口数据线

SATA 接口硬盘的电源接口为 15 针，SATA 接口硬盘的电源线插头如图 7–29 所示。

SATA 的数据线插头和电源线插头都有方向性，所以不会插反，直接连接主板上的相应接口即可，如图 7–30 所示。

图 7–29　SATA 接口硬盘的电源线插头

图 7–30　硬盘和主板上的 SATA 接口

7.6 思考与练习

1．理解硬盘的主要技术参数。

2．通过市场调查和上网查询了解目前主流的硬盘型号及其主要技术参数和价格。

3．掌握硬盘的安装和连接方法。

4．用硬盘测试软件测试硬盘的性能，包括硬盘随机存储时间、CPU 占有率、硬盘数据传输速率、最大突发数据传输速率及写速度等。

5．上网查询后简述怎样 4K 对齐。

第 8 章　电源和机箱

良好的电源，能够提高计算机系统的稳定性。质量高和结构合理的机箱，不但为各种板卡提供支架，更能有效地防止电磁辐射，保护使用者的安全。

8.1　电源

电源（Power Supply）提供计算机中所有部件需要的电能。电源功率的大小、电流和电压是否稳定，将直接影响计算机的工作性能和使用寿命。

计算机的电源是一种安装在主机机箱内的封闭式独立部件，它的作用是将交流电变换为+5V、–5V、+12V、–12V、+3.3V、–3.3V 等不同电压且稳定可靠的直流电，供给主机箱内的系统板、各种适配器和扩展卡、硬盘驱动器等系统部件，以及键盘和鼠标使用。

8.1.1　电源的分类

电源从外观和结构上可分为以下几种。

1．ATX 电源

ATX（AT Extend）电源的大小为 150mm×140mm×86mm，功率为 180～450W，主要应用在组装机中。ATX 电源的外观如图 8-1 所示。

2．Micro ATX 电源

由于 ATX 电源成本较高，体积也比较大，为了降低成本，减小体积，Intel 公司又制定了 Micro ATX 标准。Micro ATX 电源的大小是 125mm×100mm×64mm，一般用于小体积的品牌机，零售市场上比较少见，其外观如图 8-2 所示。

3．Flex ATX 电源

品牌机厂商总是想设计出一些独特的有创意的产品，以求与众不同，如更小巧而好看的机箱，所以 Intel 公司推出了 Flex ATX 电源标准。从字面上看，Flex ATX 是柔性 ATX 的意思，就是没有规定外形和尺寸，可自由发挥。一般 Flex ATX 电源大小为 155mm×85mm×50mm，其外观如图 8-3 所示。

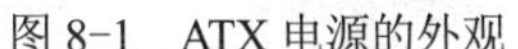

图 8-1　ATX 电源的外观　　图 8-2　Micro ATX 电源的外观　　图 8-3　Flex ATX 电源的外观

计算机电源在结构上有两个发展方向，一个是兼容机市场，统一 ATX 外壳，有良好的通用性；另一个是品牌机市场，注重个性和价格，偏向 Micro ATX 和 Flex ATX。

另外，由于 HTPC 机箱太小，因此使用像笔记本电脑一样的外置电源适配器供电，如图 8-4 所示。

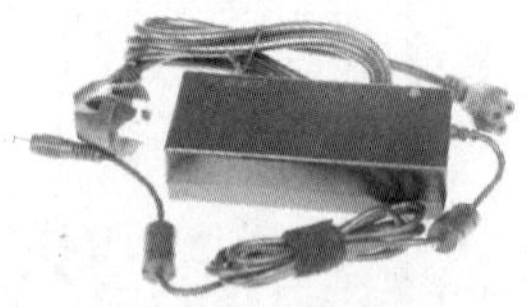

图 8-4　HTPC 电源

8.1.2　ATX 电源的标准

虽然计算机的电源包括 ATX、Micro ATX 和 Flex ATX 等类型，但在电脑配件市场可以买到的计算机电源只有 ATX 电源。

1．ATX 电源的标准

ATX 规范是 1895 年 Intel 公司制定的主板及电源结构标准，ATX 电源规范经历了 ATX 1.1、ATX 2.0、ATX 2.01、ATX 2.02、ATX 2.03 和 ATX12V 等阶段。每次电源标准的变更，都是为了适应 PC 技术的进步和产品的更新换代。

目前，我国内地通行的电源标准是 ATX12V 标准，而 ATX12V 标准又分为 ATX12V 1.2、ATX12V 1.3、ATX12V 2.0、ATX12V 2.2、ATX12V 2.3 等多个版本。表 8-1 列出了 ATX12V 各版本的主要区别。

表 8-1　ATX12V 各版本的主要区别

版　本	发布时间	简　述
ATX 2.03	1999 年以前	PII、PIII 时代的电源产品，没有 P4 的 4 针接口
ATX12V 1.0	2000 年 2 月	P4 时代电源的最早版本，增加 P4 的 4 针接口
ATX12V 1.1	2000 年 8 月	与前版相比，加强了+3.3V 电源输出能力，以适应 AGP 显卡功率增长的需求
ATX12V 1.2	2002 年 1 月	与前版相比，取消–5V 输出，同时对 Power on 时间做出新的规定
ATX12V 1.3	2003 年 4 月	与前版相比，增加 SATA 支持，加强+12V 输出能力
ATX12V 2.0	2003 年 6 月	与前版相比，将+12V 分为双路输出（+12V DC1 和+12V DC2），其中+12V DC2 对 CPU 单独供电，+12V 输出能力进一步提升，提高电源效率标准
ATX12V 2.01	2004 年 6 月	与前版相比，对+12V DC2 输出电流的纹波做出新的要求
ATX12V 2.2	2005 年 3 月	与前版相比，加强+5V SB 的输出电流至 2.5A，增加更高功率电源规格，电源效率标准进一步提高
ATX12V 2.3	2007 年 4 月	与前版相比，增加低功耗标准，修正各路输出参数

2007 年，Intel 公司推出了新的电源规范——ATX12V 2.3 版本。ATX12V 2.3 规范是针对 Vista 系统带来的硬件升级及处理器、显卡等主要功耗产品的能耗变化而推出的标准。

ATX12V 2.3 规范包括 180W、220W、270W、300W、350W、400W、450W 共 7 个功率等级的标准。由于在 Intel ATX12V 2.3 版本规范中规定了 300W 以下的 3 个功率版本中电源将不再为显卡独立提供+12V 输出电流，而 300W 及以上的电源则要求提供双+12V 电流输出。也就是说，300W 以下电源将不适合用在目前主流的平台上，这样的话，最佳选择无疑是额定功率为 300～350W 的电源，不仅能满足目前平台的需要，还能为日后的升级留有一定的空间。

Intel 的 ATX12V 2.3 规范不但对供电能力进行了规范，并且更加关注节能、环保，提高电能的转换效率（80%或以上），控制并减少对人体和环境产生危害的物质。

2．ATX 电源的输出

计算机系统中各部件使用的都是低压直流电，不同配件具体要求的电压和电流又各不相

同，因此电源也相应有多路输出以满足不同的供电需求。就目前最常用的 ATX 电源来说，其电源输出有下列几种。

- 3.3V：经主板变换后主要驱动芯片组、内存等电路。
- 5V：目前主要驱动硬盘和光驱的控制电路（除电动机外）、主板及软驱等。
- 12V：用于驱动硬盘和光驱的电动机、散热风扇，或通过主板扩展插槽驱动其他板卡。在 Pentium 4 系统中，由于 Pentium 4 处理器功耗增大，对供电的要求更高，因此专门增加了一个 4 针的插头提供 12V 电压给主板，经主板变换后供给 CPU 和其他电路。因此配置 Pentium 4 系统要选用有 12V 4 针插头的电源。
- –12V：主要用于某些串口电路，其放大电路需要用到 12V 和–12V 电压，但对电流要求不高，因此–12V 输出电流一般小于 1A。
- –5V：主要用于驱动某些 ISA 板卡电路，输出电流通常小于 1A。
- 5VSB：5VSB 表示 5V Stand By，指在系统关闭后保留一个 5V 的等待电压，用于系统的唤醒。5VSB 是一个单独的电源电路，只要有输入电压，5VSB 就存在。这样，计算机就能实现远程 Modem 唤醒或者网络唤醒功能。最早的 ATX 1.0 只要求 5VSB 供电电流到达 0.1A，但随着 CPU 和主板功耗的提高，0.1A 已经不能满足系统要求了。因此，现在的 ATX 电源的 5VSB 输出电流一般都可以达到 1A 以上，甚至 2A。

8.1.3　ATX 电源的结构

1．电源插座

电源插座通过电源线使计算机与家用电源插座相连，提供计算机所需的电能。AXT 电源的插座有 5 种形式，如图 8-5 所示。

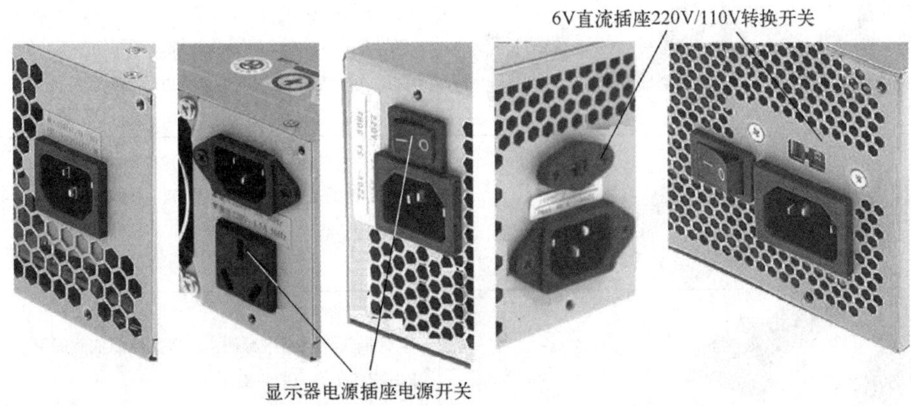

图 8-5　ATX 电源的插座

- 只有一个电源插座，通过电源线与家用电源插座相连。
- 有一个电源插座和一个显示器电源插座。可以连接显示器插头，这里只是提供一个插座，它并没有经过主机电源的任何处理。采用这种接法的好处是，在开、关主机电源的同时也可以开、关显示器。当然，显示器也可以用自己独立的电源线接到普通的家用电源插座上。
- 有一个电源插座和一个电源开关。电源开关用于彻底切断电源。如果电源上没有开关，那么计算机关闭后并没有切断电源，仍然可以通过主机开关、远程网络启动。

建议购买带有开关的电源，可以免除关机后还要拔掉电源线插头的麻烦。

- 有一个电源插座和一个 6V 直流插座。6V 直流插座可为音箱等电器供电。
- 有一个电源插座和一个 220V/110V 转换开关。有的品牌机电源上会有 220V/110V 转换开关，在我国内地销售的产品已经设置为220V，并且用不干胶粘上，用户不要拨动。

2．电源插头

电源插头包括主板和外部设备插头，电源插头的类型说明见表 8-2。

表 8-2　电源插头的类型及说明

电源插头的类型	说　明
	ATX 24 针、20+4 针、20 针主板插头。ATX 主板电源插头只有 1 个，分为 ATX 1.01 的 20 针防插错插头和 ATX 2.03 的 24 针防插错插头
	P8 插头，ATX12V 8 针、6+2 针。有些主板需要 8 针插头来供应主板额外的 12V 电源。一般有 1 个
	P4、4+4 针插头。有些主板需要 4 针插头来供应主板额外的 12V 电源。一般有 1 个
	SATA 设备电源插头，如硬盘、光驱等。一般有 2～4 个
	PCI-E 6 针、6+2 针插头，连接高端显示卡，给显卡辅助供电。每个插头采用 6 针或合并为 8 针。一般有 1 个
	大 4 针插头，连接周边设备，如硬盘、光驱、风扇等。一般有 2～4 个
	4 针插头，软驱电源插头。多数电源依然保留了 3.5in 软驱电源插头。一般只有 1 个

3．电源散热风扇

电源盒内装有散热风扇，用于散去电源工作时产生的热量。

4．电源的电路组成

电源的主要功能是将外部的交流电（AC）转换成符合计算机需求的直流电（DC）。作为整个计算机系统的“心脏”，电源主要由输入电网滤波器、输入/输出整流滤波器、变压器、控制电路和保护电路等几个部分组成。电源内部的电路如图 8-6 所示。

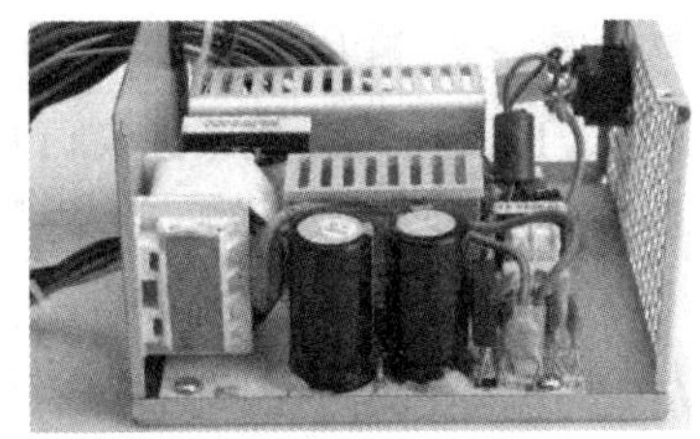

图 8-6　电源内部的电路

8.1.4　ATX 电源的主要参数

由于 ATX 电源的生产厂家不同，因此各品牌的 ATX 电源在性能上会有较大的差异。用户在选用电源时，要注意以下参数。

1．电源功率

电源功率是用户最关心的参数之一。在电源铭牌上常见到的有峰值（最大）功率和额定功率两种标称参数。其中，峰值功率是指当电压、电流在不断提高，直到电源保护起作用时的总输出功率，但它并不能作为选择电源的依据，用于有效衡量电源的参数是额定功率。额定功率是指电源在稳定、持续工作下的最大负载，它代表了一台电源真正的负载能力。例如，一台电源的额定功率是 300W，其含义是平时持续工作时，所有负载之和不能超过 300W。

一般 PC 稳定运行的功率为 100～200W，高端机器 300W 的电源也已经足够。随着技术的进步，现在电源厂商都把研发精力转移到提高电源的转换效率上，而不是提高电源的功率。

2．转换效率

转换效率是输出功率与输入功率的百分比，它是电源一项非常重要的指标。由于电源在工作时有部分电量转换成热量损耗掉了，因此电源必须尽量减少电量的损耗。ATX12V 1.3 版的电源要求满载下最小转换效率为 70%，ATX12V 2.0 版的电源推荐转换效率提高到 80%。

两个功率相同的电源，由于转换效率不同，工作时所损耗的功率也不同，转换效率越高，则损耗的功率（电量）就越少，所以不断提高电源的转换效率是以后的发展趋势。

3．输出电压稳定性

ATX 电源的另一个重要参数是输出电压的误差范围用来衡量稳定性。通常，3.3V、5V 和 12V 电压的误差率要求为 5%以下，–5V 和–12V 电压的误差率要求为 10%以下。输出电压不稳定或纹波系数大，是导致系统故障和硬件损坏的主要因素。

ATX 电源的主电源基于脉宽调制（PWM）原理，其中的调整管工作在开关状态，因此又称为开关电源。这种电源的电路结构决定了其稳压范围宽的特点。一般来说，市电电压为 220V±20%波动时，电源都能够满足上述要求。

4．纹波电压

纹波电压是指电源输出的各路直流电压中的交流成分。作为计算机的供电电源，对其输出电压的纹波电压有较高的要求。纹波电压的大小，可以使用数字万用表的交流电压挡很方便地测出，测出的数值应在 0.5V 以下。

5．PFC 电路方式

PFC（Power Factor Correction，功率因数校正），而功率因数指的是有效功率与总耗电量（视在功率）之间的关系，也就是有效功率除以总耗电量（视在功率）的比值。目前 PFC 有两种，一种是无源 PFC（也称被动式 PFC），另一种是有源 PFC（也称主动式 PFC）。

被动式 PFC 的功率因数不是很高，只能达到 0.7～0.8，因此其效率也比较低，发热量也比较大。被动式 PFC 结构简单，稳定性比较好，比较适合中低端电源。

主动式 PFC 功率因数高达 0.99，具有低损耗和高可靠特点，输入电压可以为交流 90～270V，PFC 结构相对复杂，成本也高出许多，比较适合高端电源。

6．保护措施

一般为了保证 PC 内各零部件的安全并防止电源被烧毁，电源里面都会加入多路保护电路，如短路保护功能。当电源发生短路时，电源会自动切断并停止工作，避免电源或 PC 硬件与外部设备损毁。电源一般有以下自动保护功能：过电流保护设计、低电压保护设计、过电压保护设计、短路保护设计、过温度保护设计和过负载保护设计。

7．可靠性

衡量一台设备可靠性的指标，一般采用平均故障间隔时间（Mean Time Between Failure，MTBF），单位为 h。电源设备工作的可靠性应参照品牌机的相关质量标准，其 MTBF 应不小于 5000h。

一些商家为了节约成本，将构成 EMI 滤波器的所有元器件都省去了，导致平滑滤波器的电容容量和耐压不足。另外，由于元器件在装配之前也没有经过必要的筛选程序，电路制造工艺粗糙，因此电源产品故障率很高。

8．安全和质量认证

为了确保电源使用的可靠性和安全性，每个国家或地区都根据自己各自不同的地理状况和电网环境制定了不同的安全标准。通过的认证规格越多，说明电源的质量和安全性越高。现在电源的安全认证标准主要有 FCC、UL、CSA、GS 和 CCC 认证等。电源产品至少应具有这些认证标志之一，有这些认证标志的产品，才算是信得过的产品。

（1）CCC 认证

CCC 认证即中国强制认证（China Compulsory Certification，CCC，简称 3C）。针对电源的 3C 认证为 CCC（S&E），它将原有的长城认证（CCEE）、电磁兼容认证（CEMC）与中国进出口商品检验检疫认证（CCIB）相结合。这 3 个认证分别从用电的安全、电磁兼容及电波干扰、稳定性等方面做出了全面的规定，经过认证后的电源具备 PFC 电路。PFC 的功能是增加对谐波电流的抑制，同时对公共电网的电流纯洁度进行有效检测，使用户的用电环境更加清洁有效，对输电线路起到保护作用，使其安全性能大幅度提高，而且使家用电器之间不受到干扰。

（2）80PLUS 效能认证

80PLUS 是由美国能源署推出的一个节能项目，要求电源在 20%、50%和 100%的关键负载状态下，效能能达到 80%以上，可再细分为白牌、铜牌、银牌和金牌 4 档，如图 8-7 所示。

	80 PLUS Climate Savers 1	80 PLUS BRONZE Climate Savers 2	80 PLUS SILVER Climate Savers 3	80 PLUS GOLD Climate Savers 4
	80PLUS	80PLUS 铜	80PLUS 银	80PLUS金
20%负荷	80%	82%	85%	87%
50%负荷	80%	85%	88%	90%
100%负荷	80%	82%	85%	87%

图 8-7　80 PLUS 规范规格及标识

功率转换效率的提高无形中为 80PLUS 电源用户节约了耗电量。80PLUS 规范已经被越来越多的厂商和用户接受，符合 80PLUS 标准的电源也越来越受用户的欢迎。80PLUS 认证的电源被称为“绿色电源”。

通过 80PLUS 效能认证的机种代表不论在低负载（运作功率 20%）、中负载（运作功率 50%）或高负载（运作功率 100%）下，AC/DC 的转换效率皆能发挥到 80%以上，有效地将电源转换电压时浪费的电力减至 20%以下，是一种高效率电源。具有 80PLUS 效能认证的电源的优点如下。

1）节省电力：效率高，交流电转换成直流电，虚耗的能源减少，可达到节省电力的效果。

2）提高电源使用寿命：高效率能有效减少废热的产生，可有效降低电源内部的温度，更能提高电源的使用寿命。

3）系统更稳定：因为废热减少，处在机箱内部电源的温度相对降低，不致让高温影响到系统的稳定运作。

4）安静的使用环境：高效率的电源有较低的内部温度，进而能有效降低温控风扇的转速，减少噪声的产生。

9. 电源散热设计及噪声

电源运行时内部元器件都会产生热量，电源输出功率越大，发热量也越大。基于散热效果和成本因素，一般电源产品都采用风冷散热设计。图 8-8 所示为主要的电源散热形式。其中，前排式和大风车散热形式最为常见。

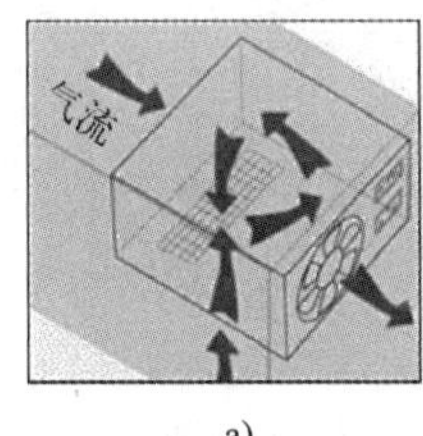

a)

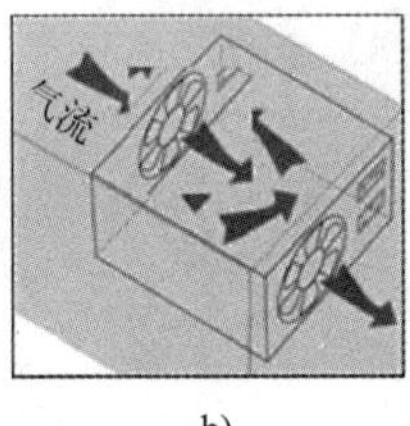

b)

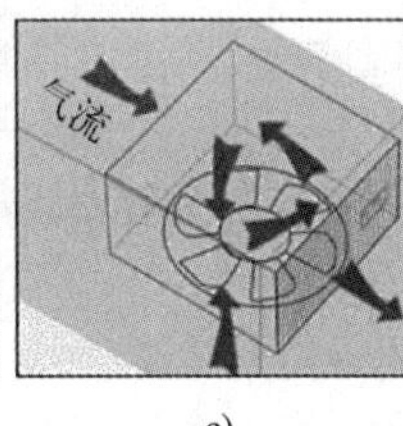

c)

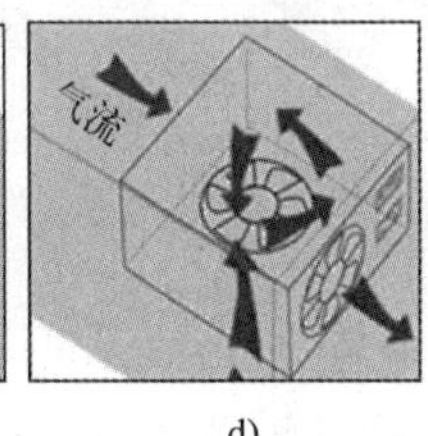

d)

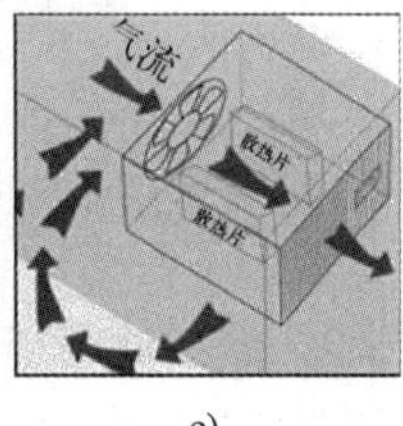

e)

图 8-8　电源的散热形式

a) 前排式　b) 后吸前排式　c) 大风车（下吸）式　d) 下吸前排式　e) 直吹式

- 前排式：具有技术成熟、预留给电源内部其他元件的空间较大、运用广泛等优势，其缺点是风扇设计靠外，噪声较大，对于机箱内部散热帮助较小。
- 后吸前排式：使用两个平行对流的风扇，具有电源内部散热性能良好、方便电源在功率上的提高等优势，缺点是工作噪声较大，电源体积较其他散热结构电源要大一些。
- 大风车（下吸）式：主要采用了 12cm 的大风扇，优点是噪声低、能够帮助机箱整体散热，但因其风扇转速低，容易形成散热死角或将热量堆积到电路板底部。
- 下吸前排式：结合了后吸前排式和大风车式两种散热形式的优点，它的散热性能好，有利于机箱整体散热，缺点是噪声较大、电源内部设计复杂。
- 直吹式：优点是散热性能良好、工作噪声较低、成本较低，但是在 350W 以上的高端电源上散热效果欠佳。

PC 电源的风扇基本上都是采用向外抽风方式散热，这样可以保证电源内的热量能够及时排出，避免热量在电源及机箱内积聚，也可以避免在工作时外部灰尘由电源进入机箱。风

冷散热设计必然会产生一定的噪声，PC 电源的主要噪声来源于电源的散热风，散热效果越佳，噪声就会越大，但是静音环境也是很多用户所重视的。为了使散热效能和静音之间得到平衡，一般较好的电源都带有智能温控电路，主要通过热敏电阻实现。当电源开始工作时，风扇供电电压为 7V，当电源内温度升高，热敏电阻阻值减小，电压逐渐增加，风扇转速也提高，这样就可使机箱内温度保持一个较低的水平。在负载很轻的情况下，能够实现静音效果；负载很大时，能保证良好的散热。

8.1.5　接口线模组电源

1. 模组电源的含义

模组电源是指某组电源包含若干个具备独立供电功能的模组单元。模组电源源自服务器领域，因为服务器开机运行后必须不间断地工作。为了避免因电源故障造成服务器停机，服务器一般都采用这种模组电源，如果某组正在工作的供电模组出现故障，将瞬时启动备用供电模块。图 8-9 所示是服务器上使用的模组电源。

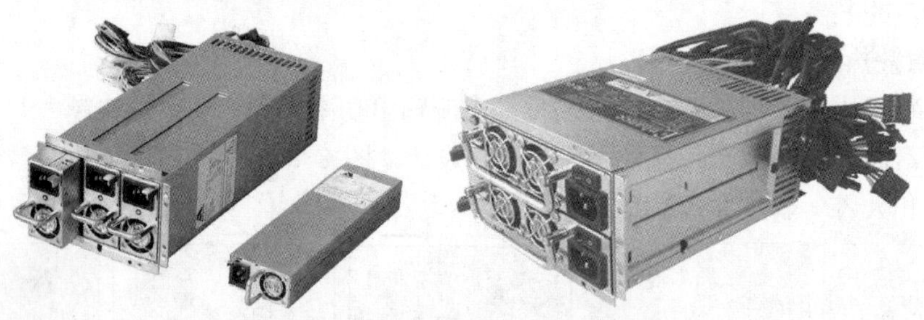

图 8-9　服务器上使用的模组电源

2. 接口线模组电源

大部分主流电源标准配置的电源插头有 1 个 20 针+4 针主电源接口、1 个 4 针+4 针 CPU +12V 供电接口、1 个 6 针 PCI-E +12V 供电接口、3 个 4 针 D 形接口、1 个软驱供电接口及 4 个 SATA 硬盘供电接口。随着外部设备的增加，标准配置已经难以满足目前的需求。如果在制造时把这么多的接口线全部焊接到电源上，将显得非常杂乱。这时，把基本的接口线焊接到电源上，其他可能用到的接口线通过模组的方式连接到电源上就成为目前唯一的解决方案，于是就出现了接口线模组设计。

计算机中使用的所谓模组电源，是指电源采用了带接口线的模组，用户可以根据需要增加或减少电源线的数量，如图 8-10 所示。这种台式 PC 电源仍然只有一个供电模块，将台式 PC 电源称为模组电源是不恰当的，比较合理的称呼是接口线模组电源。

图 8-10　接口线模组电源

接口线模组电源的优势也很明显，首先是根据需求配引线接口，可把暂时不用的导线卸下，使其不影响机箱内空气的流通，有助于散热；其次是几乎满足所有桌面 PC 平台的供电需求。接口线模组电源的缺点是会增加成本并降低转换效率，频繁的拔插可能导致接口受损、接触不良，而且还存在接错引线导致烧毁的风险。一般采用这种设计的电源都为高端电源，所以只适合频繁升级电源的专业 DIY 玩家。

3. 接口线模组电源的结构

由于接口线模组电源的接口部分是有专利保护的，导致不同厂商的接口线模组不相同，给用户带来麻烦。常见接口线模组电源的接口线、插座如图 8-11 所示。

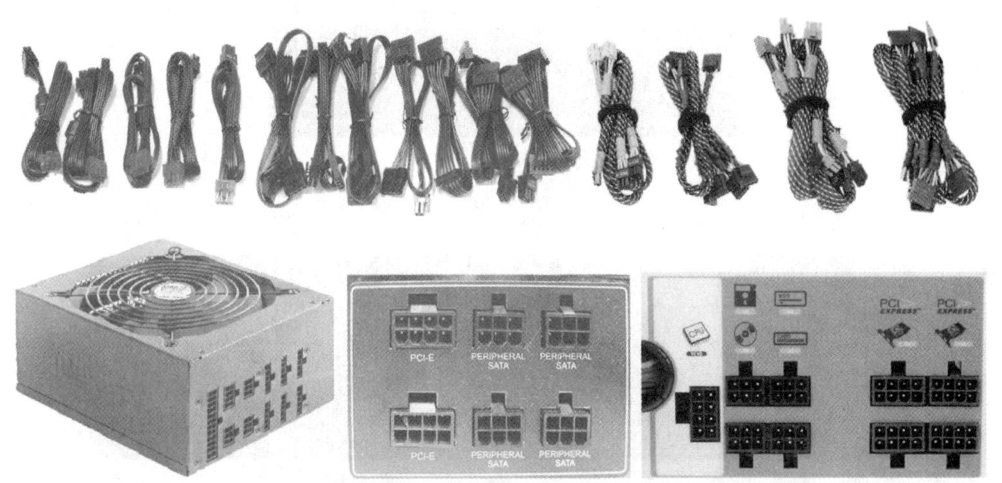

图 8-11　常见接口线模组电源的接口线、插座

8.1.6　电源的选购

电源质量直接影响到计算机系统的稳定性和其他硬件设施的安全，很多故障是因为电源质量引起的，使用劣质电源，损失将很大。目前大多数消费者对于电源的重要性认识不足，对电源的选购比较随意。用户在选购电源时要注意以下要点。

1）选择可靠的品牌电源。在选购电源时，推荐选择一个被市场认可的电源品牌。有些不知名的品牌，虽然价格较便宜，但电源质量低劣，严重时会损坏计算机硬件。

2）选择整体做工良好的电源。由于不可能拆开电源查看其内部做工，因此只能从外观上进行判断。通常，好的电源外壳一般都使用优质钢材，材质厚，表面涂层均匀，边角、接缝处没有毛刺、露边、掉漆等情况。另外，考虑到外壳影响到电磁波的屏蔽和电源的散热性，目前电源的外壳多采用镀锌钢板材料，还有一些所谓“黄金版”产品，外壳镀金或镀镍，不仅美观还能起到防锈的作用。而一些劣质电源，通常会采用厚度较薄的外壳或者干脆采用镀锌的铁皮，这种电源外壳强度较差，稍用力就会出现较大的变形，更谈不上防辐射和散热性。

3）选择各项认证齐全、标签内容明确的电源。一般来讲，获得认证项目越多的电源质量越可靠。这里简单介绍除 CCC 和 80PLUS 之外的一些认证。

FCC：一些高品质电源还会通过 FCC 认证。它是一项关于电磁干扰的认证。通过 FCC 认证的电源，会将其工作时产生的电磁干扰加以屏蔽，消除对人体的伤害。

CE：是法语 Communate Europpene（欧盟）的缩写。CE 是一种安全认证标志，类似 3C，只有通过 CE 认证的产品才能在欧盟地区销售。

符合多种认证的电源，在电源外壳的侧面都贴有一张铭牌。铭牌上包含了品牌、型号、商标、产地、制造商、符合的安全标准、认证，以及各路输入电压、输入电流、输出电压、输出电流、输出额定功率等电源信息。查看电源铭牌上的信息可以直接了解该电源的相关指标。选购电源时应按“额定功率”挑选，尽量避免使用“最大功率”或“峰值功率”来混淆视听的电源品牌。电源上的铭牌如图 8-12 所示。

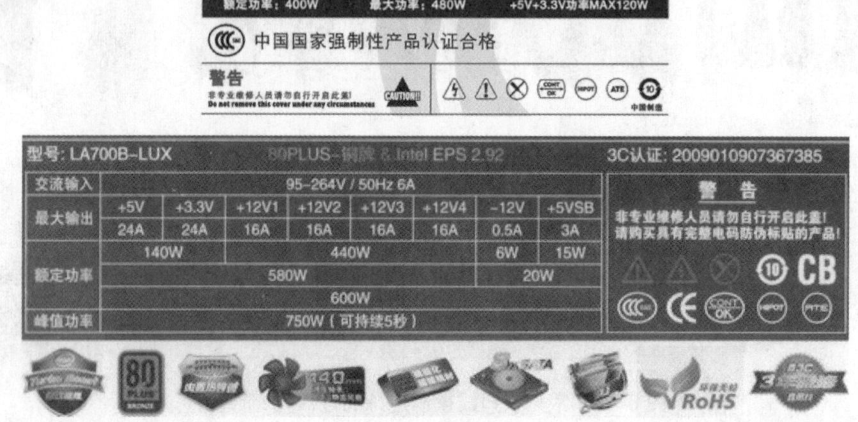

图 8-12　电源上的铭牌

4）优先选择风扇静音效果好的电源。在电源工作过程中，风扇对散热起着重要的作用。另外还需要考虑静音效果，可以听一下风扇的声音大小。一般来说，选购采用 12 cm 风扇的电源会好一些。一般的 PC 电源用的风扇有两种规格：油封轴承（Sleeve Bearing）和滚珠轴承（Ball Bearing）。前者比较安静，但后者的寿命较长。

5）选择有自我保护装置的电源。比较好的电源都具备自动关机保护线路设计，来预防过大的电压或电流造成微机部件或系统周边产品的损毁。

6）依照机箱大小和设备多少，考虑电源线材的质量、长度和电源接头的数量和类型。电源输出线的质量会影响电源的效率，应选择电源线较粗并且材质较好的电源。在电源接口方面，除了常见的 20+4 针主板供电接口，还应有 6 针供电接口，以及 SATA 接口和 D 形接口。电源的接口最好要丰富一些，方便以后扩展使用。

8.2　机箱

在计算机系统中，机箱除了给计算机系统建立一个外观形象外，还为主板、各种 I/O 卡、硬盘、电源等提供安装支架；另外，还能保护和屏蔽计算机系统内的主板和各种 I/O 卡电路，使之免受外界电磁场的干扰；更重要的是防止内部电磁波泄漏到外部，影响用户的健康。

8.2.1　机箱的分类

主板的规格有 ATX、Micro-ATX、Mini-ITX 等结构，相应的机箱分为 ATX（标准型）、Micro-ATX（紧凑型）、Mini-ITX（迷你型）等类型。标准型 ATX 机箱也称全尺寸机箱，如图 8-13 所示，Micro-ATX 型机箱如图 8-14 所示，Mini-ITX 型机箱如图 8-15 所示。

图 8-13　ATX 机箱

图 8-14　Micro-ATX 机箱

图 8-15　Mini-ITX 机箱

全尺寸机箱可以安装 ATX、Micro-ATX、Mini-ITX 等结构的主板。全尺寸 ATX 机箱按尺寸又可分为超薄、半高、3/4 高和全高几种。全尺寸机箱扩展功能更强，空间更大。Micro-ATX 结构的机箱比全尺寸 ATX 机箱小一些，是家庭、办公常用的结构。Mini-ITX 机箱体积更小巧、更迷你，如图 8-16 所示。

图 8-16　Mini-ITX 机箱

8.2.2　机箱的结构

机箱由金属的外壳、框架及塑料面板组成。机箱面板多采用硬塑料，厚实、色泽漂亮。机箱框架和外壳是用双层冷镀锌钢板制成的，钢板的厚度及材质直接关系到机箱的刚性、隔音和抗电磁波辐射的能力。正规厂家生产的机箱所用钢板厚度都不低于 1.3mm，但也有一些小厂商采用厚度仅有 1mm 左右的钢板，所以在体积相同的前提下，越重的机箱越好，也可以在购买时用游标卡尺实测一下。在材质方面，钢板要具备韧性好、不易变形、高导电率等性能，制作时要对边框进行折边和去毛刺处理，做到切口圆滑，烤漆均匀且不掉漆、无色差，对稍大一点的机箱还应加装支撑架以防止变形。选购时要注意观察一下各部分有无不良之处。ATX 立式机箱的结构如图 8-17 所示。

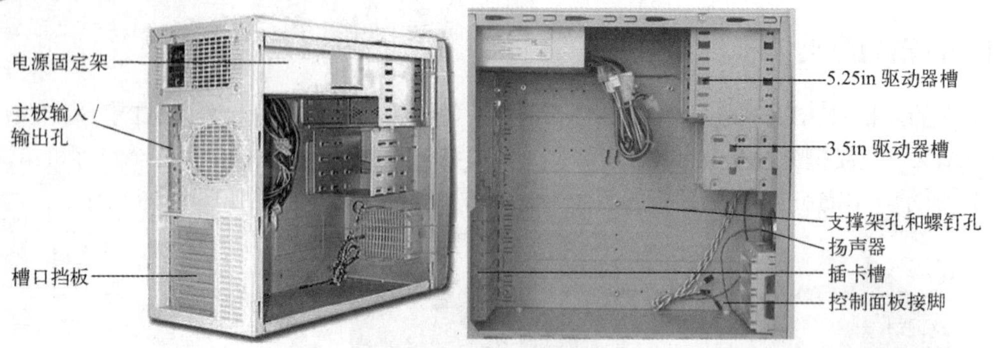

图 8-17　ATX 立式机箱的结构

1．机箱内的主要部件

无论是卧式机箱还是立式机箱，其各个组成部分都差不多，只是位置有些差异。各个部件的名称和作用如下。

- 支撑架孔和螺钉孔：用来安装支撑架和主板的固定螺钉。要把主板固定在机箱内，需要一些支撑架和螺钉。支撑架用来把主板支撑起来，使主板不与机箱底部接触，避免短路。螺钉用来把主板固定在机箱上。
- 电源固定架：用来安装电源。国内市场上的机箱一般都带有电源，不用另外购买电源。
- 插卡槽：用来固定各种插卡。微机的各种插卡（如显示卡、多功能卡等）可以用螺钉固定在插卡槽上。插卡接口（如显卡上的显示器数据线接口，多功能卡上的串行接口、并行接口等）露在机箱外面，以便与计算机的其他设备连接。安装时，需要将机箱上的槽口挡板卸下来。
- 主板输入/输出孔：对于 AT 机箱，键盘与主板通过圆形孔相连；对于 ATX 机箱，有一个长方形孔，随机箱配有多块适合不同主板的挡板。
- 驱动器槽：用来安装硬盘、CD-ROM 驱动器等。若用户要将硬盘等固定在驱动器槽内，还需要一些角架，角架也是和机箱一起购买的。
- 控制面板接脚：控制面板上有电源开关、电源指示灯、复位按钮、硬盘工作状态指示灯等。控制面板接脚包括电源指示灯接脚、硬盘指示灯接脚和复位按钮接脚等。
- 扬声器：机箱内都固定一个阻抗为 8Ω的小扬声器，扬声器上的引脚插在主板上。
- 电源开关孔：用于安装电源开关。
- 其他安装配件：在购买机箱时，除了已固定在机箱内的零部件之外，还会配备一些其他零件，通常放在一个塑料袋或一个纸盒内。主要有金属螺钉、塑料膨胀螺栓、3～5 个带绝缘垫片的小细纹螺钉、角架和滑轨（用于固定硬盘和光驱）、前面板的塑料挡板（当机箱前面板缺少某个驱动器时用来封挡）、后面板的金属插卡片（用于挡住不用插卡的空闲插卡口）等，如图 8-18 所示。

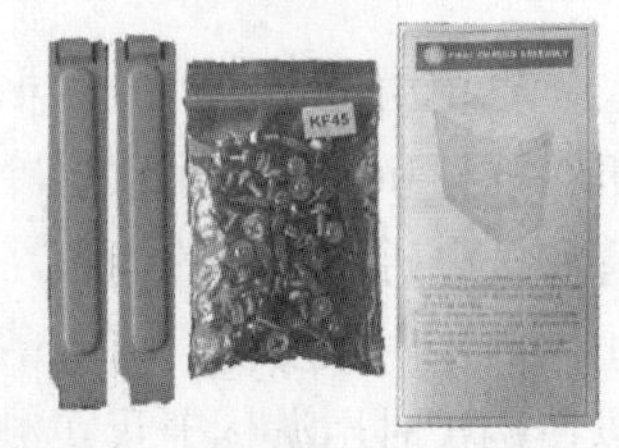

图 8-18　随机箱一起的配件

2．机箱上的按钮、开关和指示灯

机箱上常见的按钮、开关和指示灯有电源开关（Power Switch）、电源指示灯、复位按钮（Reset）、硬盘工作状态指示灯（HDD LED）等。

● 电源开关及指示灯：电源开关有接通（ON）和断开（OFF）两种状态。不同机箱的电源开关位置略有不同，有的在机箱正面，有的在机箱右侧。一般机箱上的电源开关标有“Power”字样。当打开电源时，电源指示灯亮，表明已接通电源。

ATX 机箱面板上一般没有机械式的电源开关，它通过主板上的 PW-ON 接口与机箱上的相应按钮连接，实现开关机。有的 ATX 电源盒上带有一个开关。

● 复位按钮：按该按钮强迫计算机进入复位状态。当因某种原因出现死机或按〈Ctrl+Alt+Del〉组合键无效时，可按该按钮强迫计算机复位。在出现键盘锁死的情况下，应利用复位按钮使计算机复位，而不宜关机重新启动。频繁开关机容易使电源和硬盘损坏。复位按钮的作用相当于冷启动。
● 硬盘工作状态指示灯：当硬盘正在工作时，该指示灯亮，表示目前微机正在读或写硬盘。
● 前置 USB 和音频接口：现在 USB 接口的设备越来越多，为了方便插拔，许多机箱前面板上也提供了 USB 接口和音频接口，如图 8-19 所示。用户需要用机箱提供的 USB 线连接到主板的前置 USB 接口上。

图 8-19　机箱前面板上的前置 USB 接口和音频接口

3. 机箱散热规范

随着机箱内部各配件散发的热量越来越大，Intel 公司为了确保处理器能在一个安全的环境内工作，便推出了机箱散热风流设计规范（Chassis Air Guide，CAG）。此规范旨在检验机箱内各部件的冷却散热解决方案。

（1）CAG 1.1 标准（也叫 38℃机箱）

Intel 公司在 2003 年推出了 CAG 1.1 标准，即在 25℃室温下，机箱内 CPU 散热器上方 2 cm 处的 4 点平均温度不得超过 38℃，达到这个标准的机箱称为 38℃机箱。简单来说，38℃机箱就是按照 Intel CAG 1.1 规范设计，通过 TAC 1.1 标准检测的机箱。38℃机箱的散热原理如图 8-20 所示。

（2）TAC 2.0 标准（也叫 40℃机箱）

相对于 CAG 来讲，有利于散热机架（Thermally Advantaged Chassis，TAC）则是针对制造机箱所制定的一个很全面的规范认证。它不仅包括了 CAG 散热风道设计，还包括了诸如 EMI 防磁设计、噪声控制设计等关于机箱设计全方位的规范认证。

TAC 2.0 是继 CAG 1.0、CAG 1.1 之后，Intel 公司主导的第 3 个机箱标准，主要针对 CPU 和 GPU 发热源距离缩短和 GPU 发热大增而设计的标准。TAC 2.0 规范的核心内容就是侧板去掉了导风罩，在从接近 CPU 正上方到 PCI-E 显卡插槽的位置（长 150mm、宽 110mm 的区域）开孔（通常是覆盖了 CPU、北桥、显示卡 3 个发热区域）。这样的设计要使 CPU 风扇进风口温度相比室温的温升不超过 5℃，即 35℃室温下不超过 40℃，所以也叫 40℃机箱。其散热原理如图 8-21 所示。

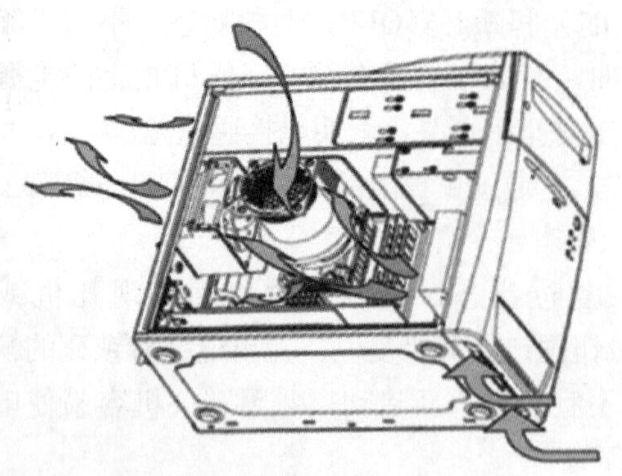

图 8-20　38℃机箱的散热原理

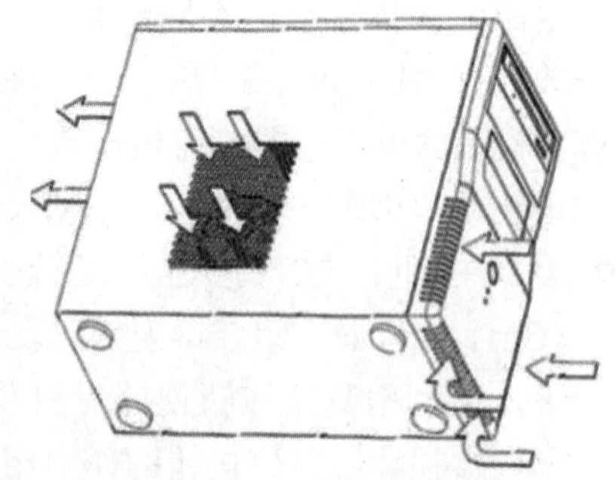

图 8-21　Intel TAC 2.0 机箱的散热原理

8.2.3　机箱的选购

在选购机箱时，不但要关心机箱的外观样式是否美观，结构是否牢固，还要关心是否防辐射，也就是说，机箱关系着计算机用户的使用安全。

1．机箱类型

目前市场上的机箱类型有 ATX、Micro-ATX、Mini-ITX 等。ATX 机箱是目前最常见的机箱，支持现在绝大部分类型的主板。Micro-ATX 机箱比 ATX 机箱小一些。在选购时最好以标准立式 ATX 机箱为宜，因为它空间大，安装槽多，扩展性好，通风条件也不错，完全能适应大多数用户的需要。

2．箱体用料

机箱箱体用料是选择机箱的重要参考指标。

（1）电镀锌钢板

电镀锌钢板具有耐指纹和耐腐蚀性，而且保持了冷轧板的加工性，市场上大部分机箱都采用电镀锌钢板。电镀锌钢板也有优劣之分，较厚的锌钢板的电导率比较高，可以屏蔽机箱内的一些电磁辐射；而较薄的钢板制成的机箱的稳固性就较差，机箱承受能力很低，容易变形，极易导致插卡槽位定位不准确，使安装板卡发生困难。

钢板锌层是热镀上去的，属于较为优质的材料钢板，具有很好的耐蚀性。

（2）喷漆钢板

喷漆钢板是一种仅在铁皮的内外喷上一层涂料的劣质钢板，用这种材料制成的机箱在使用不久后就会出现空气氧化的现象，最严重的是其根本没有防电磁辐射功能。这样的机箱最好不要购买。

（3）镁铝合金板

镁铝合金板的抗腐蚀性能很好，属于比较高档机箱的用材。

在鉴别质量时，除观察做工外，还可以查看内部架构及侧板采用的钢材的厚度。一般，质量较好的机箱采用高强度钢，重量也比较重。虽然机箱重量不是衡量一个机箱质量好坏的关键，但一般来说，质量好的机箱（不带电源）质量都在 6kg 以上。

（4）前面板用料

机箱前面板一般采用 ABS 工程塑料和普通塑料。ABS 工程塑料具有抗冲击、韧性强、无毒害、不易褪色且可长久保持外观颜色的特点，价格较贵。而普通塑料使用时间一长就会

泛黄、老化甚至开裂。经过认证的 ABS 材料会在塑料上印有“ABS”字样。

另外，现在机箱前面板还有一种彩钢板，又叫彩色钢板，采用复合技术将钢材与色泽鲜艳丰富的覆膜融合成一体，兼备多种材料的良好性能，同时具有很好的防锈和防腐性能。

3．机箱结构

（1）基本架构

合格的机箱应该拥有合理的结构，包括足够的可扩展槽位，方便安装和拆卸配件，同时拥有合理的散热结构。机箱内的主板板型大小安装示意图如图 8-22 所示。通过示意图可以清楚地看到，各种板型的主板都遵守行业规范，孔距便是其中之一，相同种类板型所使用的螺钉孔是一致的。

（2）拆装设计

方便用户拆装的设计也是不可缺少的，例如，侧板采用手拧螺钉固定，3in 驱动器架采用卡勾固定，5.25in 驱动器配备免螺钉弹片，板卡采用免螺钉固定。

（3）散热设计

合理的散热结构更是关系到计算机稳定工作的重要因素。目前最有效的机箱散热方式是大多数机箱所采用的双程式互动散热通道，即外部低温空气由机箱前部进气，经过南桥芯片、各种板卡、北桥芯片，最后到达 CPU 附近，在经过 CPU 散热器后，一部分空气从机箱后部的排气风扇抽出机箱，另外一部分从电源底部或后部进入电源，为电源散热后，再由电源风扇排出机箱。机箱风扇多使用 80mm 规格以上的大风量、低转速风扇，避免了过大的噪声。

4．电磁屏蔽性能

计算机在工作的时候会产生电磁辐射，如果不加以防范，会对人体造成一定伤害。选购时要注意，机箱上的开孔要尽量小，而且要尽量采用圆孔。同时还要注意各种指示灯和开关接线的电磁屏蔽。机箱侧板安装处、后部电源位置设置防辐射弹片，机箱中 5.25in 和 3.5in 槽位的挡板使用带有防辐射弹片与防辐射槽的钢片。机箱上的防辐射弹片可以加强机箱各金属部件之间的紧密接触而让机箱各部分连通成一个金属腔体，防止电磁辐射泄漏。防辐射能力良好的机箱在基座、前板、顶盖、后板边，甚至电源接口处都会设计大量的防辐射弹片和触点，如图 8-23 所示。

图 8-22　机箱内的主板板型大小安装示意图

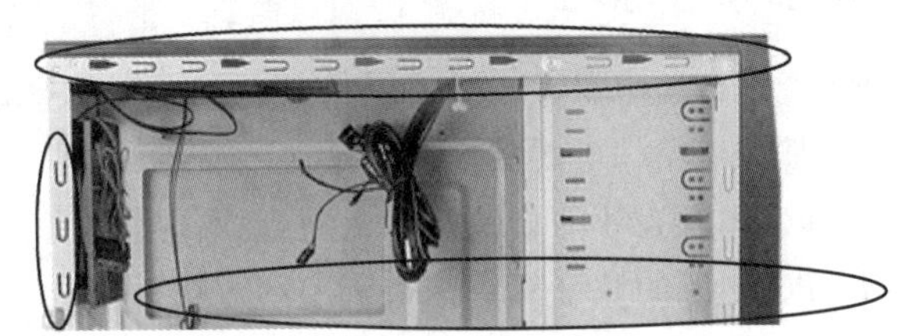

图 8-23　机箱上的防辐射弹片和触点设计

最直接的方法是看机箱是否通过了 EMI GB9245 B 级、FCC B 级及 IEMC B 级标准的认证，这些民用标准规定了辐射的安全限度，通过这些认证的机箱一般都会有相应的证书。

8.3　实训

8.3.1　电源的安装

安装主板之前，应该先安装电源。电源安装在机箱后部，4 个固定用的螺钉位置成不规则四边形，如图 8-24 所示，位置错误是无法安装的。

先将电源放进机箱上的电源槽，并将电源上的螺钉固定孔与机箱上的固定孔对齐。先拧上一颗螺钉（固定住电源即可），然后将其他 3 颗螺钉孔对正位置，再拧紧全部螺钉，如图 8-25 所示。

需要注意的是，安装电源时，首先要做的是将电源放入机箱内，这个过程中要注意电源放入的方向。有些电源有两个风扇，或者有一个排风口，其中一个风扇或排风口应对着主板，放入后稍稍调整，让电源上的 4 个螺钉和机箱上的固定孔分别对齐。

8.3.2　机箱的安装

将机箱立放在工作台上，拆下机箱两边的侧面板，将机箱脚垫安装在机箱底部。整理一下机箱扬声器、控制线，将它们收拢，用捆扎绳捆扎在一起。接着，对照主板输入/输出孔的部位，用手或螺钉旋具推压，去除机箱后面板上的相应安装孔、PCI-E 插槽或 PCI 插槽位置上的可拆除铁片。

安装机箱时，把机箱盖盖好，拧好螺钉即可，如图 8-26 所示。

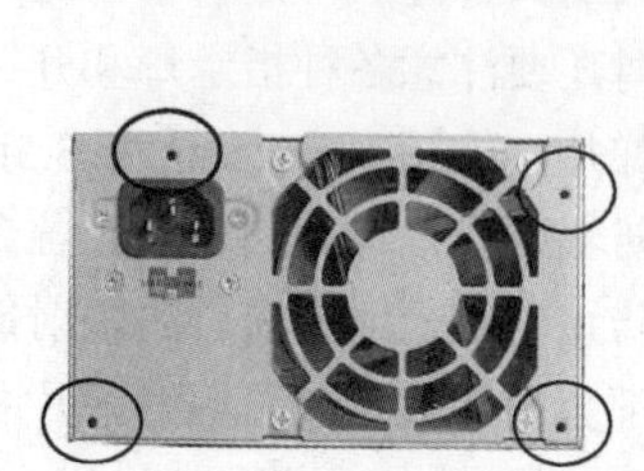

图 8-24　螺钉位置

图 8-25　电源的安装

图 8-26　机箱的安装

8.4　思考与练习

1．查询有关电源、机箱方面的产品和商情信息。
2．掌握机箱、电源的安装方法。
3．PC 电源有哪些规范？请上网查找（搜索关键词：PC 电源规范发展）。
4．PC 电源的认证有哪些？请上网查找。

第 9 章　键盘和鼠标

键盘（Keyboard）和鼠标（Mouse）是最常见的输入设备。一套手感舒适、做工精良、外形美观的键盘和鼠标，不仅能够让用户使用起来感觉得心应手，而且还能够充分保护使用者的健康。

9.1　键盘

键盘是最常用的也是最主要的输入设备之一，通过键盘，可以将英文字母、数字、标点符号等输入到计算机中，从而向计算机发出命令、输入数据等。

9.1.1　键盘的分类

1．按键盘的工作原理分类

市场上常见的键盘根据不同的工作原理可以分为机械式、塑料薄膜式和导电橡胶式。

（1）机械式键盘

机械式键盘采用类似金属接触式开关的原理使触点导通或断开，从而获得通断控制信号。每一颗按键都有一个单独的开关来控制闭合，这个开关也被称为“轴（Switch）”，如图 9-1 所示。机械式键盘的主要组件是轴，轴上面是键帽，下面是一层 PCB。最著名的“轴”是德国的 Cherry MX 机械轴。Cherry MX 系列机械轴从十字型轴帽颜色来看，主要包括青、茶、黑、白、灰、绿 6 种，每一种颜色的机械轴手感各不相同，青轴压力小、敲击声音大、适合打字，寿命 2000 万次；黑轴压力感最强、声音发闷、适合游戏，寿命 5000 万次；茶轴中性，其性能在青轴和黑轴之间，适合游戏；白轴相对比较稀少，键感和黑轴类似。

图 9-1　机械式键盘的按键

机械式键盘具有结实耐用、手感好等特点。机械式键盘属于高端产品，主要用户为游戏爱好者、程序员、专业打字员等，但价格较贵。

机械式键盘内部由 100 多颗独立开关和电路板共同控制闭合，所以机械式键盘不防水，在防水性上不如塑料薄膜式键盘。

（2）塑料薄膜式键盘

塑料薄膜式键盘是市场上最常见的键盘，按键通常由 4 层组成，最上层是中心有凸起的橡胶垫，下面 3 层都是塑料薄膜，其中最上一层是正极电路，中间一层是间隔层，最下一层是负极电路。按下按键时，按键推动橡胶垫的凸起部分向下，而橡胶垫的凸起部分又压迫第一层的触点部分向下变形，透过第二层——间隔层的小孔，接触第三层的触点，输出编码。塑料薄膜式键盘的内部结构如图 9-2 所示。

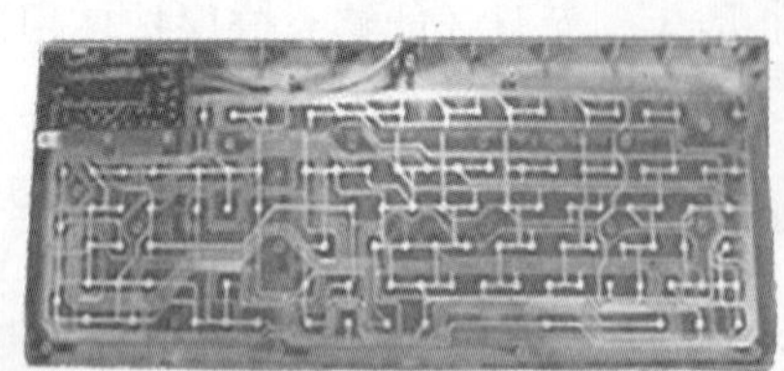
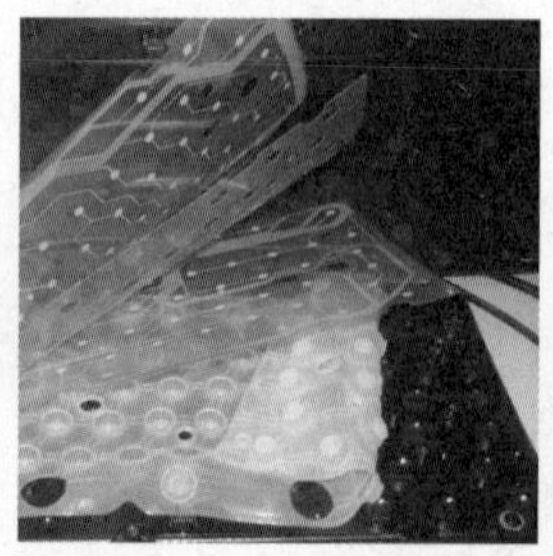

图 9-2　塑料薄膜式键盘的内部结构

塑料薄膜式键盘最大的特点就是低成本、低价格、低噪声、结构简单，在市场上占据绝大多数份额，平时所使用的廉价键盘基本都是塑料薄膜式键盘。由于塑料薄膜式键盘主要依靠橡胶来接触，时间长了会造成橡胶老化，导致最后无法使用，因此塑料薄膜式键盘的使用寿命较短。目前市场上的大部分塑料薄膜式键盘都具有防水设计。

（3）导电橡胶式键盘

导电橡胶式键盘的结构非常简单，上层是一层带有导电橡胶凸起的橡胶垫，只有凸起部分能够导电，而接触印制电路板的平面部分不导电，凸起部分对准每个按键；按键下层是一张印制电路板，按下键帽时，推动能够导电的凸起部分，接通下方正对的触点；放松键帽不按时，凸起部分依靠橡胶垫本身的弹性弹起，断开电路。导电橡胶式键盘的内部结构如图 9-3 所示。由于橡胶会老化，所以寿命也较短。

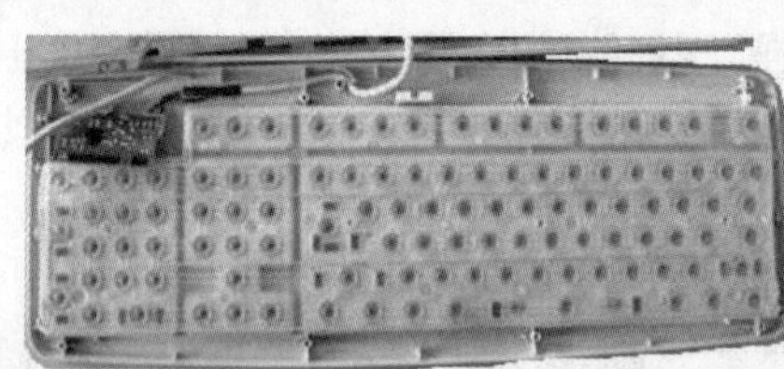

图 9-3　导电橡胶式键盘的内部结构

2．按键盘的按键数量分类

在计算机键盘发展历史上，以下几种键盘具有非常重要的地位，是相应时期的键盘规范。

（1）84 键键盘和 101 键键盘

最早的 XT 键盘就采用 84 键布局。101 键键盘是在 84 键键盘的基础上增加了编辑控制键区、功能键区、小数字键区及其他一些按键。目前，这两类键盘已经被淘汰。

（2）104 键标准键盘

标准的 104 键台式机键盘比 101 键键盘多出了 3 个键，用于在 Windows 95 及以上的操作系统环境中快速调出系统菜单或鼠标右键快捷菜单。目前市场上绝大多数键盘都为此种类型。常见的 104 键标准键盘如图 9-4 所示。

图 9-4 常见的 104 键标准键盘

（3）104 键多媒体键盘

104 键多媒体键盘采用标准的台式机键盘，键体设计添加了音量增减、Mail 等热键。热键数量较少的属于准多媒体键盘，应用也很广泛。

（4）104 键 Office 多媒体键盘

这是真正称得上多媒体键盘的 104 键键盘产品，具有丰富的热键，可自定义功能，并且附带其他（如滚轮旋钮等）扩展功能。

（5）107 键标准键盘

107 键标准键盘比 104 键键盘多了“开/关机”“睡眠”“唤醒”等电源管理方面的按键。顾名思义，这 3 个按键分别用于快速开/关计算机，以及让计算机快速进入或退出休眠模式。由于其多出的 3 个按键有时候会造成误操作，因此现在厂商多以 104 键为基础进行设计。

（6）多媒体键盘

时下非常流行这类键盘（如图 9-5 所示），大多是在 107 键键盘的基础上额外增加了一些多媒体播放、Internet 访问、E-mail、资源管理器方面的快捷按键。这些按键通常要安装专门的驱动程序才能使用，而且这类键盘中大多数都能够通过驱动程序附带的调节程序，让用户自定义这些快捷按键的功能。

图 9-5 多媒体键盘

（7）笔记本电脑式键盘

笔记本电脑式键盘的键帽采用了先进的剪刀式 X 架构悬吊技术设计，使得它拥有比传统台式机键盘更好的弹性，以及轻盈柔和的手感。这种键盘可以大大提高文字的录入速度，提高工作效率，所以键体和键帽仿照笔记本电脑式键盘的产品在市场上大受欢迎。

3．按键盘的外观分类

（1）普通键盘

此类键盘价格便宜，市场占有量最大，主要用在学校机房、办公场所等。

（2）人体工程学键盘

所谓人体工程学，在本质上就是使工具的使用方式尽量适合人体的自然形态，这样就可以使得使用工具的人在工作时，身体和精神不需要任何主动适应，从而尽量减少使用工具造

成的疲劳。对于经常使用键盘的用户，建议使用人体工程学键盘，以减轻对身体的损伤。微软公司多年来一直倡导使用人体工程学外设。图 9-6 所示是微软第 5 代人体工程学键盘产品——人体工程学键盘 4000（Natural Ergonomic Keyboard 4000）。

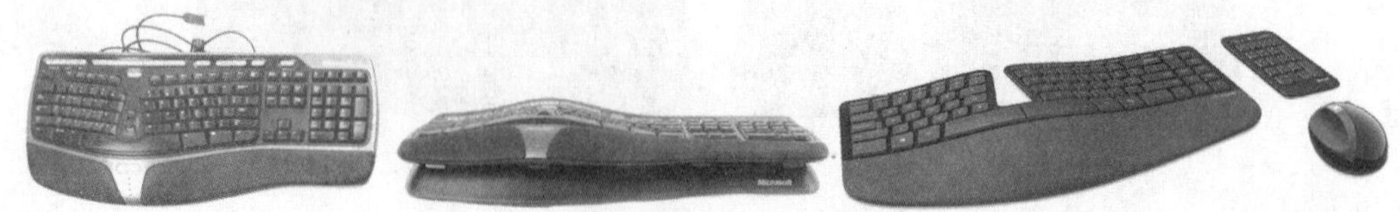

图 9-6 微软的人体工程学键盘 4000

（3）火山口架构键盘和剪刀脚架构键盘

塑料薄膜式键盘的键帽有火山口架构和剪刀脚架构两种。火山口架构成本较低，而且结构简单，也十分耐用，没有明显的缺点，因此平常所用 90%以上的键盘都采用了火山口架构。图 9-7 所示为火山口架构键盘。

由于剪刀脚架构可以使键盘更薄，同时剪刀脚的“X”架构可以确保按键的稳定性，因此该架构广泛应用于笔记本电脑键盘和超薄键盘中。图 9-8 所示为剪刀脚架构键盘。

图 9-7 火山口架构键盘

图 9-8 剪刀脚架构键盘

4．按有无连接线分类

按有无连接线可将键盘分为有线键盘和无线键盘。一般的键盘都是有线键盘，通过线缆与主机连接。无线键盘主要是采用无线电传输（RF）方式与主机通信。

5．按键盘的接口分类

早期的键盘接口是 AT 键盘接口，是一个较大的圆形接口，俗称“大口”。后来的 ATX 规格改用 PS/2 接口作为鼠标专用接口的同时，也提供了一个键盘专用的 PS/2 接口，俗称“小口”。但要注意，虽然键盘和鼠标使用的都是 PS/2 接口，但两者之间不能互换。随着 USB 接口的广泛使用，很多厂商相继推出了 USB 接口的键盘。PS/2 鼠标接口、PS/2 键盘接口和 USB 接口如图 9-9 所示。

图 9-9 PS/2 鼠标接口、PS/2 键盘接口和 USB 接口

9.1.2 键盘的结构

从结构上看，键盘可以分为外壳、按键和电路板 3 大部分，如图 9-10 所示。平时只能

看到键盘的外壳和所有按键，电路板在键盘的内部，用户是看不到的。

图 9-10　键盘的结构

1．外壳

键盘的外壳主要用于支撑电路板和给操作者一个工作环境，其底部有可以调节键盘角度的支架，键盘外壳与工作台的接触面上装有防滑减震的橡胶垫，有的键盘还装有手腕托盘。外壳上还有一些指示灯，用来指示某些按键的功能状态。

2．按键

印有符号标记的按键被固定在键盘外壳上，有的直接焊接在电路板上。

键盘的键帽影响手感、视觉，还影响按键的使用寿命。影响键帽质量的因素主要有两个，一是键帽字符的印刷技术，二是键帽的材质。

（1）键帽字符的印刷技术

目前市场上所能见到的键盘键帽印刷技术主要有 7 种，包括丝网印刷、UV 覆膜技术、激光填料法、含浸印刷（热升华）、镂空印字法、激光蚀刻（镭射）和二色成形法。其中，丝网印刷是最常见的一种键帽印刷技术，在键帽表面通过丝网印刷机将油墨印在表面，成本低廉，色彩丰富，这种印刷技术在深色键帽中比较常见。但是采用这种印刷技术的键帽字符耐磨度较差，所以在低端键盘中比较常见。其他印刷技术质量都较好。

（2）键帽材质

最常见的键帽材质有 3 种，分别是 ABS 工程塑料、PBT 材质和 POM 材质。ABS 工程塑料是一种成本非常低廉的材质，也是键盘中最常见的一种键帽材质。其他两种材质质量较好。

3．电路板

电路板是整个计算机键盘的核心，主要由逻辑电路和控制电路组成。逻辑电路排列成矩阵形状，每一个按键都安装在矩阵的一个交叉点上。电路板上的控制电路由按键识别扫描电路、编码电路和接口电路组成。在一些电路板的正面可以看到由某些集成电路或其他一些电子元器件组成的键盘控制电路，反面可以看到焊点和由铜箔形成的导电网络；而另外一些电路板上只有制作好的矩阵网络而没有键盘控制电路，它们将这一部分电路设计到了计算机内部。

9.1.3　键盘的主要参数

键盘的许多参数有很大的主观性，包括外观设计（整体外观、键位布局）、键盘键帽、手感及舒适度、人性化设计（包括附件）、做工（外壳、用料、线材、接口、支脚）等。

1．外观设计

良好的键盘外观，不仅代表了做工的精细，同时也能给人以视觉上的享受。

2．工作噪声

键盘使用时产生的噪声越来越被人所重视，键盘噪声越小越好。

3．键程差异率

由于键帽都有一定弧度的下凹，每个按键按下的距离会有差别，按键键程之间的差异越小越好。

4．按键舒适度

虽然按键舒适度与个人所喜好的键程的长短有很大的关系，但是不同材质、不同弹性的弹簧带来的是不同的打字感受，用户应该选用适合自己打字习惯的键盘。

5．使用舒适度

使用舒适度涉及用户的手、腕、肘等主要关节的舒适程度，这与是否科学地进行了人体工程学设计有很大的关系。

6．扩展功能

键盘的扩展功能主要集中在热键、其他防护等方面，合理的热键、防水等各种扩展功能可为用户带来方便。

9.1.4　键盘的选购

很多人对键盘似乎不够重视，在购买键盘的时候总是随便买一个。其实键盘是除显示器、鼠标器、机箱之外与用户关系最密切的部件。如果键盘质量不够好，轻则影响打字速度，重则会造成手腕及指关节损伤。因此，对键盘一定要精挑细选，尽量选择知名品牌的产品。对于不合适的键盘，应该立即更换，毕竟健康第一。在购买键盘时，注意下面几点。

1．按需选取

对键盘要求较高的用户群主要有两类，第一类是游戏玩家，为了保证在游戏中有迅速的反应和尽量少的键位冲突，键盘对游戏玩家起到了一个比较关键的作用；第二类是长时间使用计算机工作的人群，如程序员、打字员等，需要长时间通过键盘输入，对键盘的输入速度和手感提出了较高的要求。这两类用户最好选用有屏蔽辐射功能的机械式键盘。

2．舒适度

由微软公司发明的人体工程学键盘，将键盘分成两部分，两部分呈一定角度，以适应人手的角度，使输入者不必弯曲手腕。另有一个手腕托盘，可以托住手腕，将其抬起，避免手腕上下弯曲。这种键盘主要适用于那些需要大量进行键盘输入的用户，价格较高，且要求使用者采用正确的指法，消费者应视自身情况选购。目前很多标准键盘也增加了手腕托盘，也能一定程度地保护手腕，这些键盘也往往自称人体工程学键盘，要注意区分。

3．操作手感

键盘按键的手感是使用者最直观的体验，也是评判键盘是否“好用”的主要标准。按键的结构分为机械式和电容式两种，这两种结构的按键手感不同，要视自己的习惯选择。好的键盘按键应该平滑轻柔，弹性适中而灵敏，且按键无水平方向的晃动，松开后立刻弹起。好的静音键盘在按下、弹起的过程中应该是接近无声的。

4．做工

做工也是键盘选购过程中主要考察的因素。对于键盘，要注意观察键盘材料的质感，边缘有无毛刺、异常突起、粗糙不平，颜色是否均匀，键盘按钮是否整齐合理、是否有松动，键帽印刷是否清晰。好的键盘采用激光蚀刻键帽文字，这样的键盘文字清晰且不容易褪色。

还要注意反面的底板材料及铭牌标识。某些优质键盘还采用排水槽技术来减少进水可能造成的损坏。

5．接口的类型

目前市场上常见的键盘接口有两种：PS/2 接口和 USB 接口。购买时需要注意主板支持的键盘接口类型。许多计算机不支持 USB 接口的键盘，此时应选择 PS/2 接口的键盘。

6．是否“锁键盘”

有些键盘在同时按下几个键时，有些键就失去了作用，这给需要用键盘玩游戏的用户造成了极大的不便，在购买时应注意测试。

9.2　鼠标

鼠标器简称鼠标，随着 Windows 操作系统的流行，鼠标变成了必需品，有些软件必须要安装鼠标才能运行。

9.2.1　鼠标的分类

鼠标有多种分类方式。

1．按鼠标引擎的工作原理分类

（1）传统光学鼠标

传统光学鼠标的工作原理是其底部的 LED 灯光（一般是红色）以 30° 射向桌面（或鼠标垫），桌面反射的光线通过透镜传到传感器上，由于桌面表面粗糙，鼠标移动时传感器将得到变化的光线，由此判断鼠标的移动。光学鼠标是当前的主流。

（2）激光鼠标

激光鼠标也是光电鼠标，只不过是用激光代替了普通的 LED 光。因为激光几乎是单一的波长，其特性比 LED 光好。激光鼠标传感器获得影像的过程是根据激光照射在物体表面所产生的干涉条纹而形成的光斑点反射到传感器上获得的，而传统的光学鼠标是通过照射粗糙的表面所产生的阴影来获得的，因此激光能对表面的图像产生更大的反差，使得“CMOS 成像传感器”得到的图像更容易辨别，从而提高鼠标的定位精准性。

（3）罗技“Dark field”无界激光鼠标

罗技“Dark field”无界技术采用暗视野显微来探测表面上的微观颗粒和微小的划痕，传感器能够通过这些点的运动精确追踪鼠标的移动。

（4）微软蓝影鼠标

蓝影（Blue Track）技术是微软公司独有的。采用蓝影技术的鼠标产品使用的是可见的蓝色光源，因此它看上去更像是使用传统的光学引擎，可它并非利用光学引擎的漫反射阴影成像原理，而是利用目前激光引擎的镜面反射点成像原理，因此蓝影鼠标的性能与激光鼠标十分相近。

LED 光源发射出的蓝色光线通过汇聚镜片照射在物体表面上，通过物体表面反射到成像镜片，经过成像镜片汇集在 CMOS 光学传感器上成像，而光学传感器则相当于一台高速连拍照相机，能够在每秒钟拍摄数千张照片，并将它们传送至图像处理芯片，经过芯片对每张照片的对比，最终得出鼠标移动的轨迹。

2．按鼠标的按键数目分类

按鼠标的按键数目可将鼠标分为两键鼠标和三键鼠标，如图 9-11 所示。

- 两键鼠标，又称 MS Mouse，是由微软公司设计和提倡的鼠标，只有左右两个按键，是默认的鼠标标准。
- 三键鼠标，又称 PC Mouse，是由 IBM 公司设计和提倡的鼠标，在原有的左右两键当中增加了第 3 键——中键。很多软件也经常使用中键，特别是绘图软件、三维射击游戏等。尤其是上网浏览时，鼠标中键可以使操作变得简单方便。

3．按是否有滚轮分类

微软公司设计的“智能鼠标”（IntelliMouse）把三键鼠标的中键改为一个滚轮，可以上下自由滚动并且也可以像原来的鼠标中键一样单击。滚轮最常用于快速控制 Windows 系统的滚动条，而在一些特殊的程序中也能起到一定的辅助作用。滚轮鼠标一经推出就大受欢迎，于是很多厂家都生产了各自的滚轮鼠标，如图 9-12 所示。

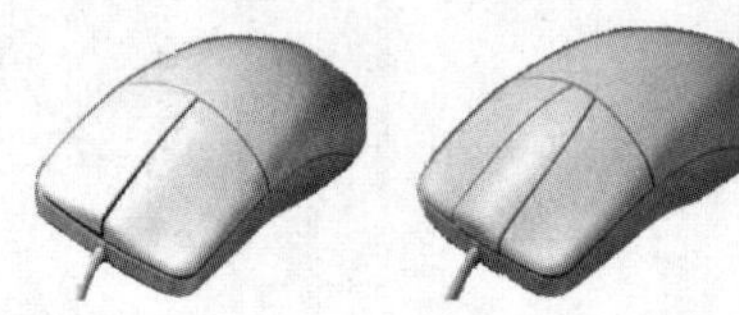

图 9-11　两键鼠标和三键鼠标

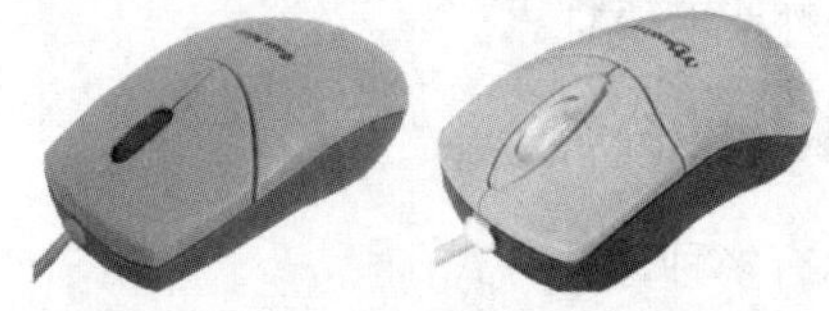

图 9-12　滚轮鼠标

4．按鼠标的接口分类

目前鼠标与计算机连接的接口一般有两种：PS/2 接口（鼠标专用口）和 USB 接口。这两种接口的鼠标如图 9-13 和图 9-14 所示。

图 9-13　PS/2 接口鼠标

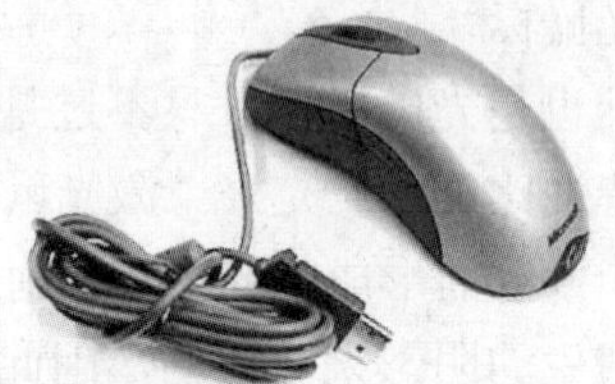

图 9-14　USB 接口鼠标

ATX 结构主板上提供了一个标准的 PS/2 鼠标接口和一个 PS/2 键盘接口。值得注意的是，PS/2 接口鼠标不可以带电插拔，而 USB 接口鼠标则可带电插拔。

5．按鼠标的外形是否符合人体工程学分类

按照人体工程学原理设计的鼠标，手掌搭放在鼠标上面能够得到很充分的支撑，有效防止用户长时间使用所产生的疲劳感，人体工程学鼠标又分为右手鼠标和左手鼠标。常见人体工程学鼠标的外观如图 9-15 所示。

6．按有线无线分类

为了取消连接线，还有采用红外线、激光和蓝牙等技术的无线鼠标。这类鼠标本身的工作原理与普通鼠标一样，只不过采用无线技术与计算机通信。常见的无线鼠标如图 9-16 所示。

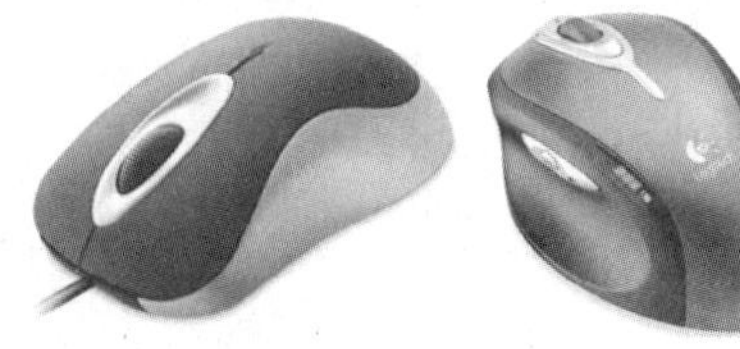

图 9-15　人体工程学鼠标

图 9-16　无线鼠标

无线鼠标具有不需要连线的优点，可以在几米范围内操纵。但是，无线鼠标也有致命的缺点，就是容易受到干扰，传输延时比较严重，时常会出现无法移动鼠标指针的现象。

无线鼠标都需要电池来供电，配合无线接收器才可以正常工作。无线接收器很像 U 盘，采用 USB 接口，并提供一个电源接口给鼠标充电使用。把充电连线分别插入接收器和鼠标前面的充电接口就可以充电了。

9.2.2　光学鼠标的结构

光学鼠标通常由光学感应器、光学透镜、发光二极管、控制芯片、轻触式按键、滚轮、连接线、PS/2 或 USB 接口和外壳等部分组成，如图 9-17 所示。

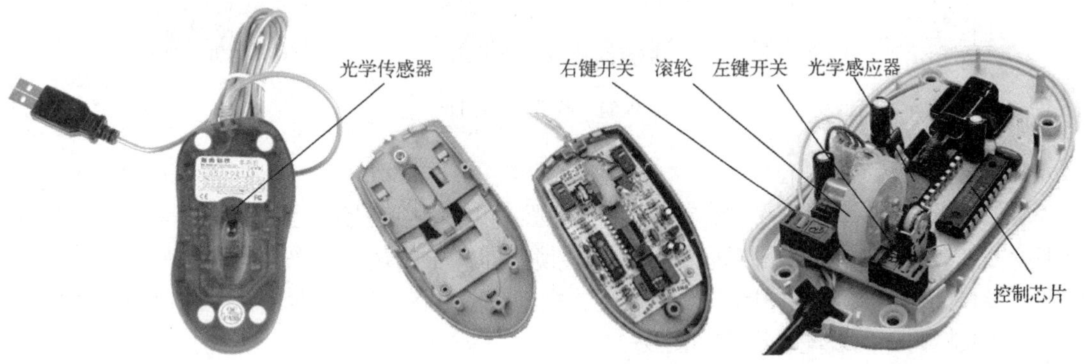

图 9-17　光学鼠标的结构

1．光学感应器

光学感应器是光学鼠标的核心，目前生产光学感应器的厂家只有安捷伦、微软和罗技 3 家公司。其中，安捷伦公司的光学感应器使用十分广泛，除了微软的全部和罗技的部分光学鼠标之外，其他的光学鼠标基本上都采用了安捷伦公司的光学感应器。

图 9-18 所示是光学鼠标内部的光学感应器，它采用的是安捷伦公司的 A2051 光学感应元器件。图 9-19 所示是 A2051 光学感应器的背面，可以看到芯片上有一个小孔，这个小孔用来接收由鼠标底部的光学透镜传送过来的图像。

图 9-18　光学鼠标内部的光学感应器

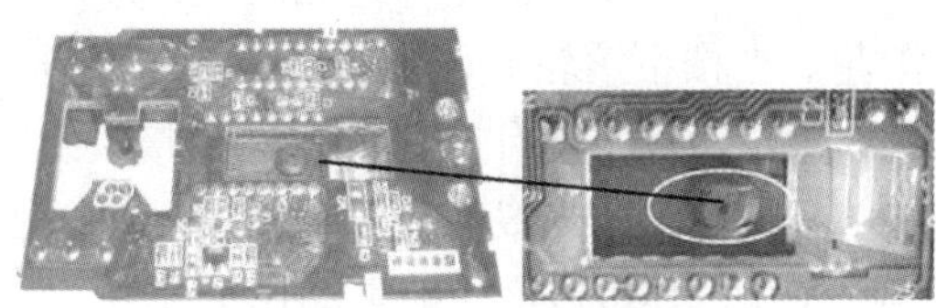

图 9-19　光学感应器背面的小孔

2．光学鼠标的控制芯片

控制芯片负责协调光学鼠标中各元器件的工作，并与外部电路进行沟通及各种信号的传送和接收。图 9-20 所示是罗技公司的 CP5928AM 控制芯片，它可以配合安捷伦的 A2051 光学感应元器件，实现与主板 USB 接口之间的连接。

图 9-20　控制芯片

3．光学透镜组件

把光学鼠标翻过来，都可以看到一个小凹坑，里面有一个三棱镜和一个凸透镜。光学透镜组件被放在光学鼠标的底部位置，它由一个棱镜和一个圆形透镜组成，如图 9-21 所示。棱镜负责将发光二极管发出的光线传送至鼠标的底部，并予以照亮。光学鼠标背面外壳上的圆形透镜则相当于一台摄像机的镜头，负责将被照亮的鼠标底部图像传送至光学感应器底部的小孔中。

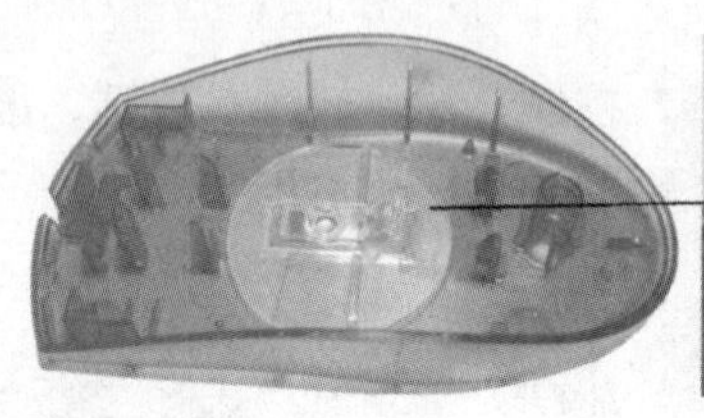

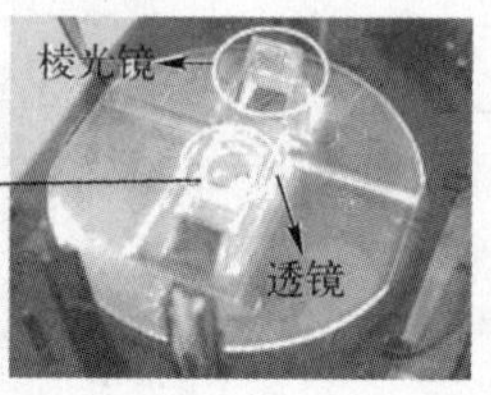

图 9-21　光学透镜组件

4．发光二极管

通常，光学鼠标采用的发光二极管发出的光（以前是红色的，也有部分是蓝色的，现在为不可见光），一部分通过鼠标底部的光学透镜（即其中的棱镜）来照亮鼠标底部，另一部分则直接传到了光学感应器的正面。发光二极管的作用是产生光学鼠标工作时所需要的光源。光学鼠标内部的发光二极管如图 9-22 所示。

图 9-22　光学鼠标内部的发光二极管

5．轻触式按键

普通的光学鼠标上有两个轻触式按键，带有滚轮的光学鼠标有 3 个轻触式按键，如图 9-23 所示。高级的鼠标通常带有 X、Y 两个翻页滚轮，而大多数光学鼠标仅有一个翻页滚轮。当按下滚轮时，则会使中键产生作用。

在滚轮两侧安装有一对光学发射/接收装置，如图 9-24 所示。滚轮上带有栅格，由于栅格能够间隔地阻断光线的发射和接收，这样便能产生脉冲信号，脉冲信号经过控制芯片传送给操作系统，便可以产生翻页动作了。

图 9-23　光学鼠标的 PCB 上共焊有 3 个轻触式按键

图 9-24　光学发射/接收装置

9.2.3　鼠标的主要参数

鼠标的性能涉及以下所述的多个参数。

1．分辨率（dpi 或 cpi）

dpi（Dots Per Inch，每英寸像素数）用来表示鼠标在物理表面上每移动 1in 时其传感器所能接收到的坐标数量。cpi（Count Per Inch，每英寸的测量次数或采样率）是光电鼠标引擎厂商安捷伦提出的单位标准，dpi 和 cpi 都是表示鼠标分辨率的标准，只是 cpi 的表达方式更加精准，因此目前广泛使用 cpi 标识。基本上，两个值是十分接近的，在较高数值时，相同数值的 dpi 相对 cpi 来说分辨率要更高一些。

分辨率越高，在一定的距离内可获得越多的定位点，鼠标将更精确地捕捉到用户的微小移动，尤其有利于精准定位；另一方面，cpi 越高，鼠标在移动相同物理距离的情况下，鼠标指针移动的逻辑距离会越远。例如，在 Windows 默认鼠标速度下，拥有 400dpi 的鼠标在鼠标垫上移动 1in，鼠标指针在屏幕上则移动 400 像素。cpi 也可以说是鼠标能感应的最小移动量，400cpi 最低能感应 1/400in。

2．刷新率

刷新率又叫作内部采样率、扫描频率、帧速率等，单位是 F/s，是每秒鼠标从光头读取数据的次数。光学鼠标就是靠不停地扫描，判断出鼠标移动的方向。可是，在高速移动过程中，刷新率低将会导致扫描的图像连不上，会失去定位。

刷新率是对鼠标光学系统采样能力的描述参数，即 LED 发出光线照射工作表面，传感器以一定的频率捕捉工作表面反射的快照，交由数字信号处理器（DSP）分析和比较这些快照的差异，从而判断鼠标移动的方向和距离。很显然，刷新率的高低决定了图像的连贯性好坏以及对微小移动的响应，刷新率越高则在越短的时间内获得的信息越充分，图像越连贯，帧之间的对比也更有效和准确。表现在实际使用效果上则是鼠标的反应将更加敏捷、准确和平稳（不易受到干扰），而且对任何细微的移动都能做出响应。目前最高的刷新率高达 6000 次/s，从而解决了鼠标高速移动时光标乱飘的问题。刷新率越高越好，而且与 dpi 无关。

3．鼠标回报率（或称接口采样率、轮询率）

鼠标回报率是指鼠标控制单元与计算机的传输频率。现在的鼠标大多采用 USB 接口，理论上，鼠标回报率应该达到 125Hz。按照理论来说，越高的回报率越能发挥鼠标的性能，特别是对于游戏玩家来说更具实际意义。但是，如果微机配置较低，鼠标的回报率设置较高，会造成鼠标掉帧的情况，所以现在很多鼠标都提供了回报率调节设置。

例如，回报率为 125Hz 时，可以简单地认为鼠标控制单元可以每(1/125)s=8ms 向微机发送一次数据，500Hz 则是每(1/500)s=2ms 发送一次。普通办公要求鼠标回报率达到

125Hz，而游戏级鼠标必须达到 500Hz 才行。

4．主观因素

还有一些难以量化的参数，在挑选时其重要性更高。

- 外观及做工：制作鼠标的工艺水平，还有用料、外观及包装。
- 手感：鼠标的外形带给用户实际使用的感觉，包括握在手中的舒适程度、移动方便与否、表面材质舒适与否，以及长时间使用是否会造成手或手臂疲劳。
- 按键：按键的手感。
- 精准度：鼠标响应是否迅速准确，对微小移动的表现好不好，以及是否会在高速大范围移动的时候出现乱飘的“失速”状况。

5．无线鼠标参数

无线技术根据不同的用途和频段被分为不同的类别，先后出现的无线技术有 27MHz RF、2.4GHz 非联网解决方案和蓝牙 3 类。

（1）27MHz Radio Frequence（27MHz RF）

27MHz RF 是指使用 27MHz 无线频率带的一项技术，这个频率带中有 4 个频道，其中两个用于无线键盘，另外两个用于无线鼠标。27MHz 最远有效传输距离为 182.88cm，由于采用此频带容易出现频率干扰和传输不畅的情况，部分较新型的无线鼠标产品采用了双频道的方案。27MHz RF 是一种已经被淘汰的技术标准。

（2）2.4GHz 非联网解决方案

2.4GHz 非联网解决方案就是 2.4GHz 无线网络技术，它的优点是解决了 27MHz 功率大、传输距离短、同类产品容易出现互相干扰等缺点而提出的。但是，采用 2.4GHz 非联网解决方案的产品，接收端和发送端在生产时便内置配对 ID 码，形成一对一模式，因此不同品牌、不同产品之间的接收端和发送端不能混用。

（3）蓝牙

蓝牙使用的频段与 2.4GHz RF 一致，但蓝牙技术在普通 2.4GHz 无线技术上增加了自适应调频技术，实现全双工传输模式，并实现 1600 次/s 的自动调频。此外，该技术能够使蓝牙设备的接收方和传输方两者以 1MHz 为间隔，在其划分的 79 个子频段上互相配对。

正因为蓝牙技术是由 2.4～2.485GHz 频段增加特定协议而来，因此它能够使任何蓝牙设备在一定范围内互相配对并连接、传输数据。这个技术的好处是不但减低甚至杜绝了无线设备互相干扰的现象，而且使蓝牙设备适应性更广，成本更低廉。此外，蓝牙技术传输速率最高为 1Mbit/s，虽然和 2.4GHz 非联网解决方案的 2Mbit/s 还有一定差距，但还是要高于 27MHz 无线技术。

按照蓝牙规范的规定，Class 并不用来规定距离，而是标明输出功率。蓝牙可分为工业用“Class1”标准、日常生活中常见的“Class2”标准和传输距离最短的“Class3”标准。通常，Class1 为 1～100mW（0～20dBm）；Class2 是 0.25～2.5mW（-6～4dBm），正常情况下是 1mW（0dBm）。只要发射功率超过 0dBm 就属于 Class2 的范围，但是如果超过 4dBm 就是 Class1；而 Class3 则为不大于 1mW（0dBm）。通常情况下，Class1 可达 100m 左右的传输距离，Class2 可达 10m 左右的传输距离，Class3 可达 1m 左右的传输距离。其中无线键鼠常用的 Class2 标准功耗为 2.5mW，因此符合这个标准的蓝牙设备通常具备较长的电池使用时间。

9.2.4 鼠标的选购

鼠标虽小，但它与日常生活和工作紧密相连。由于现在大量的应用都要通过鼠标来完成，因此若设计不合理，不仅会带来使用时的不便，还会让使用者肌体容易疲劳，给身体健康造成不必要的伤害。现在，光学鼠标是主流产品，市场上的光学鼠标产品很多，价格从几十元到几百元不等，大致可以分为以下几个档次。

（1）200 元以上的高端产品

这个价位以上的光学鼠标往往都是一些名牌厂商的顶尖产品，这类产品的手感、按键乃至 3D 滚轮都是非常好的，都采用了 USB 接口，并附带了 USB 转 PS/2 的转换头，保质期也长达 3～5 年。对于注重性能的用户特别是游戏玩家，这类产品是不错的选择。

（2）100～200 元的中档产品

绝大部分品牌的光学鼠标都在这个价位，产品质量良莠不齐，购买这个价位的时候要特别留心，仔细挑选。

（3）100 元以下的低端产品

这个价位的产品多数是采用低端光学引擎的光学鼠标，所以价格很便宜，性能一般。

另外，虽然光学鼠标能在任何较硬的平面上移动，但是如果想使鼠标移动得更省力、灵活，还是需要一张鼠标垫。市场上销售的鼠标垫品种很多，价格在 1～500 元，其制作材料主要为化纤织物、人造织物、软塑胶、硬塑料、有机玻璃、铝合金及皮革等。常见鼠标垫如图 9-25 所示。

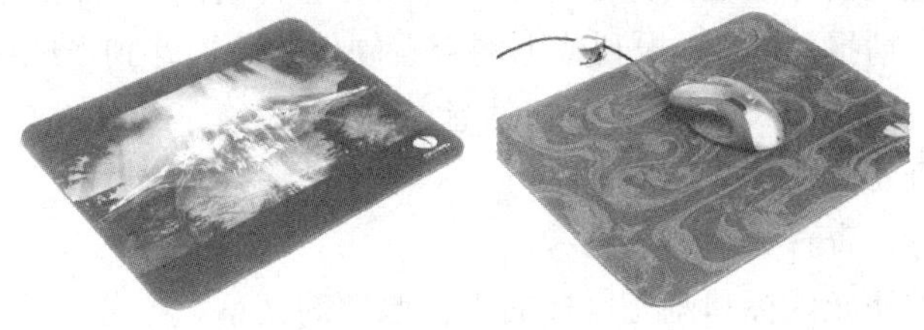

图 9-25　鼠标垫

另外，如果使用的是 24in 的 LCD，则应选择高 cpi 的鼠标，例如，800cpi 的鼠标的移动速度比 400cpi 的会明显快很多。

9.3 实训

9.3.1 键盘的安装

键盘的安装非常简单，在 PS/2 键盘插头上有一个键盘形状的标记，它与主板上的键盘接口对应，将其插头插入键盘接口即可，如图 9-26 所示。在安装 PS/2 键盘和 PS/2 鼠标时，应注意先关闭主机的电源。

9.3.2 鼠标的安装

1. 有线鼠标的安装

安装有线鼠标时，应根据鼠标的接口（PS/2 接口、USB 接口、串行接口）插入主板上

的对应插口，如图 9-27 所示。但要注意，对于 PS/2 接口的鼠标，不能带电插拔。在 Windows 系统下，不需要安装驱动程序，除非安装的是带有附加功能的鼠标。

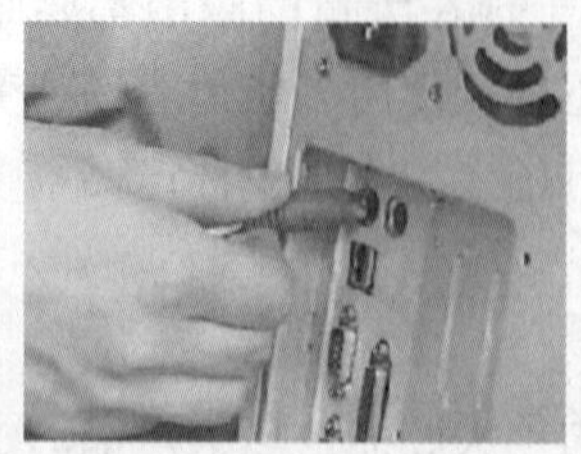

图 9-26　安装键盘

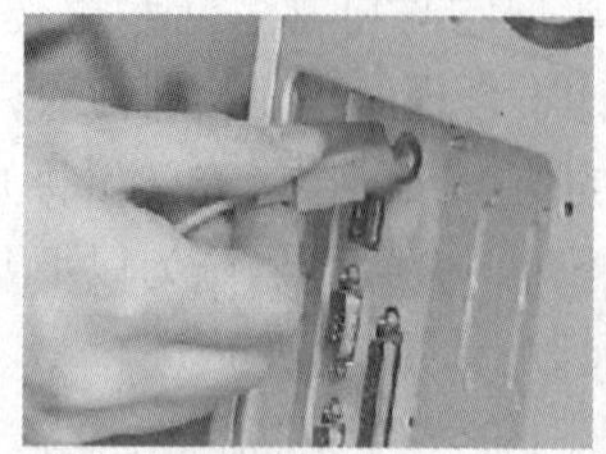

图 9-27　安装鼠标

在拆卸键盘和鼠标时，同样要注意先关闭主机电源后才能从相应的插口拔下。如果安装的键盘或者鼠标是 USB 接口，可带电插入主板上的任何 USB 口中。

2．无线鼠标的安装

目前几乎都是无线鼠标，只需把 USB 发射接收器插入到计算机的 USB 接口，打开鼠标上的开关，即可使用。

9.4　思考与练习

1．熟练掌握键盘、鼠标的连接方法，掌握特殊键盘、鼠标驱动程序的安装。

2．查阅《电脑商情报》等 IT 报刊或上网查看硬件信息，并到当地计算机配件市场考察键盘、鼠标等输入设备的型号、价格等商情信息。

3．拆解键盘，查看其内部的结构。

4．拆解光学鼠标，查看其内部的结构。

5．上网搜索有关激光鼠标和蓝光鼠标的工作原理的文章。

6．体验人体工程学键盘/鼠标与一般键盘/鼠标在使用舒适性方面的区别。

第 10 章　计算机硬件的组装

本章将详细介绍计算机硬件的组装过程，使读者在之前章节了解计算机各个部件理论知识的基础上，能够独立地组装一台计算机，加深对各个硬件的认知。

10.1　组装前的准备

在组装计算机前应先做以下准备工作。

10.1.1　组装工具和配件

组装工具和配件如下。

1. 工作台

电脑桌就是最好的工作台。如果没有，用其他结实的桌子也可以。将工作台放在房间中，使用户能够围着它转，以便从不同的位置进行操作。

2. 装机工具

虽然现在的计算机硬件的卡扣设计都很人性化，但在组装计算机前，还需要准备一些必备的装机工具，以便安装有条不紊地开展，如图 10-1 所示。

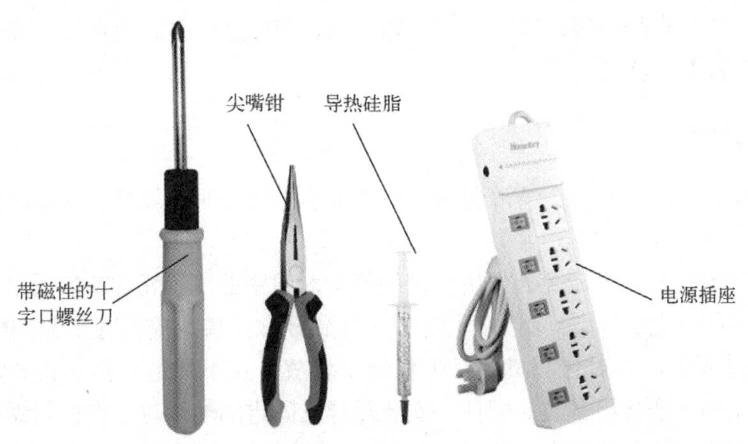

图 10-1　装机工具

- 带磁性的十字口螺丝刀：因为计算机硬件的螺丝钉全部都是十字形的，所以准备一把十字口螺丝刀用于拆卸和安装。
- 尖嘴钳：机箱后面有一排挡板，一般用手来回折几次挡板就会脱落，但有些材质较硬，须用尖嘴钳协助拆卸挡板。
- 导热硅脂：将散热膏涂到 CPU 上，帮助 CPU 和散热片之间连接，以提高硬件的散热效率。在选购时一定要购买优质的导热硅脂。

- 电源插座：排型插座用来测试组装完成后的计算机是否能正常运行。

3．计算机的部件

组装一台计算机的配件一般包括主板、CPU、CPU 风扇、内存条、显卡、声卡（主板中都有板载声卡，除非用户特殊需要）、硬盘、光驱、机箱、机箱电源、键盘/鼠标、显示器、数据线和电源线等，如图 10-2 所示。

图 10-2　计算机主要硬件（部分）

将机箱放在工作台上，其他部件都放在部件放置台上，不要堆放在一起。说明书、连接线和螺钉分类摆放备用。需要特别注意的是，不要触摸拆封部件上面的线路及芯片，以防静电损坏它们。一些带有静电包装膜的部件，如主板、CPU、硬盘、内存等，在安装前先不要拆开。至此，准备工作就绪。

10.1.2　注意事项

在组装过程中，以下问题会经常遇到，稍微不小心就会对计算机造成损坏，在组装时要多加注意。

- 在组装计算机前，为避免人体所携带的静电对精密的电子元件或集成电路造成损伤，还要先清除身上的静电。例如，用手摸一摸铁制水龙头，或者用湿毛巾擦一下手。
- 在组装过程中，要对计算机各个配件轻拿轻放，在不知道怎样安装的情况下要仔细查看说明书，严禁粗暴装卸配件。安装需螺钉固定的配件时，在拧紧螺钉前一定要检查安装是否对位，否则容易造成板卡变形、接触不良等情况。另外，在安装那些带有针脚的配件时，也应该注意安装是否到位，避免安装过程中针脚断裂或变形。
- 在进行部件的线缆连接时，一定要注意插头、插座的方向，一般它们都有防误插设计（也叫“防呆设计”），如缺口、倒角等，只要留意它们，就会避免出错。另外，连接光驱、硬盘的扁平线缆边上有一条线是红色的，它表明这是 1 号线，应与插座的 1 号线连接。由此，也可辅助用户验证插接连线是否正确。
- 插头、插座一定要完全插入，以保证接触可靠。如果方向正确又插不进去，应修整一下插头（电源插头常带有残留毛边，难以顺畅插入的情况比较多见）。

- 不要抓住线缆拔插头，以免损伤线缆。

10.1.3　组装步骤简介

在组装之前，一定要明确装机的步骤，这样能够提高效率，避免出现“顾此失彼”的现象。装机的主要步骤如下。

1．主机的安装

第 1 步：机箱的拆装。

第 2 步：电源的安装。

第 3 步：CPU 和散热器风扇的安装。

第 4 步：内存条的安装。

第 5 步：主板的安装。

第 6 步：主机内其他部件的安装。

第 7 步：连接机箱内部的电源线。

第 8 步：连接机箱内部的数据线。

2．外设的安装

第 1 步：显示器的安装。

第 2 步：键盘、鼠标的安装。

第 3 步：其他外设的安装。

10.2　计算机的组装过程

计算机组装的主要过程如下。

10.2.1　拆卸机箱

计算机机箱的安装主要是对机箱进行拆封，以及相关零配件的归纳和组装，具体安装步骤如下。

1）从包装箱中取出机箱及内部的零配件（螺钉、挡板等），机箱面板背对用户自己。

2）从机箱的后面板可以看出，机箱两侧外壳均是采用塑料螺钉固定的，用户分别将机箱盖的螺钉拧下，然后用手向后拉动机箱盖板即可取下盖板，如图 10-3 所示。

10.2.2　安装电源

一般情况下，用户购买的机箱本身就配有已经安装好的电源，假如用户还购买了稳压性能更好的电源，则需重新安装电源。安装主板之前，应该先安装电源。具体安装步骤如下。

1）拆开电源包装，将带有风扇并且有 4 个螺钉孔的那一面向外，放入机箱内部。在放入过程中，对准机箱上电源的固定位置，将 4 个螺钉孔对齐。

2）左手控制好电源的位置，右手使用螺钉旋具将 4 个螺钉拧上，如图 10-4 所示。

需要提醒的是，在拧紧螺钉时，依次按照对角线方式拧紧 4 个螺钉，这样做能够保证电源安装的绝对稳固。

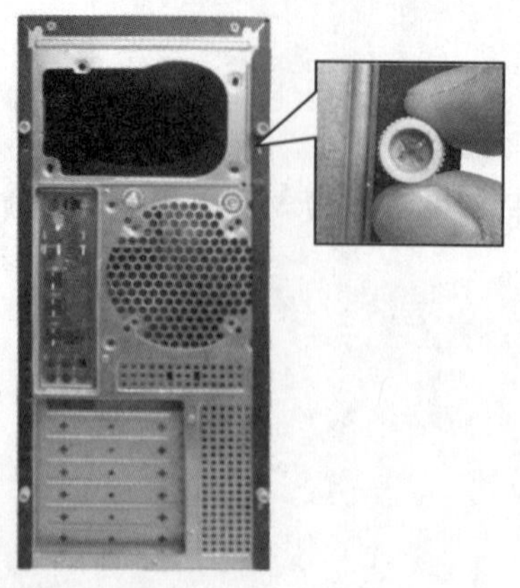

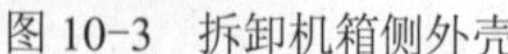

图 10-3 拆卸机箱侧外壳

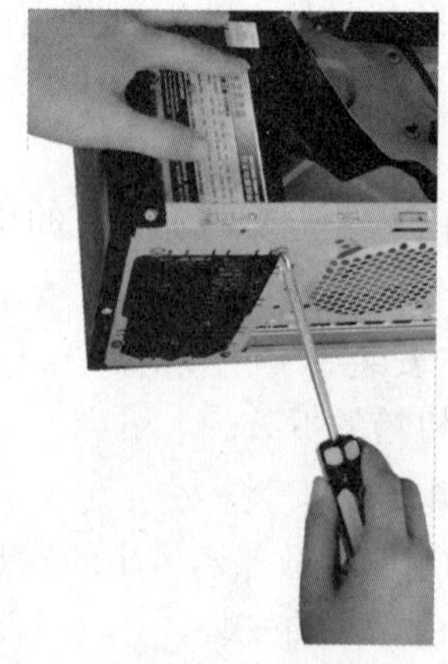

图 10-4 安装电源

10.2.3 安装 CPU 及散热器风扇

对于主板上的一些主要配件（如 CPU、内存条），应该在把主板安装到机箱内部之前将其安装到主板上。具体安装步骤如下。

1）一般的，主板包装袋中包含一张和主板大小相同的塑料垫，将主板从包装袋中取出时连同塑料垫一同平放到桌子上。如果没有塑料垫，最好在主板下面垫上一层胶垫，避免在安装 CPU 散热风扇时损坏主板背面的针脚。

2）把主板上 CPU 插座旁边的手柄轻微向外掰开，同时将手柄拉起，此时 CPU 插座会向旁边发生轻微侧移，这表明 CPU 可以插入了，如图 10-5 所示。

3）拆开 CPU 包装盒，取出 CPU。仔细观察 CPU 布满针脚的一面，从中可以发现 CPU 的某个角上有一个金属的三角形标志，再仔细观察主板上的 CPU 插座，其中的某个角上同样有一个三角形标志。将两者的三角形标志对齐，CPU 即可顺利插入 CPU 插座，如图 10-6 所示。

图 10-5 掰开 CPU 插座旁的手柄

图 10-6 将 CPU 插入 CPU 插座

4）待 CPU 顺利插入插座后，将手柄按照逆过程重新恢复原位，这时整个 CPU 的安装过程结束，如图 10-7 所示。

5）在 CPU 的表面上均匀涂抹一层导热硅胶，使其有效提高散热效率。取出 CPU 风扇，将对准主板相应位置并平稳地放置在主板上固定支架内，如图 10-8 所示。

图 10-7　压下手柄固定 CPU

6）将 CPU 风扇两侧的金属扣挂在支架对应的卡口内，然后用力下压扣具的手柄，使散热块与 CPU 紧密结合，如图 10-9 所示。

图 10-8　安装 CPU 风扇

图 10-9　固定 CPU 风扇

7）找出 CPU 风扇的电源线，将其连接到主板的供电接口中，如图 10-10 所示。需要说明的是，主板上许多插口都有防误插设计，反向或插口不对是无法插入的，因此安装起来非常方便。至此，CPU 及其风扇全部安装完成。

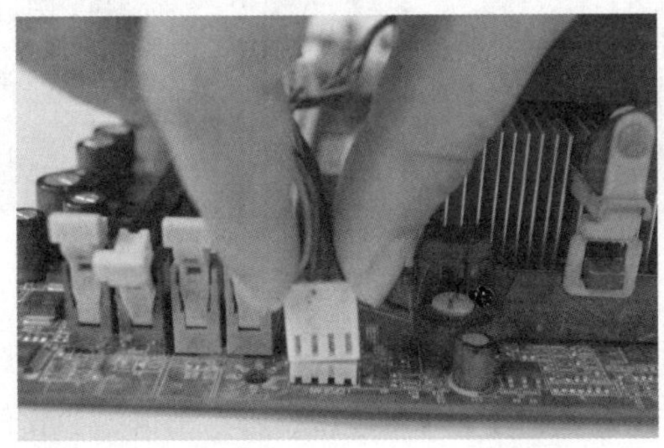

图 10-10　连接 CPU 风扇电源线

10.2.4　安装内存条

主板上的内存条插槽一般都采用不同的颜色来区分双通道和单通道。用户将两条规格相同的内存条插入到相同颜色的插槽中，即可打开双通道功能。具体安装步骤如下。

1）在主板中找到内存条插槽，使用双手把内存条插槽两端的卡子向两侧掰开，如图 10-11 所示。

2）取出内存条，此时会发现内存条底部和两侧均有凹槽。将内存条底部的凹槽区域对准内存条插槽内的隔断，并用力下压，听到“啪”的一声响后，卡子恢复到原位，说明内存条安装到位，如图 10-12 所示。

图 10-11 掰开内存插槽两端的卡子

图 10-12 安装内存条

10.2.5 安装主板

打开机箱配备的零件包，挑出其中的铜柱螺钉（4～6 个），先拿主板在机箱内部比较一下位置，然后将铜柱螺钉旋入与主板上的螺钉孔相对应的机箱铜柱螺钉孔内，如图 10-13 所示。

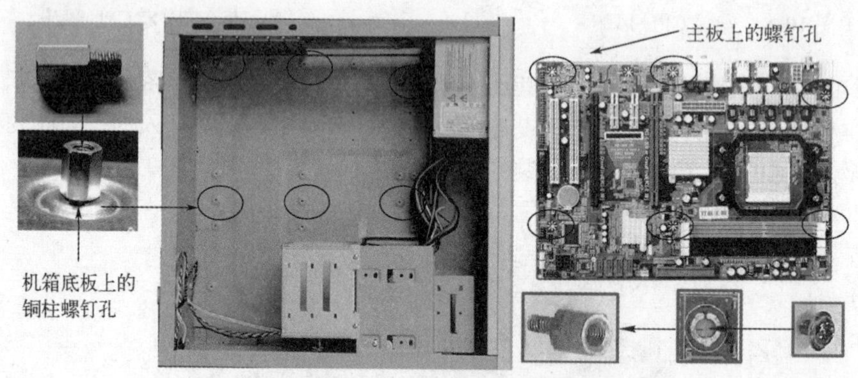

图 10-13 机箱底板与主板上的螺钉孔

不同机箱固定主板的方法不一样。图 10-13 所示的这种机箱，全部采用铜柱螺钉固定，稳固程度很高，但要求各个铜柱螺钉的位置必须精确。主板上一般有 5～7 个固定孔，用户要选择合适的孔与主板匹配，选好以后，用铜柱螺钉将主板与底板固定。

具体安装步骤如下。

1）取出机箱提供的主板垫脚螺母（铜柱）和塑料钉，拧到机箱的螺钉孔中。

2）使用尖嘴钳，将机箱背部 I/O 接口区域的密封片去掉，安装由主板提供的 I/O 接口挡板。

3）双手控制主板，将其一侧倾斜轻轻地放入机箱内部，如图 10-14 所示。在放置过程

中，需要注意主板侧面 I/O 接口要与机箱 I/O 接口挡板对齐。

4）正确放置主板后，轻微移动主板，使主板中的螺钉孔与垫脚螺母（铜柱）对齐。使用螺钉旋具旋转螺钉将主板固定到机箱上，如图 10-15 所示。至此，主板的安装全部完成。

需要注意的是，如果螺钉孔的位置与主板孔位不能对应，切忌不要强行将螺钉拧入，避免主板受外力变形造成损坏。

图 10-14　放置主板

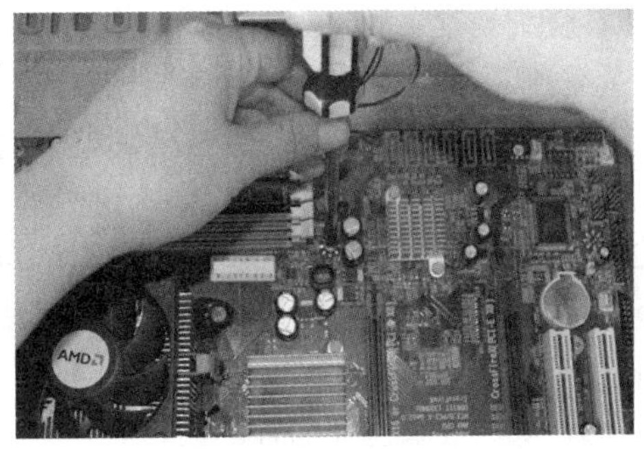

图 10-15　固定主板

10.2.6　安装显示卡

一般的，主板上均包含数量不等的 PCI-E 显卡插槽，而显卡也有防误插设计，所以显卡安装相对简单，具体安装步骤如下。

图 10-16　机箱后壳上对应显卡插槽的扩充挡板及螺钉

1）移除机箱后壳上对应显卡插槽的扩充挡板及螺钉，如图 10-16 所示。这些挡板与机箱是直接连接在一起的，需要先用螺钉旋具将其顶开，然后用尖嘴钳将其扳下。另外注意，外加插卡位置的挡板可根据用户的实际需要来决定是否去掉，而不要将所有的挡板都取下。

2）在主板上找到显卡插槽的位置，并将显卡插槽的卡子向外掰开。

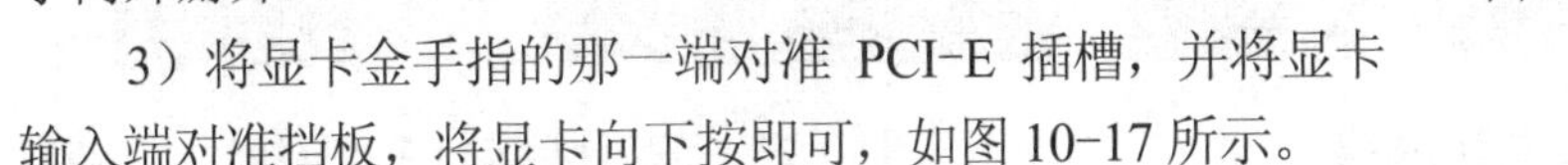

3）将显卡金手指的那一端对准 PCI-E 插槽，并将显卡输入端对准挡板，将显卡向下按即可，如图 10-17 所示。

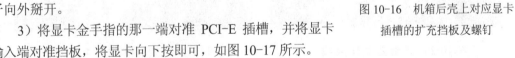

4）将显卡插入插槽中后，显卡有外接接口的一端正好搭在机箱的板卡安装位上，挑选螺钉固定显卡即可，如图 10-18 所示。

图 10-17　将显卡插入主板上的 PCI-E 插槽

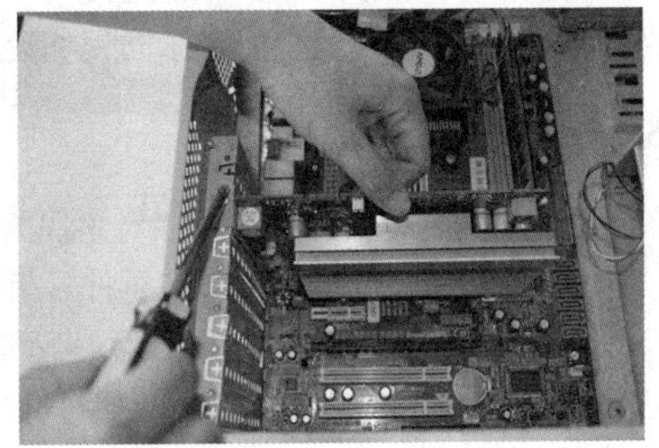

图 10-18　固定显卡

10.2.7　连接内部电源线和数据线

1．连接主板电源线

由于主板为各种设备提供电源，因此主板上有许多电源接口，在连接主板电源线之前，应该仔细观察主板。

1）仔细观察主板，找到一个面积较大且是长方形的插槽，它就是为主板提供电源的电源插槽。

2）在机箱电源线中，找出并用手捏住 24 孔电源插头，对准主板的供电接口，缓缓地用力向下压，如图 10-19 所示，听到“咔”的一声时，表明插头已经插好。

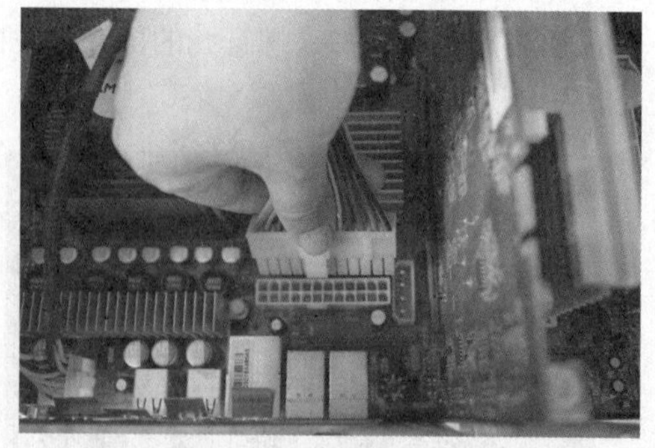

图 10-19　连接主板电源线

2．连接 SATA 接口硬盘数据线和电源线

1）从机箱电源线中找出一根接口扁平的电源线，将其插入硬盘对应的接口中，如图 10-20 所示。同样，硬盘的所有接口都有防误插设计，在安装起来非常方便。

2）在提供的零配件中找出一条 SATA 数据线（数据线通常为红色，且两端接口相同）。将该数据线的一端连接至硬盘的数据线接口中，如图 10-21 所示。

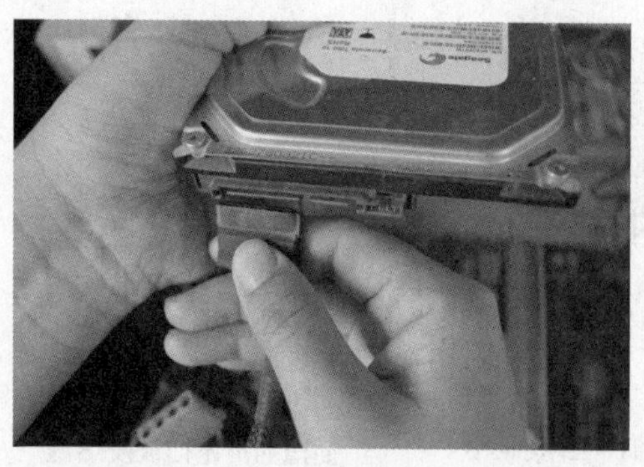

图 10-20　连接硬盘的电源线

图 10-21　连接硬盘 SATA 数据线

3）将 SATA 数据线的另一端插入主板上的 SATA 插座，如图 10-22 所示。一般的，主板上 SATA 插座外观较为明显，且提供多个插座，用户选择其中一个插入即可。需要说明的是，数据线接口和电源线接口都做了防误插设计，方向错了是插不进去的。

10.2.8　安装硬盘

在固定硬盘的过程中，应该按照对角线的方式依次拧紧螺钉，这样光驱或硬盘受力较为均匀，切忌一次将一边的螺钉拧紧，再拧紧另外的两个螺钉。安装硬盘的具体步骤如下。

1）拆开硬盘的包装，用手托住硬盘使贴有硬盘信息标签的一面向上，将其轻轻地滑入 3 寸固定架的插槽，直到硬盘的 4 个螺钉孔与机箱上的螺钉孔位置合适为止，如图 10-23 所示。

2）取出螺钉，分别在机箱两侧拧上螺钉，以固定硬盘，如图 10-24 所示。

图 10-22　将 SATA 数据线连接至主板

图 10-23　安装硬盘

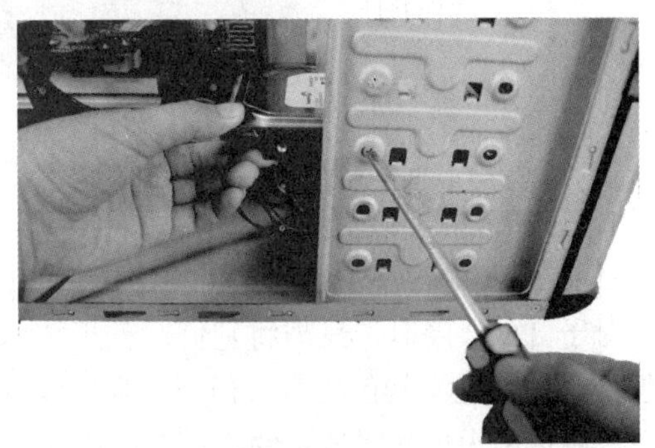

图 10-24　固定硬盘

需要说明的是，由于光盘驱动器现在已经不再是装机必备硬件设备，如果用户准备了光盘驱动器，则可以将光驱正面向前，接口端向机箱内，从机箱前面缺口中滑入机箱内部即可。而光驱的固定方法与硬盘的固定方法一样，这里不再赘述光盘驱动器的详细安装方法。

10.2.9　连接前置面板

机箱中的信号系统线和控制线都比较复杂，包括前置 USB 接口线、电源开关线、电源指示灯线、硬盘指示灯线和扬声器线。图 10-25 所示就是前置面板的所有接头，包括 POWER SW、POWER LED、RESET SW、SPEAKER 和 H.D.D LED。要将这些连线正确插接到主板对应的插针上，机箱的前置面板才能正常使用。

另外，不同品牌的主板在设计这些插针的位置时都有所不同。用户在插接时，一定要参照主板说明书来操作。图 10-26 所示是正确插接后的样子。

图 10-25　前置面板的接头

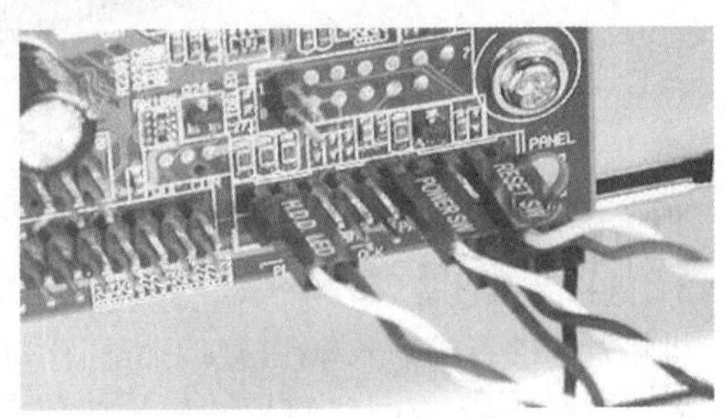

图 10-26　正确插接前置面板接头

10.2.10　连接外部设备

待机箱内部全部组装完成后，还需将显示器、鼠标、键盘、打印机和音箱等连接到计算机上。图 10-27 所示是机箱背部的各个接口。

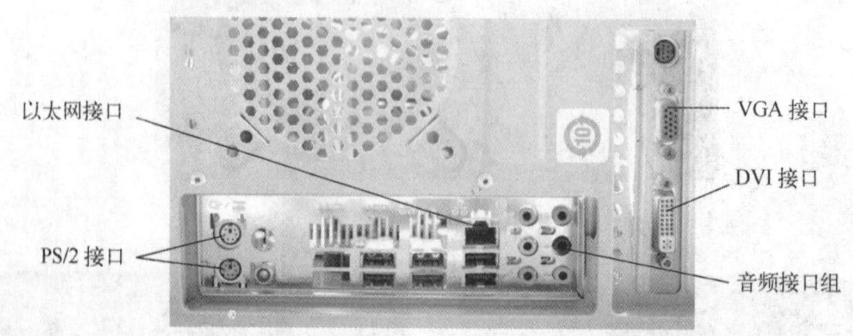

图 10-27　机箱背部的各个接口

1．连接鼠标、键盘

目前鼠标和键盘的接口分为 PS/2 接口（已基本淘汰）与 USB 接口（主流）。

对于 PS/2 接口，只需将它们对准机箱后面对应的圆形插座即可。一般情况下，鼠标为绿色接口，键盘为紫色接口。值得注意的是，在安装 PS/2 接口的鼠标和键盘时，要注意方向性，避免用力过猛将插头的内插针弄弯。

对于 USB 接口，只需将其插入机箱背部的 USB 接口即可。

2．连接显示器

从显示器发展至今，LED 液晶显示器的屏幕的大小比例经历了一场大的变革。总的来讲，屏幕分辨率越高，就要配备越高性能的显卡，才能满足显示效果。由于不同显示器的接口类型也不同，这里配合显卡背部的视频接口向读者进行介绍。常见的视频接口有 VGA 接口（逐步淘汰）、DVI 接口（常见接口）、DP 接口（常见接口）和 HDMI 接口（常见接口），部分接口如图 10-28 所示。

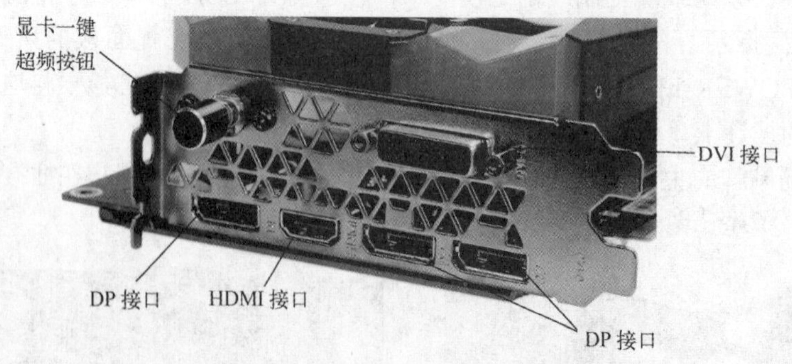

图 10-28　显卡背部的各类输出接口

3．连接音频设备

机箱背部的音频输入/输出接口中都有耳机、麦克风等标识，用户只需将音箱、话筒等外接插口插入对应的插孔即可。

10.2.11　开机测试和收尾工作

开机测试前，用户应该将所有的设备安装完成，然后接上电源，检查是否异常，其操作步骤如下。

1）重新检查所有连接的地方，有无错误和遗漏。

2）将电源线的一端连接到交流电插座上，另一端插入到机箱电源的插座中。

3）按下机箱的 POWER（电源）开关，可以看到电源指示灯亮起，硬盘指示灯闪烁，显示器显示开机画面，并进行自检，到此表明硬件组装就成功了。假如开机加电测试时没有任何警告音，也没有一点反应，则应该再重新检查各个硬件的插接是否紧密、数据线和电源线是否连接到位、供电电源是否有问题、显示器信号线是否连接正常等。

4）待计算机通过开机测试后，切断所有电源。使用捆扎带对机箱内部所有连线分类整理，并进行固定。整理连接线时应注意，尽量不要让连线触碰到散热片、CPU 风扇和显示卡风扇。

5）所有工作完成后，将机箱挡板安装到机箱上，拧紧螺钉即可。至此，一台完整的计算机就组装完成了。

10.3　思考与练习

1．在组装计算机前应该做好哪些准备工作？

2．在组装完成后通电测试前，应该进行哪些检查工作？

3．结合实际情况，自己动手组装一台计算机。

4．模拟攒机。登录中关村在线模拟攒机平台（http://zj.zol.com.cn/），按照投入资金为 3000 元、4000 元和 8000 元的预算，模拟配置不同用途的台式机，在清单中尽可能详细地写明部件名称、品牌型号和价格。装机配置清单见表 10-1。

表 10-1　装机配置清单

部 件 名 称	品 牌 型 号	单　价
中央处理器（CPU）		
主板（Main Board）		
内存条（RAM）		
显示卡（VGA Card）		
显示器（Monitor）		
硬盘（Hard Disk）		
机箱、电源（Case、Power）		
键盘（KeyBoard）/鼠标（Mouse）		
光驱（CD-ROM、CD-RW、DVD 刻录机）		
音箱（Speaker）		
其他		
合计金额		

第 11 章　UEFI BIOS 参数设置

所有硬件设备安装完毕后，接通电源启动计算机后，还需要对 UEFI BIOS 或 BIOS 进行设置，以便后续安装操作系统等工作。

11.1　BIOS 和 UEFI BIOS 是什么

目前，主板上的 BIOS 设置分为传统的 BIOS 设置和图形化界面的 UEFI BIOS 设置两大类，而且传统 BIOS 正在逐步被 UEFI BIOS 所取代，本章主要向读者介绍 UEFI BIOS 与 BIOS 的相关知识，以及多种环境下参数的设置。

11.1.1　认识 BIOS

BIOS（Basic Input Output System，基本输入输出系统）是一组固化到计算机主板上一个 ROM 芯片上的程序，它保存着计算机最重要的基本输入输出的程序、开机后自检程序和系统自启动程序，它可从 CMOS 中读写系统设置的具体信息。其主要功能是为计算机提供最底层的、最直接的硬件设置和控制，并且担任操作系统控制硬件时的中介角色。

为了保存用户通过 BIOS Setup 程序设置的参数数据，在主板上专门安装了一块可读写的 RAM 芯片（在现在的主板上已经将其集成到南桥芯片中），这片芯片被称为 CMOS 芯片，它靠主板上的电池供电。所以，有时也称 CMOS 设置。

设置 BIOS 参数是由用户完成的一项十分重要的系统初始化工作。在以下情况下，必须设置 BIOS 参数。

1．新购微机

新买的微机必须进行 BIOS 参数设置，以便告诉计算机整个系统的配置情况。即使带 PnP（即插即用设备）功能的系统也只能识别一部分计算机外围设备，而如当前日期、时钟等基本资料还必须由用户亲自动手设置。

2．新增设备

很多新添的或更新的设备，计算机不一定能识别，必须通过 BIOS 设置通知它。另外，新增设备与原有设备之间的 IRQ、DMA 冲突往往也要通过 BIOS 设置来排除。

3．BIOS 设置数据丢失

意外造成 BIOS 设置数据丢失，如系统后备电池失效、病毒破坏了 BIOS 设置数据、意外清除了 BIOS 设置数据等。碰到这些情况，只能进入 BIOS 设置程序重新设置 BIOS 参数。

4．系统优化

原来的 BIOS 设置参数对系统而言不一定是最优的，如内存读写等待时间、硬盘数据传输模式，要经过多次试验才能达到性能的最佳组合。另外，内/外缓存的使用，节能保护，电源管理乃至开机启动顺序都对计算机的性能有一定的影响，这些也都必须通过 BIOS 来设

置。BIOS 设置对计算机既重要也必要，每个用户都应掌握一些基本的 BIOS 设置技巧。

5. BIOS 分类

按 BIOS 品牌分类，早期的主板 BIOS 主要有 Award BIOS、AMI BIOS 和 Phoenix BIOS 3 种类型。

1）Award BIOS 是由 Award Software 公司开发的 BIOS 产品，也是以前十分流行的品牌系列。1998 年 9 月，Award Software 公司被 Phoenix 公司收购，成为其旗下的一个部门，产品也改为 Phoenix-Award BIOS。

2）AMI BIOS 是 AMI 公司出品的 BIOS 系统软件，20 世纪 90 年代因没有及时推出适合市场的新版本，而导致 AMI BIOS 失去大量的市场。

3）Phoenix BIOS 是 Phoenix 公司的产品，多用于高档原装品牌机和笔记本电脑。自收购 Award Software 公司后，Phoenix 公司在 BIOS 领域更是处于霸主地位。

11.1.2　认识 UEFI BIOS

UEFI（Unified Extensible Firmware Interface，统一的可扩展固件接口）是一种详细描述类型接口的标准。这种接口用于操作系统自动从预启动的操作环境加载到一种操作系统上，从而使开机程序化繁为简。

1. UEFI BIOS 与 BIOS 的区别

UEFI BIOS 拥有传统 BIOS 所不具备的诸多功能，如图形化界面、多种多样的操作方式、允许植入硬件驱动等，这些特性让 UEFI BIOS 相比于传统 BIOS 更加易用、更加方便。

通俗地讲，传统 BIOS 的工作职责是负责在开机时做硬件启动和检测工作，并且担任操作系统控制硬件时的中介角色，而 UEFI BIOS 将过去需要通过 BIOS 完成的硬件控制程序放在操作系统中完成，不再需要调用 BIOS 功能，UEFI BIOS 更像是固化在主板上的操作系统，让硬件初始化以及引导系统变得简洁快速。传统 BIOS 与 UEFI BIOS 的运行流程示意图如图 11-1 所示。相比传统 BIOS 来说，未来将是一个“没有特定 BIOS”的计算机时代。

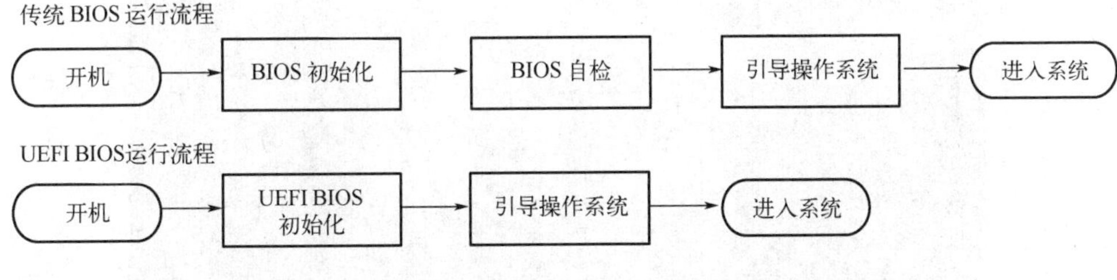

图 11-1　传统 BIOS 与 UEFI BIOS 运行流程示意图

2. UEFI BIOS 的特点

由于 UEFI BIOS 本身的开发语言已经从汇编语言转变成 C 语言，主板厂商可以深度开发 UEFI BIOS，因此它已经相当于一个微型操作系统。UEFI BIOS 的特点如下。

1）支持文件系统，可以直接读取 FAT 分区中的文件。

2）可以直接在 UEFI BIOS 环境下运行应用程序。

3）缩短了启动时间和从休眠状态恢复的时间。

4）支持容量超过 2.2 TB 的驱动器。

5）支持 64 位的现代固件设备驱动程序。

6）弥补 BIOS 对新硬件的支持不足的缺陷。

11.2　UEFI BIOS 参数设置

为了简化用户设置步骤，提高用户体验，近些年，各大主板厂商生产的主板均采用图形化的 BIOS，即 UEFI BIOS。本节以微星主板和华硕主板为例，向读者介绍底层的参数设置。

11.2.1　进入 BIOS 的方法

用户在对 BIOS 进行设置时，千万不要在没有准备的情况下盲目设置，应该仔细阅读主板说明书，然后再设置 BIOS 程序。另外，由于主板品牌不同，BIOS 程序也有所不同，而且进入 BIOS 程序设置的操作方法也不尽相同。一般都是在计算机刚开机时按某个特定的键或组合键来进入 BIOS 设置界面的，常用的有〈Del〉〈Ctrl+Alt+Esc〉〈Alt+S〉及〈F1〉～〈F10〉中的某个功能键。

1．微星主板——Click BIOS 4 主界面介绍

在计算机刚重启时，按〈Del〉键即可进入 Click BIOS 4 设置环境，其主界面如图 11-2 所示。此界面可以分为以下几个区域：左上角是 CPU 温度监测，包括摄氏度和华氏度；右上角是系统信息；稍微下方是启动设备，启动顺序是从左到右；下面的区域是 BIOS 菜单。

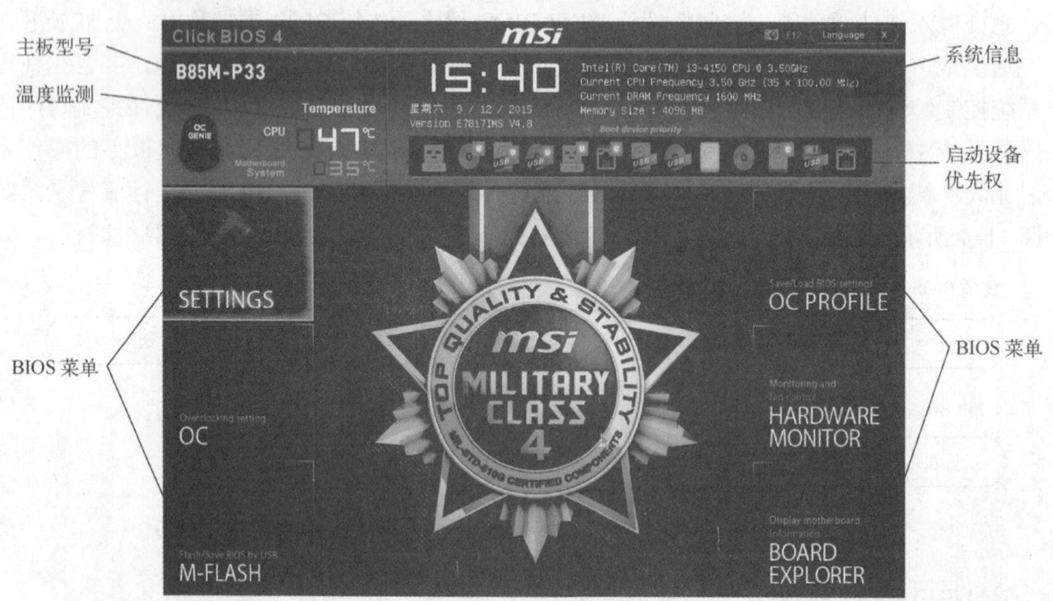

图 11-2　微星 Click BIOS 4 主界面

其中，BIOS 菜单按照功能不同分为以下 6 个部分。

- SETTINGS：该项包括了整合在南桥和主板上的各种设备的参数设置，如 SATA 控制器、USB 控制器、声卡、网卡、PCI 总线、ACPI、IO 芯片的设置等。
- OC：该项用于超频参数的设置。
- M-FLASH：该项可以从 U 盘 BIOS 启动或更新 BIOS。

- OC PROFILE：该项用于超频管理，可以保存多个超频配置。
- HARDWARE MONITOR：该项用于设置主板硬件的相关信息。
- BOARD EXPLORER：该项用于查看主板主要硬件对应的信息。

2．华硕主板——UEFI BIOS Utility-EZ Mode 主界面介绍

按〈Del〉键即可进入 UEFI BIOS Utility-EZ Mode 设置环境，如图 11-3 所示。在此界面中概要显示了当前计算机的基础信息，包括处理器类型、内存信息、风扇转速、系统整体性能等。

图 11-3　华硕 UEFI BIOS Utility-EZ Mode 主界面

11.2.2　UEFI BIOS 设置系统时间

1．微星主板——设置系统时间

在 Click BIOS 4 环境下，选择“SETTINGS”菜单，在菜单列表中选择“系统状态”选项，这时显示如图 11-4 所示的界面。在当前界面中，使用〈Tab〉键切换想要设置的项目，“+”号和“-”号用于设置具体的数值。

2．华硕主板——设置系统时间

在华硕主板的 UEFI BIOS 初始界面下，单击界面下方的“高级模式”按钮，即可进入可以对更多参数进行设置的高级模式。

在高级模式下，选择界面顶部的“概要”栏目，此时界面如图 11-5 所示。在当前界面中，使用鼠标指向“系统时间”选项，即可进一步修改。

11.2.3　UEFI BIOS 设置设备启动优先顺序

1．微星主板——设置设备启动优先顺序

在 Click BIOS 4 环境下设置设备启动优先顺序十分简单。首先，选择“SETTINGS”菜

单，在菜单列表中选择“启动”选项，这时显示如图 11-6 所示的界面。双击列表中第一个“Boot Option #1”选项，在弹出的列表中选择某个启动设备，则该设备将作为引导系统的设备而第一个被启动。

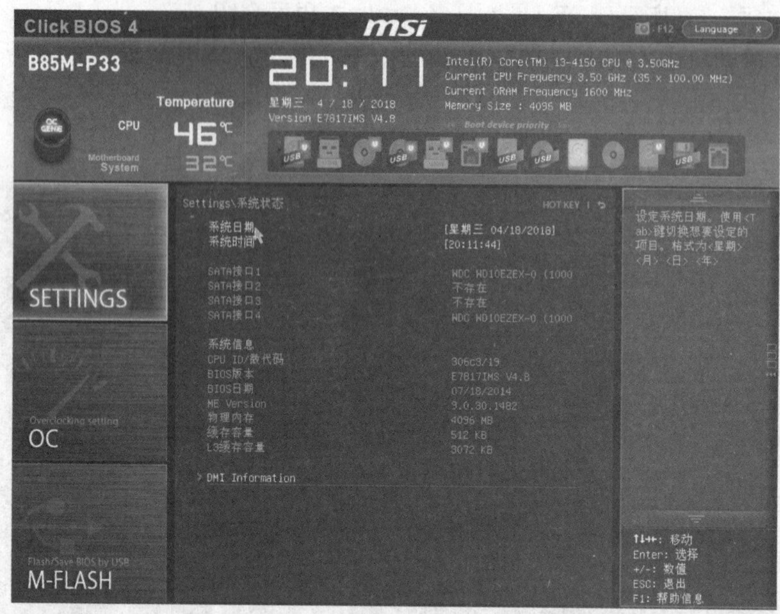

图 11-4　设置系统时间（微星主板）

图 11-5　设置系统时间（华硕主板）

2. 华硕主板——设置设备启动优先顺序

在华硕主板的 UEFI BIOS 环境下，更改设备启动的优先顺序非常简单，只需直接在图 11-3 的“启动顺序”栏目中，使用鼠标拖动对应图标即可改变其优先启动顺序。

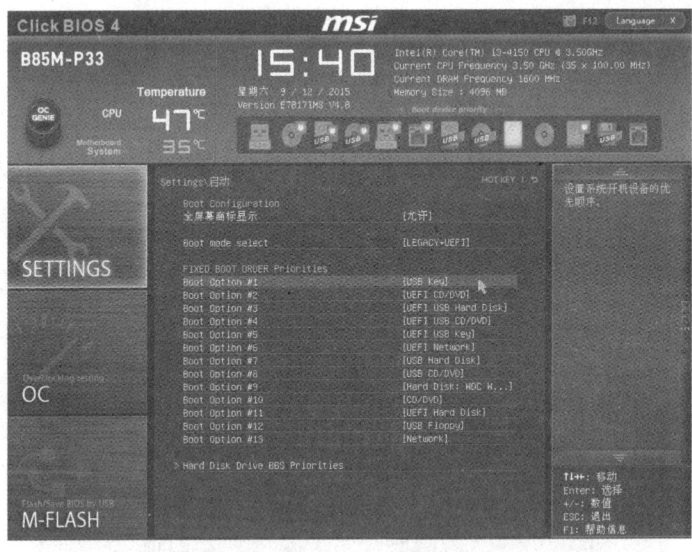

图 11-6　设置设备启动优先顺序

11.2.4　UEFI BIOS 设置硬盘优先级

许多用户在一台计算机上搭配两块硬盘，那么多块硬盘连接在主板上，计算机是如何区分应该从哪块硬盘引导系统呢？这就需要在 BIOS 中对硬盘的优先级进行设置。

1．微星主板——设置硬盘优先级

在 Click BIOS 4 环境下，选择“SETTINGS”菜单，在菜单列表中依次选择“启动”→“Hard Disk Drive BBS Priorities”（硬盘驱动器优先级设置）选项，这时显示如图 11-7 所示的界面。在此界面中可以看出，当前计算机连接了两块 SATA 硬盘，使用鼠标选择任意一块硬盘，随后在弹出的对话框中选择硬盘顺序即可。

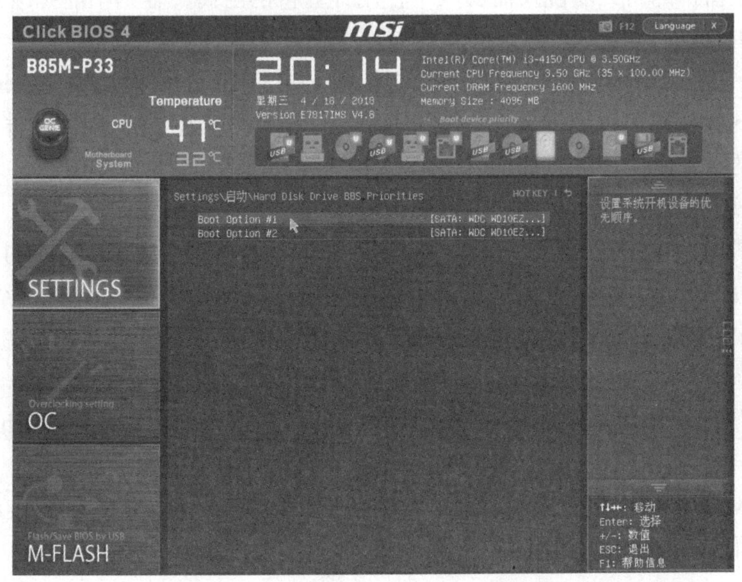

图 11-7　设置硬盘优先级（微星主板）

2．华硕主板——设置硬盘优先级

在华硕主板的 UEFI BIOS 初始界面下，单击界面下方的“高级模式”按钮，并在高级设置界面中选择顶部的“启动”标签。在当前页面的“启动选项属性”类别中选择“硬盘 BBS 属性”，进入如图 11-8 所示的界面。在当前界面中，即可选择系统从哪块硬盘启动。

图 11-8　设置硬盘优先级（华硕主板）

11.3　BIOS 密码遗忘的处理方法

在计算机的 BIOS 设置中一般都有密码设置项，用于保护用户的 BIOS 设置不被修改和防止非法用户启动计算机。然而日久天长，常常有合法用户忘记了自己设置的 BIOS 密码，使原本用于安全保护的密码功能反而变成了使用计算机的阻碍，轻则不能修改 BIOS 配置，重则连计算机也难以启动。

BIOS 的密码一般分为两级，即 Setup 级密码（系统 BIOS 设置）和 System 级密码（开机保护）。Setup 级密码可以通过软件方法快速清除，System 级密码只能用硬件方法清除。下面分别讲述这两种密码的清除方法。

1．Setup 级密码的清除

当接通电源时，首先被执行的是 BIOS 中的加电自检程序（POST），它对整个系统进行检测，包括对 BIOS RAM 中的配置信息做累加和测试。该累加和与原来的存储结果进行比较，当两者相吻合时，BIOS RAM 中的配置有效，自检继续进行；当两者不相等时，系统报告错误，要求重新配置，并自动取 BIOS 的默认值设置，原有密码被忽略，此时可进入 BIOS SETUP 界面。因此，当密码保护被设为 Setup 级时可以利用这一点往 BIOS RAM 中的任意单元写入一个数，破坏 BIOS RAM 的测试值，即可达到清除密码的目的。

BIOS RAM 在 DOS 系统中的访问端口为：地址端口 70，数据端口 71。在 DOS 窗口中调用 DEBUG 程序并输入以下指令：

```
debug
-o70,10
```

-o71,10
-q

然后按〈Ctrl+Alt+Delete〉键重新启动系统，系统要求重新配置，此时密码已被清除。

对于新推出的主板，这种方法已不适用，可以使用专门清除 BIOS 密码的工具软件来清除。

2．System 级密码的清除

由于 System 级密码保护的是整个系统，在未正确输入密码时不能进入系统，因而当任何“软”方法都无法奏效时，只能用“硬”方法解决。

关闭计算机电源，打开机箱，找到主板上的后备电池，观察 BIOS 和后备电池之间的线路走向，可以发现它们的电路都类似。后备电池在主机断电期间向其提供电源。根据所用主板的不同，有以下几种方法。

（1）跳线短接法

一般的主板在后备电池的附近都有一个标注“Ext. Battery”“CMOS Reset”或“JCMOS”的跳线，如图 11-9 所示。断开微机电源，打开机箱，按照主板说明书找到它，并将其中的两个引脚短接数秒钟，然后将跳线恢复原状，即可清除密码。

图 11-9　清除 BIOS 设置数据的跳线

（2）去掉纽扣电池法

有些采用纽扣电池的主板没有清除 BIOS 设置数据的跳线，可以把纽扣电池取下，使电池座上的正负极短路数秒，则密码也可以清除。

放电后，所有的 BIOS 数据都丢失了，开机后要重新设置 BIOS 各个选项以使系统恢复正常工作。

11.4　思考与练习

1．什么是 UEFI BIOS？它与传统 BIOS 的区别在哪里？
2．如何将 U 盘设置为第一启动设备？
3．在配备多块硬盘的前提下，如何设置硬盘的优先级？
4．如何设置开机密码和开机用户密码？
5．掌握组装后通电前的检查步骤，并能根据开机时的现象判断和排除简单故障。

第 12 章　Windows 10 的安装和配置

Windows 10 是美国微软公司开发的新一代跨平台及设备应用的操作系统，该操作系统的桌面版正式版本在 2015 年 7 月 29 日发布并开启下载。该操作系统启动更快，比以往具有更多内置安全功能，且具有熟悉而扩展的“开始”菜单，能在多部设备上以全新的方式出色地完成工作。此外，它还有各种创新功能，如为在线操作而打造的全新浏览器，以及全天候为用户提供帮助的个人智能助理 Cortana。

12.1　安装 Windows 10 前的准备

1．关于 Windows 10 的多个版本

根据市场的不同需求，微软面向不同的用户群体发布了多个版本的 Windows 10 产品，其中家庭版和专业版可以在线购买，而企业版仅限企业购买。

2．Windows 10 操作系统的基本要求

由于 Windows 10 是一款跨平台设备的操作系统，因此它对硬件的要求不高，具体最低配置如下。

- CPU 处理器：1GHz 处理器。
- 内存：1GB RAM（32 位）或 2GB RAM（64 位）。
- 硬盘：20GB 可用磁盘空间。
- 显示：具有 WDDM 驱动程序的 DirectX® 9 图形处理器，屏幕分辨率达到 800×600 像素或更高。
- 其他设备和环境：DVD-R/W 驱动器和 Internet 连接。

3．了解安装升级方式

如果用户当前系统是 Windows 7 或 Windows 8.1，则可以直接升级至 Windows 10；如果用户当前系统为 Windows Vista 或更早的版本，则必须以重新安装的方式升级至 Windows 10。

4．支持正版软件

盗版软件在安全性、稳定性、自动更新、售后服务和增值下载等方面与正版软件存在较大差距。这里强烈建议用户从合法渠道获得正版软件，为个人或企业信息提供品质可靠的安全保护。

用户可以在微软官方商城（https://www.microsoftstore.com.cn/）购买正版 Windows 10，Windows 10 专业版（电子版）售价 1817 元，Windows 10 家庭版（电子版）售价 888 元。

12.2　使用原版光盘安装 Windows 10

从正规渠道获得适合自己使用的 Windows 10 光盘。在安装前适当升级内存和显卡等硬

件，使其符合系统的基本需求；备份重要文件到非系统盘或外部存储设备；格式化硬盘为 NTFS 格式；准备网络连接，为在线安装硬件驱动提供条件。这里以全新安装 Windows 10 专业版（64 位）为例向读者介绍安装过程。整个过程耗时相对较长，但操作十分简单。

1）启动计算机，并在屏幕上出现开机画面时，按键盘上的〈Del〉键，进入 BIOS 设置界面。一般在“Advanced BIOS Features”（高级 BIOS 设置）中，将“First Boot Device”选项设置为“CDROM”选项，即设置光驱为第一引导设备。然后，保存设置并退出 BIOS 设置界面。

2）将 Windows 10 安装光盘放入光驱，重启计算机，待光驱引导启动后，首先看到屏幕中显示如图 12-1 所示的界面，这表示正在加载文件。随后，显示“正在安装 Windows”界面，如图 12-2 所示。

图 12-1　加载文件

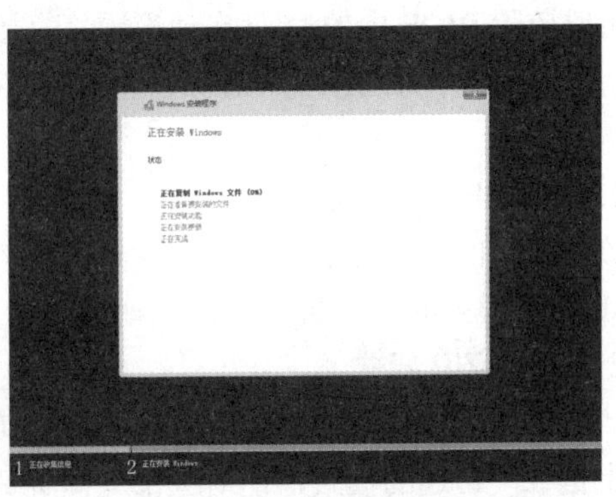

图 12-2　正在安装 Windows

3）经过一段时间的文件复制，Windows 安装程序会重新启动计算机，并进入设备配置阶段，如图 12-3 所示。配置完成后，即可进入 Windows 10 的桌面环境，如图 12-4 所示。

至此，Windows 10 已经成功安装到计算机中，与之前的 Windows 版本相比，新一代的操作系统有许多新增功能，用户可以亲身体验一下。此外，从整个安装过程的体验来讲，使用这种方式安装 Windows 10 虽然方便但需要配置 DVD 光盘驱动器，而且耗时较长。那么，有没有更方便快捷的安装方式呢？下面向读者介绍最为常用的使用 U 盘安装操作系统的方法。

图 12-3　“设备配置”阶段

图 12-4　Windows 10 的桌面

12.3　使用 U 盘全新安装 Windows 10

对于全新计算机而言，要安装 Windows 10 操作系统，首先需要将硬盘进行分区并格式化，然后再进行系统安装。这里以“U 启动”（第三方工具软件）为例，讲解如何制作 U 盘启动盘以及如何使用 U 盘安装系统。

12.3.1　知识准备

目前，U 盘启动盘制作工具均提供两种安装方式，一种是“装机版”，另一种是“UTFI 版”。两者的区别在于，前者适用于老主板，启动稳定，占用存储空间小；后者适用于新主板，可以免除 BIOS 中的 U 盘启动设置，直接进入启动界面。在制作 U 盘启动盘的过程中，常见的写入模式有 HDD 与 ZIP 两大类，其区别在于 HDD 模式下的速度较 ZIP 模式快，具体介绍如下。

1．USB-HDD 模式

该模式指的是硬盘仿真模式。此模式兼容性很高，适用于较新的主板，但对于一些只支持 USB-ZIP 模式的计算机则无法启动。

2．USB-ZIP 模式

USB-ZIP 大容量软盘仿真模式，启动后 U 盘的盘符是“A:”。此模式在一些比较老的计算机上是唯一可选的模式，但对大部分新计算机来说兼容性不好，特别是 2GB 以上的大容量 U 盘。

12.3.2　制作 U 盘启动盘

制作 U 盘启动盘的软件很多，这里以“U 启动”制作工具为例向读者介绍使用方法。

1）在“U 启动”官方网站（http://www.uqd.com/）中下载该软件。双击安装程序，弹出“选择安装盘符”对话框，单击“下一步”按钮，经过一段时间的文件复制，即可结束整个安装过程。启动软件后，其主界面如图 12-5 所示。

图 12-5　“U 启动”主界面

2）准备一个存储空间大于 2GB 的 U 盘，插入计算机 USB 接口并静待软件对 U 盘进行识别。如果拟将 Windows 10 镜像文件存放在 U 盘中，建议使用容量不小于 8GB 的 U 盘。

3）根据需要选择相应的写入模式，这里选择“HDD-FAT32”，然后单击“开始制作”按钮。

4）这时弹出警告对话框，提醒用户 U 盘内的所有数据将被删除，且不可恢复，如图 12-6 所示。待确认无误后，单击“确定”按钮。经过一段时间的制作，弹出“制作完成”对话框。此时，U 盘启动盘就已经制作完成了。

5）制作成功后对制作完成的 U 盘启动盘进行模拟启动测试。若弹出如图 12-7 所示界

面，说明 U 盘启动盘制作成功。

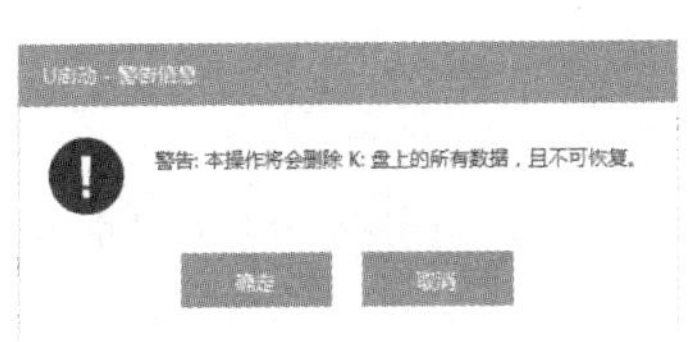

图 12-6　警告对话框

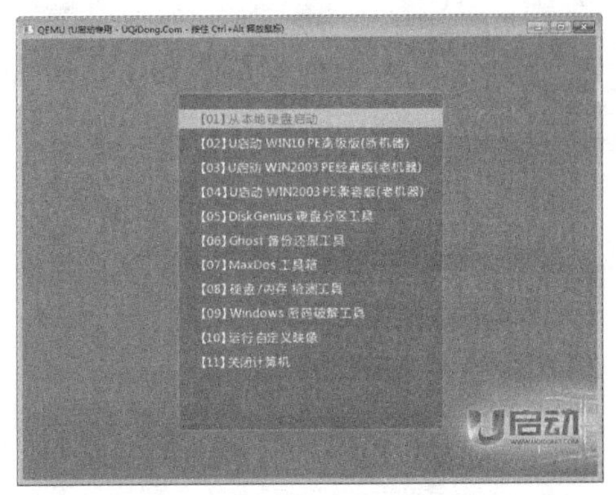

图 12-7　U 盘启动模拟测试

12.3.3　准备工作——硬盘分区与格式化

对硬盘分区与格式化是安装操作系统常见的操作。一般通过第三方硬盘分区工具对硬盘设置分区数量以及每个分区的大小。这里使用“U 启动”内的分区工具 DiskGenius，向读者介绍硬盘分区的操作方法。

1）进入 BIOS，将 U 盘设置为第一启动顺序。

2）将制作好的 U 盘启动盘插入 USB 接口，这里建议将 U 盘插在主机机箱后置的 USB 接口上。

3）重启计算机，此时进入如图 12-7 所示的界面。这里选择“U 启动 WIN10 PE 高级版（新机器）”选项，随后进入 PE 系统桌面。

4）双击桌面上的 DiskGenius 分区工具图标，进入如图 12-8 所示的 DiskGenius 主界面。

5）在 DiskGenius 主界面左侧的树形结构中，选择需要进行分区的硬盘，单击顶部的“快速分区”图标按钮。

6）此时，弹出如图 12-9 所示的对话框。在该对话框中，根据用户需要在“分区数目”选项组中选择分区数量；在“高级设置”选项组中，针对每个分区进行详细设置。

7）设置完成后，单击“确定”按钮，即可完成磁盘分区并格式化的一系列操作。

12.3.4　安装 Windows 10

之前的准备工作完成后，就可以开始安装 Windows 10 操作系统了。这里需要提醒用户的是，建议将下载的 Windows 10 镜像文件从 U 盘复制到硬盘中，原因在于硬盘读取速度要高于 U 盘，这样在安装过程中能节约时间。具体操作如下。

1）使用 U 盘启动电脑，并进入 PE 系统桌面。

2）这时，系统会自动弹出如图 12-10 所示的“U 启动 PE 装机工具”对话框。单击“浏览”按钮，为系统选择 Windows 10 镜像文件存放的位置。

3）在分区列表中选择操作系统即将安装到的盘符，这里选择 C 盘。

4）设置完成后，单击“确定”按钮，弹出提示对话框，保持默认系统选择，单击“确定”按钮开始进行安装，如图 12-11 所示。

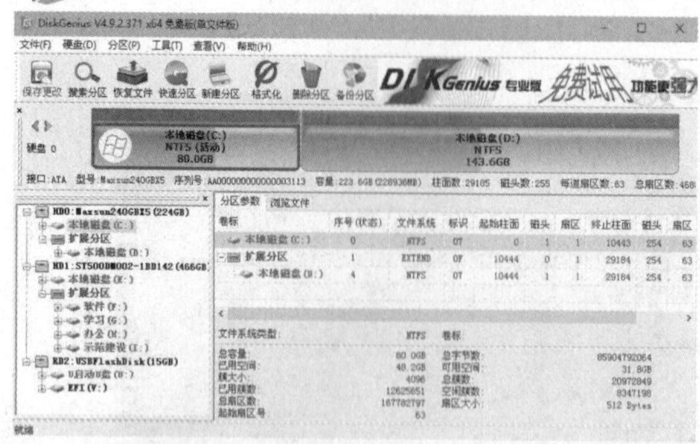

图 12-8　DiskGenius 主界面

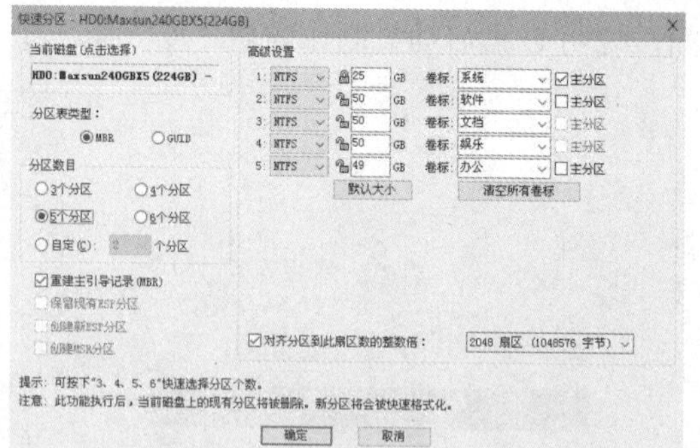

图 12-9　“快速分区”对话框

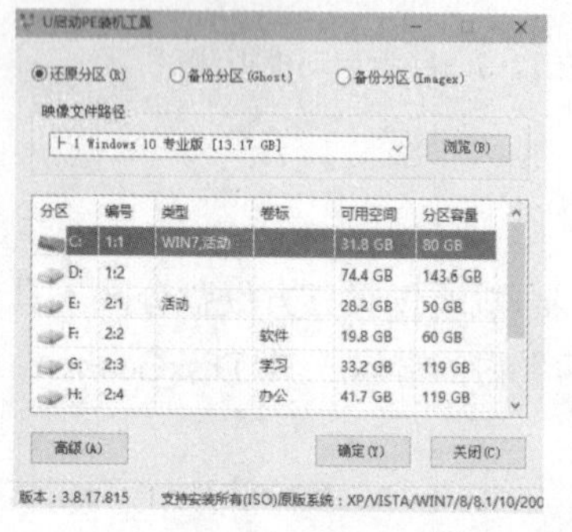

图 12-10　“U 启动 PE 装机工具”对话框

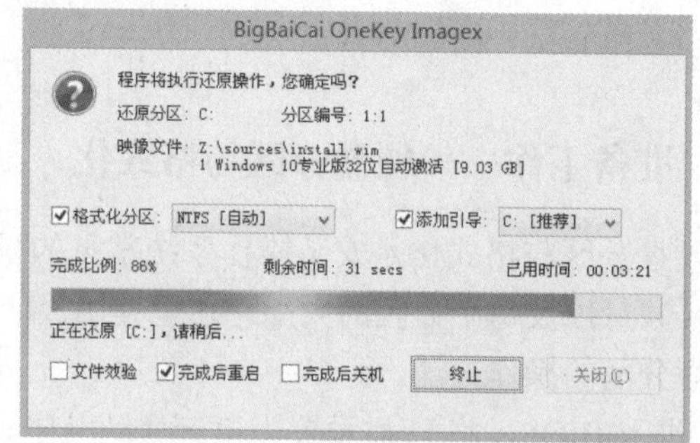

图 12-11　一键还原对话框

5）再次重启后即可进入 Windows 10 安装环境，这里先进行用户的基本信息设置，如图 12-12 所示。

6）设置完成后，单击“下一步”按钮进入“现在该输入产品密钥了”界面。在此环节，需要用户提供正版 Windows 产品的产品密钥，如图 12-13 所示。

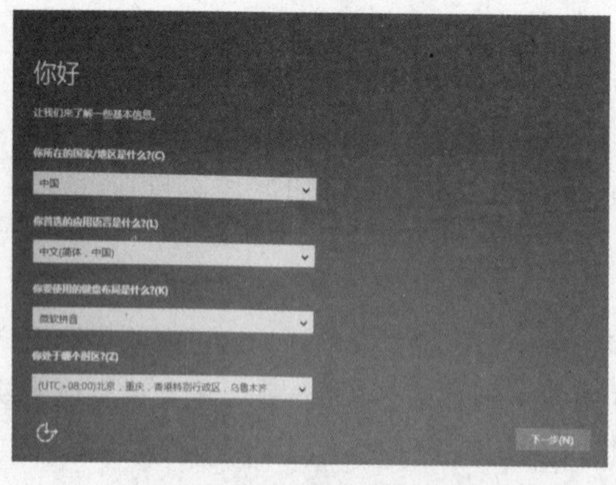

图 12-12　设置基本信息

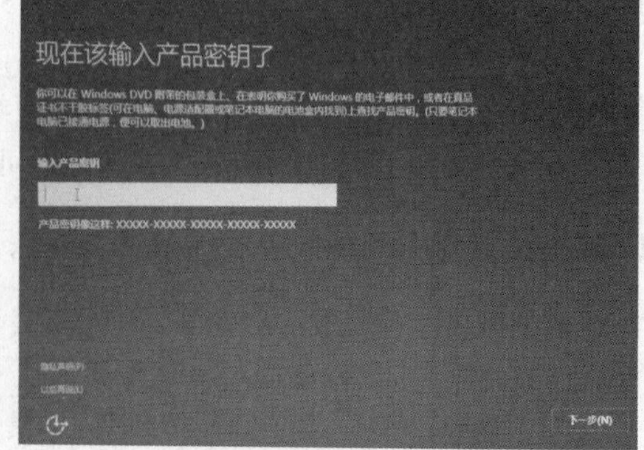

图 12-13　输入产品密钥

7）单击“下一步”按钮，进入“微软软件许可条款”界面，这里单击“接受”按钮，继续后续内容的安装。

8）这时进入“快速上手”界面，如图 12-14 所示。在此环节，单击“使用快速设置”按钮，系统可以帮助用户设置诸多内容，如果单击“自定义设置”超链接，将由用户逐项进

行设置。

9）设置完成后，进入“为这台电脑创建一个账户”界面，如图 12-15 所示。这里根据需要设置登录的用户名及登录密码。

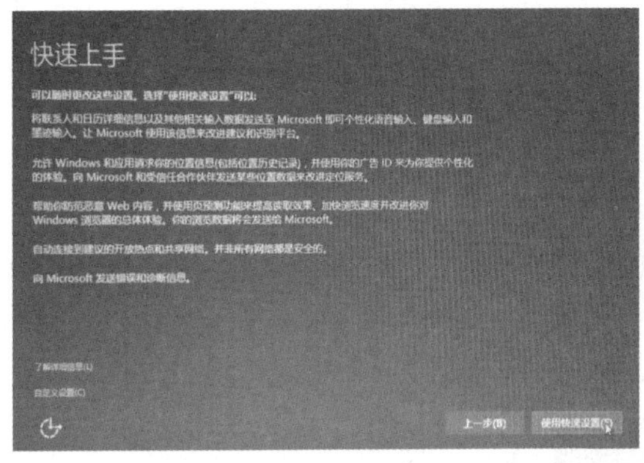

图 12-14　“快速上手”界面

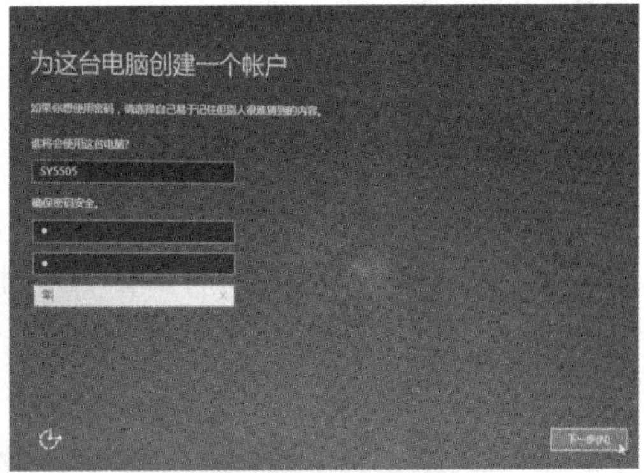

图 12-15　创建账户

10）经过一段时间的设置，进入 Windows 10 桌面环境，如图 12-16 所示。此时，全新安装 Windows 10 的过程结束。此外，整个安装过程中系统会自动重启 2～3 次，安装时长受计算机硬件配置所影响。

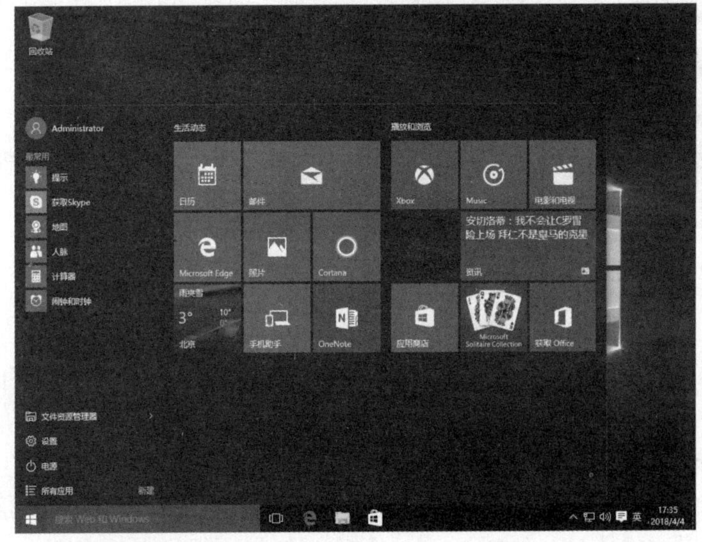

图 12-16　全新安装 Windows 10 后的桌面

12.4　体验 Windows 10 及其常用配置

12.4.1　体验 Windows 10

1. 虚拟桌面

微软在 Windows 10 中加入了虚拟桌面的功能，用户可以建立多个桌面，在各个桌面上

运行不同的程序互不干扰。用户可以通过快捷键<Win+Tab>来查看当前所选择的桌面正在运行的程序，在屏幕下方还可以增加、切换和关闭桌面，如图 12-17 所示。有关虚拟桌面的快捷键如下。

- 〈Win+Ctrl+Left/Right〉：切换上一个或下一个桌面。
- 〈Win+ Ctrl +D〉：创建新的桌面。
- 〈Win+ Ctrl +F4〉：关闭当前的桌面。
- 〈Win+Tab〉：触发虚拟桌面。

2．Edge 浏览器

Edge 浏览器是一款与 IE 浏览器完全不同的产品，如图 12-18 所示。在 Edge 中，微软利用了核心的 MSHTML 渲染引擎，剥离了不再需要的支持后向兼容性的所有代码，也开始支持基于 JavaScript 的扩展程序，允许第三方对 Web 网页视图进行定制，增添新的功能。

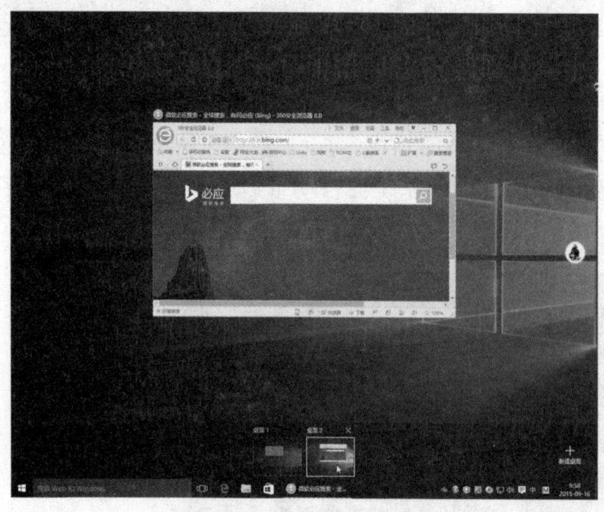

图 12-17　Windows 10 虚拟桌面

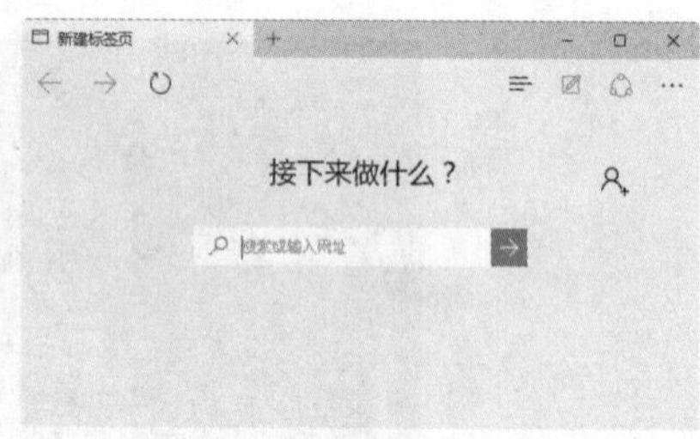

图 12-18　Edge 浏览器

3．Cortana 个人智能助手

Windows 10 引入了 Cortana 个人智能助手，Cortana 是微软的个人语音助理服务，旨在帮助用户快速管理自己的生活，更容易地在 PC、Windows 10 平板电脑和手机中处理事务。

在“开始”菜单旁边的搜索框就是用户与 Cortana 互动的入口，初次使用 Cortana 助手时，需要进行简单的设置，如图 12-19 所示。待跟随设置向导完成设置后，用户可以通过麦克风或键盘搜索需要的信息，如图 12-20 所示。例如，用户在搜索框中输入“打开计算器”，则 Cortana 会自动打开系统自带的计算器；如果用户输入“今天股票行情”，则 Cortana 会自动打开 Edge 浏览器，使用“必应搜索”检索相关内容。

4．“通知”菜单

Windows 10 系统托盘区的“通知”菜单与之前各版本的 Windows 相比有很大变化。这种将多种常用设置整合在一个快捷菜单中的设计思路，是由移动设备迁移过来的。

单击“通知”按钮，桌面右下角区域会弹出丰富的快捷菜单，如图 12-21 所示。在这里用户可以对屏幕亮度、无线网络、蓝牙、定位和飞行模式等内容进行快速设置。

图 12-19　设置 Cortana

图 12-20　使用 Cortana 查找信息

图 12-21　“通知”菜单

12.4.2　网络设置

在 Windows 10 中与网络有关的控制程序都被整合在“网络和共享中心”中，相关操作也变得更加简易，用户可以通过可视化的命令轻松设置网络连接。

1）在 Windows 10 默认环境下，用户是无法直接访问“控制面板”的，只能通过右键单击“开始”菜单，并在弹出的快捷菜单中选择。

2）进入“控制面板”，再依次选择“网络和 Internet”→“网络和共享中心”，此时可视化视图的操作界面如图 12-22 所示。在此界面中，用户很容易进行各种网络设置，实时了解当前网络的状态。

3）由于 Windows 10 在安装时已经自动配置了网络协议，因此用户仅需准备用于上网的账号和密码。在“网络和共享中心”中，单击“更改网络设置”中的“设置新的连接或网络”超链接，此时弹出如图 12-23 所示的对话框。在此对话框中选择“连接到 Internet”选项，然后单击“下一步”按钮。

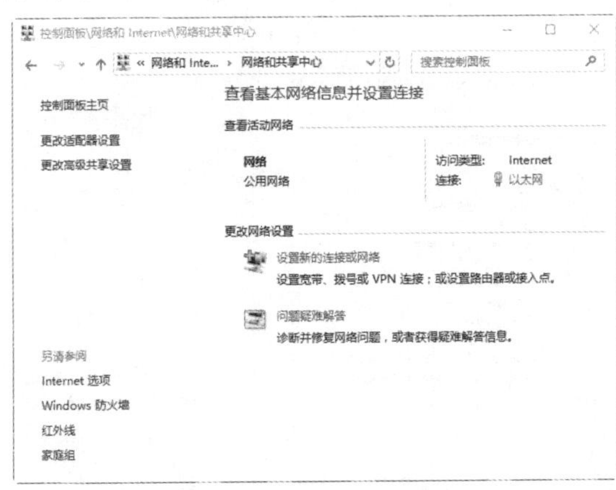

图 12-22　网络和共享中心

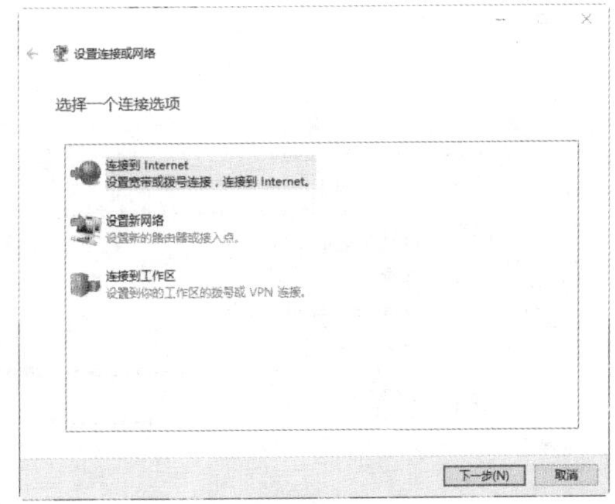

图 12-23　设置连接或网络

4）此时，弹出如图 12-24 所示的对话框。如果用户计算机配置了内部或外部网络适配器，则在此对话框中还将显示“无线”选项，用户可以根据实际情况选择连接类型。一般情况下，接入互联网的方式为 ADSL 或小区宽带，这里选择“宽带（PPPoE）”选项即可。

5）随后进入如图 12-25 所示的对话框。在此对话框中输入用户名和密码后，单击“连接”按钮，即可连接网络。

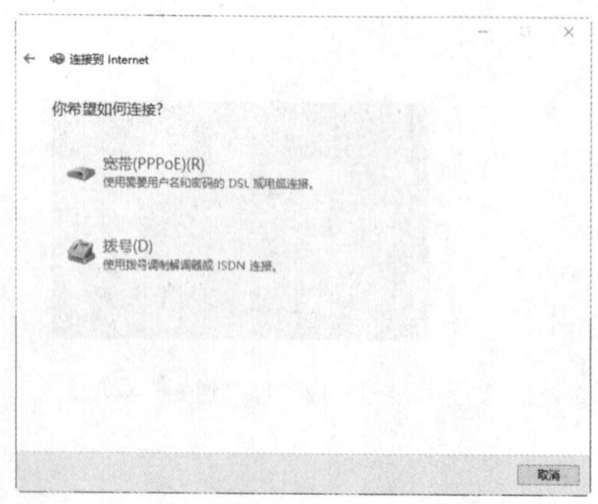

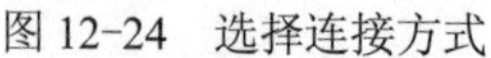
图 12-24　选择连接方式

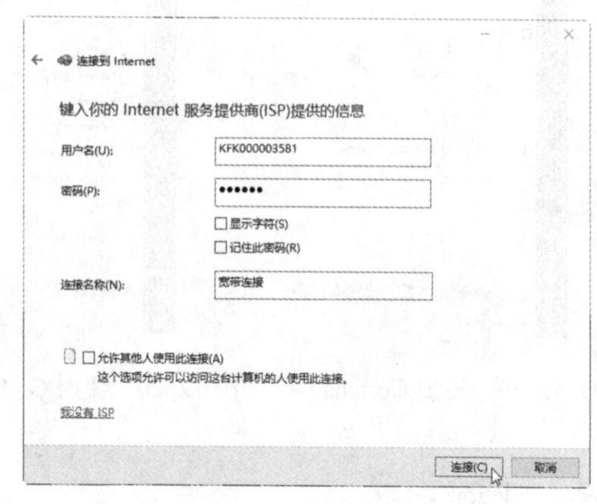

图 12-25　输入用户名和密码

12.4.3　Windows 10 防火墙的通信设置

Windows 10 集成的防火墙功能十分强大，能够有效阻止外来恶意软件通过网络入侵计算机。在默认情况下，防火墙处于开启状态，大部分程序要通过防火墙进行通信将会被阻止。用户可以通过以下操作来对防火墙的通信进行详细设置。

1）首先进入“控制面板”，然后依次选择“系统和安全”→“Windows 防火墙”选项，此时显示如图 12-26 所示的界面，在此界面中用户可以查看当前防火墙的状态。

3）如果用户需要某个程序通过防火墙进行通信，可以在如图 12-26 所示界面的左侧，单击“允许应用或功能通过 Windows 防火墙”超链接，此时进入如图 12-27 所示的界面。

图 12-26　Windows 防火墙

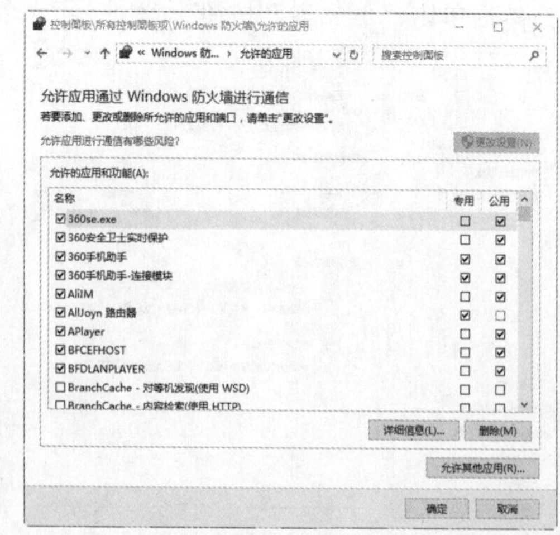

图 12-27　允许程序通过 Windows 防火墙通信

4）单击“更改设置”按钮，这时下方列表被激活，用户可以根据需要勾选允许的程序和功能前的复选框，最后单击“确定”按钮即可。

5）如果用户需要进行通信的程序不在上述的列表中，可单击“允许其他应用”按钮，

在弹出的对话框中手动添加需要的程序即可。

12.4.4　BitLocker 驱动器加密

BitLocker 驱动器加密是操作系统自带的一款加密软件，此功能可以有效地为 Windows 驱动器中的所有文件提供保护。用户如果想要访问受 BitLocker 保护的驱动器，则必须使用密码、智能卡或自动解锁驱动器来访问。这里以加密 D 盘驱动器为例，向读者介绍这一功能和相关设置方法。

1）右键单击“开始”菜单，在弹出的快捷菜单中选择“控制面板”命令。

2）进入“控制面板”窗口后，在“系统和安全”大类中，找到并单击“BitLocker 驱动器加密”超链接，如图 12-28 所示。

3）单击该超链接后，进入如图 12-29 所示的设置界面。

图 12-28　系统和安全

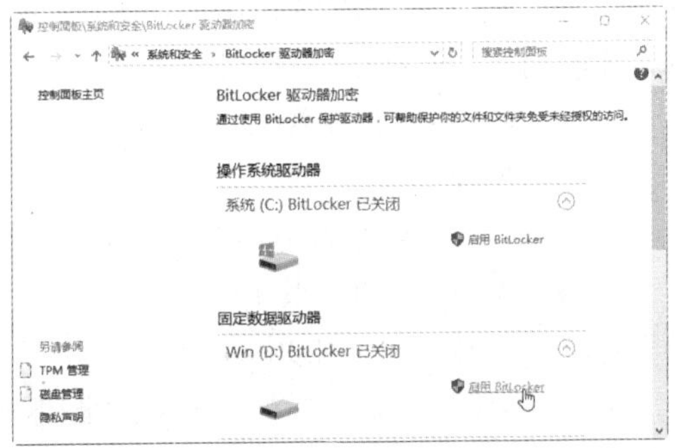

图 12-29　BitLocker 驱动器加密

4）单击“启用 BitLocker”超链接，弹出如图 12-30 所示的对话框。在此对话框中，用户根据实际情况选择适合的解锁方式，这里勾选“使用密码解锁驱动器”复选框，并输入密码。待设置完成后，单击“下一步”按钮。

5）这时弹出如图 12-31 所示的对话框。在此对话框中，用户可以选择存储恢复密钥的方式，以便在忘记密码或丢失智能卡时使用恢复密钥访问驱动器。这里建议用户将恢复密钥保存在本地计算机之外的设备中，待选择合适的方式后，单击“下一步”按钮。

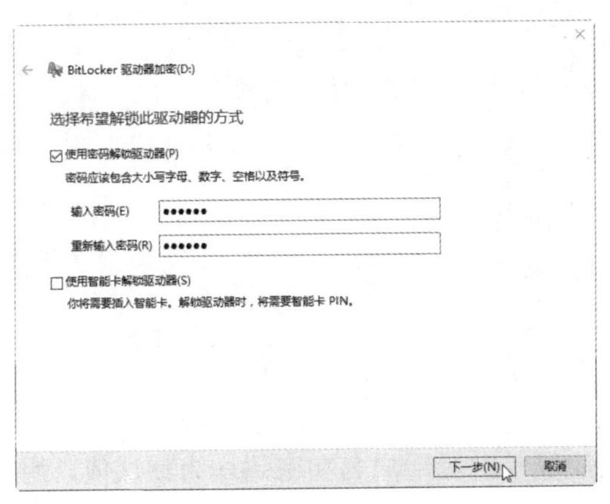

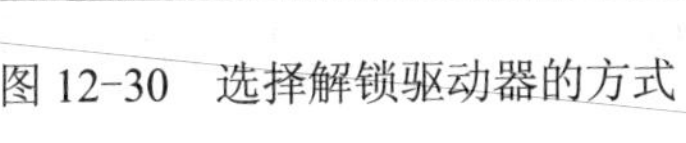

图 12-30　选择解锁驱动器的方式

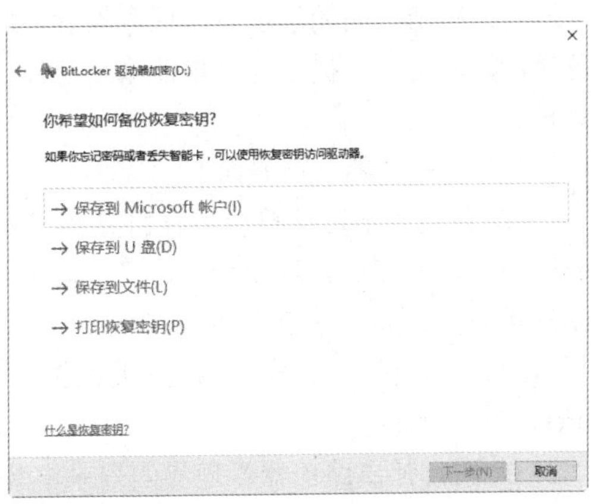

图 12-31　选择存储恢复密钥的方式

6）随后弹出“准备加密驱动器”对话框，单击“启动加密”按钮，系统会对刚才指定的驱动器加密，其加密所花费的时间取决于驱动器中内容的大小。

7）完成加密后，右键单击加密后的驱动器，选择快捷菜单中的“管理 BitLocker”命令，在弹出的对话框中还可以执行更改、删除和添加密码等操作。

通过 BitLocker 驱动器加密过的驱动器，在显示图标上也有明显变化。当再次访问 D 盘时，需要输入之前设置的密码或提供恢复密钥才能访问驱动器，这样就能很好地保证数据安全。

12.5　宽带连接——配置路由器共享上网

假如用户家中有多台计算机，希望同时连接互联网，这种情况又该如何操作呢？要解决这个问题，用户首先需要购置一台无线路由器，然后进入无线路由器管理窗口进行相关配置，才能同时访问网络。具体操作如下。

1．登录路由器管理界面

（1）本地计算机的设置

1）将本机计算机成功连接到路由器中。

2）在 Windows 10 系统中，选择“控制面板”→“网络和 Internet”→“网络和共享中心”选项，打开“网络和共享中心”窗口。

3）在该窗口左侧，单击“更改适配器设置”超链接，打开“网络连接”窗口。用鼠标右键单击“本地连接”图标，在弹出的快捷菜单中选择“属性”命令，此时打开“本地连接属性”对话框。

4）在该对话框中选择“Internet 协议版本 4（TCP/IPv4）”选项，然后单击“属性”按钮，弹出“Internet 协议版本 4（TCP/IPv4）属性”对话框。

5）在该对话框中，选择“自动获得 IP 地址”和“自动获得 DNS 服务器地址”单选按钮，如图 12-32 所示，单击“确定”按钮，返回“本在连接 属性”对话框。最后，单击“关闭”按钮，保存设置，此时系统右下角显示浮动消息，提示与路由器成功连接，并获得了 IP 地址。

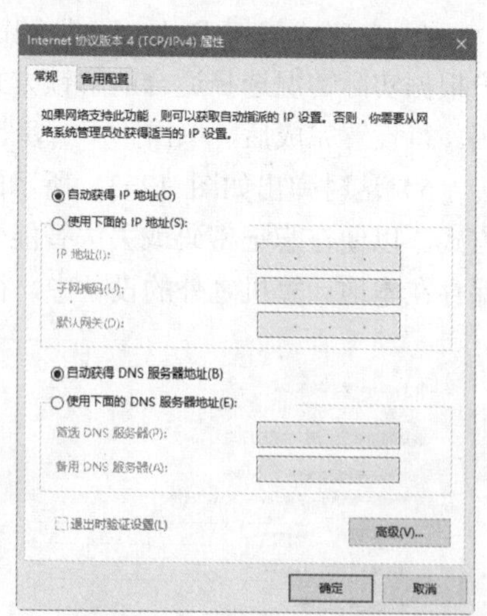

图 12-32　设置 IP 地址

（2）登录路由器管理界面

1）配置完成本地计算机后，打开浏览器，在浏览器地址栏中输入“http://192.168.1.1”（此地址为登录路由器的地址，不同品牌的路由器登录地址不同，用户可以从路由器机身上查看到相关地址），然后按〈Enter〉键。

2）此时，弹出路由器管理界面登录框。初次登录时，用户名和密码均为默认值，用户同样可以从路由器机身信息上查到。正确输入登录信息后，单击“确定”按钮，即可登录到路由器管理窗口，如图 12-33 所示。

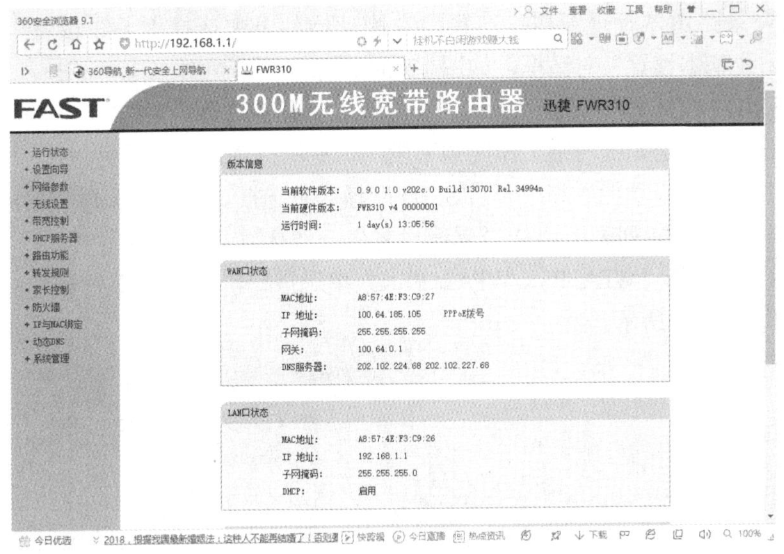

图 12-33　路由器管理窗口

2. 配置路由器——PPPoE 设置

通过对路由器进行相关设置，能够实现多台计算机共享上网。具体操作如下。

1）成功登录路由器管理窗口。

2）在窗口左侧功能列表中选择“网络参数”→“WAN 口设置”，打开“以太网接入设置”对话框。

3）在“以太网接入类型”下拉列表框中选择“PPPoE”选项，这时显示相关设置信息，如图 12-34 所示。

4）在“用户名”和“密码”文本框中，分别输入 ISP 提供的登录信息。在窗口下部，选择“按需连接，在有访问时自动连接”单选按钮，如图 12-35 所示。

5）设置完成后，单击窗口底部的“保存”按钮，对设置信息进行保存。在页面左侧功能列表区域，选择“运行状态”，查看当前连接状态，如果有 IP 地址等信息，说明拨号成功。

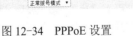

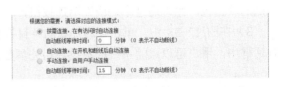

图 12-34　PPPoE 设置

根据您的需要，请选择对应的连接模式：
按需连接，在有访问时自动连接
自动断线等待时间：0 分钟（0 表示不自动断线）
自动连接，在开机和断线后自动连接
手动连接，由用户手动连接
自动断线等待时间：15 分钟（0 表示不自动断线）

图 12-35　设置连接模式

通过以上设置，用户在开机后无须登录 ISP 提供的客户端软件，即可实现开机自动连接网络。

3. 配置路由器——无线安全设置

通过对路由器的无线安全模块进行设置，能够确保用户在享受无线网络带来的便捷的同时，不用担心无线网络被非法接入。具体操作如下。

1）成功登录路由器管理窗口。在窗口左侧功能列表中选择“无线设置”→“基本设置”，打开“无线基本设置”对话框，如图 12-36 所示。

2）在“SSID”文本框中可以为无线网络标识设置任意名称。“模式”指的是路由器的工作模式；“信道”指的是无线网络工作的频率段，这里保持默认设置不变。

3）勾选“开启无线功能”和“开启 SSID 广播”复选框，单击“保存”按钮。

4）在窗口左侧功能列表中选择“无线设置”→“无线安全设置”，打开“无线安全设置”对话框环节。选择“WPA-PSK/WPA2-PSK”单选按钮，在“PSK 密码”文本框中输入密码即可，如图 12-37 所示。

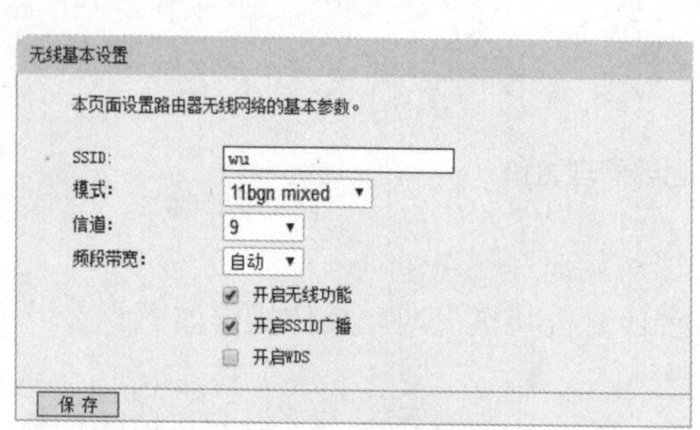

图 12-36　无线网络基本设置

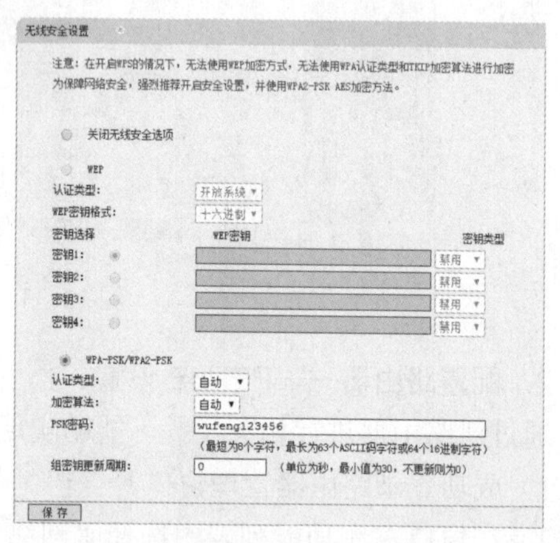

图 12-37　设置密码

5）保存设置，重新启动路由器即可生效。

4．配置路由器——IP 地址过滤

通过 IP 地址过滤的方式，能够人为地设置网内主机对外网访问的权限，例如，在某个时间段内，禁止或允许网内某个 IP 地址（段）所有或部分端口和外网 IP 地址的所有或部分端口进行通信。具体操作如下。

1）成功登录路由器管理窗口。在窗口左侧功能列表中选择“防火墙”→“规则管理”，打开“防火墙规则管理”对话框，如图 12-38 所示。

2）在此对话框中，勾选“开启防火墙”复选框，然后选择“凡是不符合已设上网控制规则的数据包，允许通过本路由”单选按钮，单击“保存”按钮进行保存。

3）在图 12-38 中，单击“增加新的条目”按钮，打开如图 12-39 所示的对话框。在该对话框中，用户可以跟随系统提示设置相关参数，由于过程较为简单，这里不再赘述。

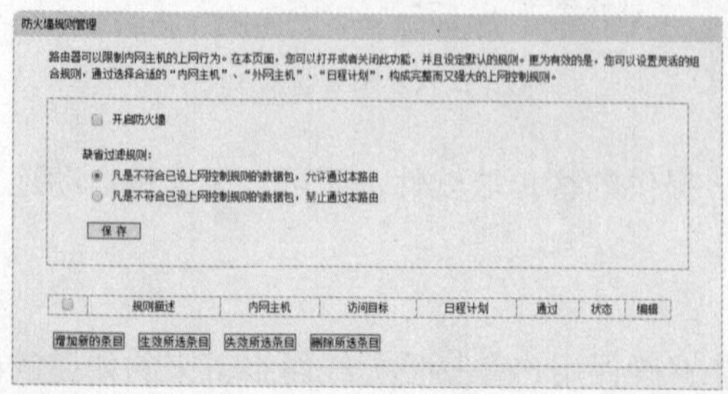

图 12-38　开启 IP 地址过滤功能

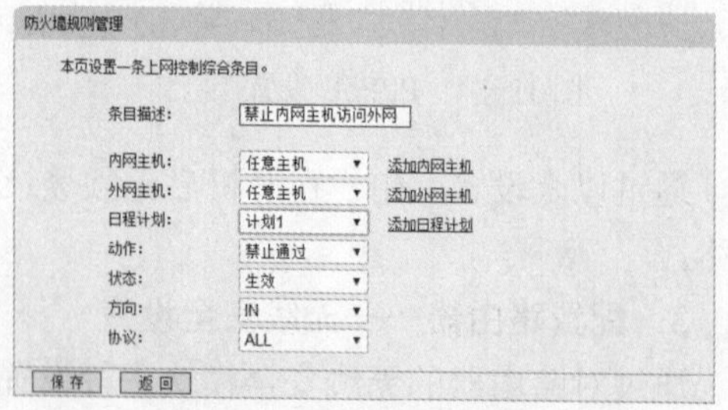

图 12-39　添加新条目

5．配置路由器——家长控制

通过域名过滤的方式能够限制局域网内的计算机在特定时间段内对某些网站的访问，具体操作如下。

1）成功登录路由器管理窗口。在窗口左侧功能列表中选择“家长控制”，在打开的“家长控制”对话框中勾选“开启家长控制”复选框，并填写当前局域网中的其他 MAC 地址，如图 12-40 所示，最后单击“保存”按钮。

2）在窗口下方，可以对全天的各个时间段进行选择，来指定在哪些时间段可以访问网络，如图 12-41 所示。至此，家长控制的设置过程全部完成。

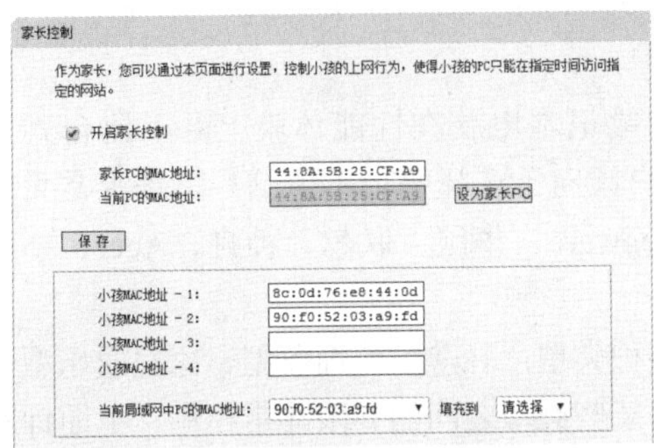

图 12-40　启用家长控制

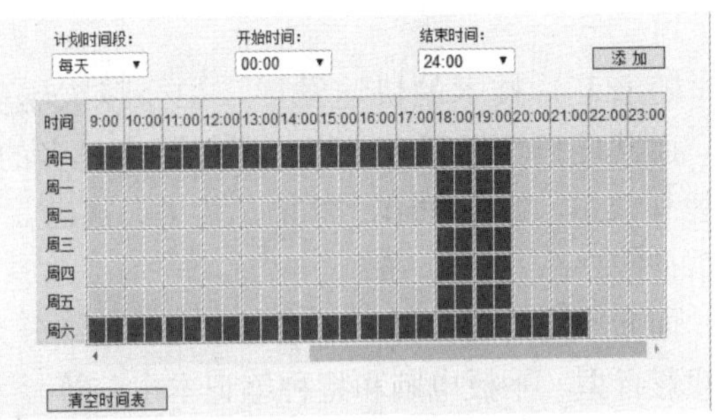

图 12-41　设置允许访问网络的时间段

12.6　思考与练习

1．Windows 10 操作系统发布了多少个版本？分别是哪些？

2．如何在 Windows 10 中实现文件共享？

3．如何使用 Windows 10 的 BitLocker 驱动器加密功能对 U 盘进行加密？

4．在 Windows 10 系统中如何进行宽带连接？

5．如何配置路由器才能实现开机自动连接网络？

6．通过路由器的设置，如何实现在 8:00～11:30 和 14:30～17:30 两个时间段内禁止浏览网页的要求？

第 13 章　笔记本电脑

笔记本电脑已经成为学习和工作中常见的娱乐、办公设备。本章主要从笔记本电脑的组成、相关配件、保养、选购和相关新技术等方面介绍有关笔记本电脑的基本知识。

13.1　笔记本电脑概述

随着芯片技术的快速发展，如今越来越多的笔记本电脑在性能体验上并不比台式机差，而其便携性远超台式机，所以越来越多的用户倾向于选择笔记本电脑。市场上常见的品牌有戴尔、ThinkPad、微软、苹果、惠普、Alienware、华硕、联想、神舟、Acer、小米和雷神等。

面向不同的消费群体，笔记本电脑被细分为多种类型：轻薄型、商务型、家庭娱乐型、游戏影音型、平板电脑和特种笔记本电脑等。上述某些类型之间的界限非常模糊，下面针对常见的类型简单介绍。

1. 商务型笔记本电脑

商务型笔记本电脑主要面向商务办公领域的用户。这种类型的笔记本电脑外形沉稳，性能配置十分注重稳定和实用，并且在便携性和数据安全等方面有较高要求。联想 ThinkPad 系列就是典型的商务型笔记本电脑，如图 13-1 所示。商务型笔记本电脑相比其他类型在以下几方面有较高要求。

图 13-1　联想 ThinkPad 翼 480

1）安全稳定性是商务型笔记本电脑的立身之本，同时也是行业用户最为看重的指标。该类笔记本电脑一般采用重量轻且硬度高的机身外壳，使用指纹识别和硬盘防震技术以确保数据的安全存储。无论是硬件之间的兼容性，还是操作系统或办公软件，都要能够安全且高效地运行。

2）续航能力指的是笔记本电脑在一次充满电后，在不外接电源的情况下仅靠自身电池供电所能使用的时间。在移动办公环境下，由于不能保证正常的电源供应，因此对笔记本电脑电池的性能及整机功耗方面有较高要求。

2. 家庭娱乐型笔记本电脑

家庭娱乐型笔记本电脑主要侧重于日常办公、娱乐影音等方面的个性化需求。它们不仅外形时尚美观，而且大多采用中高端独立显卡，如图 13-2 所示。其特点主要有以下两方面。

1）注重人性化设计理念。该类型的笔记本电脑从外观设计到操作体验处处体现人性化的设计理念。例如，悬浮式键盘的独立按键，操作更舒适；多媒体快捷键布局巧妙，方便实用；机身进行曲线设计并且色彩多样，充满时代气息。

2）性能配置多样。为了能够满足用户多方位的娱乐需求，该类型笔记本电脑配置多样，其中大多数配备了宽屏显示器，有些还采用了中高端显卡、高性能的 CPU 和大容量内存，使得用户不论是听音乐、看电影还是玩游戏都能拥有极佳的视听效果。

3．平板电脑

平板电脑是一种小型、方便携带的个人电脑，以触摸屏作为基本的输入设备。平板电脑按结构设计大致可分为两种类型，即集成键盘的“可变式平板电脑”和可外接键盘的“纯平板电脑”。平板电脑都是带有触摸识别的液晶屏，可以用电磁感应笔手写输入。图 13-3 所示是微软 Surface Pro 平板电脑，该款平板电脑可以外接键盘。

图 13-2　家庭娱乐型笔记本电脑（DELL 灵越飞匣）

图 13-3　平板电脑（微软 Surface Pro）

4．轻薄型笔记本电脑

轻薄型笔记本电脑作为笔记本电脑某种特性的延伸和创新，主要追求的是极致的厚度设计，在便携性和移动性方面具有极大优势，如图 13-4 所示。

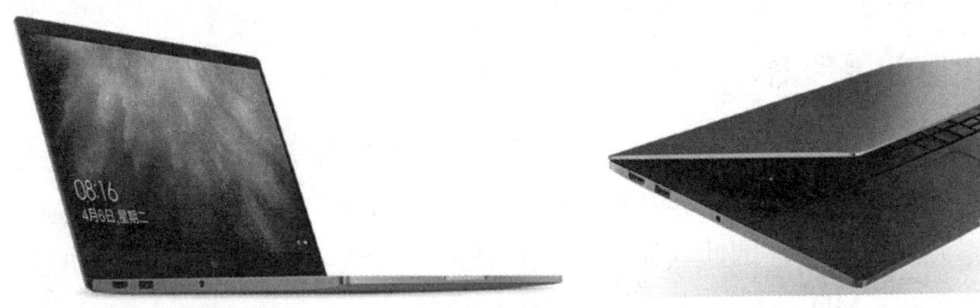

图 13-4　轻薄型笔记本电脑

随着制造工艺的提升，目前市面上大部分笔记本电脑都会将“轻、薄”作为笔记本电脑的卖点进行宣传，相比其他类型的笔记本电脑，轻薄型笔记本电脑主要有以下特点。

1）使用低功耗的 CPU，电池续航可达 12h。

2）休眠后快速启动，启动时间小于 10s。

3）根据屏幕尺寸不同，厚度至少低于 20mm。

4）大多没有内置光驱，并且机身外壳采用镁铝合金、碳纤维和钛合金等材料制成，这些材质强度高、重量轻、散热性好。

5）部分品牌的轻薄型笔记本电脑还可以变形成平板电脑。

5．坚固型笔记本电脑

坚固型笔记本电脑指的是应用于军事、公安、石油勘探、交通、极地科考及其他户外作业等特殊场合的笔记本电脑，如图 13-5 和图 13-6 所示。

该类型笔记本电脑由于要满足特殊领域的需要，因此具有普通笔记本电脑不具备的特

点。如防水防尘、抗震抗冲击、宽温工作（能够在高温或低温下正常工作）、便于携带（不需要电脑包，作为工具使用）、防电磁辐射、便携式防震硬盘、超高密度触摸屏、全封闭式端口和接口及超长待机时间等，这些苛刻的要求是普通笔记本电脑无法达到的。

图 13-5　坚固型笔记本电脑（松下 CF-20）

图 13-6　坚固型平板电脑（松下 FZ-G1）

13.2　笔记本电脑的组成

笔记本电脑的组成结构与台式机十分相似，包括显示器、主板、CPU、显示卡、硬盘、内存、光驱、鼠标、键盘、电池和电源适配器。

13.2.1　笔记本电脑的处理器

笔记本电脑的处理器（Mobile CPU）与台式机的 CPU 有较大区别，它除了追求性能，也追求低热量和低耗电。专门为笔记本电脑设计的 Mobile CPU，由于其内部会集成台式机 CPU 中不具备的电源管理技术，因此其制造工艺往往比同时代的台式机 CPU 更加先进。下面分别针对 Intel 公司和 AMD 公司的移动处理器进行介绍。

1. Intel 公司移动处理器

在市场上，Intel 公司在移动处理器占有率方面具有绝对优势。自 2010 年年初发布第一代酷睿处理器以来，Intel 公司一直走在技术的前沿，从 2017 年 6 月开始逐步推出第八代酷睿处理器，在 2018 年 4 月 3 日又推出多款移动高性能处理器，并第一次发布酷睿 i9 移动端高性能处理器。

（1）第八代酷睿处理器

第八代酷睿处理器集成了硬件级别技术，可加强对已启用的安全软件的保护。本次推出的第八代酷睿 i9、i7 和 i5 处理器基于 Coffee Lake 平台和 14nm++制程技术，相比前代的处理器有以下三个方面的显著变化。

1）核心数量变化。目前发布的处理器之中，桌面级由此前的最高四核八线程进化为最高六核十二线程；目前发布的移动级低电压处理器之中，由此前的最高双核四线程进化为最高四核八线程，从而使得第八代酷睿处理器的性能和效率得到明显的提升。这也是第八代酷睿处理器性能大幅提升的最重要因素。

2）三级缓存变化。以酷睿 i7 家族为例，桌面级由此前的 8MB 提升为 12MB，移动级低

电压处理器由此前的 4MB 提升为 8MB。三级缓存的变化对于提升大数据量计算时处理器的性能有着明显的帮助。

3）处理器频率变化。相对于第七代酷睿来说，第八代酷睿的频率均有所提高，尤其是睿频频率得到了普遍提升。

为了能让读者全面了解 Intel 公司所推出的移动处理器，这里以表格的形式对市场上的主流移动处理器加以分类介绍，见表 13-1。

表 13-1　第八代酷睿处理器（部分）

系列类型	处理器型号	高速缓存/MB	最大时钟频率/GHz	内核数/线程数	功耗/W	备　注
酷睿 i9	i9-8950HK	12	4.8	6/12	45	2018 年 4 月 3 日上市，针对高性能游戏笔记本电脑市场
酷睿 i7	i7-8850H	9	4.3	6/12	45	采用酷睿 i7 系列的笔记本电脑在市场中属于高端产品。不论是高清、3D、多任务还是多媒体，都能提供一流的速度和响应
	i7-8750H	9	4.2	6/12	45	
	i7-7700HQ	6	3.8	4/8	45	
	i7-8709G	8	4.1	4/8	45	
酷睿 i5	i5-8400H	8	4.2	4/8	45	能够提供令人惊叹的性能、令人叫绝的视觉效果和实现深层保护的内置安全机制
	i5-8300H	8	4.0	4/8	45	
	i5-8305G	6	3.8	4/8	15	
酷睿 i3	i3-8130U	4	3.4	2/4	15	能够实现更耐久的电池使用时间和提供深层保护的内置功能，让用户享用平稳流畅的视觉体验
	i3-7110U	3	2.6	2/4	15	
	i3-6100U	3	2.4	2/4	15	

2018 年 1 月，Intel 公司发布了与 AMD 公司合作的产品 Kaby Lake G。Kaby Lake G 系列用于超极本。Kaby Lake G 系列的 CPU 是 Intel 第七代的 Kaby Lake（但是 Intel 命名为第八代），GPU 是 AMD 的 Radeon RX Vega M 核芯显卡，同时把 4GB GDDR 显存封装在一个芯片上，并使用一条 PCI-E 3.0×8 通道连接，如图 13-7 所示。

图 13-7　Kaby Lake-G

Intel 共有 5 款 G 系列处理器，分别是最高端的 Core i7-8809G，中端的 Core i7-8709G、Core i7-8706G、Core i7-8705G 和最低端的 Core i5-8305G。

Core i7-8809G 和 Core i7-8709G 都是四核八线程的 Kaby Lake 架构处理器，基础频率 3.1GHz，加速频率分别是 4.2GHz 和 4.1GHz，支持双通道 DDR4-2400 内存，内置 HD G630 核显。Radeon 显示核心被称为 Vega M GH，有 24 组 CU（Computer Unit，计算单元）共计

1536 个流处理器，基础频率 1063MHz，加速频率 1190MHz，4GB 容量 1024 位宽 HBM2 显存。其中 i7-8809G 不锁倍频。

Core i7-8706G、Core i7-8705G 和 Core i5-8305G 也是 4 核 8 线程的产品，Vega M GL 显示核心有 20 组 CU 共计 1280 个流处理器，基础频率只有 931MHz，加速频率 1011MHz，4GB HBM2 显存。当然，Core i5 处理器 L3 只有 6MB，和其他 Core i7 的 8MB 有一定的区别。

AMD Radeon RX Vega M 核显支持 6 台显示器，最高 4K 输出，Display Port 1.4，HDMI 2.0b。Intel HD G630 核显支持 3 台显示器，最高 4K 输出。

（2）英特尔处理器编号

第八代酷睿处理器的编号采用基于代编号的方法，首先是品牌及其修饰符，然后是代编号和产品系列，四个数字序列中的第一个数字表示处理器的代编号，接下来的三位数是 SKU（Stock Keeping Unit，库存量单位），而在适用的情况下，处理器名称末尾有一个代表处理器系列的字母后缀，示意图如图 13-8 所示。

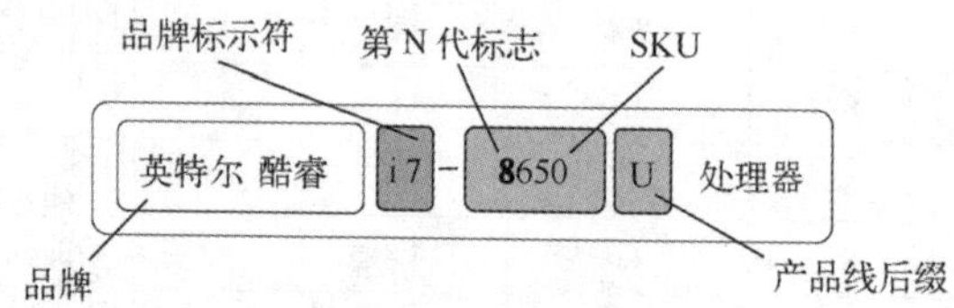

图 13-8　英特尔处理器编号

2. AMD 移动处理器

（1）AMD 移动处理器的种类

虽然 AMD 公司与 Intel 公司相比，无论在处理器制作工艺方面还是在处理器数量方面，还是 Intel 公司独霸 CPU 市场的格局，但是同时研发 APU 和 GPU 的 AMD 公司依然不能被忽视。目前，AMD 公司针对笔记本电脑所生产的处理器主要有 AMD 锐龙系列和 AMD A 系列 APU，详见表 13-2。

表 13-2　AMD 移动处理器

系列类型	处理器型号	三级缓存/MB	最大 CPU 时钟频率/GHz	GPU 数量	内核数/线程数	功耗/W
AMD 锐龙系列	AMD 锐龙 7 2700U	4	3.8	10	4/8	15
	AMD 锐龙 5 2500U	4	3.6	8	4/8	15
	AMD 锐龙 3 2300U	4	3.4	6	4/4	15
AMD A 系列 APU	A12-9700P APU	2	3.4	—	4/6	15
	A10-9600P APU	2	3.4	—	4/6	15
	A9-9420 APU	1	3.6	3	2/3	15

2017 年年底，AMD 公司正式发布了第八代移动版 APU，如图 13-9 所示。该 APU 基于 Zen 处理器架构和 Vega 显卡架构。从官方数据来看，AMD 锐龙 7 2700U 和 AMD 锐龙 5

2500U 两款第八代移动 APU 比 Intel 的第八代酷睿低压 U 系列 CPU 有着不俗的表现，单线程追平、多线程领先，核显方面更是拥有翻倍的压倒性优势。

图 13-9　AMD 第八代移动版 APU

（2）APU（加速处理器）及其相关技术

APU（Accelerated Processing Unit，加速处理器）是 AMD 公司融聚理念的产品，它结合先进的 x86 处理器内核，将多颗处理器内核以及显卡核心做在一个晶片上，使计算机运行速度更快、更简便、更直观。

目前，市场上出现的 AMD APU 有 FX、A12、A10 和 A9 系列（按照性能从高到低排序），无论何种系列，或多或少都在使用 AMD 的新技术，主要有以下几方面。

- AMD 手势控制：它是一款利用手势识别来控制计算机上某些应用软件的工具。
- AMD 面部识别登录：它是一款需要网络摄像头支持，且运行在 Windows 10 能够帮助用户快速登录 Windows 的便捷工具。
- AMD Steady Video：该技术可以在播放家庭视频期间消除画面的晃动和抖动现象。
- AMD Start Now：该技术是一个 BIOS 优化方案，可将系统从休眠模式唤醒，将系统引导到桌面并连接到无线局域网的时间缩至最短，从而提供更佳的系统响应能力。

（3）AMD SenseMI 技术

AMD SenseMI 技术内建于 AMD Ryzen 处理器，融合了感知、适应和学习等能力，除了精确功耗控制、神经网络预测、智能数据预取外，还采用新型“机会算法”，由双核心提升升级为全核心提升，能够根据 CPU 当前的温度、性能、负载提升到最高频率或降频到最优功耗性能比。

13.2.2　笔记本电脑的主板

1．笔记本电脑主板简述

笔记本电脑的主板是其组成部分中体积最大的核心部件，也是 CPU、内存和显卡等各种配件的载体。笔记本电脑的主板与台式机主板有很大区别，主要是由于笔记本电脑追求轻薄、便携等特性。主板上绝大部分元件都是贴片式设计，电路的密集程度和集成度非常高，其目的就是最大限度地减小体积和重量。图 13-10 所示是笔记本电脑的主板实物外形。

由于笔记本电脑的主板设计并没有统一标准，因此笔记本电脑主板之间不具备通用性。不同的笔记本电脑因其内部结构和设计理念有所不同，导致主板整体设计也不尽相同。图 13-11 所示是外形多样的笔记本电脑主板实物外形。

2．主板芯片组

芯片组是笔记本电脑主板的核心组成部分，并且几乎决定了主板的功能，芯片组性能的优劣直接影响到整个硬件系统性能的高低。在移动芯片组市场内，Intel 公司的芯片组依然占有很大的份额。目前市场上的主流移动式芯片组种类见表 13-3。

图 13-10　笔记本电脑的主板实物外形

图 13-11　外形多样的笔记本电脑主板实物外形

表 13-3　Intel 移动式芯片组

芯片组类别	热设计功耗/W	总 线 速 度	光刻/nm	PCI Express 通道数的最大值
HM175 芯片组	2.6	8 GT/s DMI3	22	16
CM238 芯片组	3.67	8 GT/s DMI3	22	20
QM175 芯片组	2.6	8 GT/s DMI3	22	16

注：光刻指的是用于生产集成电路的半导体技术，采用纳米（nm）为计算单位。

13.2.3　笔记本电脑的内存

笔记本电脑的内存与台式机内存相比在外形上有很大区别，它体积小巧、集成度高、数据传输路径短、稳定性高、散热性佳、功耗低并采用先进的工艺进行制造，如图 13-12 所示。目前，笔记本电脑的内存传输类型主要有 DDR4、DDR3 和 DDR2 三种；常见的主频有 1333MHz、1600MHz、2133MHz 和 2400MHz；单条内存容量主要有 2GB、4GB、8GB 和 16GB。

此外，内存接口的类型是根据金手指上导电触片数量多少来划分的。导电触片也习惯称为针脚数（pin），对应于内存所采用的不同的针脚数，内存插槽类型也各不相同。台式机内存常使用 288pin 接口，而笔记本电脑内存一般采用 204pin、240pin 和 260pin 接口。目前，笔记本电脑内存插槽常见的有 DIMM（双列直插内存模块）、SO-DIMM（小型的 DIMM）和 SDRAM（同步动态随机存取内存，基本已经淘汰）三类。

随着笔记本电脑整体性能的提升，用户对笔记本电脑的散热设计也提出了更高的要求。某些产品还专为内存搭配散热装置，如图 13-13 所示。这种内存颗粒外加装超薄铝材质散热片的做法，目的是为下面的内存颗粒提供最大的散热面积，有效地将热量迅速导出，有助于笔记本电脑流畅地应对高密集图形图像处理的需求。

图 13-12　笔记本电脑内存的正反面

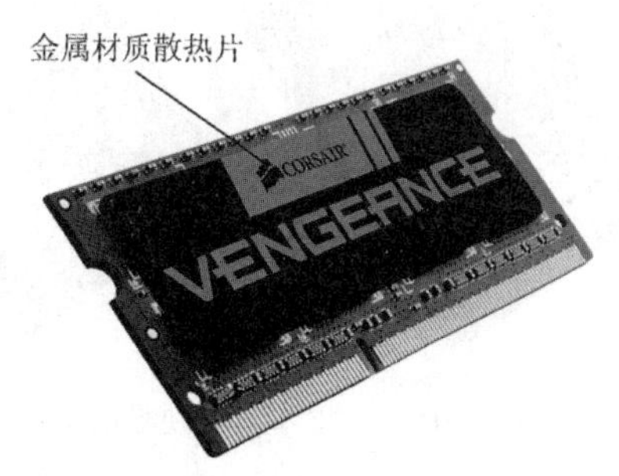

图 13-13　搭配散热装置的笔记本电脑内存

13.2.4　笔记本电脑的硬盘

1. 2.5in 硬盘

2.5in 规格的硬盘是专为笔记本电脑所设计的，它与 3.5in 台式机硬盘在技术上一脉相承，但由于所应用的环境及物理结构的不同，导致两者在体积、转速、发热量和抗震指标等参数方面具有一些差异。图 13-14 所示是笔记本电脑硬盘与台式机硬盘的实物对比。

图 13-14　笔记本电脑硬盘（右）

2.5in 硬盘的厚度也有不同，适合多种计算机应用场景。例如，7.2mm 厚度的 2.5in 硬盘，能提供最高 2TB 的存储容量，主要用于轻薄型笔记本电脑和更小巧外形系统的无缝衔接；15.5mm 厚度的 2.5in 硬盘，能提供 3～5TB 的存储容量，适合外置或一体式存储的环境；9.5mm 厚度的 2.5in 硬盘，能提供 500GB～1TB 的存储

容量，是目前市场中大部分机型的主流应用。

在容量方面，笔记本电脑的硬盘通常小于台式机硬盘，常见的笔记本电脑硬盘容量有500GB、1TB和2TB。图13-15所示是三星M9T型2TB笔记本电脑硬盘的正反面。在笔记本电脑硬盘接口方面，主要有SATA 2.0和SATA 3.0，其接口速度有3GB/s和6GB/s两种。在转速方面，笔记本电脑硬盘的转速一般为5400r/min或7200r/min，而台式机硬盘7200r/min或10000r/min的速度已经非常普及，有些服务器硬盘甚至达到15000r/min的转速。

2．笔记本电脑固态硬盘（SSD）

目前搭配固态硬盘的笔记本电脑基本属于超极本。固态硬盘具备更快的速度、优良的稳定性，不仅延长了笔记本电脑的使用寿命，还大幅提升了笔记本电脑的性能。从开机到打开应用程序，固态硬盘极大地缩短了等待时间。重要的是，固态硬盘没有活动部件，防震抗摔，即便处于最严苛的环境中也能维持优异的稳定性，并延长台式机或笔记本电脑的使用寿命。

市面上，固态硬盘的制造商已经很多了，主要有三星、金胜维、闪迪、希捷、金士顿、浦科特、威刚、Intel、东芝和宇瞻等。

（1）STATA接口固态硬盘

图13-16所示是三星860型250GB固态硬盘的正反面。

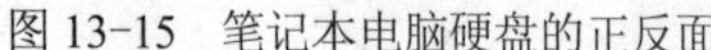

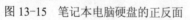

图13-15　笔记本电脑硬盘的正反面

图13-16　固态硬盘的正反面（不含硬盘盒）

（2）M.2接口固态硬盘

M.2接口是Intel公司推出的一种新的接口规范，相对于SATA接口的固态硬盘，M.2接口的固态硬盘最大的优势在于体积更小巧，且支持更高的传输速率。市面上常见的M.2接口固态硬盘有“Intel傲腾内存”，如图13-17所示。

图13-17　Intel傲腾内存

Intel傲腾内存是基于3D XPoint技术（由Intel公司和镁光公司联合研发的一种全新架构非易失性存储技术）打造的、可以为硬盘提速的缓存设备。虽然名字中包含“内存”二字，但它并不是传统意义上的DDR3和DDR4内存，而是一种低延迟的固态硬盘。

Intel 傲腾内存的最主要作用是充当存储设备与内存之间的中间人角色，为内存向存储设备读取写入时进行加速，提高系统整体性能。

Intel 傲腾内存无法取代传统的内存，在实际使用中，占用一个主板上的 M.2 接口，搭配大容量的机械硬盘使用，它能够让安装在机械硬盘中的系统和软件的启动、运行、加载速度得到明显提升。

3．混合硬盘

由于单纯的固体硬盘成本较高，为了降低笔记本电脑的成本，加快其普及速度，当前部分厂商先采取了比较折中的方案——混合硬盘。

所谓混合硬盘，指的是用小容量（64MB、128MB 和 8GB）的固态硬盘搭配大容量（500GB～2TB）的机械硬盘。一部分超极本将操作系统安装在固态硬盘中，并且将固态硬盘的一部分或全部容量隐藏起来作为专用的休眠分区，这样就保证了超极本在休眠唤醒速度方面比普通笔记本电脑更快，对与其他分区读写数据的速度就和普通机械硬盘一样了。混合硬盘的出现，使得笔记本电脑的价格更低，而存储空间比单纯的固态硬盘大很多。

13.2.5　笔记本电脑的显卡

笔记本电脑的显卡可以分为三大类，第一类是集成显卡，主要以 Intel 的产品为主，第二类是 NVIDIA 显卡，第三类是 AMD 显卡。

集成显卡方面，以 Intel GMA HD 系列（如 Intel GMA HD 620、Intel GMA HD 5500 和 Intel GMA HD 515）为市场主流。由于此类显卡功耗低且能够延长电池续航时间，因此常用于平板电脑或超薄型笔记本电脑。

NVIDIA 显卡与 ATI 显卡都是笔记本电脑上常见的显卡品牌，各个厂商面向需求不一的消费群体，提供了非常多的产品型号。在 NVIDIA 显卡方面，高端产品有 GeForce GTX 1080、GeForce GTX 1070、GeForce GTX 1060 和 GeForce GTX 1050 等；中端产品有 GeForce GT 960M、GeForce GT 940M 和 GeForce GT 920M 等。图 13-18 所示是 GeForce GTX 1080 图形处理器。

GeForce GTX 10 系列显卡的参数对比见表 13-4。

表 13-4　GeForce GTX 10 系列显卡参数对比

	GeForce GTX 1080	GeForce GTX 1070	GeForce GTX 1060	GeForce GTX 1050
Cuda 核心数	2560	2048	1280	640
基础频率 MHz	1556	1442	1404	1354
显存速率/Gbits	10	8.0	8.0	7.0
显存带宽/(GB/s)	320	256	192	112
显存位宽/位	256	256	192	128
标准显存配置	8GB GDDR5X	8GB GDDR5	最高 6GB GDDR5	最高 4GB GDDR5

在 AMD 显卡方面，其市场占有率相对 NVIDIA 要逊色不少，主要以 AMD Radeon R9 系列、AMD Radeon R7 系列、AMD Radeon R5 系列为市场主流。图 13-19 所示是 AMD Radeon R9 M395 图形处理器。

图 13-18　GeForce GTX 1080 图形处理器的正面

图 13-19　AMD Radeon R9 M395 图形处理器

13.2.6　笔记本电脑的显示器与光驱

1．笔记本电脑的显示器

根据市场的实际情况，按屏幕的长宽比例不同，笔记本电脑显示器可以分为 4∶3 的普屏（基本淘汰）与 16∶9 或 16∶10 的宽屏（市场主流）；按照屏幕尺寸划分，一般有 18.4in、17.3in、15.6in、15.4in、14in、13.3in、12.5in、11.6in、11in 和 11in 以下等；按屏幕分辨率划分，主要有超高清屏（4K/3K/2K）、全高清屏（1920×1080）、普通屏（1366×768）。

2．笔记本电脑的光驱

随着硬盘容量的不断提高以及移动硬盘的便捷性，光盘驱动器在日常生活中的使用效率已经很低。目前，在售的各类品牌的笔记本电脑大多数没有配备光盘驱动器，用户可以另外购置 USB 外置光驱或刻录机。图 13-20 所示为华硕 SDRW-08D2S-U 外置光驱。

图 13-20　华硕 SDRW-08D2S-U 外置光驱

13.2.7　笔记本电脑的电池与电源适配器

1．笔记本电脑的电池

笔记本电脑的电池是可充电电池，有了充电电池的电量供应，笔记本电脑才能充分体现出可移动的特性。常见的笔记本电脑电池如图 13-21 所示。具体来讲，根据使用材料的不同，笔记本电脑的电池可以分为镍镉电池、镍氢电池、锂离子电池和锂聚合物电池 4 种类型。

（1）镍镉电池

该类电池是以氢氧化镍和金属镉作为反应物来产生电能的。其优点是充电要求低，持续放电能力强；缺点是有记忆效应，污染环境。目前，笔记本电脑已经淘汰该类电池。

（2）镍氢电池

该类电池的优点是记忆效应很低，环保；缺点是充电温度高，自放电速度快。目前，笔记本电脑已不采用该类电池。

（3）锂离子电池

锂离子电池充电更快，使用更持久，而且更高的功率密度可实现更长的电池使用时间，同时身形更加轻巧；缺点是价格相对较高，充电要求高，需要专门的保护电路。

目前，绝大多数笔记本电脑采用的就是锂离子电池，整块电池中采用多个电池芯通过串联或并联的堆叠方式来达到笔记本电脑所需的电池容量，拆解后的电池内部情况如图 13-22

所示。通常所说的 4 芯锂电池、6 芯锂电池和 9 芯锂电池指的就是电池内部电池芯的数量，电池芯数量多则电池容量大，供电时间自然较长。

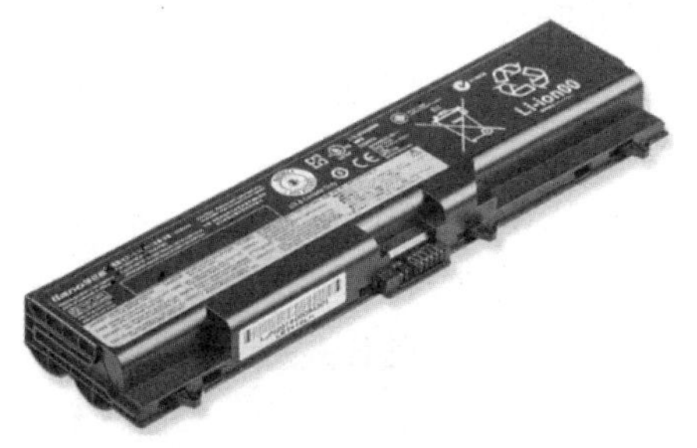

图 13-21　常见的笔记本电脑电池

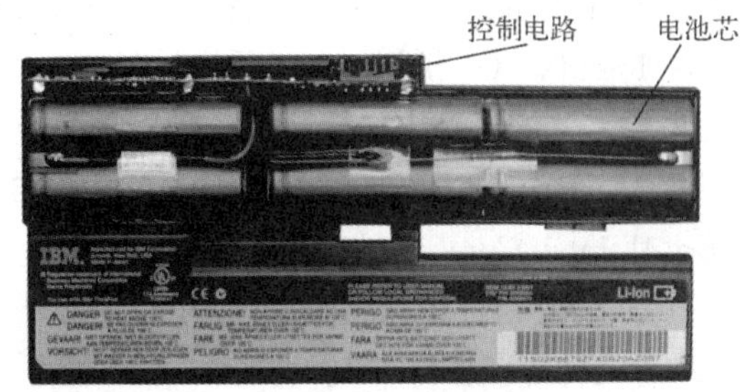

图 13-22　笔记本电脑电池拆解后的内部情况

（4）锂聚合物电池

该类电池的优点是体积超薄，外观灵活多变且质量轻，可根据实际需要制作成合适的大小。与锂离子电池相比，其缺点是能量密度和充电循环次数有所下降，成本较锂离子电池还高。锂离子电芯与锂聚合物电芯对比示意图如图 13-23 所示。早年，仅有少数笔记本电脑采用该类电池供电，而现在该类电池主要用于移动电源。

2. 笔记本电脑的电源适配器

笔记本电脑的电源适配器的主要作用有两个，一是为笔记本电池充电，二是在无电池供电情况下获取电能，其常见外观如图 13-24 所示。一般来说，为了适应不同地区的电压差异，笔记本电脑的电源适配器均采用宽幅电压输入（100～240V），具有一定的稳压作用，电流通过电源适配器后电压则降低为 20V，为笔记本电脑提供稳定的电能。

图 13-23　锂离子电芯与锂聚合物电芯对比示意图

图 13-24　笔记本电脑的电源适配器

13.3　苹果笔记本电脑

图 13-25　MacBook Pro

MacBook 是苹果（Apple）公司所开发的笔记本型麦金塔电脑（Macintosh，Mac）。目前，苹果笔记本分为 MacBook、MacBook Air 和 MacBook Pro 三种，MacBook Pro 配置更高，性能出色，适用于专业人士，MacBook Air 则侧重于轻薄便携。图 13-25 所示为 MacBook Pro 的外观。

对于 MacBook 来讲，采用的是主频为 1.2GHz 较低的双核第七代 Intel Core M3 或 Core

i5 处理器，搭配 LPDDR3 内存和固态硬盘，无论是启动 APP 和打开文件等常见任务，还是更为精密复杂的计算，MacBook 都有足够的力量来应对日常所需。

对于 MacBook Air 来讲，配备主频为 1.8GHz 的双核 Intel Core i5 或 Intel Core i7 处理器，以及 Intel HD Graphics 6000 图形处理器，在不损失性能的前提下完全能够满足用户轻薄便携的需要。

对于 MacBook Pro 系列来讲，有 13in 和 15in 两大类，其中 13in 的机型配备不同频率的双核第七代 Intel Core i5 处理器，而 15in 的机型则配备主频为 2.2GHz、2.5GHz、2.8GHz 或 3.1GHz 等较高的四核第七代 Intel Core i7 处理器，能够轻松完成剪辑 HD 视频、编译音频或渲染多层图像文件等任务。

1．Retina 显示技术

Retina 显示技术可以把更多的像素点压缩至一块屏幕里，从而达到更高的分辨率并提高屏幕显示的细腻程度。

在 MacBook 上使用的 Retina 显示屏不仅是一款出色的高分辨率显示屏，还采用了集成式设计，在制造工艺上达到了一个全新高度，在保持非凡色彩和画质的同时，减少了眩光的出现，大大减少工作时的视觉干扰。它的高对比度令黑色更浓重，白色更明亮，其他一切色彩也都显得更丰富、更鲜艳。

2．I/O 传输技术——Thunderbolt 3（超高速接口技术）

Thunderbolt 技术是苹果公司与 Intel 公司合作的产物，主要用于连接 PC 和其他设备。该技术从发布开始，就凭借高传输速率而广受关注。随着时间的推移，目前 Intel 公司又推出了传输速率更快的 Thunderbolt 3 接口标准。

Thunderbolt 3 的数据传输速率最高可达 40Gbit/s，是 Thunderbolt 2 的 2 倍，是 USB 3.0 的 8 倍。此外，Thunderbolt 3 还与 USB-C 整合将数据传输、视频输出和充电集合至一个小巧的接口中，在获得 Thunderbolt 速度的同时，更添便捷易用，打造出一个真正通用的端口。

以 MacBook Pro 15in 机型为例，该机型配备 4 个 Thunderbolt 3 接口，如果要与其他设备连接（U 盘、HDMI 接口、网口和 VGA 接口），则需要配备一个转换器，如图 13-26 所示。

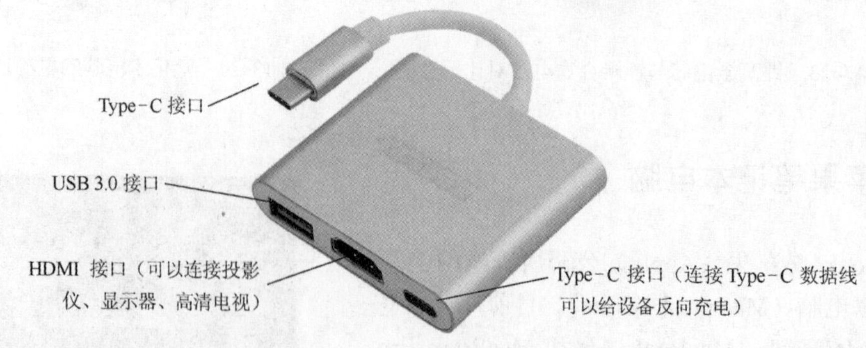

图 13-26 苹果电脑接头转换器

Type-C 接口与 Thunderbolt 3 两者的关系相辅相成，Type-C 是一种物理接口表现形式，而 Thunderbolt 3 是数据传输协议。USB 接口与 Thunderbolt 3 的相关参数对比见表 13-5。

表 13-5　USB 接口与 Thunderbolt 3 的参数对比

协　议	插　口	传输速率
USB 2.0	4pin	480Mbit/s
USB 3.0	9pin	5Gbit/s
USB 3.1	12pin（双向）	10Gbit/s
Thunderbolt 3	12pin（双向）	40Gbit/s

Type-C 类型的接口有以下几方面的特性。

1）端口体积小。该类型的端口尺寸为 8.4mm×2.6mm，而老式的 USB 端口尺寸为 14mm×6.5mm。

2）无正反。该类型端口正面和反面是相同的，也就是说，无论用户如何插入端口都是正确的。

3）双向传输。老款 USB 端口的功率只能单向传输，Type-C 类型端口的功率传输是双向的，这意味着它可以拥有两种发送功率方式。

4．MacBook 与环保

全新的 MacBook 在设计之初就十分注重环保需求，在其产品中不使用其他笔记本电脑中常见的有毒物质，如铍、汞、铅、砷、聚氯乙烯（PVC）、溴化阻燃剂（BFR）和邻苯二甲酸盐等有害元素。

在节约能耗方面，MacBook 的硬盘在空闲时能自动减速运行，采用 LED 背光的显示屏比传统 LCD 省电 30%。此外，新产品的外包装也比过去减小很多，以便使用较少的运输工具能够运送同样数量的产品。

13.4　笔记本电脑内存与硬盘的升级

对于笔记本电脑来讲，由于其内部设计紧凑，很难向台式机那样对硬件进行全面升级，常规的硬件升级仅限于内存和硬盘两方面。本节以某品牌的笔记本电脑为例，向读者介绍升级内存和硬盘的全部过程。

13.4.1　升级前的准备工作

1．与内存相关的准备工作

1）了解待升级笔记本电脑的内存能否升级。一般来说，笔记本电脑都有两个内存插槽，用户可以增加或直接更换内存进行升级。需要特别注意的是，要提前了解笔记本电脑主板最大支持内存容量以及系统能支持的内存最大容量。

2）了解现有笔记本电脑的内存类型。因为内存类型不同，插槽也不同，为了避免不必要的麻烦，还需要了解笔记本电脑采用的是何种内存。这里建议使用 CPU-Z 软件对电脑进行检测，以了解当前内存类型、大小和频率等参数，如图 13-27 所示。

3）了解当前笔记本电脑内存的价格，做到心中有数。

4）必要时升级 BIOS 版本。对于购买时间较长的笔记本电脑，在升级内存后系统有可能不稳定或根本无法正常启动，部分原因是主板 BIOS 兼容性不理想，需要提前将主板

BIOS 升级到最新版本，升级过程这里不再赘述。

2．与硬盘相关的准备工作

首先，登录现有笔记本电脑品牌的官方网站，或者通过第三方软件查询有关硬盘规格和接口等方面的信息。其次，购买对应接口及尺寸的大容量硬盘。

在上述所有准备工作完成后，还需准备必需的升级工具，即十字螺钉旋具或一字螺钉旋具，如图 13-28 所示。

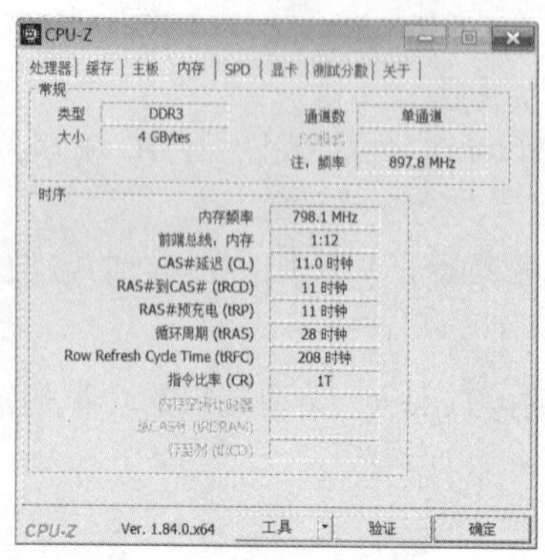

图 13-27 确定内存类型

图 13-28 升级所需的部件及必备工具

13.4.2 升级过程

待完成一切准备工作后，就可以开始拆解笔记本电脑后盖进行相关升级操作了，详细操作过程如下。

1）将一层较柔软的垫子平铺在桌面上，将笔记本电脑翻转后放在垫子上，以避免在操作时笔记本顶盖被硬物划伤。

2）去掉笔记本电脑自带的电池，并仔细观察笔记本电脑底部，这时可以发现底部有许多保护盖，如图 13-29 所示。根据保护盖上标记的图案，寻找内存或硬盘模块的所在位置。如果没有标记，则可以使用十字螺钉旋具依次打开所有盖子，如图 13-30 所示。

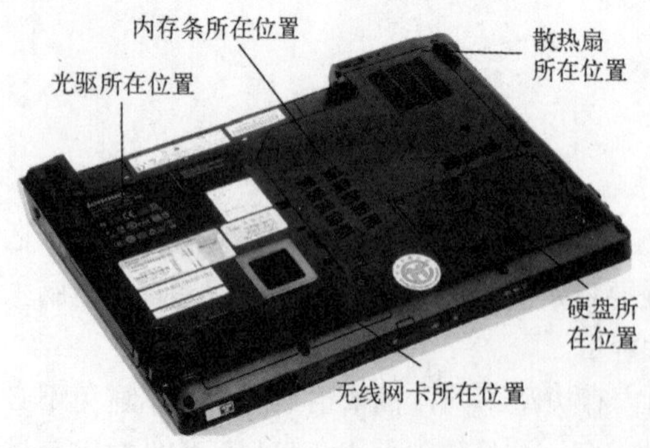

图 13-29 笔记本电脑底部

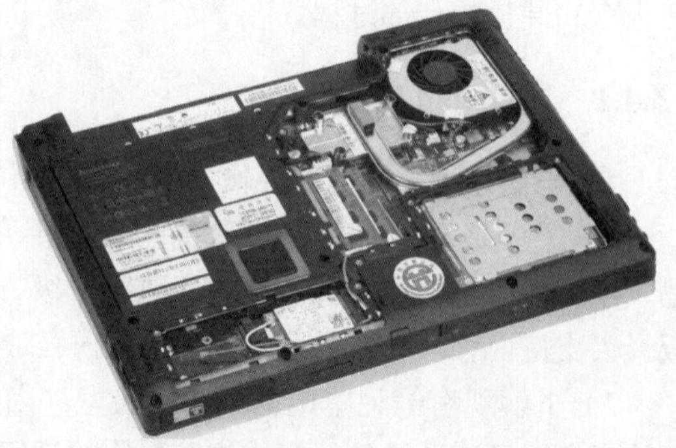

图 13-30 拆卸保护盖后笔记本电脑的底部

3）打开相应的保护盖后，可以看到内部的内存或硬盘。仔细观察笔记本电脑内存卡槽，双手同时用力将内存条固定夹向两侧掰开，此时内存条会自动弹起，然后小心地将内存条拔出，如图 13-31 所示。若需更换多条内存，重复此操作即可。

4）取出准备好的新内存条，调整方向，使其与缺口标记对齐，并以一定角度的夹角将笔记本电脑内存条放入卡槽内。最后，将整个内存条轻轻按下，当听到“啪”的一声响时，表明两边弹簧已将内存条卡住，此时内存条安装完成。

5）用螺钉旋具将硬盘托盘卸下，将新硬盘按照原有样子放置其中即可完成硬盘的安装，如图 13-32 所示。

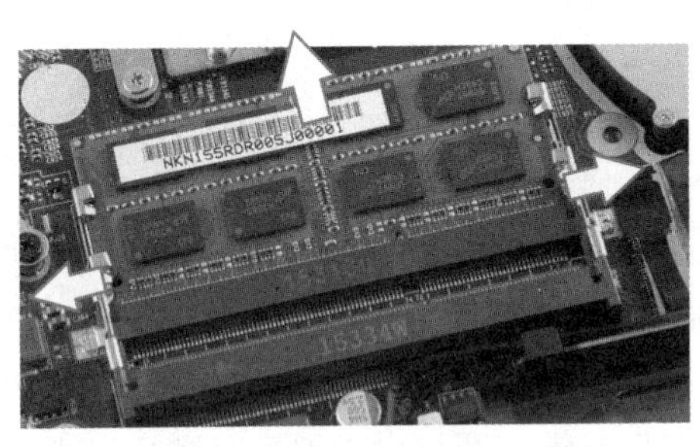

图 13-31　更换内存条

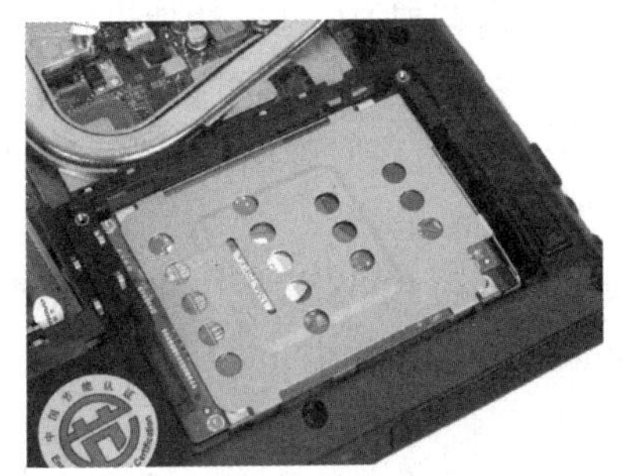

图 13-32　更换笔记本电脑硬盘

6）待上述操作完成后，将所有保护盖依次拧紧，接上电源进行开机检验。首先打开“系统”窗口，查看硬件容量是否有所增加，然后尝试运行一些大型软件，检测一下内存兼容性如何，如果运行时没有出现无故死机、无故重启和蓝屏等情况，则可以确定整个升级过程顺利完成了。

13.5　笔记本电脑故障及日常保养

13.5.1　故障排除

当笔记本电脑出现故障时，判断故障的大致方法是：首先检查外部设备是否工作正常，排除外部设备引起的故障；其次根据故障出现的现象来分析故障的原因，进而判断故障的类型，即故障属于软件设置方面的故障还是硬件方面的故障。这里向读者介绍一些常见故障的处理办法，希望读者在遇到类似的故障时能够从容应对。

1. 与 CPU 相关的故障

一般来说，笔记本电脑 CPU 出现故障的概率极低，绝大部分是由软件设置（如自行超频）和散热不良导致的故障。

（1）CPU 超频方面的故障现象

1）开机无法进入操作系统。

2）开机后无故连续重启。

3）进入系统后出现蓝屏或突然死机现象。

解决办法：如果发现笔记本电脑的 CPU 在超频工作，只需进入 BIOS 将设置的参数信息恢复到默认值即可排除故障。笔记本电脑最好不要进行超频，如果超频不当，可能会造成元器件的损坏。

（2）散热不良导致的故障现象

1）散热口积攒大量灰尘，或通风不畅引起 CPU 温度过高，导致蓝屏或死机。

2）由于笔记本电脑放置不当，通风口被异物严重覆盖，引起 CPU 温度过高，导致蓝屏或死机。

解决办法：笔记本电脑 CPU 的温度一般在 60℃～70℃之间。如果温度过高，首先拆卸下底部保护盖，然后对散热扇进行清理即可。

2．与内存相关的故障

（1）虚拟内存或 BIOS 等软件设置方面的故障现象

1）开机时多次自检，不能进入系统。

2）运行某一程序时弹出“没有足够的可用内存运行此程序”“内存分配错误”和“内存资源不足”等提示框。

解决办法：在 BIOS 设置中将“Quick Power On Self Test”（快速加电自检测）参数设置为“Enabled”，保存并退出即可。此外，用鼠标右键单击“计算机”，在快捷菜单中选择“属性”命令，在打开的“系统”窗口左侧窗格中单击“高级系统设置”选项，弹出“系统属性”对话框，单击“性能”选项组中的“设置”按钮，即可对虚拟内存进行调整。

（2）升级笔记本电脑内存后出现的故障现象

1）开机时报警或无法开机。

2）内存容量显示不正确。

3）运行一段时间后，无故出现死机等现象。

解决办法：打开笔记本电脑内存保护盖，将内存条重新拔插，并确认安装到位；使用相关测试软件，查询主板支持的最大内存容量，检测内存的兼容性。如果发现存在不一致的现象，更换同规格的内存条即可。

3．与硬盘相关的故障

（1）启动时，检测出硬盘出现坏道

大部分检测出的坏道都是逻辑坏道，是可以修复的。首先使用硬盘品牌自身的检测软件进行全盘扫描，如果检测结果为“成功修复”，则可以确定是逻辑坏道，只需要将硬盘重新格式化即可；如果检测结果不是逻辑坏道，基本上没有修复的可能，需要更换新硬盘。

（2）进入系统后，检测得到的硬盘容量与实际容量不符

一般来说，硬盘生产厂商与操作系统对硬盘容量的计算方法不同，会造成检测容量与实际容量不符的现象，但如果两者差距过大，则说明存在故障。用户可以在开机时进入 BIOS 设置界面，对硬盘相关选项进行合理设置，如果不能解决问题，则说明主板可能不支持大容量硬盘，此时可以对 BIOS 进行升级来解决问题，此类故障多在升级硬盘时出现。

（3）硬盘数据丢失

在特殊情况下，有可能造成某个盘符上的数据全部丢失的现象，这说明主控文件表出现了问题。用户可以尝试使用数据恢复软件进行恢复。

4．与液晶显示器相关的故障

（1）外界干扰引起的故障

若笔记本电脑附近存在强电磁干扰或电压不稳的情况，有可能造成 LCD 显示亮度变暗，并且出现抖动情况，解决方法是使笔记本电脑远离磁场。

（2）液晶显示器与笔记本电脑主机连接故障

笔记本电脑的液晶显示器与主机之间是通过排线进行连接的，如果排线出现故障，那么

经常会造成液晶显示器亮度变暗、花屏甚至无任何显示。如果确定是此类故障，就要请专业维修人员进行检修。

5．与笔记本电脑电池相关的故障

一般来说，笔记本电脑电池的正常使用年限约为 2～3 年。随着时间的增加，电池的性能大幅下降，主要表现在：使用电池供电时无法开机；电池自动充电的时间极短；电池容量变小仅能维持一小段时间。造成这些故障的原因可能是电池老化、电池与笔记本电脑接触不良、电源管理模块故障等。

6．与触摸板相关的故障

在使用过程中，可能出现触摸板不能控制鼠标光标的现象，其主要原因是用户手部有汗水或触摸板驱动无故丢失。其解决办法是尽量保持触摸板干燥清洁，若还是无法使用，则需更新驱动程序。

13.5.2　日常保养

1．日常习惯

笔记本电脑的日常保养涉及许多方面，但总体来说，用户只要养成良好的使用习惯就能有效减少发生故障的概率。这些良好的习惯主要涉及以下两方面。

（1）尽量减少或避免震动

笔记本电脑最忌讳受到外界冲击、意外跌落和在震动较大的环境中使用，因为这些情况很容易造成液晶屏幕、机身外壳和硬盘等重要部件的损坏，所以应尽量减少或避免震动。

（2）注意外界环境对笔记本电脑的影响

外界环境指的是低温或高温环境，一般在高于 40℃的环境下，容易引起笔记本电脑散热不畅，导致死机；而外界温度如果过低，则容易造成液晶显示器不能正常工作。此外，大多数笔记本电脑的键盘并没有防水设计，一旦有液体意外泼洒到键盘上，将严重损坏电脑。这些外界环境因素对笔记本电脑的影响极大，需要使用者特别注意。

2．液晶屏幕的保养

某些屏幕厂商为了增加屏幕色彩的对比效果，会在屏幕表面进行镀膜处理，因此在清洁时，不能随意使用化学溶剂擦拭表面，而需要使用专业的屏幕清洁剂进行清洁。在保洁方面，常见的误区如下。

（1）使用纸巾擦拭液晶屏幕

液晶屏幕常见的污垢主要是空气中的灰尘和不经意留下的油污，使用纸巾擦拭其表面，很容易划伤屏幕表面，一般可以使用高档眼镜布进行擦拭。

（2）用清水清洁屏幕

在清洁过程中，清水可能会流入显示器接缝处，极易造成短路。

（3）使用酒精等化学溶剂清洁屏幕

酒精等化学溶剂会溶解液晶屏幕上的特殊涂层，一旦擦拭后不仅不能清洁屏幕，而且会对屏幕造成严重伤害。

正确的做法是，定期使用正品专业喷雾型液晶清洗液小心喷洒到屏幕表面，然后使用擦拭布轻轻地将污迹擦去。

3．机身外壳的保养

1）避免化学制剂的腐蚀。

2）预防磨损，避免外界挤压或冲击。

3）避免靠近高温热源。

4．电池的保养

笔记本电脑电池属易耗品，一般具有一定的使用年限，但良好的使用习惯和精心的保养能够延长笔记本电脑电池的使用时间。这里向读者介绍几个常用的保养技巧。

1）电池一旦充满，没有必要再花时间续充。因为现在的笔记本电脑都有智能充放电控制电路，能够判断充电是否完成，当电池充满后，电流会被自动切断，再进行续充其实是浪费时间，起不到任何效果。

2）电池存放时间建议不要超过一个月，并保证一个月左右的时间就对电池进行一次充电。实践证明，如果要长期保存电池，放在干燥低温的环境下并让电池剩余电量在40%左右最为理想。

3）存放时外界环境应干燥通风，且避免阳光照射。

13.6 笔记本电脑的选购

目前，市场上笔记本电脑的品牌和型号繁多，要挑选一台适合自己的笔记本电脑需要多方面考虑，本节主要从选购要领和辨别水货两方面，向读者简单介绍选购笔记本电脑的一些基本知识。

13.6.1 选购笔记本电脑时的注意要点

1．确定所需并选好配置

笔记本电脑的厂商会根据不同的用户群体划分应用需求，如轻薄型笔记本电脑、商务型笔记本电脑、家庭娱乐型笔记本电脑、上网本等具有很多类型和品牌。购买笔记本电脑的目的不同，在选择品牌和型号时就有很大差异，所以在选购前必须明确自己购买笔记本电脑的真实需求。

在明确购买的真实需求后，还需要了解相关品牌产品在内存、硬盘、显示卡、接口等方面的规格参数，做到心中有数。

2．货比三家

同一品牌的电脑，在同一城市一般设置两三家代理商，即便只设置一家总代理，总代理也会设置多个分销商一同销售该品牌的产品。“货比三家”指的是在同一家分销商的不同店面对比销售价格，因为店面不同，销售量不同，在价格方面可能出现几十元至上百元的差异，所以在确定品牌和型号后应该多家比较后再购买。

3．拆封验机

在拆封验机方面要特别注意，一般的笔记本电脑的手提包装盒中会印制该机型的 SN 码及详细的型号，在取出机器后首先要比对笔记本电脑底部标签中的编号是否与包装盒的 SN 码一致，以便确定机器。其次，在安装完成操作系统后还需要使用 CPU-Z、GPU-Z 等软件检测笔记本电脑的硬件信息是否与之前要求的相一致。最后，需要观察机身是否有刮痕和磨

损等部位，防止销售商使用样品机冒充新机出售。

4．索要正规发票

购机发票及三包凭证是用户可以正常享有国家“三包”和厂商标准服务的重要保修凭证，所以用户在购机后一定要索要正规发票，避免机器出现问题时得不到相关保护。

13.6.2 辨别“水货”笔记本电脑

“水货”是指通过非法途径入境、逃避关税的商品。“水货”的存在与厂商的区域性销售政策有关，比如同样一款笔记本电脑在中国大陆地区和美国售价有一定差距，这就促使一部分商家用“水货”冒充行货进行销售，从中牟取暴利。辨别“水货”笔记本电脑的方法主要有以下几方面。

1）查看 3C 标识与入网许可证。我国规定，凡是在中国内地销售的笔记本电脑必须有 3C 认证标识。用户可以查看笔记本电脑底部，看是否有 3C 标识和入网许可证。

2）查看序列号和拨打客服热线电话。笔记本电脑都有唯一的序列号，建议用户到对应品牌的官方网站上检验序列号的真伪。如果无法通过网站检验，还可以拨打厂商的客服热线，告知机型、序列号等相关信息，让客服进行核对，如果反馈的结果不能完全符合，那么机器一定有问题。

3）检验发票。行货笔记本电脑一般提供正规机打增值税发票，而“水货”往往不能提供正规票据。

13.7 思考与练习

1．轻薄型笔记本电脑与其他类型的笔记本电脑相比有什么特点？

2．简述第八代英特尔酷睿处理器的编号规则。

3．什么是 APU？

4．笔记本电脑内存与台式机内存有何差异？

5．简述笔记本电脑升级内存和硬盘的过程。

6．笔记本电脑在日常使用过程中，需要注意哪些方面的保养？

7．试说明笔记本电脑的选购方法。

第 14 章　打印机和扫描仪

打印机和扫描仪是都是常用的办公设备，本章从打印机和扫描仪的类别、性能指标、相关原理技术、选购建议、办公环境，以及常见操作等方面出发，向读者介绍这两种设备。此外，还对当前流行的 3D 打印机进行简单介绍。

14.1　打印机

打印机作为最常见的计算机外部设备，无论是办公还是家用，想必读者都不会陌生。打印机的主要功能是将计算机处理的文字或图像结果输出到其他介质中。根据工作方式的不同，可分为击打式打印机和非击打式打印机；根据打印原理的不同，可分为针式、热敏式、喷墨式、热转印式、激光式、电灼式和离子式等。目前，主流的打印机有激光打印机、喷墨打印机、针式打印机和大幅面打印机 4 类，所涉及的品牌主要有惠普、佳能、爱普生、兄弟等。

14.1.1　针式打印机

1. 初识针式打印机

虽然普通用户在日常办公和家庭环境中很难用到针式打印机，但是针式打印机依靠复写打印、长时间连续打印、高稳定性、成本低廉等有别于喷墨打印和激光打印机的特性，在金融、证券、工商、医疗、公安、航空、税务、电信、交通、邮政和中小型企业中发挥了不可替代的作用。尤其是针式打印机的复写打印功能，在打印票据方面更是有很大的优势。图 14-1 所示是某些专业性强的行业经常使用的针式打印机。

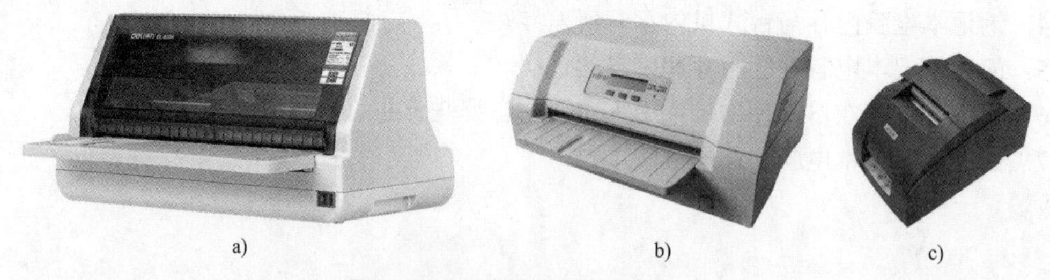

a)　　b)　　c)

图 14-1　各种用途的针式打印机

a) 平推票据打印机（适用场景：票据打印）　b) 存折证卡打印机（适用场景：存折打印）

c) 微型针式打印机（适用场景：信用卡小票打印）

2. 针式打印机的特点

1）机器结构简单，技术成熟，性能和稳定性好，耗材（如色带）使用周期长，费用低廉，容易购买。

2）待机功耗低，符合人们对环保节能的要求。

3）支持打印介质（纸张）种类多样，如信封、存折、明信片、连续纸、单页纸等。

4）纸张处理出色。能够自动测厚，适应厚度较大的纸张（如存折），避免卡纸情况发生，确保打印流畅。

5）特有的复写能力。具有突出的复制打印技术，凭借多页复写能力，可一次清晰打印最多 7 页复写纸。

14.1.2　喷墨打印机

1．初识喷墨打印机

（1）基本型喷墨打印机

基本型喷墨打印机是目前商务办公和家庭用户经常使用的打印机，不仅能够打印文档，而且还能输出图形图像，具有打印速度较快、打印成本低廉和打印品质优良等特点，是商务办公和家庭用户的最佳选择。该类打印机既有几百元的低端经济产品，又有几千元的高端产品。图 14-2 所示是常见品牌的基本型喷墨打印机。

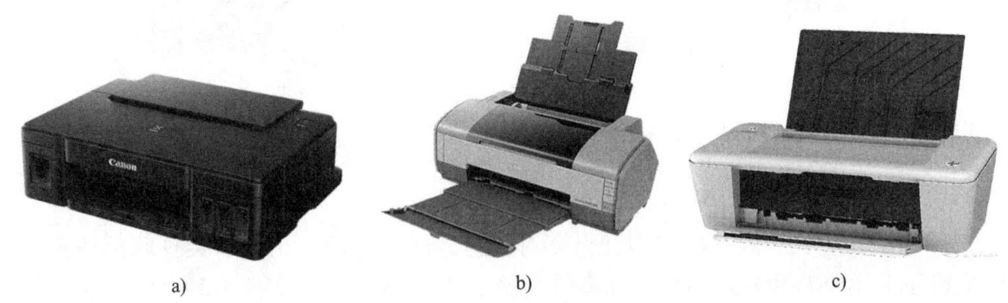

a)　　b)　　c)

图 14-2　基本型喷墨打印机

a) 佳能 G1800　b) 爱普生 1390　c) HP 1010

（2）专业照片型喷墨打印机

专业照片型喷墨打印机主要面向彩色商务办公、广告公司和摄影爱好者，从用途来讲，它与基本型喷墨打印机类似，同样能够进行文稿和照片的打印。之所以被归为专业照片型，不仅在于其打印品质和功能高于基本型喷墨打印机，而且该类产品还具有内置读卡器和直接打印端口（数码相机连接打印和手机连接打印），可以在没有计算机支持的情况下直接打印数码照片。随着制造技术的升级和成本降低，此类打印机售价也有大幅降低，面向家庭使用的经济款在 1000 元左右，而面向商务用途的约为 3000 元左右。图 14-3 所示是常见品牌的专业照片型喷墨打印机。

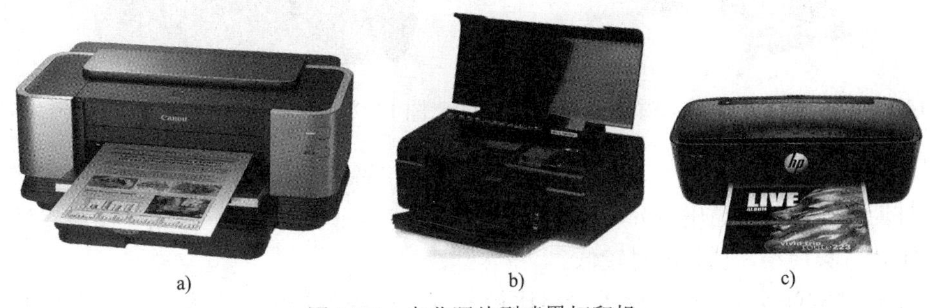

a)　　b)　　c)

图 14-3　专业照片型喷墨打印机

a) 佳能 iX7000　b) 爱普生 R330　c) HP AMP 120

此外，某些型号的产品还配备液晶屏和 CD-R 托盘，用户不仅可以通过打印机内置的软件对照片进行自动修复和多区域曝光修复，还可以将 DVD 或 CD 直接放入打印机进行打印或复印光盘盘面，如图 14-4 所示。

（3）墨仓式打印机

墨仓式打印机属于喷墨打印机类型，该类打印机配备超大容量墨盒，可实现单套耗材超高打印量和超低打印成本。目前，爱普生所有打印机产品已经全面推广墨仓式墨水储藏方式，如图 14-5 所示。

图 14-4　爱普生 R330 支持光盘盘面打印

图 14-5　爱普生墨仓式 L310 打印机

（4）便携式喷墨打印机

便携式喷墨打印机一般采用染料热升华打印方式进行打印。由于该类打印机体积小巧，支持 Wi-Fi 打印和 SD/SDHC/MMC 等多种存储卡及 U 盘直接打印等多种功能，非常适合个人移动商务办公和家庭便捷打印的需要。图 14-6 所示是便携式喷墨打印机。

（5）光墨打印机

光墨打印机是融合了喷墨和激光的优势技术的打印机。市面上的联想 RJ610N 光墨打印机，可以真正实现 1600×1600dpi 分辨率的高清画质，在保证输出效率的同时，保证打印精度，如图 14-7 所示。

图 14-6　佳能 iP100 型便携式喷墨打印机

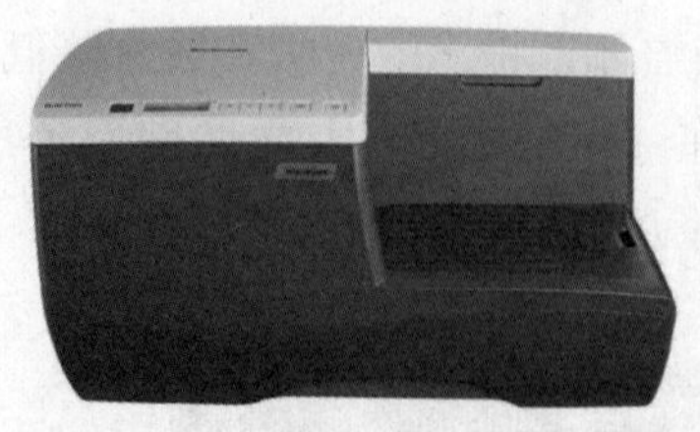

图 14-7　联想 RJ600N 光墨打印机

2. 喷墨打印机的特点

1）性能可靠，价格适中，分辨率高。

2）工作时噪声小，功耗相对较低。

3）耗材费相对较高。原装墨水价格比针式打印机的色带要贵很多，而一盒墨水根据实际打印情况能够满足 400 页左右的彩色文档，或 800 页左右的黑色文档（A4 幅面）。

4）对打印介质有一定要求。一般使用质量好的光面或亚光的照片纸，如果使用普通且较薄的纸张，墨水容易浸透纸张，严重影响打印质量。

5）喷墨嘴维护不易，若不经常使用，则会造成喷墨嘴阻塞。

14.1.3　激光打印机

1．初识激光打印机

第一台台式激光打印机诞生于惠普公司，它结合了激光技术和电子照相技术，并在静电复印的基础上被研制出来。该类型的打印机具有精度高、噪声低和速度快等特点，已经是商务办公领域的主流产品。

依据目前市场的实际情况，可以将激光打印机划分为黑白激光打印机和彩色激光打印机两大类。黑白激光打印机依靠低廉的打印成本、高效的工作效率、精美的打印质量，以及极高的工作负荷成为当前办公打印领域的主流产品。

从应用场景来分，激光打印机又可分为家庭个人型激光打印机、中档办公型激光打印机和高端商用生产型激光打印机。家庭个人型激光打印机主要面向家庭办公用户和小型工作组，侧重于对打印质量没有过高要求的用户，销售价格一般在 600～2000 元；中档办公型激光打印机接口多样，高效稳定，可进行双面高速打印，适用于中型企业或文档打印较多的环境，销售价格一般在数千至一万元；高端商用生产型激光打印机具有快速打印、海量打印等功能，能够完全应付较大的网络打印负荷，其销售价格在数万元左右，一般用于专业输出单位。图 14-8 所示分别是面向普通办公环境、中型企业的打印密集型环境和海量输出需求环境的激光打印机。

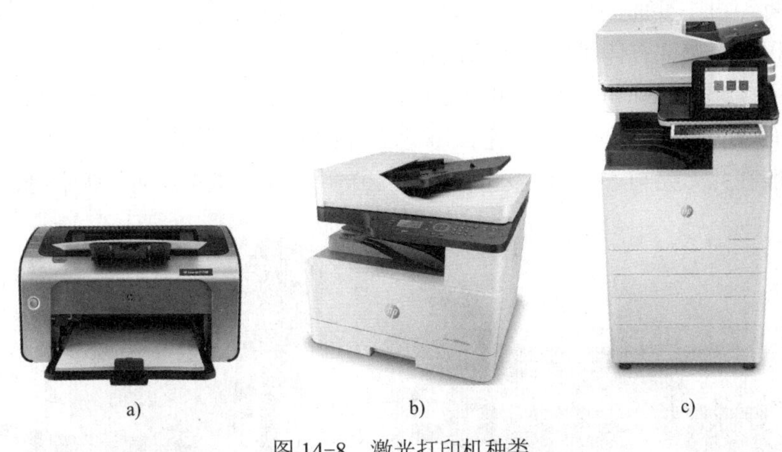

a)　　b)　　c)

图 14-8　激光打印机种类

a) HP 1108　b) HP LaserJet MFP M436nda　c) HP MFP E72530dn

2．激光打印机的特点

1）打印速度快。以 A4 幅面为基准，无论是黑色打印还是彩色打印已经基本实现“黑彩同速”，速度为 16～21 页/分钟。而在海量打印场景中，黑色打印速度已经能达到 40 页/分钟。

2）噪声低，适合安静的办公场所使用。

3）处理能力强。某些高端激光打印机还配备性能强大的 CPU 和内存，拥有高速处理数

据的能力，无论文档中包含多么复杂的图形，它都能够轻松确保打印的品质和速度。

4）打印质量好。

5）性价比高。虽然激光打印机的价格和耗材相对喷墨打印机较高，但较高的耐用性和低故障率可以有效降低人工维护的次数，提高工作效率，平均到每张纸的打印成本还是很容易被用户接受的。

3．惠普激光打印机相关技术——惠普云打印

“惠普云打印”几乎可以实现在任何地方完成打印需求，其工作原理之一就是为打印机分配一个电子邮箱地址。用户只须发送一封包含文档的电子邮件到打印机地址即可完成打印，支持图像，Microsoft Word、Excel 和 PowerPoint 文档，PDF 以及照片。

4．爱普生激光打印机相关技术——全新宽覆式转印技术

爱普生公司的这一卓越技术，可以精确地控制碳粉的分布和附着，将转印过程中的画质损失减少至极致，无论是文字还是图像都可以获得出色的打印色彩和效果。

5．佳能激光打印机相关技术——高级平滑处理技术（AST）

佳能公司的这一特有的打印处理技术，一直被应用于高端打印与印刷产品中。AST 能消除边缘锯齿，逼真再现精细文本、线条及复杂的图像，大幅减少了梯层的产生与不清晰的输出。

14.1.4　大幅面打印机

1．初识大幅面打印机

大幅面打印机在本质上与普通的喷墨打印机并没有太大区别，只是它能够打印的幅面更大。该类型的打印机主要面向广告设计、婚纱影楼和机械设计等专业领域，普通用户基本用不到，这里也仅对大幅面打印机的基本情况作简单介绍。

目前市场上大幅面打印机能够打印的幅面有 17in、24in、36in、42in、44in 和 60in，使用的墨水颜色有 4 色、5 色、6 色、8 色、10 色和 12 色，销售价格依据打印幅面大小和颜色多少而定，一般在几万元至十几万元之间。图 14-9 所示是不同样式的大幅面打印机。

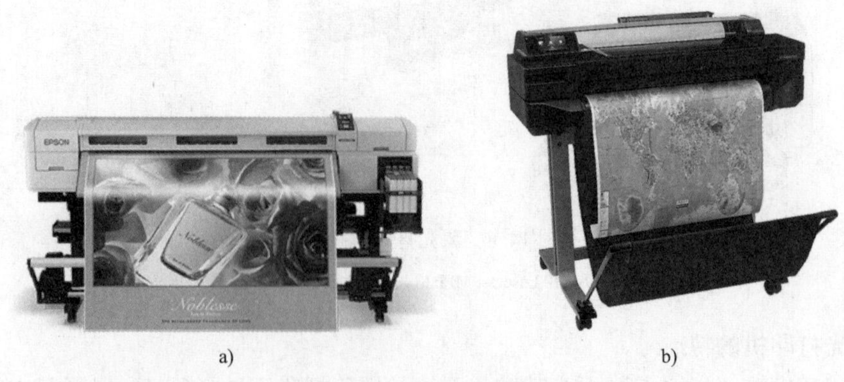

a)　　　　b)

图 14-9　大幅面打印机

a) 爱普生 B7080　b) 惠普 Designjet T520

2．相关技术介绍——爱普生“活的色彩 GS3 RED”墨水

爱普生公司改进溶剂墨水的配方设计，提供全新一代的环保弱溶剂墨水，满足用户对高

品质广告影像的输出需求。爱普生“活的色彩 GS3 RED”溶剂墨水中，由于在 CMYK 色系外，增加了 LC、LM、LK 色以及专色——橙色和红色，在还原广告输出行业的画面时，可以获得更鲜艳的色彩和更平滑的色彩过渡，适合输出影像质量的广告作品。

3．相关技术介绍——白色颜料墨水

世界上首款使用白色颜料墨水的大幅面打印机是爱普生 Stylus Pro WT7910，它主要应用在制作包装打样方面，通过白色颜料墨水，能够展现完美的白色色阶。爱普生公司的这款创新型白色墨水不同于其他 UV 墨水和溶剂，其维护成本低，可在各种介质上打印，并且无味，能够像传统喷墨打印机的水性墨水一样方便地应用于办公环境。

4．相关技术介绍——打印机硬盘

某些高端的打印机配有打印机硬盘，这是因为此类高端打印机往往需要打印大量高清图片，需要记忆的数据非常多，如果单单通过打印机内存暂存这些数据，不仅打印周期漫长，而且工作效率很低。对于安装了打印机硬盘的打印机，能够同时记忆很多数据，再次打印时只须在打印机控制面板中选择打印份数即可打印，减少了数据从计算机发送到打印机的时间。由于脱离了对计算机的依赖，还可以实现夜间无人看管打印。

5．大幅面打印机特点

1）打印幅面宽泛。A1、A2 等大幅面介质均可喷墨打印。

2）高速喷墨，高速打印，适合商业批量生产。

3）打印介质多样。适合打印的介质多样（铜版纸、皮革、木材、亚克力等），有别于传统纸张。

4）打印精度高。采用专业防水墨水，保证输出质量逼真，并且图像具有耐磨、防水和防晒等特点。

14.1.5　多功能一体机

简单地说，多功能一体机就是集复印、扫描、打印和传真这些功能为一体的设备。从打印方式来讲，分为喷墨多功能一体机和激光多功能一体机。喷墨型产品比激光型产品价格更经济，且支持彩色输出，完全能够应付日常办公复印、扫描的需求，适合办公用户的使用。激光型产品打印速度快，品质高。多功能一体机是打印机的延伸产品，如图 14-10 所示。

a)

b)

c)

图 14-10　多功能一体机

a) 惠普 M132A　b) 佳能 iC MF9340C　c) 爱普生 WF-7621

14.1.6　3D打印机

3D打印（3D Printing）是制造业领域正在迅速发展的一项新兴技术，被称为“具有工业革命意义的制造技术”。图14-11所示是三款3D打印机。

图14-11　3D打印机

a) 弘瑞Z500打印机　b) 极光尔沃A4 桌面型3D打印机　c) Stratasys F123 工业级3D打印机

3D 打印有非常多的技术类型，如 FDM（熔融沉积成型）、SLA（光固化树脂）、SLS（光烧结尼龙粉末）、SLM（激光烧结金属）等，但是最深入人心的就是 FDM 技术。该技术的原理如下：加热喷头在计算机的控制下，根据产品零件的截面轮廓信息，作 X-Y 平面运动，热塑性丝状材料由供丝机构送至热熔喷头，并在喷头中加热和熔化成半液态，然后被挤压出来，有选择性地涂覆在工作台上，快速冷却后形成一层薄片轮廓。一层截面成型完成后工作台下降一定高度，再进行下一层的打印，如此循环，最终形成三维产品零件。3D 打印的一般流程图如图14-12所示。

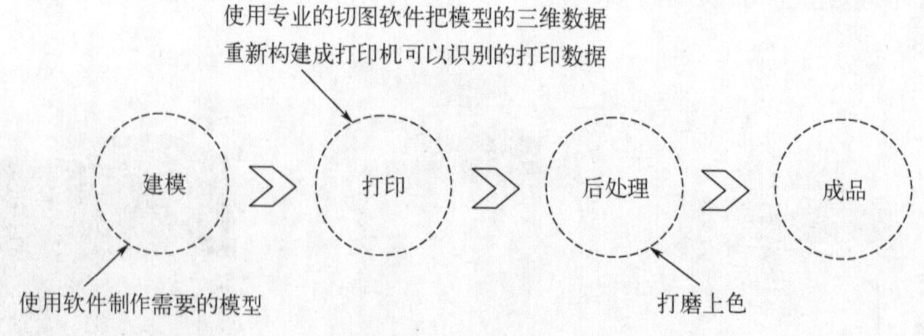

图14-12　3D打印的一般流程

3D打印不仅仅可以快速制作设计原型，许多企业在产品设计早期，就会使用3D打印设备快速制作足够多的模型用于评估，不仅节省了时间，而且减少了设计缺陷。

对于桌面级3D打印机来讲，其目前商品化程度也很高，不过限于成本和用途，这类3D打印机只能用来打印设计小样和简单的原型，3D 打印的模型细节、尺寸误差、稳定性以及

材料平台这几个硬指标暂时还达不到工业机的水准。

对于工业级 3D 打印机来讲，设备一般拥有较大的硬件尺寸、电气环境要求高，需要专门的厂房、生产型的电气环境来运行，而且设备本身价格也比较高，还需要很强的后期处理工艺，应用条件相对苛刻。

14.1.7　各类打印机的主要性能指标

1. 打印速度

打印速度指的是打印机每分钟能够输出的页数，单位是 ppm。目前，激光打印机和喷墨打印机在打印速度上已经没有太大差别，无论黑白模式还是彩色模式，A4 幅面打印速度为 14～30ppm。

2. 打印分辨率

打印分辨率指的是每英寸横向与纵向最多输出的点数，单位是 dpi。喷墨打印机分辨率远高于激光打印机，通常喷墨打印机能达到 9600×2400dpi，而激光打印机则能达到 1200×1200dpi。不过，对于打印一般文档来说，600dpi 的分辨率已经符合高质量的打印要求了，况且打印质量的高低还受打印介质、墨水等因素的影响。

3. 打印接口

打印接口类型指的是打印机与计算机相连的接口类型。目前市场上常见的接口类型有并行接口（并口）、串行接口（串口）和 USB 接口，如图 14-13 所示。

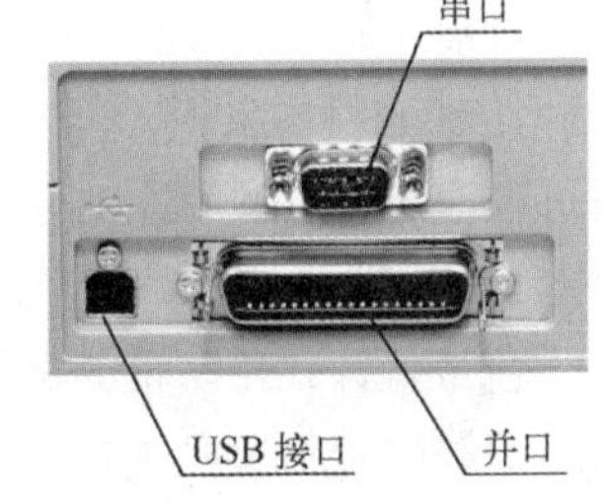

图 14-13　打印机接口

4. 打印机内存

内存的大小决定了每次暂存打印数据的多少，对打印速度有重要影响，特别是在网络打印、多任务打印和文档体积较大时，更能体现内存的作用。目前，面向家庭和办公用户的打印机内存标配为 2MB、8MB 或 16MB，中端产品内存标配为 96MB、128MB 和 256MB，而生成型海量工作站内存标配为 512MB，且可扩展至 1GB。

14.1.8　打印机耗材

后期耗材的成本投入也是用户不得不考虑的事情，目前市场上销售的打印机耗材可以分为两大类，即原装耗材和通用耗材。

原装耗材指的是生产打印机的厂商自己生产的耗材。这种类型的耗材在生产前由于要与匹配的打印机进行相关测试，无形中增加了生产成本，因此产品销售价格较高，但是原装耗材的产品质量值得信赖，且种类齐全，依然有巨大的消费群体。

通用耗材的厂商自身并不生产打印机，由于缺少相应的测试环节，因此销售价格较低。而某些高端打印机厂商还不具备生成高端耗材的技术，故产品种类受到一定影响。通用耗材主要依靠价格优势面向中低端市场销售。

1. 墨盒（墨水）

墨盒（墨水）是喷墨打印机的常用耗材，从结构上可以分为一体式墨盒和分体式墨盒。

一体式墨盒指的是墨盒与打印头合为一体，如图 14-14a 所示，无论是墨水用尽还是墨头损坏都要更换墨盒。

分体式墨盒指的是墨水盒与打印头分离，各种颜色独立包装，用完一色换一色，让每个墨盒中的墨水都能有效利用，如图 14-14b 所示，目前大多数喷墨打印机都采用这种结构。

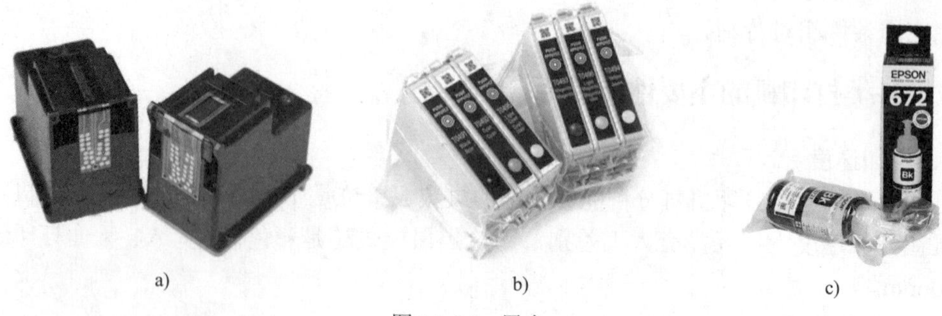

a)　　　b)　　　c)

图 14-14　墨盒

a) 一体式墨盒　b) 分体式墨盒　c) 适用于墨仓式打印机的墨水

2．硒鼓

硒鼓是激光打印机中最重要的部件，如图 14-15 所示，它的质量高低直接影响打印效果。目前市场上提供给用户更换硒鼓的方式有购买原装硒鼓、购买兼容硒鼓和重新灌装硒鼓 3 种。对于用户来说，面对市场上众多产品很难分辨真假，除了从外观辨别硒鼓真伪以外，还可以通过打印测试页来进行辨别。

3．色带

色带是针式打印机的常用耗材，如图 14-16 所示，它是以尼龙丝为原料编织而成的带，经过油墨的浸泡染色而成，长度在 14m 左右的色带能打印 400 万字符，能够有效降低打印成本。

图 14-15　硒鼓

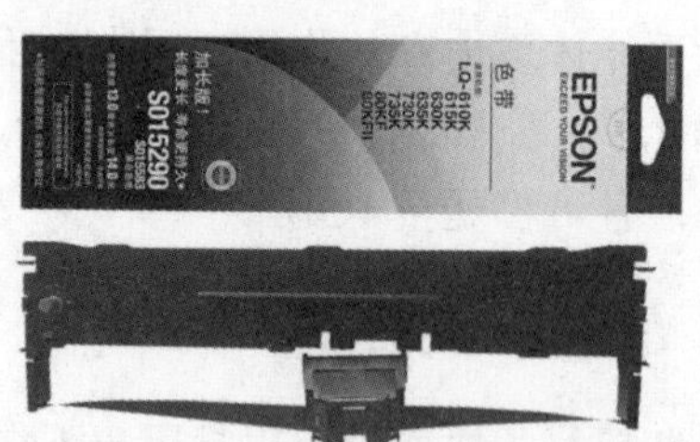

图 14-16　爱普生 LQ630K 色带芯/色带架

4．打印介质

打印介质主要指的是打印所使用的纸张。市场上纸张品种很多，常见的有复印纸、光泽照片纸、亚光照片纸、优质相片纸、高质量粗面双面纸。此外还有一些具有特殊打印效果的介质，如重磅粗面纸（用于制作仿绘画照片）和恤衫转印纸（用于将图像转印到 T 恤上）等。

不同的照片纸在不同打印机下的表现也不相同，较好的照片纸对不同打印机的适应性表现较好，都能得到质量相对较高的照片。另外，照片打印的质量涉及的因素较多，如照片拍摄的质量、打印机的类型、墨水的类型、纸张及打印设置等因素，所以为了得到较好的照片打印效果，用户要从多个方面去考虑，照片纸只是其中的一项因素。

14.1.9　其他打印设备

在竞争激烈的打印机市场，各个厂商依靠各自的技术不断推出新品。除了常见的针式打印机、喷墨打印机和激光打印机外，市场上还有一些特殊的打印机产品，这里简单介绍一下。

1. 证卡打印机

证卡打印机指的是用于打印证件（如胸卡、礼品卡和金融卡等）的设备。该类型的打印机具有防伪镀膜功能，能够将打印后的证件镀膜，这使得整体色彩感更加逼真鲜艳，能够打印 PVC、合成 PVC 和带黏合剂类的卡片类型，输出速度约为 130 张/h。在专业打印领域，斑马技术公司的产品在市场上具有一定的品牌影响力，如图 14-17 所示。

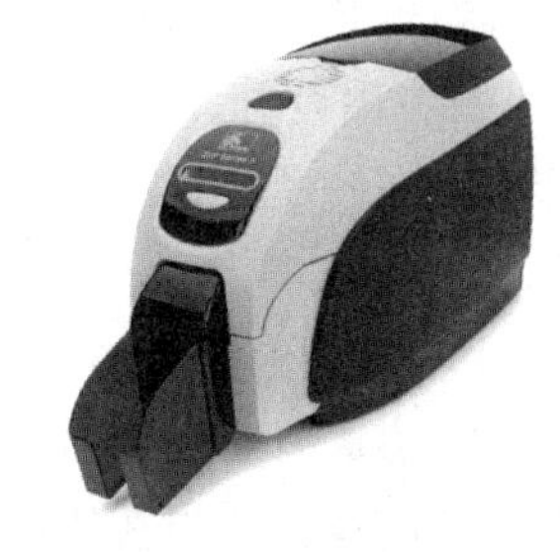

图 14-17　Zebra ZXP Series 3 证卡打印机

2. 标签打印机

标签打印机指的是无须与计算机相连接，打印机自身携带输入键盘，内置一定的字体、字库和相当数量的标签模板格式，通过机身液晶屏幕可以直接根据自己的需要进行标签内容的输入、编辑、排版，然后直接打印输出的打印机。图 14-18 所示是兄弟 7600 型标签打印机。

3. 条码打印机

条码打印机是针式打印机的一种，属于专用的打印机，主要是在商场中使用。它一般用于打印企业的品牌标识、序列号标识、包装标识、条形码标识、信封标签、服装吊牌等。图 14-19 所示是常见的条码打印机。

图 14-18　兄弟 7600 型标签打印机

图 14-19　TSC TTP-244 PRO 条码打印机

14.1.10　打印机的选购要点

选购打印机的基本要点如下。

1）物尽其用，合理使用。无论是喷墨打印机还是激光打印机，首先要从需求出发。目前，市场按照打印机的功能、用途和输出速度等方面又进行了细致的划分和定位，如果用户是以输出文档为主，则要考虑输出文档速度等性能指标，这里建议用户选用激光打印机；如果用户以输出照片为主、文档为辅，则要考虑打印方式、分辨率等指标，建议用户选择喷墨打印机，至于颜色的多少，需要根据工作情况而定。总体来说，只要能够满足用户正常需求即可，不要过分追求打印机性能，而忽略真实需求。

2）耗材提前考虑。打印机耗材是打印机的正常消耗，在整个打印机使用成本中占有较大比重，所以在购买新设备前要详细了解对应耗材的价格和市场行情。如果平时打印量不大，这里建议选用原装耗材，毕竟原装耗材的质量较好；如果用户打印量较大，并且对打印质量没有过高要求，则可以选用通用耗材，不过通用耗材的质量参差不齐，消费者还须仔细辨认。

3）双面输出功能。对于打印量较大的办公环境，如果打印机具有双面输出功能，则可以实现对纸张的加倍利用，有效节约成本。

4）省墨设置。市场上某些型号的打印机具有省墨模式，在节约成本方面能够起到很好的作用。在省墨模式下，计算机耗材通常能够延长 50%的寿命，对于打印量较大的公司非常适合。

5）节能环保。现在用户的节能环保意识有所增强，在选择打印机的时候功耗也是需要注意的一方面。对于目前市场来说，各个品牌的打印机在工作时的耗电量基本一致，消费者需要注意的是打印机在待机状态下的耗电量，因为在办公环境下，打印机并不是时刻处在工作状态，如果待机耗电量更低，不仅节能环保，而且办公成本也有所降低。

6）售后服务。对于普通用户来说，打印机在使用过程中难免会出现问题，如清理喷墨打印机喷嘴、为激光打印机硒鼓重新充粉等问题，都需要良好的售后服务。所以在购买打印机前还有必要了解产品的保修方式、保修时限和售后服务网点等细节。

14.1.11 局域网内安装共享打印机

一般的，在办公室内经常会遇到共用一台打印机的情况，即多台电脑通过路由器相互连接，其中某台计算机使用 USB 数据线连接了一台打印机，全部用户需要通过局域网共同使用这台打印机，其示意图如图 14-20 所示，如何在此环境下添加打印机呢？

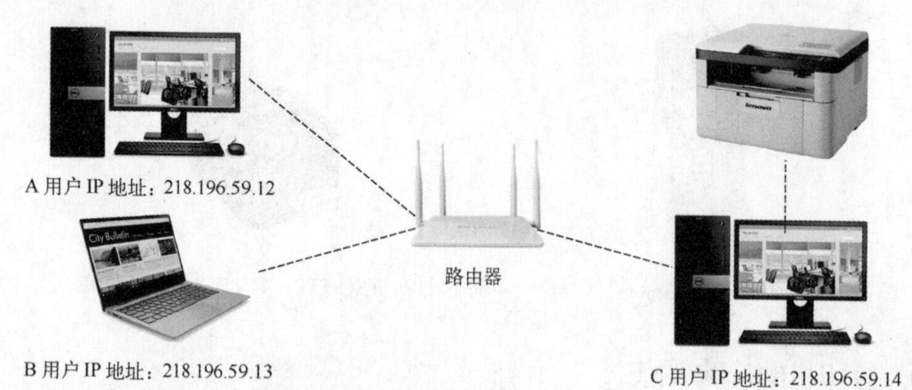

图 14-20 办公室局域网连接示意图

（1）C 用户添加本地打印机并设置共享

1）将打印机正确连接至 C 用户的计算机上。在 Windows 10 环境下打开控制面板，选择其中的“设备和打印机”选项，随后打开“设备和打印机”窗口。

2）在此窗口左上角单击“添加打印机”，此时弹出“添加设备”对话框，与此同时系统会自动搜索连接到当前计算机的外部设备，如图 14-21 所示。

3）选择要添加的设备，单击“下一步”按钮，系统会自动安装该设备的驱动程序。

4）打印机安装成功后，使用鼠标右键单击该打印机图标，选择快捷菜单中的“打印机

属性”命令，这时弹出如图 14-22 所示的对话框。

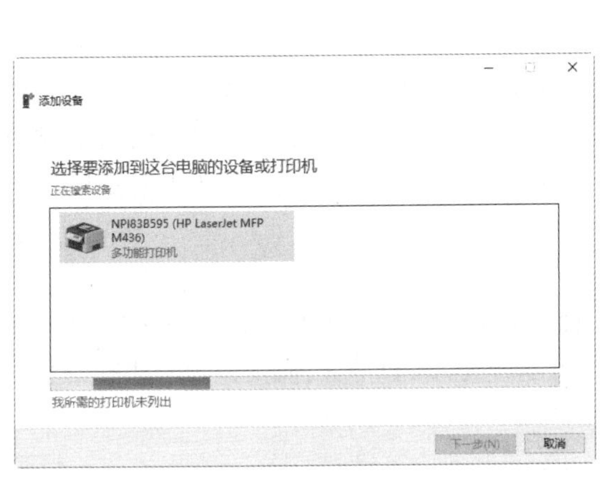

图 14-21　添加设备

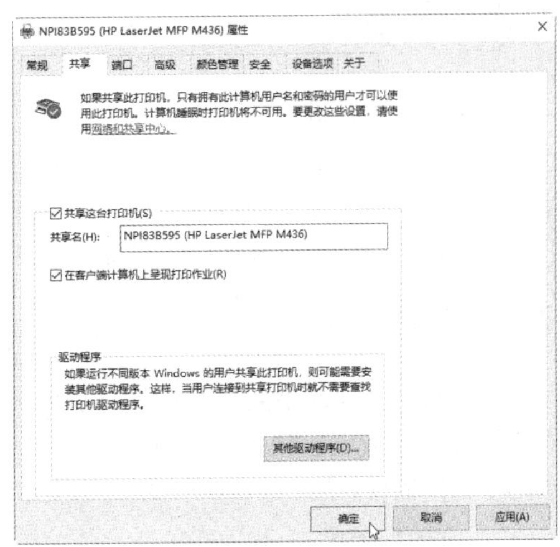

图 14-22　设置共享

5）这里勾选“共享这台打印机”复选框，并填写必要信息。最后，单击“确定”按钮，即完成本地打印机的安装与共享操作。

（2）A 和 B 用户添加网络打印机

对于局域网内的 A 和 B 用户，可以通过添加网络打印机，使用 C 用户连接的打印机，具体操作如下。

1）打开 Windows 控制面板，选择其中的“设备和打印机”选项，在新窗中单击窗口左上角的“添加打印机”，此时系统会自动搜索局域网内可以使用的打印机。如果能搜索到，只须选择某个打印机，按照系统默认提示安装即可；如果搜索不到，在此对话框中单击“我所需的打印机未列出”超链接，如图 14-23 所示。

2）单击该超链接后，打开“按其他选项查找打印机”界面。由于本例中 C 用户的 IP 地址为“218.196.59.14”，因此这里选择“按名称选择共享打印机”单选按钮，并在下方文本框中输入地址，如图 14-24 所示。随后，跟随系统提示保持默认设置即可完成添加网络打印机操作。

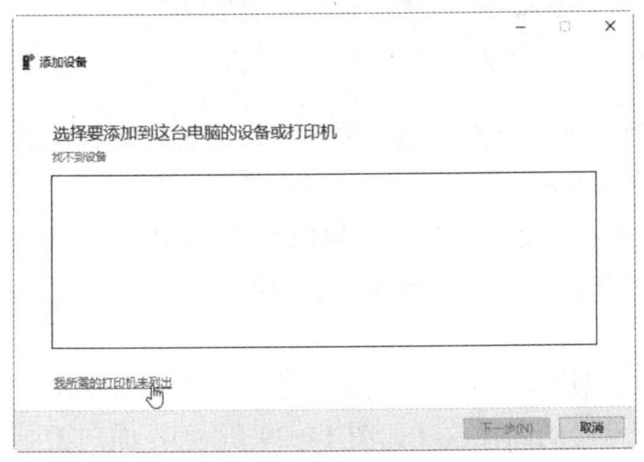

图 14-23　查找打印机

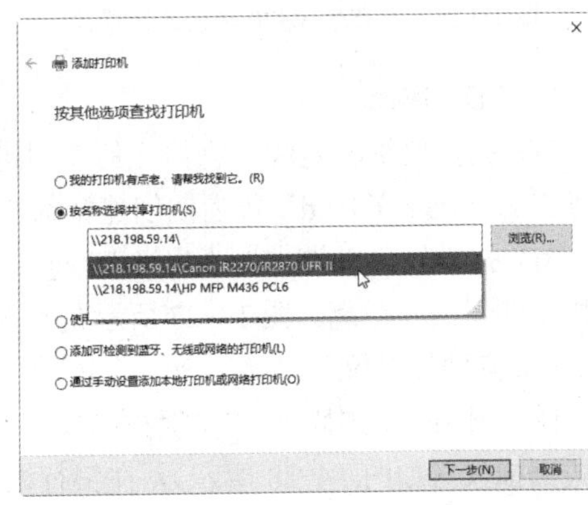

图 14-24　按名称或 TCP/IP 地址查找打印机

14.2　扫描仪

扫描仪是计算机外部输入设备之一，也是家庭和办公场环境常见的设备。通过扫描仪，用户可以将图片、纸质文档、图纸、底片甚至三维物体扫描到计算机中，并将其转换成可编辑、可储存和便于输出的资源。此外，通过 OCR 图片文字识别软件，可以方便地将扫描到计算机中的图片文字内容识别成可编辑的文档，极大地减轻了用户用键盘输入的麻烦。

14.2.1　扫描仪的分类

根据设计类型的不同，扫描仪可以分为平板扫描仪、馈纸扫描仪、胶片扫描仪、底片扫描仪和名片扫描仪；根据扫描元件的不同，还可以分为 CCD 类扫描仪、CIS 类扫描仪和 CMOS 类扫描仪。

1. 平板扫描仪

平板扫描仪又称为台式扫描仪，是目前市场的主流产品。该类型的产品主要用于日常办公和家庭，光学分辨率一般在 600～6400dpi 之间。图 14-25 所示是爱普生 V370 平板扫描仪。

2. 馈纸扫描仪

馈纸扫描仪价格比较昂贵，主要面向银行、政府、保险、电信和法律等行业销售，能够为企业提供快速、连续、海量的文档扫描服务，如图 14-26 所示。

图 14-25　爱普生 V370 平板式扫描仪

图 14-26　爱普生 DS-530 馈纸扫描仪

3. 3D 扫描仪

3D 扫描仪指的是能对物体几何表面进行高速、高密度测量的仪器，通过扫描过程输出三维点云（Point Cloud）供后期创建精确的模型使用。

3D 扫描仪可以类比为“相机”，两者的不同之处在于相机所抓取的是颜色信息，而 3D 扫描仪测量的是距离。图 14-27 所示是不同品牌、不同外观的 3D 扫描仪。

4. 其他扫描仪

除上述在市场中常见的平板扫描仪、馈纸扫描仪以外，还有体积小巧、可随身携带的便携式扫描仪（如图 14-28 所示），在银行柜台常用的高拍仪（如图 14-29 所示），面向工业领域的底片扫描仪（如图 14-30 所示）。

a)

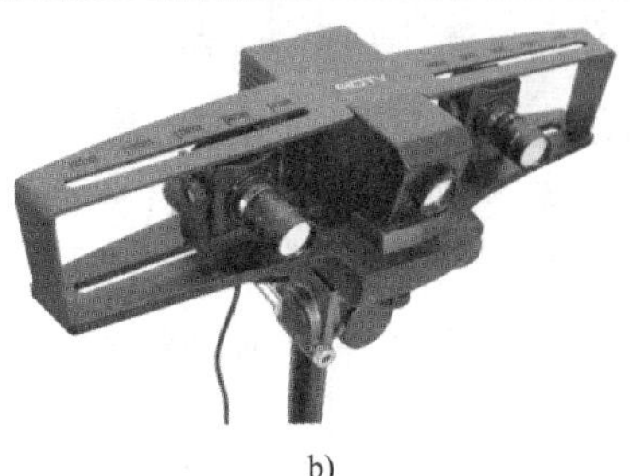

b)

图 14-27　3D 扫描仪

a) Wiiboox 3D 扫描仪　b) 微深（VisenTOP）300B 3D 扫描仪

图 14-28　方正 Z10 便携式扫描仪

图 14-29　高拍仪

图 14-30　精益 8100 型底片扫描仪

14.2.2　扫描仪的主要参数

1．扫描元件——CCD 与 CIS

CCD（Charge-coupled Device，电荷耦合元件）也称为 CCD 图像传感器，是扫描仪的重要组件。通过它，可以将外界图像的光信息转化为电子信号。与数码相机中的 CCD 不同，扫描仪中的 CCD 元件是线性的，即只有 X 轴一个方向，Y 轴方向则通过传动系统完成。

CIS（Contact Image Sensor，接触式图像传感器）可以直接收集反射光线的信息，而且生产成本较低，主要用于低端扫描设备。而且由于接触式图像传感器需要光源与原稿距离很近，因此只能用 LED 光源代替，与 CCD 相比色彩表现还有一定差距。

2．光学分辨率

光学分辨率指的是在扫描时读取源图像的真实点数，是扫描仪的真实分辨率。光学分辨率的大小决定了扫描图像的清晰度，是辨识扫描仪性能的重要指标之一。例如，参数 4800×9600dpi 表示该机器的光学分辨率为 4800dpi，机械分辨率（扫描仪纵向传动机构精密的程度）为 9600dpi。

3．最大分辨率

最大分辨率相当于插值分辨率，是通过数学算法在真实像素点之间插入经过计算得出的额外像素，对图像的精度没有多大意义，仅能作为参考。该分辨率的数值通常是光学分辨率的 4 倍、8 倍和 16 倍。

4．光源性能

光源性能的好坏将直接影响扫描质量的高低，因为 CCD 或 CIS 上接收到的反射光全部来自扫描仪内部的光源，如果光源偏色，扫描结果自然有偏差。目前市面上扫描仪所使用的光源类型有白色冷阴极荧光灯、LED 发光二极管和 A+级蓝系光源。

白色冷阴极荧光灯最为常见，具有亮度高、使用寿命长和体积小特点，主要缺点是需要预热；LED 发光二极管具有发热量小、功耗低和无须预热等特点，但使用寿命较短，亮度均匀程度稍差；A+级蓝系光源功耗低，寿命长，发光均匀锐利，具有非常专业的图像扫描功能。

14.2.3　扫描仪的选购

对于消费者来说，多功能一体机也有扫描功能，在它与功能简单的扫描仪之间又该如何选择呢？这里总结了一些选购扫描仪的基本要点，希望能对读者有所帮助。

1）确定设备用途。目前，市场上的多功能一体机的扫描功能已经与单一功能的扫描仪不相上下，基本能够满足用户的基本需求，而某些专业领域还是需要选择功能专一的扫描仪。

2）掌握主要参数的意义。购买设备前要了解扫描仪主要参数的意义。对于光学分辨率参数来说，一般用户选择 1200dpi 的扫描仪已经足够家庭和办公使用；在色彩深度方面，由于较高的位数能够保证最后输出的图像色彩与真实色彩相一致，因此尽量选择色彩深度较高的产品；对于感光元件来说，选择 CCD 还是 CIS，要根据用户的实际需要进行选择。

3）确定品牌与价格。目前单功能扫描仪生产厂家主要有中晶、佳能、爱普生、明基、清华紫光、惠普、汉王和方正等，其价位也分 800 以下、800～2000 元之间、2000～5000 元之间和 5000 元以上几个档次，用户可以首先确定性能参数，然后再根据品牌和价格来选择适合自己的扫描仪。

14.3　思考与练习

1. 打印机可以分为哪几类？针式打印机与其他类打印机相比有何不同之处？
2. 激光打印机和喷墨打印机的特点分别是什么？
3. 大幅面打印机主要用于哪些领域？
4. 概述 3D 打印的一般流程。
5. 在选购打印机时应该从哪些方面进行考虑？
6. 扫描仪参数中的“光学分辨率”指的是什么？

第 15 章　计算机的维护

计算机的日常维护是保证计算机正常运行，延长使用寿命，防止重要数据丢失和损坏的一项不可忽视的经常性工作。所以，学会使用计算机后，如何维护它就显得尤为重要。计算机除了要正确使用之外，日常的维护保养也是十分重要的。大量的故障都是由于缺乏日常维护或者维护方法不当造成的。一般每半年进行一次硬件维护，如果灰尘比较多，则维护周期应相应缩短。

15.1　硬件维护工具和维护注意事项

1．硬件维护工具

计算机的维护不需要很复杂的工具，一般的除尘维护只需要用十字螺钉旋具、一字螺钉旋具、油漆刷（或者油画笔，普通毛笔容易脱毛不宜使用）、吹灰球、棉签、橡皮、回形针等。

2．维护注意事项

1）有些原装机和品牌机在保修期内不允许用户自己打开机箱，如擅自打开机箱可能会失去享受由厂商提供的保修服务的权利，用户应该特别注意。

2）必须完全切断电源，把主机、显示器与电源插线板之间的连线拔掉。

3）各部件要轻拿轻放，尤其是硬盘和光驱。

4）拆卸时应注意各插接线的方向，如硬盘线、电源线等，以便正确还原。

5）还原用螺钉固定的各部件时，应首先对准位置，然后再拧紧螺钉。尤其是主板，略有位置偏差就可能导致插卡接触不良，主板安装不平还可能导致内存条、适配卡接触不良甚至造成短路，天长日久甚至可能会发生变形，导致故障发生。

6）由于计算机板卡上的集成电路器件多采用 MOS 技术制造，在打开机箱之前，应释放身上的静电。拿起主板和插卡时，应尽量拿卡的边缘，不要用手接触板卡上的集成电路。

15.2　计算机主机的拆卸步骤

对于日常维护，只须打开机箱清除灰尘，一般不用卸下板卡和主板；如果灰尘特别多，则可以把所有板卡、主板卸掉，拿到机箱外面清扫，最后再装回机箱中，这个步骤与组装计算机相同。

1．拔下外设连线

拆卸主机的第一步是切断电源，拔下机箱后的所有外设连线。

拔掉外设与计算机的连线主要有两种情形：一种是将插头直接向外平拉就可以了，如键盘线、PS/2 鼠标线、电源线、USB 电缆等；另一种插头须先拧松插头两边的螺钉固定把手，再向外平拉，如显示器信号电缆插头、打印机信号电缆插头。有些早期的信号电缆没有螺钉固定把手，须用螺钉旋具拧下插头两边的螺钉。

2．打开机箱盖

拔下所有外设连线后就可以打开机箱了。机箱盖的固定螺钉有的在机箱后边缘上，有的在两侧，有的要先把机箱前面板取下。找到固定螺钉后，用十字螺钉旋具拧下螺钉就可取下机箱盖。

3．拆下适配卡

显卡、声卡、网卡等插在主板的扩展槽中，并用螺钉固定在机箱后的条形窗口上。拆卸适配卡时，先用螺钉旋具拧下条形窗口上固定用的螺钉，然后用双手捏紧卡的上边缘，平直向上拔出。

4．拔下驱动器数据线

硬盘、光驱的数据线一头插在驱动器上，另一头插在主板的接口插座上，捏紧数据线插头的两端，平稳地沿水平方向拔出。

5．拔下驱动器电源插头

硬盘、光驱电源插头为大 4 针插头，可直接沿水平方向向外拔出。安装还原时应注意插头方向，反向一般无法插入，若强行反向插入，接通电源后会损坏驱动器。

6．拆下驱动器

硬盘、光驱都固定在机箱面板内的驱动器支架上，拆卸时应先拧下驱动器支架两侧固定用的螺钉（有些固定螺钉在面板上），方可取出驱动器（光驱向机箱外抽出）。拧下硬盘最后一颗螺钉时，应用手握住硬盘，小心硬盘摔落。有些机箱中的驱动器不用螺钉固定而采用弹簧片卡紧，这时只要松开弹簧片，即可从滑轨中抽出驱动器。

7．拔下主板电源插头

电源插头插在主板电源插座上，ATX 电源插头是双排 20 针或 24 针插头，插头上有一个小塑料卡，捏住它就可以拔下 ATX 电源插头。

8．其他插头

需要拔下的插头可能还有 CPU 风扇电源插头、光驱与声卡之间的音频线插头、主板与机箱面板插头等，拔下这些插头时应做好记录，如插接线的颜色、插座的位置、插座插针的排列等，以方便将来还原。

15.3　对计算机进行清洁时的建议

有些计算机故障往往是由于机器内灰尘较多引起的。在维修过程中，如果发现故障机内、外部有较多的灰尘，应该先除尘，再维修。

1．除尘操作中的注意事项

在除尘操作中，要特别注意以下几个方面。

1）注意风扇的清洁。包括电源、CPU、显卡等部位的风扇和散热片，可用毛刷清洁；对于风扇，在除尘后，最好在风扇轴承处滴一点润滑油。

2）注意板卡金手指以及接插头、插座、插槽部分的清洁。金手指的清洁，可用橡皮擦拭金手指部分。插头、插座、插槽的金属引脚上的氧化物的去除，可用酒精擦拭，或用金属片（如小一字螺钉旋具）在金属引脚上轻轻刮擦。

3）注意大规模集成电路、元器件等引脚处的清洁。清洁时，应用小毛刷或吸尘器等除掉

灰尘，同时要观察引脚有无虚焊和潮湿的现象，以及元器件是否有变形、变色或漏液现象。

4）注意使用的清洁工具。用于清洁的工具包括油漆刷、吹灰球、吸尘器、抹布等。清洁用的工具要防静电，如清洁用的小毛刷，应使用天然材料制成的毛刷，禁用塑料毛刷。如果使用金属工具，必须切断电源，并对金属工具进行放静电处理。

5）如果微机部件比较潮湿，应先使其干燥后再清理。干燥工具有电风扇、电吹风等，也可让其自然风干。

2．清洁机箱内表面的积尘

机器使用一段时间后，机箱内表面上会有大面积的积尘，特别是面板进风口、电源盒（排风口）、CPU 风扇等的附近，以及板卡的插接处。

机箱内表面，尤其是面板进风口附近，可用拧干的湿布擦去灰尘。印制电路板则不要用湿布擦。

3．清洁插槽、插头、插座

需要清洁的插槽包括各种总线（PCI、AGP、PCI-E）扩展插槽、内存条插槽，以及各种驱动器接口插头、插座等。各种插槽（插头、插座）内的灰尘一般可先用油漆刷清扫，然后再用吹灰球或者电吹风吹。

4．清洁 CPU 风扇

对于较新的 CPU 风扇一般不必取下，用油漆刷扫一遍就可以了。较旧的 CPU 风扇上积尘较多，一般须取下清扫。注意，散热片的缝中有很多灰尘。下面以 Socket 架构的 CPU 为例，介绍 CPU 风扇的除尘方法。

散装 CPU 风扇是卡在 CPU 插座两侧的卡扣上的，将风扇卡扣略向下压即可取下 CPU 风扇。取下 CPU 风扇后，即可为风扇除尘。

盒装 CPU 风扇与 CPU 连为一体，须将 Socket 或 Slot 插座旁的把手轻轻向外侧拨出一点，使把手与把手定位卡脱离，再向上推到垂直 90° 位置，然后向上取下 CPU。清洁 CPU 风扇时，注意不要弄脏了 CPU 和散热片的结合面之间的导热硅胶。

如果 CPU 风扇转动困难，工作时会发出较大的噪声，可揭下风扇叶片另一面中心位置的商标，露出轴承，会发现润滑油已经干掉，可用牙签沾上少许润滑油，向轴承中滴入 1～2 滴（注意不要把润滑油滴到贴商标的地方，否则商标的不干胶将粘不上），转动几下风扇叶片，发现风扇已经可以很轻松地转动了，重新把商标贴回原来位置。如果商标的黏度不够，无法粘紧，则可用厚一些的塑料胶带代替。

用同样的方法可清洁显卡风扇、主板芯片组风扇、电源风扇和机箱风扇。

5．清洁内存条和适配卡

内存条和各种适配卡的清洁包括除尘和清洁电路板上的金手指。除尘用油漆刷即可。如果金手指上有灰尘、油污或者被氧化均会造成接触不良。高级电路板的金手指是镀金的，不容易氧化。为了降低成本，一般适配卡和内存条的金手指没有镀金，只是一层铜箔，时间长了将发生氧化。可用橡皮擦擦除金手指表面的灰尘、油污或氧化层，切不可用砂纸类的东西来擦金手指，那样会损伤极薄的镀层。

6．清洁主板

用油漆刷扫除主板上的灰尘，然后用吹灰球吹出。如果有吸尘器，可将被吹灰球吹起来的灰尘和机箱内壁上的灰尘吸走；如果没有吸尘器，可用拧干的湿布擦去灰尘。

7．清洁主机电源

切断电源，将主机与外设之间的连线拔掉，用十字螺钉旋具打开机箱，将电源盒拆下。

将电源盒拆开，因为机箱内的排风主要靠电源风扇，所以电源盒里积落的灰尘最多，一边用油漆刷清扫，一边用吹灰球吹干净。最后重新装好电源盒，并装到机箱上。

卸下电源盒上的风扇，按清洁 CPU 风扇的方法清洁电源风扇。如果电源风扇转动困难，也要加入 1～2 滴润滑油。

8．清洁光驱

将回形针展开，插入光驱前面板上的应急弹出孔，稍稍用力，光驱托盘就打开了。用棉签将所及之处轻轻擦拭干净，注意不要探到光驱里面。

尽量不要使用市场销售的所谓影碟机"清洁盘"和清洁剂清洁光驱。市场销售的清洁盘盘面上有两排小刷子，光盘高速旋转时，光盘的刷子不仅会划伤激光头，而且有可能撞歪激光头，使之无法读盘。光驱的激光头所用材料是类似有机玻璃的物质，而且有的还有增强折射功能的涂层，若用有机溶剂擦洗，会溶解这些物质和涂层，导致激光头受到无法修复的损坏。

9．清洁显示器

不论 CRT 显示器还是 LCD，都可按下面的方法清洁屏幕上的尘土和指印。先用拧干的湿布擦去显示器除显示屏以外的外壳上的灰尘，然后再清洁屏幕。把眼镜布用自来水清洗干净，拧八成干（不能滴水）后按一个方向轻轻擦去屏幕上的灰尘。擦拭过程中应不断更换眼镜布的擦拭部分，只用没有擦过屏幕的部分擦，并多次清洗眼镜布，把屏幕上的灰尘和指印擦掉。这时，屏幕上会有水印，等几分钟待屏幕晾干后，再用另外一块干眼镜布轻轻擦去水印。

不要用普通的纸巾擦屏幕，因为普通纸巾会划伤屏幕。不要为显示器的屏幕贴保护膜，保护膜将使显示器的亮度降低，字迹、图像模糊。注意，屏幕绝对不能用酒精等有机溶剂擦洗，不管是 CRT 显示器还是 LCD，显示器屏幕表面都涂有特殊的涂层，而有机溶剂会溶解特殊涂层，使之效能降低或消失。

10．清洁鼠标

对于光电鼠标，如果要清洗外壳，只须用湿布擦干净，如果无法擦干净，可用少量餐具清洗液清除干净。如果要清扫鼠标内部，则要打开鼠标外壳清扫。

11．清洁键盘

把键盘的键面向下，轻轻拍打，把各键之间缝隙中的灰尘拍出来。对于键面上的污渍，可用柔软干净的湿布来擦拭，如果无法擦干净，可用少量餐具清洗液清除。按键缝隙间的污渍可用棉签蘸清水清洁。湿布不宜过湿，以免键盘内部进水产生短路。不要用医用消毒酒精，以免对塑料部件产生不良影响；更不要用计算机市场销售的清洗剂（油），它会使塑料老化变黄。最好不要拆开键盘，因为按键很容易脱落，安装起来很麻烦。

15.4　思考与练习

1．如何对计算机进行日常的维护？

2．CPU 风扇、主板风扇、显卡风扇和电源风扇，用 2～3 年后，噪声就会增大，一般是风扇轴承中的润滑油变干造成的，为风扇添加润滑油后将恢复正常。试练习为风扇添加润滑油。